高等院校计算机应用系列教材

操作系统原理与实践教程

(第四版)

史苇杭　卫　琳　主　编

清華大学出版社

北　京

内 容 简 介

本书全面讲述计算机操作系统的基本原理和相关技术。全书共分为 10 章，深入介绍操作系统的发展历程、通用操作系统的启动过程、处理器管理、进程管理、存储器管理、文件管理、设备管理、系统安全、嵌入式操作系统等内容。

本书内容丰富、结构合理、知识体系完备，主要面向计算机及相关专业学生。本书适合作为普通高等院校操作系统原理课程的教材，也可作为各类培训班教材或自学者的参考用书，对操作系统及其上层应用程序的开发人员也具有较好的参考价值。

本书的电子课件和习题答案可以到 http://www.tupwk.com.cn/downpage 网站下载，也可以扫描前言中的二维码获取。

图书在版编目(CIP)数据

操作系统原理与实践教程 / 史苇杭，卫琳主编.—4 版. —北京：清华大学出版社，2022.4

（2024.9重印）

高等院校计算机应用系列教材

ISBN 978-7-302-60340-5

Ⅰ.①操…　Ⅱ.①史… ②卫…　Ⅲ.①操作系统—高等学校—教材　Ⅳ.①TP316

中国版本图书馆 CIP 数据核字(2022)第 043600 号

责任编辑：胡辰浩
封面设计：高娟妮
版式设计：孔祥峰
责任校对：马遥遥
责任印制：杨　艳

出版发行：清华大学出版社
　　　网　　　址：https://www.tup.com.cn，https://www.wqxuetang.com
　　　地　　　址：北京清华大学学研大厦 A 座　　　邮　　　编：100084
　　　社 总 机：010-83470000　　　邮　　　购：010-62786544
　　　投稿与读者服务：010-62776969，c-service@tup.tsinghua.edu.cn
　　　质 量 反 馈：010-62772015，zhiliang@tup.tsinghua.edu.cn
印 装 者：三河市科茂嘉荣印务有限公司
经　　　销：全国新华书店
开　　　本：185mm×260mm　　　印　　　张：19.75　　　字　　　数：506 千字
版　　　次：2006 年 10 月第 1 版　　　2022 年 4 月第 4 版　　　印　　　次：2024 年 9 月第 2 次印刷
定　　　价：79.00 元

产品编号：087722-01

前　言

操作系统是计算机系统中最重要的系统软件，它管理整个计算机系统的软件和硬件资源；是其他软件和程序的运行基础；是沟通用户与计算机硬件的桥梁。操作系统因其在计算机系统中所处的地位决定了其重要性，它是计算机科学与技术专业的一门专业基础课，是计算机相关专业学生的必修课程。操作系统是计算机领域较活跃的学科之一，其发展极为迅速。

操作系统具有如下特点。

(1) 内容庞杂，涉及面广。操作系统是一个庞大的系统软件，它管理系统中所有的软件、硬件资源，控制计算机的工作流程，提供用户与计算机之间的接口。因此，操作系统课程的内容非常庞大且复杂。

(2) 内容抽象。操作系统在计算机系统中处于裸机与应用层之间，对下与硬件接口，对上提供简单便捷的用户界面。但是，关于操作系统的内容，如操作系统的概念、操作系统的功能以及这些功能如何实现等对于用户或学习者而言仍是比较抽象和费解的。

(3) 发展变化快。操作系统是计算机领域较活跃的学科之一，其发展极为迅速，随着计算机的发展而不断更新，是计算机软件中更新较快的软件，因而更加重了学习难度。

正是由于操作系统的上述特点，使得操作系统课程的学习具有相当的难度。为了解决这些问题，提高操作系统课程的教学质量，在广泛汲取国内外优秀教材和研究成果的基础上，笔者编写了本教材。在编写过程中，力求覆盖面广、内容新颖、重点突出。本书共分为 10 章，参考学时为 60～80 学时。各章内容简述如下。

第 1 章介绍操作系统的概念、功能、特征、发展历史和结构，并从操作系统的发展入手分析操作系统的发展方向，引入不同结构的操作系统的性能比较和分析，对流行的操作系统——Windows 系列和 UNIX/Linux 系统进行简要的介绍。

第 2 章介绍操作系统用户的环境、系统的生成与引导，以及操作系统提供的服务和接口。

第 3 章首先介绍进程与线程的基本概念，重点介绍进程的定义、状态等知识，并说明进程控制过程和方法；然后对处理器调度的实现和调度算法进行阐述，介绍在现代网络环境和实时系统中使用的多处理器调度和实时调度的一些基本原理；最后介绍 Linux 的进程管理。

第 4 章首先介绍进程同步和互斥的基本概念；然后阐述如何通过信号量机制和管程来实现进程的同步和互斥；最后介绍进程死锁的基本概念，并阐述如何预防和避免进程死锁的发生，以及死锁检测和接触的方法。

第 5 章首先介绍存储管理的基本概念和常见的存储管理方法，然后分别介绍各种内存管理技术的基本原理和地址映射、共享与保护等内容，最后介绍 Linux 的存储管理。

第 6 章介绍虚拟存储器的引入、概念和特征，对请求分页存储管理、请求分段存储管理的方法以及置换算法等内容进行了阐述，最后介绍抖动的概念和工作集理论。

第 7 章介绍文件系统中有关文件管理的基本概念、文件的逻辑结构和物理结构、文件存储空间的管理、文件的共享和保护、Linux 的文件系统等内容。

第 8 章介绍设备管理的基本概念、I/O 控制方式、中断技术、缓冲技术、设备分配和 I/O 软件管理、磁盘调度和管理、Linux 的设备管理等内容。

第 9 章首先介绍信息系统安全的概念；然后介绍计算机病毒的基本概念、常见的计算机病毒类型，以及如何预防和检测计算机病毒；接着阐述操作系统的安全机制，包括加密机制、认证机制、授权机制和审计机制，以及访问控制机制；最后介绍 Linux 的安全机制。

第 10 章介绍嵌入式系统的概念和硬件体系，说明了嵌入式操作系统的特征及其与个人计算机的区别，最后介绍常用的嵌入式操作系统。

本书可作为普通高校计算机类及其相关专业本科操作系统原理课程的教材，也可作为自学参考书和考研参考书。本书免费提供电子课件和习题答案，需要者请到 http://www.tupwk.com.cn/downpage 网站下载，也可以通过扫描下方的二维码获取。

本书由郑州大学的史苇杭、卫琳编写而成，其中第 1~4、10 章由史苇杭编写，第 5~9 章由卫琳编写。

感谢石磊教授在本书的编写和出版过程中提出的宝贵意见，让我们从中获益匪浅。参加本书编写的人员还有李翠霞、林楠、韩颖、王瑞娟、陈永霞、曹仰杰等，在此一并向他们表示诚挚的感谢。同时，对清华大学出版社有关同志深表谢意，谢谢他们在本书出版过程中付出的辛勤劳动。

本书的编写参阅了多种书籍和资料，主要的参考文献列于书后，在这里对这些文献的编著者表示诚挚的谢意。由于编者水平有限，书中难免有不当之处，恳请读者批评指正。我们的信箱是 992116@qq.com，电话是 010-62796045。

编者

2022 年 1 月

目　　录

❧ 第 1 章 ❧

操作系统概论

本章学习目标

- 掌握操作系统的定义及其在计算机系统中的作用
- 掌握操作系统的特征与功能
- 了解操作系统的形成过程及发展趋势
- 掌握批处理系统、分时操作系统和实时操作系统的特点
- 了解操作系统的设计结构
- 了解常见操作系统的特点

本章概述

在现代计算机系统中，一个或多个处理器、主存储器、外存储器、网络接口以及多种不同的输入/输出设备共同协作，完成用户的各项需求。用户需求的响应过程是十分复杂和关键的，对编写和监督管理上述各种部件的程序员能力要求极高。为了将部分关键的操作封装，同时也达到简化程序员工作的目的，计算机体系中出现了操作系统这一软件层次。它能在管理并正确使用上述部件的同时，为程序员提供一个通用的、相对简单的、能够驱动硬件工作的软件接口。

本章首先从操作系统的定义、特征、功能、设计目标、性能指标等方面阐述操作系统的概念；然后从操作系统的发展入手分析操作系统的发展方向，由此引入不同结构的操作系统的性能比较和分析；最后对流行的操作系统——Windows 系列和 Unix/Linux 系统进行简要的介绍。

1.1 操作系统的概念

1.1.1 操作系统的定义

在现代计算机体系结构中，操作系统(Operating System，OS)起着至关重要的作用。操作系统在计算机体系结构中的位置如图 1-1 所示。操作系统位于硬件体系之上，在操作系统之上的则是各种应用程序。其中每个层次都可以再细分为更多的子层，例如，硬件层从底向上可分为物理设备、由各种寄存器和数据通道组成的微体系层以及主要由指令集组成的机器语言层，提供的是基本的计算资源。应用程序层的软件则通常是基于特定操作系统的、满足特定功能的、直接面向用户的软件，这些软件能够根据用户的具体需求申请特定资源，并按照应用程序规定的方法来使用这些资源。操作系统处于这两个层次之间，用来协调与控制应用程序对硬件的使用。

图 1-1　计算机体系结构

在当今社会，几乎人人都与操作系统打过交道，但要精确地给出操作系统的定义却并非易事。由于每个人看待操作系统的角度不同，使用操作系统的目的不同，看到的操作系统也就表现出不同的特征。下面从不同角度来探讨这个问题，并总结操作系统的定义。

1. 资源管理角度

从资源管理角度来看，操作系统可以被视为资源管理与分配器。操作系统是硬件之上的第一层软件，可以与硬件直接交流，对硬件资源具有最直接有效的控制和管理权限。同时，作为应用程序层的基础，操作系统又要为应用程序提供各种使用硬件的方法，即应用程序接口。因此，操作系统层次的软件应该能够直接操控各种计算机资源。

计算机的资源分为硬件资源与软件资源。硬件资源指的是作为计算机运算基础的所有物理设备，以及为方便用户所使用的鼠标、键盘、打印机等各种不同类型的外部设备。这类资源使用特定的电子信号来指挥，由电子工程师设计并提供相应的驱动程序。而在操作系统端则使用这些驱动程序以及特定的指令集来告知硬件如何工作，同时接收硬件发送回来的反馈数据与状态信息。根据硬件资源的功能不同，通常将其分为处理器、存储器、I/O 设备。相应地，操作系统也分别针对不同类型的硬件专门规划了处理器管理模块、存储器管理模块以及 I/O 设备管理模块。计算机的软件资源通常指的是各种程序与数据资源，它们以程序形式或各种不同类型的文件形式存放于外存上，操作系统要将其进行合理化存储，以保证空间利用率和读写效率之间的均衡和有效。

2. 用户角度

从用户角度来看，操作系统是用户与计算机硬件系统之间的接口，该接口在使用便捷性、资源利用率方面表现突出。

操作系统是一般用户可以接触到的最底层的软件，只有通过它所提供的各种接口，才能使用硬件系统。反过来说，操作系统将复杂的底层机器语言和操作屏蔽起来，并将常用操作和指令序列组合后以命令、系统调用函数、图形窗口等方式呈现给用户，帮助用户以更安全、高效、便捷的方式使用系统资源。因此，操作系统被称为一种人机接口。

在大型机和工作站端，这个接口除了能够帮助本机用户更方便地使用资源外，通常还肩负着为该用户与其他联机用户分配资源的重任。而分配资源的最重要原则就是确保 CPU 时间、内存和 I/O 设备得到最充分利用，以达到资源利用率最大化的目的。

3. 机器扩充角度

由计算机所完成的工作，无论繁简，总是可以分解为各个不同硬件的序列性动作，这些动作通过控制器命令完成。控制器命令有不同的种类，可以完成数据读写、磁头臂移动、磁道格式化、状态检测等不同工作。每条控制器命令均需要读写特定位置的数据，并从中分析所要求动作和被操作数据等信息，然后按照分析结果完成命令动作，最后反馈新的状态信息和返回值到指定位置。显然，要求一般程序员使用控制器命令完成任务是不现实的，程序员需要的是高度抽象的、简单的操作方法。

基于上述原因，一个专门用来隐藏硬件的实际工作细节，并提供了一个可以读写的、简洁的命名文件视图的软件层次被引入计算机体系结构中，这就是操作系统。

综上所述，操作系统是一组管理与控制计算机软硬件资源并对各项任务进行合理化调度，且附加了各种便于用户操作的工具的软件层次。

1.1.2　操作系统的特征

操作系统虽然种类繁多，但其具有一些共同特征，这些特征也是操作系统这一软件层次与应用软件的区别所在。现代操作系统都具有并发性、共享性、虚拟性和异步性，其中并发性是操作系统最重要的特征，其他 3 个特性均基于并发性而存在。

1. 并发性

我们首先要区分两个概念：并发和并行。若在一个时间段内发生了一个以上的事件，则称这几个事件具有并发性；而并行性指的是多个事件在同一时刻发生。

在不同类型的操作系统中，并发性的含义有一定的区别。在单处理机系统中，每个特定时刻只能有一个程序在 CPU 中运行。但一个较长的时间段可以被分为多个小的时间碎片，这些时间碎片可以按照一定的原则发放给多个不同的程序，使得在这个时间段内有多个程序得到一定程度的执行。这些程序具有并发性，但不具有并行性。在多处理机系统中，每个特定时刻有多个 CPU 可以使用，则在这样的时刻，多个可以独立运行的程序就能够保证并行执行。

2. 共享性

操作系统中的共享，指的是多个并发执行的程序按照一定的规则共同使用操作系统所管理的软硬件资源。由于这些资源具有不同的使用要求，因此其共享方式也并非完全相同。操作系统所管理的软硬件资源按照使用方式，可以分为同时访问方式和互斥访问方式。

同时访问方式指的是在一段时间内允许多个程序并发访问。这里的"同时"指的是宏观上的一个"时间段"内的同时访问。从微观上而言，这些程序可能是顺序或者轮替地使用该资源。常见的使用同时访问方式进行共享的资源有磁盘、某些程序的公共缓冲区等。

互斥访问方式指的是在一段时间内只允许一个程序访问资源，而这类资源被称为临界资源。临界资源通常需要较长时间来处理一个不可被中断的任务，如打印机、某些程序的公用数据等。当临界资源空闲时，会对到达的第一个资源请求给出回应，而在处理该请求过程中，若有新的资源请求来到，则不予以理会。这种方法可以保证一个连续任务的无误处理，避免交叉打印或计算错误的发生。

3. 虚拟性

这里所谓的虚拟性并非指虚拟机，而是将计算机体系结构中的各种物理设备映射为多个逻辑设备。这种映射通常是利用时分复用或空分复用的方式实现的，被映射的物理设备有多种，如内存、外部设备、CPU 等。每个不同的设备，由于其工作模式不同，所使用的映射方法也是不同的。映射方法主要有时分复用和空分复用，下面分别对其进行介绍。

(1) 时分复用：使用时分复用方法实现虚拟性的设备主要有处理器和 I/O 设备。

虚拟处理器除了利用时分复用方法外，还利用多道程序设计技术保证多道程序并发执行。在一段时间内，CPU 将处理时间分割为多个时间片，并在不同时间片内完成对多个程序请求的响应，但每个提出请求的用户并不会感觉到有其他人和自己共用 CPU，而是感觉自己独占了资源。在当今硬件能力快速发展的时期，这种方法能够最大限度地发挥联网机器的效用，从而提高 CPU 的处理效率。

对 I/O 设备的虚拟化使用的是 SPOOLing 技术。该技术的核心思想是将物理设备的处理时间分成不同的片段，达到将一个物理设备映射为多个虚拟的逻辑设备的目的。操作系统将这些逻辑设备分别分派给不同用户提出的各项任务，设备将在这些不同的时间片段中为不同用户服务。而在用户任务被响应的过程中，每个用户均认为有多台同类设备同时满足多个用户的数据处理要求。

(2) 空分复用：使用空分复用方法实现虚拟性的设备主要有内存和磁盘。

虚拟存储器技术利用部分外存空间将较小的物理内存"扩充"为较大的虚拟内存。这种方法的核心思想就是仅将程序当前运行所需的数据和代码装入内存，当这个程序的一个相对独立的功能模块运行完成或暂时无法继续进行时，这个模块所对应的数据和代码将被暂存到外存的指定区域，其释放的内存空间将被重新分配给本程序的其他功能模块或其他程序的功能模块使用。使用这种方法可以确保对空间有较大要求的程序也能正常运行于小内存机器上。

磁盘虚拟化则体现为将磁盘分卷(分区)使用，并使用逻辑驱动器分别访问这些卷(区)，用户在查看自己的磁盘空间时将会看到多个不同名称的虚拟磁盘驱动器，并通过这些驱动器访问到不同的卷内的文件信息。

对于时分复用实现的虚拟设备，每台虚拟设备的平均工作速度等于或低于物理设备的 $1/N$，这里的 N 是该物理设备所对应的虚拟设备的数量。而对于空分复用实现的虚拟设备，每台虚拟设备平均能提供的空间必然也等于或低于其对应物理设备所拥有空间的 $1/N$。

4. 异步性

异步性指的是操作系统中的各个程序的推进次序无法预知。异步性的产生是由现代操作系统的并发性引起的。在并发执行的多个进程间，即使初始运行条件完全相同，但在每次运行时，各进程何时能够获得所需资源、在什么时刻等待哪些进程释放资源以及当前占有资源的进程何时释放资源等因素都是不确定的，因此用户无法预知各个进程的执行时长和当前进度，即进程是以人们不可预知的速度向前推进的，这被称为进程的异步性。操作系统的异步性是由进程异步导致的。

但由于进程的并发执行是多道程序设计的基本要求，因此操作系统应在不影响进程并发的前提下提供同步机制，使得在初始条件和运行环境相同的基础上多次运行相同进程时能获得相同结果。

异步性是现代操作系统的一个重要特征。

1.1.3 操作系统的功能

现代操作系统的主要任务就是维护一个优良的运行环境，以便多道程序能够有序地、高效地获得执行，而在运行的同时，还要尽可能地提高资源利用率和系统响应速度，并保证用户操作的方便性。因此，操作系统的基本功能应包括处理器管理、存储器管理、设备管理和文件管理。此外，为了给用户提供一个统一、方便、有效使用系统能力的手段，现代操作系统还需要提供一个友好的人机接口。在互联网不断发展的今天，操作系统通常还具备基本的网络服务功能和信息安全防护等方面的支持。

1. 处理器管理功能

处理器是计算机软硬件体系的心脏，是制约整个计算机体系性能的最重要器件，因此处理器性能是否被充分发挥关系着整个计算机体系的性能。操作系统的主要任务之一就是合理有效地管理处理器，使其在现有环境下尽可能地发挥最大功效，提供更高的处理效率。

处理器的管理功能主要体现在创建、撤销进程，并按照一定的算法为其分配所需资源，同时还要管理和控制各用户的多个进程的协调运行，确保各个进程可以正确地通信。在多道程序的 OS 中，这些管理功能最终通过对进程的控制和管理来实现，而在具有线程机制的 OS 中，这些功能的实现还依赖于对线程的管理和控制。

2. 存储器管理功能

存储器是用来存放程序和数据的容器，是为计算机系统提供运作数据和具体指令序列的器件。操作系统所管理的存储器包括内存、外存等。存储器管理的主要任务就是将各种存储器件统一管理，保证多道程序的良好运行环境，同时还要兼顾内存利用率、逻辑上扩充内存的需求以及用户的感受，提供优良的控制、存取功能，为用户提供操控存储器的手段。

为实现上述要求，存储器管理应具有内存分配、内存回收、内存保护、地址映射和虚拟内存等功能。

(1) 内存分配。内存分配指的是为每道程序分配合适的内存空间，使其能在运行期间将运行所需数据放置在内存指定区域，以保证 CPU 能够顺利地获取指令并存取指定数据。分配内存空间时应尽量提高内存空间的利用率，减少不可用内存空间。此外还应能响应正在运行的程序发出的动态空间申请，以便满足新增指令和数据对新空间的需求。

内存分配分为静态和动态两种方式。静态分配方式指的是程序在装入内存时需要预估所需空间，一旦进入内存开始运行，就不能再申请新的空间，也不能将该程序所占空间"搬运"到其他位置。动态分配方式指的是尽管程序装入内存时申请了一定的空间，但在程序运行期间还可以为运行过程中所需的新的程序和数据再申请额外的空间，以满足程序空间动态增长的需要。

(2) 内存回收。内存回收指的是当程序运行完毕后，将各程序在装入内存时所分配的空间重新置为空闲分区，并交由 OS 统一管理，以备其他程序申请使用。

在内存的分配和回收过程中，为了记录当前内存使用和分配情况，OS 通常还要配置内存分配数据结构，以便为后期分配和回收提供依据。

(3) 内存保护。在多道程序环境中，为了保证每个用户的各个程序独立运行，不会相互影响，需要提供内存保护机制。该机制的主要任务就是确保每道程序都在自己的内存空间运行，决不允许任何程序访问或存取其他程序的非共享程序和数据。

内存保护机制的实现有多种方式，常见的一种处理方法是利用上下界限寄存器。这两个寄存器中存放的数值是当前正在运行程序的内存空间的起始地址和终止地址，每次当 CPU 要求访问某个地址的程序或数据时，OS 会先利用上下界限寄存器与之相比较，若在这两个界限内，则可以正确访问，否则就拒绝此次的内存访问。这种方式可以确保在进程运行期间不会误访问无权限空间。

(4) 地址映射。在多道程序环境中，每个程序均使用自己的独立空间。这些空间分布于内存的不同位置，但每个程序员在编码时通常并不知道自己的程序进入内存后会被放置在什么位置，因此也不可能在程序中直接使用内存单元地址来操作所需的指令或数据。为了解决这个矛盾，当前的 OS 提供了地址映射机制。该机制的基本思想是将用户与内存分隔，即在程序员编码时，直接以 0 作为程序中出现的其他任何地址的初始位置，该位置被称为逻辑基址。当该程序被编译和连接过后，形成可装入的可执行文件。根据内存当前的使用情况，OS 会在可执行文件真正装入内存时为其分配合适大小的空闲空间，此空间的初始位置称为物理基址。当程序运行，CPU 需要查询某位置的数据或指令时只需给出相对于逻辑基址的偏移量，OS 会根据逻辑空间内容的分布情况自动将该逻辑地址转换为内存中对应的物理地址。地址映射功能需要硬件机构的协助，以保证数据的快速定位与存取。

(5) 虚拟内存。虚拟内存技术在当今的多数操作系统中均有涉及，其指的是利用特殊技术将磁盘的一部分空间实现较快的存取，从逻辑上扩充内存容量，使得用户感觉到内存的容量比物理内存实际所提供的空间要大。这种方式可以提高多道程序速度，提升系统吞吐量，获得更好的系统性能。而为了实现虚拟内存，只需配置简单的内存扩充机制即可。该机制的核心内容是请求调入功能和置换功能。

请求调入功能允许程序仅向内存装入保证启动的必需数据和指令，当程序在运行过程中若需要新的数据和程序时，先中断自身运行，并向 OS 提出调入请求，由其从磁盘将所需数据和指令调入内存，然后继续从被中断的地方执行。

置换功能指的是在 OS 将所需新数据或指令调入内存时，若发现内存空间不足，需要从现处于内存中的数据或程序中选择部分暂时不用的调出到磁盘上，腾出的空间则用来调入当前的急需数据。

3. 设备管理功能

在计算机系统中，外部设备的地位举足轻重，它是用户直接接触的对象，可用来进行人机交互。

设备管理的主要作用是使用统一的方式控制、管理和访问种类繁多的外部设备。设备管理功能主要体现在：接收、分析和处理用户提出的 I/O 请求，为用户分配所需 I/O 设备，同时还要做到尽量提高 CPU 和 I/O 设备利用率、I/O 处理效率，为用户提供操控 I/O 设备的便捷界面和手段。根据设备管理模块的功能要求，可以将其功能分为设备分配、缓冲管理、设备处理、虚拟设备等。

设备分配的主要功能是根据用户的 I/O 请求和系统的设备分配策略，从系统当前空闲资源中选择所需类型设备，并将其使用权限交付给用户。若 I/O 子系统中还包括通道和设备控制器，则设备分配还要负责选择空闲通道和控制器并交付用户使用。

缓冲管理的主要功能是合理组织 I/O 设备与 CPU 间的缓冲区，并提供获得和释放缓冲区的有效手段。在计算机系统中，凡是数据到达速度和离开速度存在差异的地方均可设置缓冲区以缓解速度矛盾，高速 CPU 和低速 I/O 设备之间就符合这个条件，并且由于这二者的利用率关系到整个系统的处理效率和响应速度，因此在 OS 中均为其设置缓冲层次。设置缓冲区的作用不仅体现在缓解速度矛盾上，还可以显著改善系统性能。OS 常见的缓冲区机制有单缓冲机制、双缓冲机制、缓冲池机制等。

设备处理程序即通常所说的设备驱动程序，是 CPU 和 I/O 设备之间的通信程序。其工作过程为：当设备驱动程序接收到上层软件发送来的 I/O 请求时，要先检查其合法性，然后查看设备是否空闲、设备的工作方式等信息，接着按照要求的参数格式向设备控制器发送具体的 I/O 命令，指挥控制器启动设备按照顺序完成指定动作。为了保证通信，设备驱动程序还应能接收从控制器发来的中断请求，分析该中断请求的类型，然后启动处理该中断类型的相应中断处理程序，由其完成最终的处理过程。若是具有通道的 OS，设备处理程序中还要配备根据用户请求构造通道程序的功能。

虚拟设备功能是通过特殊的虚拟技术实现的，该技术可以将一台物理设备虚拟为多台逻辑设备，每个用户使用一台逻辑设备，即将独占的物理 I/O 设备交由多个用户共享使用。这种方法能够大大提高 I/O 速度，改善设备利用率，对每个用户而言也感觉自身具有一台独享的物理设备，改善了用户请求的响应感受。

4. 文件管理功能

在现代操作系统中，程序运行所需的代码和数据量十分庞大，而内存空间有限且无法长期保存信息，因此这些资源通常以文件形式存储在磁盘、光盘等外部介质上，只有在程序运行需要时才调入内存。为了能保证和核准用户可以正确使用这些资源，所有的 OS 都提供了文件管理机制。其主要功能就是管理外存上的静态文件，提供存取、共享和保护文件的手段，以方便用户使用，同时禁止无权限用户对他人资源的误访问或有权限用户对资源的误操作。文件管理机制还要能有效管理外存空闲区域，根据文件的大小为其分配和回收空闲区。为了满足用户对响应时间的要求，文件管理机制还应实现目录管理，以便快速地定位文件。

文件管理机制能有效保护文件安全，提高资源利用率，为用户提供快速检索和使用文件的手段，是 OS 不可或缺的组成部分。

5. 人机接口

为了更大程度地减少操作人员的次要工作、方便用户使用系统功能，在现代操作系统中无一例外地配置了用户界面，即所谓"用户与操作系统的接口"。该接口分为图形用户接口、命令接口和程序接口三类。

图形用户接口使用文字、图形和图像来形成文件，同时也使用各种图标将操作系统的多种类型的文件直观形象地表示出来。用户使用时只需用鼠标进行单双击操作即可完成全部操作。这种接口使得用户可以简单便捷地完成工作，即使是刚接触计算机的人员也能使用。该接口的实现使得计算机在社会生活的多个领域得到广泛普及，计算机变得非常简单易用，甚至非计算机专业的人员也可以利用计算机的高速处理和运算能力加速本专业的工作流程。因此，在 20 世纪最后的十年间，图形界面已经成为所有主流操作系统的必备模块。

命令接口是 OS 提供给用户的另外一种直接或间接控制自身工作的途径。用户使用命令接口向自身工作发送命令，控制工作运行。常见的命令接口有脱机命令接口和联机命令接口两种。脱机命令接口为批处理用户使用，由一组作业控制语言组成。作业控制语言可以用来定义作业说明书。由于当批处理作业运行时，用户不能直接与自身作业通信，只能由系统完成作业控制和管理，此时系统的控制和干预方法均来自作业说明书。联机命令接口为联机用户使用，由一组键盘指令和命令解释程序组成。在使用联机命令接口时，需要利用键盘顺序输入多条指令。而命令解释程序每接收到一条指令就对其进行解释并执行。命令接口的好处在于直接驱动和控制相关设备，能得到更高的执行效率。

程序接口是出现于应用程序中的接口，其用来保证用户程序能获得操作系统服务，由一组系统调用组成。这些系统调用均是完成某些具体系统功能的子程序，对用户而言，这些系统调用表现为对应的库函数，当用户需要使用系统功能时只需像使用一般函数一样调用这些库函数即可。

1.1.4 操作系统的设计目标

现代操作系统的设计目标是有效性、方便性、开放性、可扩展性等特性。

有效性指的是 OS 应能有效地提高系统资源利用率和系统吞吐量。方便性指的是配置了 OS 的计算机应该更容易使用。这两个性质是操作系统最重要的设计目标。早期由于硬件的昂贵，设计人员更关注的是有效性，即使得系统中的资源利用率和系统吞吐量尽可能高。但随着硬件价格的不断降低以及计算机在各领域的广泛使用，在当今主流的微型计算机系统中，尤其是个人用户使用的微型计算机中，设计人员更关注的是 OS 的方便性，以便非计算机专业人员也能正确地使用计算机。

开放性指的是 OS 应遵循世界标准规范，如开放系统互连(Open Systems Interconnection，OSI)国际标准。这是因为在当前，由于 Internet 的快速发展，计算机操作系统早已从传统封闭的单机环境变为开放的多机环境。为了使不同厂家生产的计算机和设备能通过网络集成与共享，保证应用程序的可移植性和互操作性，OS 必须提供统一的开放环境，遵循相同或相似的国际标准，这就要求操作系统具有开放性。

可扩展性指的是 OS 应提供良好的系统结构，使新设备、新功能和新模块能方便地加载到当前系统中，同时也要提供修改老模块的可能，这种对系统软硬件组成以及功能的扩充保证称为可扩展性。随着当今新型设备、新界面样式、新功能的不断快速涌现，可扩展性也早已成为操作系统的重要设计目标。

1.1.5 操作系统的性能指标

操作系统性能的优劣显著地影响用户工作的效率和成本，而衡量其性能优劣的指标有系统吞吐量、资源利用率、响应速度等。

系统吞吐量指的是在单位时间内系统所能处理的数据量，该指标可以用来衡量系统的处理效率。

资源利用率指的是各类资源在单位时间内为用户服务的时间比例，可表明系统资源的分配利用是否合理。

响应速度指的是系统从接收到用户请求至完成请求处理、反馈响应信息这一完整过程的速度，其优劣大大影响到用户感受。

当操作系统采用较为合理的工作流程和资源管理方式时，即可改善资源的利用率，加速程序运行，缩短响应时间，增加多道程序度，提高系统吞吐量。

1.2　操作系统的形成和发展

操作系统作为一个系统软件，并非和计算机硬件同时问世，而是在长期的应用过程中逐步设计和改善，其设计不断汲取新的程序设计理念，跟随着用户的需求和硬件的变化不断发展而成。本节主要介绍操作系统的发展历程。

1.2.1　人工操作阶段

在真正意义上的操作系统尚未出现时，第一代计算机就已经面世了。其硬件采用数量庞大的真空管构造，体积巨大，占据了整个房间，而处理速度却不到当今个人计算机的百万分之一。当时并没有真正的程序设计语言，所有的程序设计均使用机器语言完成，需要使用插件板或穿孔卡片来记录程序，每个用户均需要使用人工操作的方式直接使用计算机硬件系统，将穿孔卡片装入专用的输入设备后，再手动启动将其输入计算机，最后再启动计算机处理数据。很明显，在一个用户使用计算机时，其他用户只能等待，且由于真空管寿命有限，经常会出现一个用户工作还没有完成就由于真空管烧毁而作废，这些都大大延误了计算机对用户工作的处理能力。

在这种人工操作方式中，出现了两个严重问题。第一，计算机由一个用户独占，除非该用户工作完成，下一个用户总是需要长时间等待。在计算机问世的最初阶段，甚至需要在墙上挂上计时表，以便预约计算机使用权。可见该方式并不能使程序员从烦琐而机械的重复性工作中解脱出来。第二，CPU 利用率低。在该方式中，安装卡片、启动输入设备进行输入时，CPU 并没有工作，而是等待数据输入，因此单位时间内 CPU 的利用率极低。

由人工操作的过程可以看出，该方法的资源利用率低，出现了严重的人机矛盾。

1.2.2　单道批处理

在 20 世纪 50 年代，功耗低、可靠性高的晶体管问世后，使用晶体管构造的计算机终于可以批量生产并销售。此时的晶体管计算机可以长时间运行，完成一些有用的工作，如科学和工程计算等。同时，设计人员、生产人员、操作人员、编程人员和维护人员的职业分工第一次明确。汇编语言和 FORTRAN 语言的出现和流行，也使很多编程人员开始使用它们来编写自己的工作程序，这些程序包含了一些特殊的程序，专用于完成批量作业的处理。这些程序就是现代操作系统的前身，被称为单道批处理系统。

在单道批处理系统尚未出现的年代，编程人员编好 FORTRAN 语言或汇编程序后，首先将其穿孔为一系列卡片，然后将这些卡片交给专业的操作人员，操作人员将卡片关联到系统上，等待数据处理完成并打印，最后再将打印结果送交编程人员。这个过程需要操作人员在不同的机器之间走动，且在每一个作业的完成过程中，人员走动的同时 CPU 是空闲的，因此造成了大量的时间浪费。为了减少 CPU 时间的浪费，开发了单道批处理系统。其工作过程为：操作人员利用一个特殊的输入设备将编程人员交付的多个作业卡片依序输入磁带上，当磁带满时或工作量累积到一定程度时，操作人员将磁带取下，安装到用于进行计算工作的大型机上。此时批处理系统启动，自动将磁带上的第一个作业读入处理，然后将结果写入输出磁带上。当前任务完成后，批处理系统将选择下一个作业读入并处理，CPU 就这样顺序工作直到输入磁带上无作业需要处理才停止。CPU 停止后，操作人员将输出磁带装到一台专门用来进行输出打印工作的外围机上，输出外围机将顺序打印输出磁带上各作业的处理结果。这种一次性输入、处理和输出多个作业的方式可以保证输入外围机、输出外围机和 CPU 同时运行，具有顺序执行、自动运行和单道运行的特性，可以尽可能地将 CPU 的等待时间降低，在一定程度上缓解了人机矛盾，提高了 CPU 利用率和系统吞吐量。尽管如此，单道批处理系统的资源利用率仍然不尽如人意，现在已经很少使用。

1.2.3　多道批处理

20 世纪 60 年代，随着电子技术的发展，使用小规模集成电路制造的第三代计算机开始出现。第一台使用小规模集成电路的主流机型是 IBM 360，其与上一代晶体管计算机相比，在空间、能耗、处理速度等方面均有显著提高，很快就获得了成功。在 IBM 360 出现之前，大多数计算机厂商均使用两条不同的生产线专门生产两种类型的计算机，一类专用于科学和工程计算，另一类专用于磁带归档和打印。这种做法使得产品开发和维护的费用极为昂贵。IBM 为改变这种状况，开始在其新研制的 360 机上配置 OS/360 来解决这个问题。配置了 OS/360 的 IBM 360 机既可以用于科学计算，也可以用于商业计算，同时还可以处理磁盘归档和打印等事务。但由于不同用户的需求存在差异，导致 OS/360 需要集成各种不同处理程序，其结果就是其体积极其庞大且复杂度极高。同时大量的编程人员编写的汇编程序也将大量错误引入操作系统，IBM 需要不断地发布新的版本以更正这些错误。

尽管 OS/360 具有庞大的体积和大量的程序错误，但其最初的设计使其天生就可以用来满足大多数用户的要求，尤其是其引入的多道程序设计思想对后续的操作系统设计影响深远。多道程序设计思想被引入操作系统设计过程后，直接产生了如 OS/360 这样的多道批处理系统的出现。

在多道批处理系统中，所有用户的作业需要首先在外存排队等待装入，此时形成的作业队列被称为"后备队列"；接着由作业调度程序按照选定的调度算法从后备队列中选择一个或多个作业装入内存的不同分区，这些分区相互不重叠。同时在作业运行期间，仅能访问分配给自己的内存空间中的程序和数据，每次要求访问指定地址的信息时，操作系统要主动检查其是否超出本作业的内存空间，以防止越界访问和操作。这种方法为 OS 带来了显著的好处，主要表现为以下几点。

(1) 提高 CPU 利用率。在单道批处理系统中，内存中只有一个作业，虽然该作业的执行速度比较好，但在该作业执行 I/O 操作时 CPU 无事可做，只能消极等待 I/O 完成。引入多道程序设计思想后，一个作业需要转向 I/O 执行时，可以将 CPU 交给另一个作业使用，因此只要内存中作业数量达到一定程度，就可以保证 CPU 始终处于忙碌状态，其利用率甚至可以接近 100%。

(2) 提高内存和 I/O 设备利用率。很明显，多个程序共处内存可以尽量减少内存的空间浪费，且当有大作业到达时，只需配合一定的内存分配策略，也可以通过适当降低多道程序度的方式腾出足够空间交给大作业使用。对 I/O 设备而言，单道批处理系统一个时刻最多有一个设备被使用，但在多道批处理系统中，可能会有多个 I/O 设备同时被多个不同程序使用，则在单位时间内，每个设备的利用率都得到了提升。

(3) 增加系统吞吐量。在 CPU 和 I/O 设备都不断忙碌的情况下，单位时间内系统所处理的数据量必然会大幅增加，即系统吞吐量增加。

此外，作为批处理系统，多道批处理系统也需要累积一定数量的作业后一次性提交给系统处理。只是此时每个作业的处理效率比较高，作业读取间隔比较短，若仍由操作人员搬运磁带来进行作业输入显然会为处理速度带来不利影响，且第三代计算机本身也可以处理磁带归档和打印工作，因此在多道批处理系统中还引入了 SPOOLing(Simultaneous Peripheral Operating On-Line，假脱机)技术。该技术使用两个特殊的程序模拟单道批处理系统中的脱机外围机，专门用来实现外围机所做的磁带归档和打印工作，但由于其本质上是联机程序，因此该技术也被称为假脱机技术。

虽然多道批处理系统具有资源利用率高、系统吞吐量大等优点，但批处理系统本身所具有的平均周转时间(从作业进入系统到其完成任务退出系统所经历的平均时间)长、无交互能力等缺点，使得用户任务响应时间大大延长(与单道批处理相比)，且修改和调试程序均需要等待本作业所在的这一批作业处理完成才能进行，很不方便。

1.2.4 分时操作系统

分时操作系统(Time Sharing System)也属于第三代计算机时期出现的操作系统。该系统的出现起因于多数程序员对于多道批处理系统需要与他人争抢机时的痛苦感受，即每个编程人员将作业提交后需要等待很长的时间才能得到运行结果，且程序中很小的错误都会导致编译失败，编程人员简单修改后还需要重新预约机时、等待结果。因此大部分的编程人员还在怀念第一代计算机的使用方法，即一个用户可以独占一台机器一段比较长的时间，以便集中完成自己的工作。此外，编程人员也希望能随时与机器交互，以便对程序做出及时调整。

分时操作系统仍然基于多道程序设计思想，但其性能表现与多道批处理系统截然不同。其可供多个用户同时使用，能提高计算机资源利用率，是多用户共享计算机的最好办法，尤其是在多用户查询上表现最为突出。

实现分时操作系统需要及时接收和及时处理用户命令。其中，及时处理是人机交互能够实现的重要保障。为了能使用户输入命令后在指定期限内及时控制自己作业的运作，且由于在磁盘上的文件不能运行，无法保障随时交互，因此必须将每个用户的当前作业装入内存。另外，在实现分时操作系统时，还要注意每个用户不能长期独占 CPU 至自身运行完成。因此，分时操作系统将 CPU 处理时间进行分割，形成一个个特定大小的时间片段，这些片段被称为时间片。分时操作系统的每个用户在获取 CPU 控制权后，最长只能执行一个时间片长度，然后就必须让出 CPU，交给其他等待用户使用。

分时操作系统具有多路性、及时性、独立性和交互性特征。

(1) 多路性。多路性指的是多个用户终端同时连接在一台主机之上，系统按照时间片轮转的方式将 CPU 轮流交予各个用户进程使用。这种分时共享的方式，使得在一个时间段内，每个用户都感觉自己的作业被响应了。但从 CPU 本身而言，每个时刻还是只有一个用户程序使用。分时操作系统的多路性提高了资源利用率，降低了硬件成本，进一步挖掘了计算机系统的能力，使计算机在更广泛的领域得到更好的应用。

(2) 及时性。及时性指的是用户请求的响应时间要短。由于分时操作系统的设计初衷之一就是保证快速的人机交互，使用户可以及时控制作业运作，并能及时修改和调试程序，因此等待运行结果的时间就要尽可能的短，此时的时间长短以用户感受为准。

(3) 独立性。独立性指的是每个用户均感觉自己独占了一台终端，且不知道其他用户的存在，即每个用户均独立运行自己的程序，相互之间不干扰。

(4) 交互性。交互性指的是用户使用终端与系统进行对话，以便向系统请求各种不同的系统服务，这些服务可以帮助用户完成不同类型的需求。

第一个真正的分时操作系统 CTSS 由麻省理工学院(MIT)开发完成，但直到第三代计算机广泛采用了硬件保护后，分时操作系统才真正流行开来。继 CTSS 之后，MIT 又联合贝尔实验室、通用电气公司共同开发了 MULTICS，用于支持数百名分时用户。尽管 MULTICS 在商业上并未取得辉煌成就，但其开发过程中涌现的优秀概念一直影响着现代操作系统的发展。最典型的案例是曾参与开发 MULTICS 的一位开发人员 Ken Thompson 在一台无人使用的 PDP-7 小型计算机上开发了一个简化的单用户版 MULTICS。该系统就是后来乃至现在流行于世的 UNIX 操作系统的前身。UNIX 系统以其稳定、开源、可裁剪等特性著称，在服务器操作系统领域的地位至今无人可比。1994 年，以芬兰学生 Linus Torvalds 为首的一个兴趣小组通过互联网组织在一起，共同开发了一个类似于 UNIX 的小型免费操作系统，该系统被命名为 Linux。Linux 系统以短小精干、功能强大、代码开源、永久免费等特征闻名于世，在商业应用和个人桌面领域都有亮眼表现。本章后面设有专门章节介绍该系统。

1.2.5　个人计算机操作系统

20 世纪 80 年代初，大规模集成电路出现后，计算机也随之出现了第四代——个人计算机。个人计算机又称微型计算机，指的是以极低廉的价格购买的计算机却能够做到原来由大型机才能完成的工作。

微型计算机上配置的操作系统被称为微机操作系统。最早的微型计算机操作系统 CP/M(Control Program for Microcomputer)诞生于 1974 年，由英特尔公司的顾问 Gary Kildall 等编写，是为英特尔新推出的第一代通用 CPU——8080 配置的专用操作系统。在随后的几年中，由 Kildall 组建的 Digital Research 公司重写了 CP/M，使其可以在 8080、Zilog Z80 以及使用其他 CPU 芯片的多种微型计算机上运行。由于具有较强的可适应性、可移植性以及简单易学等优点，CP/M 就此控制了 8 位微型计算机世界达 5 年之久。之后，随着用户需求的不断变化，微型计算机操作系统也产生了不同的变种，获得了长足的进展。根据其运行方式，可以将整个发展过程中出现的微型计算机操作系统分为以下几类。

1. 单用户单任务操作系统

单用户单任务操作系统，顾名思义，指的是在一段时间内只能有一位用户使用微型计算机，且这个用户一次只能运行一个用户程序。这是最早且最简单的操作系统，主要配置在早期的 8 位、16 位微型计算机上。

单用户单任务操作系统的典型代表除了上述的 CP/M 外，还有国人熟悉的 MS-DOS。MS-DOS 系统最早运行于 IBM PC 上，是由 Bill Gates 开发的 BASIC 解释器加上 Seattle Computer Products 公司开发的 DOS 操作系统合并、修改后形成的。其随着 IBM PC 捆绑销售，在商业上取得了巨大成功。1983 年，拥有 Inter 80286 CPU 的 IBM PC/AT 推出，升级后的 MS-DOS 2.0 版本具有许多来源于 UNIX 的先进功能。例如，由于对树状目录以及磁盘设备的支持，该系统很快将 CP/M 彻底击溃。在后来的 80386、80486 中，MS-DOS 不断升级，加入新的先进功能，受到大多数用户的欢迎，成为事实上的 16 位单用户单任务操作系统标准和典型代表。

2. 单用户多任务操作系统

单用户多任务系统仍然要求一段时间内由一个用户独享计算机，但这个用户可以合理利用这段机时，一次运行多个任务，使它们并发执行。这种做法通过提高多道程序度来增加系统吞吐量和资源利用率，缩短用户任务的响应时间，从而大幅提高系统性能。该类型操作系统的典型代表是 Windows 系列。

在 Windows 操作系统出现之前，苹果公司推出的个人计算机 Macintosh(简称 Mac)的操作系统——mac OS 已经取得了巨大的成功。其第一个在商业 OS 版本中采用了 GUI(Graphical User Interface，图形用户界面)，即使用窗口、图标、菜单、鼠标等进行用户任务的操作控制，适合于那些没有计算机知识的非专业用户使用。正是 Mac 的这一特性，使得微软公司的决策层意识到 GUI 在计算机推广过程中的重要性，因此在构建 MS-DOS 的后继产品时，微软公司将一个图形环境软件层次附加在 MS-DOS 上，形成了早期的 Windows，该系列操作系统的核心还是 MS-DOS，图形界面只是附加在其上的一个 Shell 层。这种运作方式持续了 10 年，直到 1995 年微软发布一个独立的 Windows 版本——Windows 95 后才得到改观。Windows 95 仅使用 MS-DOS 引导系统和兼容老的 16 位程序，同时还添加了对 Internet 的支持。此后的改进版 Windows 98 将微软的 Internet 浏览器 IE 集成到系统中，方便了用户上网检索，同时还集成了多媒体功能的支持。在此基础上，微软不断推出基于 32 位、64 位的新版操作系统，它们通常具有家用和商业工作站两种不同版本。目前最新的 Windows 系列产品是 Windows 11。与其前辈相比，该系统具有更个性化的界面，系统运行效率更快，对多媒体体验给予了更多关注，能够为用户带来更为舒适的感受。

3. 多用户多任务操作系统

多用户多任务操作系统允许多个用户同时登录主机，但每个用户要使用自己的终端来共享系统资源；在每个终端上，各个用户可以同时运行多个并发任务，以进一步提高系统吞吐量和资源利用率。除微型计算机外，在大、中、小型计算机上通常都要配置多用户多任务操作系统，以保证多个用户的联机共享需求。甚至在微型计算机上，也有很多用户选择使用此类系统，作为个人用户而言，选择最多的还是 UNIX 及其各种变种。

UNIX 在工作站和其他类似网络服务器这样的高端计算机上影响最为广泛，功能也十分强大。此外，在采用了 RISC 芯片的计算机上 UNIX 的应用也十分普遍。关于 UNIX 操作系统及其最为流行变种 Linux 将在第 1.4.2 节进行介绍。

1.2.6 实时操作系统

在操作系统的发展历程中，出现了多种多样的实时系统，在工业应用领域，实时操作系统更为常见。这类系统的特征是将时间作为关键参数，即系统应能及时获取用户请求，并在指定时间内开始或完成规定任务，同时还要保证所有任务协调一致地工作。实时操作系统通常被用于进行实时控制或实时信息处理。

在现代化工业现场，许多生产过程的控制均需要依赖计算机对数据的快速组织处理能力，由硬件采样装置采集上来的样本值被及时(或即时)传送到控制主机中，由主机根据事先制定的控制规则自动指定相关硬件执行预定操作,以完成产品的加工。根据不同产品的生产过程和品质要求、形状等特性,被采集的数据可以是温度、压力、姿态、状态值等,唯一的共同点就是这些数据都用来保证产品的质量。此外,由于计算机处理能力的不断提升,实时控制过程也不断缩短,使得产量不断提高。正是由于实时系统的准确、及时、高效等特性,使其当前在工业、军事等领域得到长足进展,推动了科技的进步。常见的实时控制系统有数控系统、工控系统、制导系统以及多种智能家电。

除了实现控制,实时系统也用来进行实时信息处理,此类系统通常所管理的数据均放在服务器上,由多个终端通过网络关联,服务器接收各终端发来的远程服务请求,分析请求后再对信息进行检索和处理,再将处理结果返回给提出申请的用户。为保证响应效率,这个过程中的每一步都要尽可能地快速、准确。常见的实时信息系统有票务系统、检索系统等。

无论是哪种实时系统,其所处理的任务都具有一定的紧迫性,且与某些外部设备相关,甚至若有一个步骤没有达到时间要求,后续所有工作都会出错。因此在设计实时系统时,需要综合考虑不同类别实时任务的特性。按照不同的划分方法,实时任务有不同的分类。

(1) 按周期性对实时任务进行分类。按周期性分类,可以将实时任务分为周期性实时任务和非周期性实时任务。周期性实时任务通常由外部设备按照设备周期定期发送信号来启动,主机收到信号后为该设备进行某些特定工作的执行。非周期性实时任务则不期待周期性信号的出现,而是根据任务对截止时间的要求以及当前系统中资源使用情况选择合适的时机启动,该时机必须能保证任务满足截止时间要求。

(2) 按对截止时间要求的严格程度对实时任务进行分类。实时系统中的截止时间分为开始截止时间和完成截止时间两种。前者要求实时任务在指定时刻(或之前)必须开始运作,后者要求实时任务在指定时刻(或之前)必须结束。按照实时任务对开始截止时间或完成截止时间要求的严格程度,可以将实时任务划分为硬实时任务和软实时任务两种。硬实时任务指的是该任务必须在指定截止时间(或之前)开始或完成。通常直接控制设备姿态和动作的实时任务需要严格遵守时间要求,否则可能导致后续步骤无法执行,因此此类任务通常为硬实时。软实时任务则要求不是这么严格,偶尔可以超出时限,对系统正确性和安全性不会有太大的影响。常见的软实时任务如检索信息等,通常是以人类的耐心为标准,虽然有时间要求,但并非十分严格,因此可以偶尔超出。

1.2.7 网络操作系统

计算机发展到如今,系统在进行本地计算时,经常需要通过网络存取位于异地计算机上的数据,因此现在的操作系统都要求支持单个计算机通过局域网和广域网互联的功能。随着网络的不断普及,逐渐形成了一些新的操作系统类型,其中最重要的是网络操作系统和分布式操作系统。

网络操作系统(Network Operating System,NOS)是网络用户和网络之间的接口,除实现通用操作系统功能外,还需要管理网络中的共享资源,实现用户之间的通信,同时还要向用户提供多种系统服务。因此,网络操作系统应具有数据通信、资源共享、网络管理等基本功能。

网络操作系统的数据通信功能表现在几个方面。第一,要能建立与解除除应用层外的所有各网络层次间为保障数据通信所设立的各种连接,例如物理层的物理连接、数据链路层的相邻节点间的无差错信息传输连接等。第二，要能正确拆分和组装报文。这一功能主要针对长消息操作，即将较长的报文在传输层分割并分别打包为网络层上的分组格式，再依序将多个分组发送给对方网络层，在接收方计算机上的对应网络操作系统要能根据特殊序号将所有分组组合为与初始信息相同的正确报文。第三，要能实现传输控制。传输报文时，网络操作系统要能根据发出报文的用户信息为报文制作报头，用以记录与发送者和接收者相关的信息，以保证传输控制的正确进行。第四，要能做到流量控制。由于在分组交换网中采用"存储转发"形式进行信息传输，为保证不丢失数据，应确保路由线路上的缓冲区能及时容纳新信息，其实现方式就是控制进入路由线路的信息流量。第五，要提供差错的检测与纠正功能。为尽量降低数据错误，在真正使用数据前应进行检测，若发现错误也要能加以纠正。

网络操作系统资源共享的范畴通常包括对硬盘空间的共享和网络打印功能的共享等。对硬盘空间，既可以使用虚拟软盘方式将服务器硬盘分区后分配给各用户，也可以使用文件服务方式要求系统将服务器的文件系统中特定目录或文件的存取权限交付给用户。值得一提的是，无论使用哪种方式，用户实际所利用的空间均是位于服务器的硬盘之中。另一种常见的共享资源是网络打印机。网络操作系统使用 SPOOLing 技术将网络中的打印机共享给工作站或其他所有的计算机，每个工作站或服务器发送给打印机的任务将在打印机所在地进行排队等待，直到全部打印工作完成。网络资源的共享可以尽量提高资源利用率，降低成本。

网络操作系统中实现网络管理的软件负责监视网络及其组件的运行情况。其向不同设备不定时发送特定信息，并接收和分析响应信息，以确定该设备甚至整个网络是否正常运作。

网络操作系统经过多年发展，其基本设计目前已经成熟。

1.2.8　分布式操作系统

与计算机网络操作系统一样，分布式操作系统也是随着互联网的发展而出现的一种新型系统软件。如 1.2.7 节所述，网络操作系统是在单机上部署的，其运行性能取决于本地计算机。当这样的一台主机希望访问位于网络上的另一台计算机的资源时，必须指明要求访问的是哪个站点上的哪一台计算机，为了保证访问指令被正确解析，发出的请求还需要以目标机的指令、数据格式来实现资源共享。可以看出，这种方法在实现多主机协作时很烦琐且容易出现错误。

为正确完成多主机协作，分布式操作系统的理念逐渐流行起来。分布式操作系统是一个逻辑上的全局操作系统，由若干独立的计算机构成，这些不同的处理器通过互联网构成一个统一的系统,在该系统中使用了分布式计算结构,将原来单机系统 CPU 的任务分散给不同的处理器，这些处理器可以用来实现不同的功能，它们协调工作，共享系统软硬件资源，共同控制分布式程序(进程)的运行。分布式操作系统能够给用户提供统一的界面、标准的接口，以便利用系统的各种资源实现所需要的全部操作。值得注意的是，组成分布式系统的各个主机体系(包括处理器、存储器、外部设备)既可以独立处理本地任务，又可以合作完成大型工作。

1. 分布式操作系统和网络操作系统的区别

分布式操作系统和网络操作系统虽然都以计算机网络作为物理基础，也使用了分散的多个处理器，但其在系统透明性和系统耦合度等方面存在本质区别。

在系统透明性方面，分布式操作系统中不同主机的用户可以看到统一的界面，每个用户均认为整个系统运行于本地计算机，当用户要求使用某资源时，只需使用本地机的操作指令声明即可，分布式操作系统将自动解析用户申请，选择相应位置的主机运行指定操作，并利用相应位置的指定类型资源。但对用户来说，这些资源所在位置和操作执行的位置均无须了解，系统对用户而言是透明的。在网络操作系统中，用户申请的资源所在位置需要显示给出，用户需要对整个网络布局有一定的认识，系统对用户而言是不透明的。

在系统耦合度方面，在部署了分布式操作系统的计算机体系中，计算机网络和各独立主机是其物理基础，主机之间的通信仍要经过通信链路进行信息交换。其除了具有一般计算机网络的模块性、并行性、通信性等特征外，还有进一步的发展。例如，在常规网络中，并行性仅意味着各主机独立，但在分布式操作系统中，并行性意味着在完成某些大型工作时，多个主机需要合作，这是因为分布式系统不再是一个物理上的松散耦合系统，而是逻辑上紧密耦合的系统。在网络操作系统中，各主机均有自己的一套处理机制，仅仅依靠通信链路上的消息传递为用户提供一些服务，逻辑上并未构成一个整体，因此网络操作系统是逻辑上松散耦合的系统。

2. 分布式操作系统的特性

分布式操作系统是全新的操作系统设计思想，具有多机合作和健壮性等特性。

多机合作指的是多个处理器共同协作，由操作系统自动对任务进行分配和协调。分布式操作系统具有多机合作功能，使其具有响应时间短、系统吞吐量高、可靠性高等优点。

分布式操作系统具有良好的健壮性，当系统中的一个甚至多个处理器出现故障时，剩余的处理器仍能自动重新构成一个新的基于较少处理器的操作系统，该系统仍能继续工作，甚至在配置了冗余处理器的分布式系统中，重构的新系统可以继续失效部分的全部工作。一旦故障排除，系统将自动恢复为原来的状态。这目前仍然是一个热门的研究领域，也是未来操作系统的发展方向之一。

1.2.9 操作系统的进一步发展

纵观操作系统的发展轨迹，可以看到操作系统除了在向分布式发展外，还有两个比较热门的领域——集群式系统和嵌入式系统。

1. 集群式系统

在操作系统的热门研究领域，集群式系统是一个尚未明确定义的概念，但其基本思想可以表述为由两个或多个独立的系统单元组成的大型系统，这里的单元可以是单处理器系统，也可以是多处理器系统。多处理器系统，指的是由通过通信信道紧密通信的多个处理器组成的系统，其分为对称多处理器系统(系统中每个处理器均安装有一个操作系统的副本，它们相互通信，共享总线、时钟等系统资源，在系统中的地位相同)和非对称多处理器系统(系统中每个处理器的地位不同，有一个主处理器和多个协处理器，主处理器主控全局，协处理器向主处理器要任务或执行预先设定的任务)。

由于集群式系统允许使用多个相对独立的多处理器系统作为自身的构成单元，且组成集群系统的多个个人机硬件成本之和比大型机硬件的成本要低廉许多，使得集群式系统可以具有较高的性价比。例如，弗吉尼亚理工大学(Virginia Polytechnic Institute and State University)于 2003

年开发出的 System X 就是一个典型范例，它由 1100 台 Mac G5 汇总而成，每秒钟可以执行 10 万亿次浮点操作，成本却只需将近 500 万美元，比传统大型机便宜许多。

由于集群系统的特殊结构，它还应能提供优秀的容错能力，以便多个单元出现故障时，系统仍能以较好的性能持续运行。同时还要能及时检测到故障的发生，并恢复故障节点的运行。

最流行的集群式系统的实例是 Beowulf 系统，它由一组基本相同的计算机构成，每一个节点上都运行 Linux 系统和一组适用于 Linux 内核的软件包，主要应用于科学计算、大任务量计算等环境。

2. 嵌入式系统

嵌入式系统是随着各种数字化设备的流行而出现的。在实现专有目的的数字化设备的设计过程中，人们希望将计算机的快速处理能力加入进来，因此在数字化设备中提供了类似微型机的硬件构成，并将嵌入式系统植入这些硬件中。作为一种特殊的系统软件，嵌入式系统为其各种用户级嵌入式软件提供支持，同时控制整个系统的各项操作，合理管理和分配系统资源。它除了具有操作系统的基本功能外，还具有实时性、微型化、可裁剪、高可靠性和高可移植性等特点。

(1) 实时性。常见的嵌入式系统均出现在为用户提供快速计算和即时响应的小型计算机中，如掌上计算机、PDA 等。这种交互需求必然要求其中的嵌入式系统具有实时性，以便保证反馈信息的及时和有效。

(2) 微型化。在数字化设备中，由于其体积限制和实时性要求，不可能提供如微型机那样大的内外存空间，因此为了能在有限空间中运行，嵌入式系统必然不能像大型机甚至微型机系统那样庞大。

(3) 可裁剪。大部分的数字化设备用途比较单一，在系统运行过程中其处理的计算也相对简单，且不同用户对设备功能的要求也不同，因此嵌入式系统应该能根据用户需求进行自行定制裁剪，以便使用最小的软件集合实现最符合用户需求的系统。同时，嵌入式系统的可裁剪性也将能满足用户要求的系统控制在最小体积。

(4) 高可靠性。可靠性是所有操作系统的基本要求，但和普通的实时系统一样，嵌入式系统对可靠性的要求比较高。例如，一个用于控制数控机床的嵌入式系统直接控制刀片的姿态和行动轨迹，若有一点失误，将会导致材料的浪费，甚至引发严重的质量问题，因此其可靠性是系统设计和测试过程中一定要重点关注的。

(5) 高可移植性。嵌入式系统通常会在一系列功能相似的嵌入式硬件上运行。为满足不同硬件或不同应用场合的特殊需求，嵌入式系统还应该能在简单修改后就可以在不同的环境中正确有效地运行，即嵌入式系统应具有可移植性，不依赖于特定硬件。

最为常见的嵌入式系统有 TinyOS、µC/OS-III 和 Linux。尤其是在复杂嵌入式应用领域，Linux 系统由于具有开源、外围软件多等特点而表现抢眼。

1.3 操作系统的结构

早期的操作系统仅用来完成很简单的工作，因此其规模很小，只需要一个熟练的程序员花费一小段时间就可以完成编写。但随着操作系统功能的不断增加，开发一个完整的操作系统对个人而言越来越难。在此背景下，人们逐渐开始使用工程化的方法开发操作系统，并由此产生了"软件工程学"。

使用软件工程思想设计操作系统时，除了要满足第1.1.4节所述的操作系统设计目标外，还要根据用户需求分析采用哪种形式的操作系统结构更适用。在操作系统设计方法的发展历程中，出现了多种不同的操作系统结构，其中比较有代表性的有整体结构、分层结构、虚拟机结构、外核结构和客户机/服务器结构。

1.3.1 整体结构

整体结构又称为模块化结构，它采用结构化程序设计技术，将复杂的 OS 需求分解后根据相关性分类，每个类别使用一个或几个模块实现。使用这种结构的 OS 中，各模块分别具有独特的某方面管理功能，如进程管理、存储器管理等，且相互之间使用规定好的接口通信。接着再将各模块进一步划分为子模块，并定义通信接口。子模块还可以进一步细分为更小的模块，这种设计方法被称为模块—接口法。系统中的模块按照其基本调用需求可以分为主程序、服务程序和公用程序三类。主程序用来声明要调用的服务程序，服务程序则用来执行系统调用，而一个服务程序必须使用多个实现具体操作的公用程序的组合才能完成。图 1-2 所示为一个简单的整体结构操作系统的结构模型。

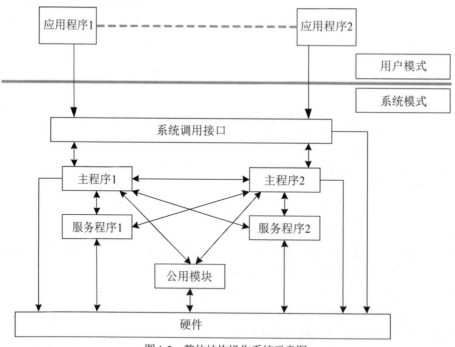

图 1-2　整体结构操作系统示意图

整体结构的操作系统具有突出的优点。使用模块—接口法开发的 OS，各个模块间可以通过预定义的接口相互调用，因此系统中已有的功能可以直接被其他新加入的模块使用。由于各模块是按照功能划分，其内部数据关联性(内聚度)高，对外表现出较强的独立性(耦合度)，可以独立编译形成可装入代码，因此新加入的系统功能可以独立设计、编码和调试后再与原系统连接形成新的整体。同时，在系统最初设计时，也可以让多个小组分别开发相对独立的各个模块，以缩短系统开发周期。

但使用模块—接口法设计的整体结构操作系统仍然在某些方面具有缺陷。这些缺陷通常起因于设计过程，因此也是整体结构操作系统不易克服的严重缺点。例如，在设计过程中对接口的规定经常在实际应用过程中发生无法满足需求的状况。由于各模块的设计是一个小组同时进行的，因此每个模块的设计决策主要来自本小组内部需求的考虑，但从整个系统考察，很有可能无法找到可靠的决定顺序。因为前驱决策会影响后继决策，这种无序性将会导致设计的基础无法保证可靠，而基于不可靠的设计所开发的 OS 必然不会有很好的可靠性。

1.3.2　分层结构

由于整体结构 OS 具有内聚度低、耦合性高、可靠性差、可扩展性小等缺点，而操作系统的规模则是在不断扩大，整体结构 OS 逐渐无法满足人们的需求，因此设计新的操作系统结构成为必然。在这样的背景下，首先被广泛采纳的设计方法是分层法，形成了分层结构的 OS。这种方法将整体结构 OS 中的各个模块按照决定次序分层，即每层都是在其下层的基础上构建的。这种构建方法的基本思想是在裸机之上，根据模块功能与系统硬件的相关性以及各模块之间的调用关系，构建多个层次的软件，最终形成完备的 OS。分层结构实现过程通常采用自底向上的方法进行，以保证系统模块按照设计过程中的决策次序构建。

使用自底向上的方法构建出的各个层次具有可靠的基础，每一层仅能使用其底层(包括紧邻底层和更低的层次)所提供的功能和服务，且在开发过程中，先开发最底层，调试完成后即形成与上层无关的可靠基础。接着在其上构建第二层软件，由于已知其下层软件是正确的，因此凡是调试和测试过程中出现了问题，可以确知是由第二层软件造成的，因此只需修改第二层软件即可。按照这种方法继续，直到形成完整的 OS 为止。按这种方法构造的操作系统具有层次特性，每个层次由多个模块构成，且只依赖于其紧邻下层。

典型的分层结构 OS 为 MULTICS，其由一系列同心环构成，内层环比外层环具有更高的级别。当外层环要调用内层环的过程时，必须执行一条等价于系统调用的 TRAP 指令。另一个著名的分层结构 OS 实例是 E.W.Dijkstra 和他的学生开发的 THE 系统(1968)，在这个系统中第一次提出了操作系统分层设计的思想，第一次出现了分层结构的 OS。该系统是为荷兰的 Electrologica X8 计算机配置的批处理系统，共分为 6 层，如表 1-1 所示。其中，0 号层提供了基本的多道程序环境，当发生中断或时间片用完时，处理器将在该层进行相应分配，其上层的进程无须知道处理机分配的具体细节；1 号层的各模块通常用来完成内存分配，提供页面置换功能，以保证该层所管理的内存和对换区中的页面能正确命中；2 号层处理进程与操作员之间的通信，以保证操作员的意图可以正确地被系统获知和处理；3 号层管理 I/O 设备和相关的缓冲区，为上层提供统一的使用外部设备的接口，方便用户使用各种不同类型的外设功能，同时保证设备控制对用户透明；4 号层中的各用户程序无须了解 I/O、进程通信、存储器和处理器的工作细节，只需使用特定接口将自己的申请发送给紧邻下层即可；5 号层是操作人员最终所在的层次。

表 1-1　THE 系统结构

层号	功能
5	操作员
4	用户程序
3	I/O 管理
2	操作员与进程通信
1	存储器和磁盘管理
0	处理器分配和多道程序设计

分层结构的操作系统基于正确的层开发方式便于保证系统正确性，同时层次化的设计方式便于进行功能扩充和系统维护。但每个层次都仅依赖其紧邻下层的特性使得各层间都要定义通信机制，这样当一个用户请求需要使用较低层次的功能时，需要多次穿越层边界，这样的做法会增加通信开销，导致系统效率降低。

1.3.3　虚拟机结构

虚拟机结构 OS 最初是为了满足用户对分时系统的需求而出现的。第一个真正意义上的虚拟机结构 OS 是 VM/370，其设计初衷是实现两个功能：提供多道程序环境和实现一个比裸机更方便的可扩展的虚拟计算机。在部署 VM/370 的计算机体系中，裸机和虚拟机被彻底隔离开来。

VM/370 的核心程序为虚拟机监控器(Virtual Machine Monitor)，其运行于裸机之上并提供多道程序功能。该系统向上层提供多个对裸机硬件精确复制的虚拟机，这些复制品均包含核心态、用户态、I/O 处理、中断以及其他真实机器所应该具有的全部功能。正因如此，凡是能在一台物理裸机上运行的操作系统均可以出现在一个特定虚拟机上，分配给各用户的不同虚拟机上可以随用户的个人爱好和操作习惯不同而采用不同的操作系统。因此经常会出现一台裸机上的各个虚拟机中运行类型各不相同的操作系统的现象。在这些虚拟机中，除了用来实现批处理和事务处理的 OS/360 的后续版本外，还有用来保证分时共享的单用户、交互式系统——会话监控系统(Conversational Monitor System，CMS)。

图 1-3 所示为配有 CMS 的 VM/370 的结构。当一个 CMS 程序执行系统调用时，该调用被陷入其虚拟机的操作系统上，而不是 VM/370 上，在用户看来就是直接在自己独享的一台裸机上工作。接着再由 CMS 发出常规的设备 I/O 指令来响应系统调用，这些 I/O 指令被陷入 VM/370 后，由 VM/370 实际执行并完成指令要求。

上述方式将多道程序设计功能与虚拟机的扩展能力彻底隔离，使得每个部分的设计和实现都更加简单和灵活，更容易维护。

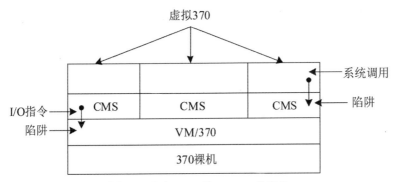

图 1-3　配有 CMS 的 VM/370 的结构

1.3.4　外核结构

在虚拟机结构的操作系统中,由于所有用户使用的虚拟机都是对整个物理裸机的精确复制,因此所有用户见到的可用空间均是从 0 到最大编号。这种使用方法要求虚拟机监控器必须设置和维护一张地址重映射表,以便找到用户的实际文件所在地。

为了使各虚拟机相互独立,麻省理工学院的研究人员以虚拟机结构 OS 为基础,构造了一个外核结构的操作系统。该系统为每个虚拟机分配连续的指定大小空间,作为其自身的独立空间使用。该系统的核心程序称为外核(Exokernel),其在核心态运行,为虚拟机分配资源,并对虚拟机发送来的资源访问申请进行检查,以保证没有任何虚拟机能访问其他虚拟机(用户)的空间。这种方法可以将每个用户层虚拟机限定在已分配给它的指定资源环境中,保证各虚拟机的独立性。

使用外核机制可以减少映射次数,在虚拟机监控器中无须设置地址重映射表,只需要在外核程序中记录分配给各虚拟机的资源情况即可。此外,该机制还可以将外核内的多道程序设计环境与用户空间的操作系统代码有效隔离,且外核处理虚拟机冲突的开销并不大。

1.3.5　客户机/服务器结构

虚拟机结构和外核结构都试图把传统操作系统的大部分功能转移到 CMS 中,VM/370 做得已经相当不错,但却仍然是一个十分复杂的系统软件。若想保持系统处理效率,就不可能模拟过多的虚拟 370。因此,现代操作系统普遍采用的方法是将操作系统的大部分功能尽量从核心态中移出,只将最基本的操作组成一个很小的微内核,这就形成了所谓客户机/服务器(C/S)结构的操作系统。

客户机/服务器结构的操作系统是随着计算机网络的发展和流行而出现的,在 20 世纪 90 年代已经风靡全球。这种结构的操作系统对支持分布式操作系统具有天然的优势。它将处理本地业务的用户进程放在具有一定独立处理能力的客户机上,形成客户机进程;而把网络之上所有用户同时共享的信息以及完成客户机与服务器通信功能的微内核放在服务器上,形成服务器进程。这样当一个用户提出访问系统资源申请时,客户机进程先发送请求给服务器进程,由后者将请求转发给能完成指定服务的客户机,待其完成要求工作后将结果发送给服务器进程,再由服务器进程将结果回送给发出申请的客户机进程。如图 1-4 所示,一个用户请求访问某文件的数据,该文件由网络文件系统管理,需要使用文件服务进程,因此用户所在的终端上的客户机进程向核心态的微内核发送一个请求，微内核中的服务器进程接收申请并分析，然后将其传送给其他客户机上的文件服务进程进行数据操作。当数据处理完成后，结果还需要通过微内核传送给发出申请的客户机进程，客户机进程再将最终处理结果反馈给用户。

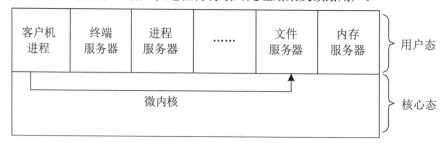

图 1-4　客户机/服务器结构

客户机/服务器结构的操作系统具有不同于传统集中式 OS 的一系列独特优点，使其在网络时代大为流行。首先，该系统的数据可以进行分布式处理和存储。客户机本身均具有一定的处理能力，部分数据处理和存储工作可由本地客户机完成，减少了服务器的任务量。其次，对于重要数据，可以将其放在受到严密保护的服务器所在的局域网内集中管理，以便保证数据安全。再次，C/S 结构有较好的灵活性和可扩充性，客户机/服务器机类型可选范围很大。最后，易于修改用户程序。对客户机的修改和增删很方便，甚至可以由用户自行进行。但在整个系统中，性能的优劣取决于服务器的处理能力，一旦服务器出现问题，整个系统将不可用，因此需要配置多个服务器，以改善和尽量避免瓶颈的产生。

1.4　常用操作系统简介

1.4.1　Windows 系列操作系统

Windows 系列操作系统是当今应用范围最广的操作系统，尤其是在个人桌面系统领域，至今无比肩而立者。众所周知，Windows 系列操作系统是微软公司的主要产品，目前已经发展到了 Windows 11。

Windows 虽然以图形界面著称于世，但不是最早的图形界面操作系统。1970 年，美国 Xerox 公司成立了一个专门从事 LAN、激光打印机、图形用户接口和面向对象技术研究的机构 PARC，该机构于 1981 年推出世界上第一个具有 GUI 的商用系统：star 8010。但由于各种原因，它并未获得商业上的成功。

而苹果公司的创始人之一 Steve Jobs 在参观 PARC 研究中心后意识到 GUI 的应用前景，开始着手进行基于自己公司微机的 GUI 系统。几年后，第一个成功的商用 GUI 系统 Apple Macintosh 推向市场，获得了广泛好评。但其硬件依赖性使得该系统在逐渐占据了市场主导地位的基于 Intel x86 的微机之上无法运行。微软公司在这里发现了商机，开始开发自己的具有 GUI 的 Windows 系统，并在开发之初就致力于将该系统打造为基于 Intel x86 的微机系统上的标准 GUI 操作系统。

1985 年和 1987 年，微软公司以 DOS 系统为基础，加入一个简单的 GUI 层次，分别形成了 Windows 1.03 版和 Windows 2.0 版，这两个版本受限于当时的硬件水平和 DOS 操作系统，并未取得较大反响。随后几年中，微软公司对 Windows 的内存管理、图形界面等做了大量重要的改进，在使得图形界面更为美观易用的同时还能支持虚拟内存，并最终于 1990 年推出 Windows 3.0，该系统一经面世就取得了巨大的商业成就，成功奠定了微软公司在操作系统尤其是个人桌面系统市场上的霸主地位。一年后，微软公司又推出了 Windows 3.1 系统，其在 Windows 3.0 基础上加入了可缩放的 TrueType 字体技术、对象链接和嵌入技术、多媒体技术等，使其具有更好的系统性能和可靠性，进一步稳固了市场。但直至 Windows 3.1，Windows 系列产品还是必须运行于 MS-DOS 操作系统之上，只是作为操作系统核心层次上的一个用户界面 shell 存在，整个系统的性能受到 MS-DOS 的严重桎梏。

为了从根本上改进系统体系结构、提高性能，微软公司又于 1995 年推出了全新的 Windows 95 操作系统。作为一个操作系统发展史上的里程碑产品，它可以独立运行，不必依赖于 MS-DOS，同时还提供了更加优良易用的、面向对象的 GUI，从而缩短了用户的学习时间，减轻了用户的学习负担；提供了对 32 位高性能抢占式多任务和多线程的支持，提高了进程并发率；支持 Internet、高级多媒体服务、即插即用等新功能；在内存管理方面使用 32 位线性空间，提供了更灵活有效的分配和回收机制；为了保证以往的 16 位程序和硬件能继续使用，降低用户更新成本，还提供良好的向下兼容性等。

之后几年推出的 Windows 98 除了对 Windows 95 进行稳定的升级外，还支持多显示器显示、WebTV，同时采用了新的 FAT32 文件系统。Windows 98 还将 IE 集成进了 GUI，使得用户能更方便地浏览信息。2000 年 2 月，Windows 2000 推出，它可以通过互联网进行自动升级。但 Windows 2000 的最大优势在于采用了 NT 技术，该技术是微软公司推出的面向工作站、网络服务器和大型计算机的网络操作系统架构，可以与通信服务紧密集成，提供文件和打印服务，能运行客户机/服务器应用程序，分为工作站和服务器两种版本。

2001 年，Windows XP 发布，它将 NT 架构和从 Windows 9x 中继承来的用户界面融合在一起，进一步改善了 GUI，使得操作系统与一般用户的距离越来越近，同时在文件管理、速度和稳定性等方面比其前辈有了一定的改善。2014 年 4 月 8 日，微软公司宣布 Windows XP 正式退役。该系统作为微软公司最著名的产品，在十几年的时间内一直发挥着无可比拟的作用，其影响甚至在当前仍然存在。

为取代 Windows XP 并继续控制操作系统市场，微软公司于 2009 年 10 月推出了 Windows 7。该系统以 Windows NT 6.1 架构为基础，其设计对用户的更高应用需求更加关注，包括提高移动工作能力以保证对笔记本电脑的良好支持、基于应用服务的设计、对用户个性化的满足、优化视听娱乐感受、操作更便捷等。Windows 7 从公开测试之日起，就得到了广泛的赞誉，其相对于前代产品 Vista 具有更快速的启动、更美观的界面、更强大的多媒体支持、更好的无线连接、更人性化的用户账户控制等特点。与此同时，微软还发布了其服务器版本——Windows Server 2008 R2。

在 21 世纪的最初十年间，微软在操作系统领域的霸主地位受到了来自新老对手的威胁，例如苹果公司的 Mac OS X、各种版本的 UNIX 和 Linux 系统等。为了继续自身的辉煌，微软公司于 2012 年 10 月 26 日正式推出了 Windows 8，并宣传其具有革命性变化。其特点是采用了独特的 Metro 开始界面和触控式交互系统，旨在让用户的日常计算机操作更加简单和快捷，为用户提供高效易用的工作环境。该系统除可用于个人计算机外，还可以用于平板设备，在续航能力、移动速度、内存占用等方面表现良好，且兼容 Windows 7 所支持的软硬件。

2015 年 7 月 29 日，微软公司正式发布 Windows 10 操作系统，该系统可用于包括平板电脑在内的多种硬件平台。Windows 10 向使用 Windows 7、Windows 8.1 以及 Windows Phone 8.1 的用户提供首年免费升级服务。该系统在易用性和安全性方面有了极大的提升，除了针对云服务、智能移动设备、自然人机交互等新技术进行融合外，还对固态硬盘、生物识别、高分辨率屏幕等硬件进行了优化完善与支持。因此，Windows 10 迅速成为世界上使用最广泛的 PC 操作系统，有超过 13 亿设备使用该系统。

2021 年 6 月 24 日，微软公司推出新的 Windows 11 系统，并于当年 10 月 5 日正式发行。Windows 11 同样支持 Windows 10 设备升级。与前代产品相比，Windows 11 采用了全新的引导界面、开始菜单、设置面板、文件资源管理器等，将 Skype 升级为更便于办公协作和好友交互的 Windows Teams，可直接运行安卓应用，并对触摸体验、显示样式、Wi-Fi 支持、语音识别等方面进行了全面提升，更为美观易用。

1.4.2　UNIX 和 Linux 系统

1. UNIX

UNIX 系统可以说是当今除了 Windows 外应用最为广泛的操作系统。它出现于 20 世纪 60 年代晚期，最初用于小型机，后来逐渐在微型机、大型机、中型机和多处理机系统中应用，在商业和研究领域都获得了极大的成功。尽管 Windows NT 架构出现后，UNIX 系统受到了巨大的挑战，但其技术成熟度以及在稳定性、可靠性等方面均遥遥领先于 Windows NT，且由于开源软件社区的大力支持，使其目前仍是唯一被专业人士认可的、能在从巨型机到微型机甚至是嵌入式硬件平台上稳定运行的多用户、多任务操作系统。为了满足网络应用的需要，近年来的 UNIX 系统均配备了对网络提供支持的软件包，使得 UNIX 可以在企业网络中扮演网络 OS 的角色。

1971 年，Ennis Ritchie 和 Ken Thompson 首次使用汇编语言编写出 UNIX 的最初版本。1973 年，Ritchie 使用 C 语言对 UNIX 进行重写，形成了最早的 UNIX 正式版本 V5。随后几年发布的 V6 及其源代码被免费提供给大学和研究机构使用，在鼓励其对 UNIX 加以改进的同时，也使得一代程序人员对这个系统接受并熟悉起来，随着他们毕业并走向工作岗位，20 世纪 70 年代成为 UNIX 的时代。

UNIX 系统不断发展，后来顺序出现了 UNIX V7、UNIX System III、UNIX System V、UNIX SVR 2、UNIX SVR 3、UNIX SVR 4、UNIX SVR 4.2 等版本，而最初进入大学和研究机构的 V6 和 V7 版本则被各单位加以改进，形成了多个不同的 UNIX 版本。其中最著名的就是由加利福尼亚大学伯克利分校开发的 BSD UNIX 系列。

由于 UNIX 具有与生俱来的开放性、先进性和广泛的用户基础，在网络时代到来时，也有很多开发人员希望将其用作网络操作系统。很快，一系列 UNIX 网络应用程序就被装配到系统中来，在 V7 版本中已有一个最简单的网络支持软件。之后在各公司和研究院所、机构发布的 UNIX 版本中不断有新的网络支持程序加入，甚至形成了多个国际标准，其中最著名、最重要的就是 TCP/IP 协议。目前主流 UNIX 厂商都在不断地加强网络方面的研发力度，形成了各种用于企业网络的 UNIX 网络操作系统，如 SCO 公司的 Unixware NOS、Sun 公司的 Solaris NOS 等。

UNIX 的内部机制十分复杂,这里仅对其内核结构进行简单探讨。如图 1-5 所示,整个 UNIX 系统可以分为 4 个层次。第一层硬件层位于最底层处,是整个系统的物理基础。第二层内核层紧邻硬件层,用来管理系统的处理器、存储器、设备和文件资源。该层需要出现两个接口,一个是向下与硬件层通信的接口,由一组驱动程序和基本例程组成;另一个是内核与 Shell 的接口,由系统调用和命令解释程序等组成。而在这两个接口之间出现的就是 UNIX 的核心功能,它包括进程控制子系统和文件子系统。第三层是操作系统与用户的接口——Shell,在该层中通常还会出现编译程序。最高层为应用程序层。

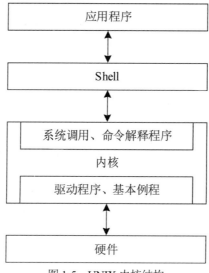

图 1-5　UNIX 内核结构

2. Linux

Linux 起源于 UNIX 社区,由芬兰学生 Linus Torvalds 首次创建。作为一个学生,Linus Torvalds 在学习一个 UNIX 的变种 MINIX 时萌发制作一个自己的、更健壮和有用的操作系统的想法。经过大量的学习和一段时间的努力后,Linus Torvalds 终于在 1991 年将自己的第一个作品发布到论坛上,并保证每个想要使用或研究该作品的人都可以免费得到源代码。很快来自全世界的大量顶尖程序人员加入修改和完善该源代码的队列中,最终产生了 Linux 的第一个正式发行版本 V1.0 版。作为第一个真正全开源的 UNIX 版本,Linux 受到全世界的关注和喜爱。在其出现 5 年后的 1996 年,Linux 成为一个重要的操作系统,并在个人桌面、服务器等多个领域表现出色。直到今天,它依然是一个首要的开源类 UNIX 系统。在教育领域,对 Linux 的学习也有助于学生理解内核工作方式。

Linux 作为一个类 UNIX 系统,本质上只是提供了一个操作系统内核,即只实现了操作系统的基本功能,如对内存、设备、文件系统、处理机的管理和分配等重要功能。而其他的扩展功能,尤其是直接面向用户的 Shell 层次的各种功能,则由分布在全球的各类公司、研究机构、大专院校等单位根据自身或客户需要自主开发。由于这些 Shell 工具经常是开源的,用户完全可以根据自身需要在选定的内核上安装最适合自己的外部功能程序,构成一个个性化的完整操作系统。对于非专业且对 Windows 极为失望的用户而言,可以选择那些由软件公司开发和打包的、具有美观桌面和类似于 Windows 的操作方式的发行版本。

1.5 小结

操作系统在计算机科学的发展中起着至关重要的作用，任何一个版本的操作系统都汇集了当时最先进的计算机科学的新成果和新技术。从最早的人工操作系统到如今的嵌入式操作系统、网络操作系统、分布式操作系统的整个发展过程中，操作系统的功能不断扩充，帮助用户更方便快捷地利用计算机性能。

操作系统的发展虽然快速，但其基本功能仍可以被描述为对软硬件资源的控制和管理，以及向用户提供直观、快捷的接口界面。这里的软硬件资源指的是文件、处理器、存储器和外部设备。

文件管理功能的管理对象主要是辅存上的各种程序和数据的集合。这部分管理功能包括如何有效地管理文件，以便存取文件时准确定位文件所在的位置。此外还要向用户提供操作文件的统一接口，使用该操作系统的用户只能利用这种标准接口申请系统为其服务。最后，在多用户共享文件时，除了保证有效共享外还要考虑文件的信息安全问题。

处理器管理在多道程序环境中作用举足轻重，它要控制和管理各进程的生命周期和执行次序，以协调多道程序间的关系，达到充分利用处理机资源的目的。其主要功能包括进程控制、进程同步、进程调度和进程通信等。

存储器管理对象主要指主存，由于任何程序想要运行必须以进程形式先装入内存，因此内存是计算机体系中仅次于 CPU 的重要资源。如何提高有限内存的利用率和存取效率是存储器管理部分要考虑的主要问题。存储器管理的主要功能包括内存分配、内存回收、内存保护、地址映射和虚拟内存等。

设备管理部分涉及类型多样的、复杂的外部设备，这些设备要与主机并行工作，因此其与CPU 的速度矛盾和进程竞争使用问题最不好解决。设备管理主要包括设备的分配和回收、设备输入输出控制、设备缓冲管理等。另外，为了方便用户，这部分还要向用户提供统一的操作接口。为提高设备利用率，还可以提供虚拟设备功能，使一台物理机器能被多人共享，加快程序的执行过程。

在操作系统的结构划分上，可以将其分为整体结构、分层结构、虚拟机结构、外核结构和客户机/服务器结构。在不同的操作系统应用领域，可以选用不同结构，以提供更为高效易用的操作系统。

1.6 思考练习

1. 试说明什么是操作系统，其具有什么特征？其最基本特征是什么？
2. 设计现代操作系统的主要目标是什么？
3. 操作系统的作用体现在哪些方面？
4. 试说明实时操作系统和分时操作系统在交互性、及时性和可靠性方面的异同。
5. 试比较分布式操作系统和网络操作系统的异同。
6. 什么是操作系统虚拟机结构？它有什么好处？

7. 试说明客户机/服务器结构的操作系统为什么获得广泛应用。

8. 请简要描述处理器管理的主要功能。

9. 请简要描述存储器管理的主要功能。

10. 请简要描述文件管理的主要功能。

11. 请简要描述设备管理的主要功能。

അ 第 2 章 Ꮳ

操作系统的界面

本章学习目标
- 了解操作系统用户的不同工作环境
- 掌握操作系统的生成和引导过程
- 了解操作系统为用户提供的各种用户接口的使用方法
- 了解系统调用的特点和用法

本章概述

操作系统的一个重要功能是为用户提供使用系统功能的接口。在操作系统的发展过程中，为了方便不同类型的用户，操作系统的接口形式也有所不同。常见的操作系统接口有图形用户接口、命令接口和程序接口。本章将重点介绍这些不同类型的接口及其能够提供的服务。

2.1 用户工作环境

2.1.1 用户环境

用户环境指的是用户以自己的账号和密码登录系统后所见到的整体操作环境，这个环境由操作系统和用户自身设定综合而成。根据用户喜好，这个环境可以是图形化的，也可以是命令行形式的。对于普通用户而言，图形化的环境更容易上手和操作；对于专有应用领域的用户而言，使用命令行形式能获得更好的响应效率。为了保证每个用户均能使用自己偏爱的操作环境，操作系统会将用户账号与记录用户操作偏好的配置文件相关联，当某用户以自身账号和相应密码登录系统后，操作系统将自动按照该文件设置默认的用户操作环境。

在设定用户环境前，通常要求系统先启动，即先将所有用户的公共服务和基本操作环境设置好，然后再根据用户设定进行个性化调整。以 Red Hat Linux 为例，按开机按钮后，Linux 开始启动，将看到如图 2-1 所示界面。该界面表示 Linux 操作系统正在启动，图中左侧显示的内容表示当前检测和启动的系统服务模块，右侧的 OK 表示该服务已经正常启动。若当前的 Linux 操作系统具有多个用户，系统启动后将会看到如图 2-2 所示的界面。用户可以选择一个用户登录，若密码错误则无法进入，这说明在系统基本功能基础上进行以用户分类的微调失败。只有当账号和密码的关联关系正确时，按照用户偏好进行操作环境微调才是可以接受的合法操作。

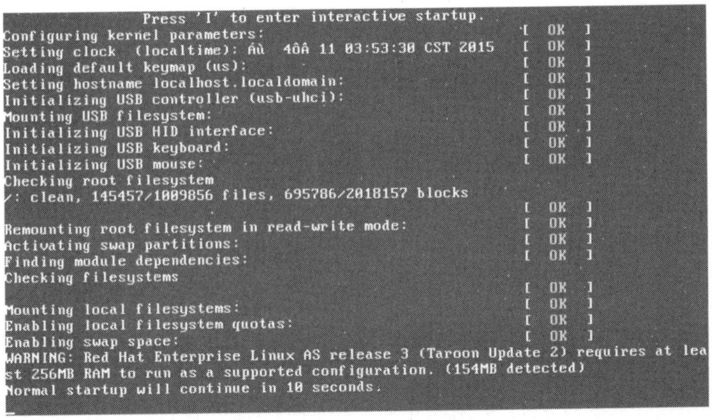

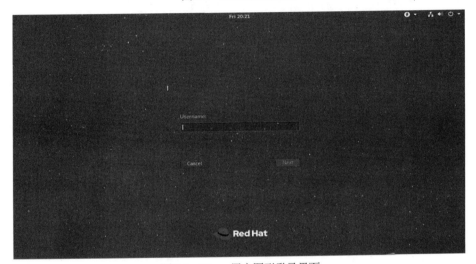

图 2-1　Linux 启动界面

图 2-2　Linux 用户图形登录界面

2.1.2　系统的生成与引导

为了能够支持各种不同用户环境，每个操作系统都要完成生成和引导两个重要步骤，只有这两个步骤正确完成后，系统才能够为用户提供正确的服务，以确保用户任务的顺利完成。

1. 系统生成

在为用户建立工作环境前，需要先检测硬件情况，并在特定硬件之上配置和构造操作系统，这个过程就是系统生成(System Generation，SYSGEN)。当裸机被启动时，为了生成正确的操作系统，需要根据硬件平台的状况进行一系列重要的安装工作，为此需要设计一个特殊的程序来自动进行系统生成。该程序从指定文件中读取硬件系统的配置信息，或从操作人员处获取这些信息，某些系统采用的信息获取方式则是硬件直接检测。无论用哪种方式，均是为了帮助系统记录硬件配置信息，以便根据硬件选择合适的操作系统模块组。这些信息中比较重要的有以下几种。

(1) CPU 类型。由于不同 CPU 芯片上的具体指令集差别较大，为了能将用户抽象指令正确翻译为 CPU 的指令动作，必须在生成系统时获取该信息。

(2) 内存大小。在操作系统运作过程中,内存空间是一个关键性的系统资源,系统和用户程序均需要在其中存储,以便 CPU 工作时使用。为了保证系统能在指定空间内运行而不被用户程序打扰,同时也为了能更好地分配和回收内存,在系统生成时应将可寻址物理内存空间大小记录下来。

(3) 当前关联设备的类型和数量。操作系统的主要工作之一就是管理关联在系统中的各种资源,因此在操作系统启动之前应该首先获知有哪些设备可用。很明显,不同类型的设备,其具体的工作方式必然不同,其对数据的格式要求也不相同,因此设备的相关信息也应该被检测并记录下来。

(4) 操作系统的重要功能选项和参数。除了上述信息外,操作系统要想顺利地运行,还有很多功能选项需要在系统软件运行前先设定好。这些信息包括内存的分配需求、进程调度策略、基础程序环境参数等。

依照引导信息的指示,操作系统将能够被正确地生成。系统生成的方法很多,当今最常用的方法是以各种不同的表驱动系统。在这种方法中,所有的系统代码(尤其是实现核心功能的内核代码)将以文件形式出现在外存的指定位置。当系统实际运行时,根据自身当前运行需要选择相应的功能模块装入内存。这种方法的好处是能以最小的内存空间保证最基本的系统功能运行,同时也加速了启动速度。例如,在安装 Windows 系列操作系统时,操作人员只需设定磁盘分区情况、文件系统类型和网络配置信息后,即可等待 setup.exe 程序自动检测硬件和安装生成正确的操作系统。

在一些专有硬件平台上,为了实现对实时性、快速性等特殊性能的更高要求,有时也会使用其他系统生成方法。例如,根据用户的特定需求定制操作系统,并将其完全编译,形成专用系统。通常这类系统会将一些用户使用过程中不需要的功能直接裁减掉,以牺牲全面性能的方式换取更快速响应。

所有不同的生成方式,其最终目标都是在给定硬件平台上生成一个优秀的操作系统,其主要差别在于系统规模、通用性能、可移植性等方面。

2. 系统引导

系统引导指的是将操作系统内核装入内存并启动系统的过程。系统引导通常是由一个被称为启动引导程序的特殊代码完成的,它位于系统只读存储器(ROM)中,用来完成定位内核代码在外存的具体位置、按照要求正确装入内核至内存并最终使内核运行起来的整个系统启动过程。该过程中,启动引导程序要完成多个初始化过程,当这些过程顺利完成后才能使用系统的各种服务。这些过程包括初始引导、内核初始化、全系统初始化。

(1) 初始引导。初始引导过程主要由计算机的 BIOS 完成。BIOS 是固化在 ROM 中的基本输入输出系统(Basic Input/Output System),其内容存储在主板 ROM 芯片中,主要功能是为内核运行环境进行预先检测。其功能主要包括中断服务程序、系统设置程序、上电自检(Power On Self Test,POST)和系统启动自举程序等。中断服务程序是系统软硬件间的一个可编程接口,用于完成硬件初始化;系统设置程序用来设置 CMOS RAM 中的各项参数,这些参数通常表示系统基本情况、CPU 特性、磁盘驱动器等部件的信息等,开机时按 Delete 键即可进入该程序界面;上电自检(POST)所做的工作是在计算机通电后自动对系统中各关键和主要外设进行检查,一旦在自检中发现问题,将会通过鸣笛或提示信息警告用户;系统启动自举程序是在 POST 完成工作后执行的,它首先按照系统 CMOS 设置中保存的启动顺序搜索磁盘驱动器、CD-ROM、网络服务器等有效的驱动器,读入操作系统引导程序,接着将系统控制权交给引导程序,并由引导程序装入内核代码,以便完成系统的顺序启动。

(2) 内核初始化。操作系统内核装入内存后,引导程序将 CPU 控制权交给内核,此时内核才可以开始执行。内核将首先完成初始化功能,包括对硬件、电路逻辑等的初始化,以及对内核数据结构的初始化,如页表(段表)等。

(3) 全系统初始化。上述两个步骤完成后,最后要做的就是启动用户接口,使系统处于等待命令输入状态即可。这个阶段操作系统做的主要工作是为用户创建基本工作环境,并接收、解释和执行用户程序与指令。由于不同系统的不同设置,全系统初始化完成后的接口表现是不同的。如果选择了图形用户界面,此时会显示用户账号和密码输入界面,典型的如 Windows 的用户登录界面;若使用的是命令接口,则会显示命令行形式的用户登录界面,如图 2-3 所示为 Ubuntu Linux 系统的命令行登录界面。

```
Ubuntu 14.04 LTS user-virtual-machine tty2
user-virtual-machine login:
```

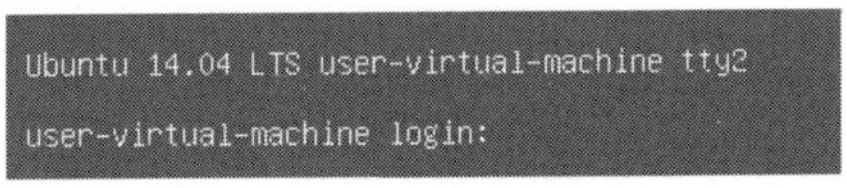

图 2-3 Linux 系统的命令行登录界面

无论是图形用户接口还是命令接口,只要全系统初始化完成,即可使用用户名和相应密码进入操作系统环境。

2.1.3 实例分析:Linux 系统启动

作为现在最为流行的开源操作系统,Linux 的启动过程需要多个环节的配合,首先需要由 BIOS 加载操作系统引导程序,由其加载操作系统内核,内核装入时需要先进行代码的解压缩,然后才能开始初始化过程,初始化过程完成后陆续生成各终端进程,以便为用户提供所需系统服务。例如,在 Linux Kernel V2.6 启动时,需要完成以下几个步骤。

1. BIOS 初始化

BIOS 初始化包括硬件配置检测、硬件初始化、装入引导程序和转向引导程序几个过程。其中,硬件配置检测过程主要是为了检查并获取外设数量、类型、工作方式等重要的管控信息;硬件初始化过程是为了避免硬件设备操作造成硬件冲突,同时这个操作也会显示系统中所有的 PCI 设备列表;装入引导程序需要根据用户预定义次序依次访问软盘、硬盘和 CD-ROM 的第一个扇区,并将搜索过程中遇到的第一个引导程序装入内存;引导程序找到后,Linux 会将启动盘的第一个扇区(主引导扇区,MBR)复制到内存的物理起始位置为 0x7C000 处,此地址也会立即被存放在 CPU 的指令指针寄存器里,复制完成后,下一条要执行的就是该寄存器所指向单元处的指令,即系统启动引导程序的第一条指令。

2. 装载启动引导程序

启动引导程序的种类很多,在 Linux 系统中,较为常用的是 GRUB。以 GRUB 为例,上一步中装入内存 0x7C000 处的并非全部的 GRUB,而是 GRUB 的第一部分工作。这是因为 MBR 的大小有限,为了能正确寻址磁盘上的各个分区,MBR 还要放置本磁盘的分区信息,因此不能将全部的 GRUB 功能代码放在 MBR 中,而是只放置第一部分(Stage1)。Stage1 的工作是将

GRUB 的剩余功能代码(Stage2)装入内存,这部分代码位于硬盘 MBR 后的特定空间(如 MBR 后的 30KB)中。Stage2 装入内存并获取 CPU 控制权后就可以开始执行,它首先将汇编语言环境转化为 C 语言环境,接着显示一个界面让用户选择想要启动的操作系统。如图 2-4 所示,这个选择可以在菜单界面完成。

图 2-4　Red Hat Linux 的多重启动菜单

选定启动选项后,GRUB 把该系统的内核装入内存指定位置,接着将 CPU 控制权交给内核程序。在 Linux 系统中,启动引导程序装入内存的内核代码模块有时会采用压缩形式,若想运行内核需要先解压。

3. 内核初始化

内核初始化是由 Setup.S 程序完成的。该程序首先从 BIOS 中获取有关内存、磁盘以及其他设备的重要参数等数据,并将这些数据放到内存的特定空间(如 0x90000~0x901FF)。接下来,该程序对读入的内核信息进行检测,完成后开始检测并配置内存、键盘、磁盘等各种设备,设置中断描述符表、全局描述符表等表格以及中断向量。完成后启动 startup_32()函数装入各数据段寄存器、初始化页表、建立 0 号进程的内核堆栈,重新设置中断描述符表、全局描述符表,复制系统参数,最后启动 init()函数(1 号进程)。

4. 启动系统

init()函数又称初始化进程,它负责创建并初始化其他所有的新进程。init()首先读取设置文件/etc/inittab,然后执行系统初始化脚本、对系统进行基本设置、挂载根文件系统和其他文件系统,接着确定启动后进入的运行级别(不同运行级别的操作模式、合法用户、操作权限设置等有所不同)。在顺序完成启动并初始化系统重要服务工作后,初始化进程还要启动虚拟终端,并在运行级别 5 上运行 X-Window(Linux 的图形界面服务软件)。至此,系统的基本服务全部启动。

可以看出,Linux 启动过程实际上是一个 CPU 控制权的传递过程,如图 2-5 所示。

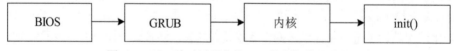

图 2-5　Linux 启动过程中的 CPU 控制权传递过程

2.2　操作系统的用户接口

操作系统是执行用户程序的平台,它能为用户进程提供系统服务。而操作系统的关键性、重要性却要求用户不能直接访问和调用系统功能模块,因此在现代计算机体系中,用户使用系统服务必须通过规定好的接口。如图 2-6 所示,用户通过系统调用、命令、图形图标窗口等方式使用系统提供的服务。操作系统为用户提供的接口有命令接口、图形用户接口和程序接口。

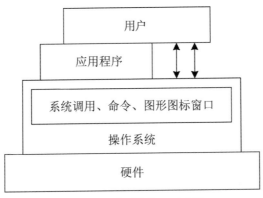

图 2-6   操作系统接口示意图

2.2.1   命令接口

在操作系统的早期阶段，操作人员想要获得系统服务，必须使用命令接口。如今虽然已经有了直观方便的图形接口，但由于命令接口所具有的快速性、直接性等特征，使得目前的操作系统仍然为用户提供命令接口。

命令接口的使用方法是在终端上输入命令，指定要获取的系统服务名称、具体服务内容和被操作对象等信息，这些信息将被传输给服务程序，以便满足用户要求。命令接口是交互式接口，由终端处理程序、命令解释程序和指令集合组成。终端处理程序接收用户输入的命令，并将其显示在屏幕上，以便用户核查。当用户确认无误后，按回车键通知命令解释程序开始分析和发送指令。当服务程序接收到处理信息、完成处理后再将信息回传给命令解释程序，由其完成机器语言格式信息的翻译并将结果进一步传送给终端处理程序。处理结果的显示由终端处理程序完成。在命令接口的工作过程中，若指令输入有误使得命令解释程序无法解析指令时，不同类型的操作系统都将向用户提供错误提示信息。命令解释程序通常位于 Shell 中。

不同操作系统的具体指令也不尽相同，根据其功能可以分为不同的种类，如磁盘操作、文件操作、目录操作、系统相关类、通信类等，某些指令有可能会实现一些综合功能，表现出更强的作用。如 Linux/UNIX 中使用的 Vim 编辑器，它既可以用来作为文本编辑器，同时也集成了一些对软件开发环境的简单支持，能对常见的程序保留字进行不同颜色的显示等。

此外，在使用命令接口时还有一种特殊的方式——批处理文件。该文件的特点是以行为单位顺序保存了一个指令序列，该指令序列可以帮助用户完成一个例行任务的快速执行。由于在操作系统工作过程中，经常会出现一些常见的、例行性的任务，如定期检查系统的某些重要状态等，此时用户要做的工作通常是重复性的，若每次都从头将全部指令顺序输入，既耗时又容易耽误时间，造成错误。因此，现代操作系统都支持批量命令处理的批处理文件，例如，Linux 中的 Shell 脚本和 Windows 中的扩展名为 bat 的文件都是典型的批处理文件。此类文件的作用除了简化操作、减少输入次数和节省时间等优点外，还可以采用类似程序语言一样的形式实现指令流的简单定制。例如，在 Linux 中编写一个 Shell 脚本文件用来进行某锅炉炉温的检测和报警，当炉温高出设定温度时，要求系统执行 echo 指令，将当前温度告知工作人员，工作人员收到通知后将手动进行降温作业；若过了指定的一段时间或炉温达到某个临界值时，直接启动降温设备自动降温。在这个过程中，脚本自动根据指定情况执行预先定义好的指令序列，甚至无须操作人员干预，这种方式进一步增强了命令接口的工作能力。

2.2.2 图形用户接口

命令接口虽然有很多优秀的表现，能帮助专业用户更有效和快速地管理系统，但这种方式要求用户必须正确且熟练地使用系统提供的各条指令。由于指令由指令名称、功能选项和被操作对象几个部分组成，当用户想要使用某条指令时必须按照指定格式和名称申请某项系统服务，还要了解文件系统的目录结构以确定被操作对象的具体位置，这些都是普通用户不容易掌握和获取的信息。因此为了帮助非专业用户正确、方便地使用操作系统服务，现代操作系统配备了图形用户接口，某些操作系统甚至以图形用户界面(GUI)作为基本环境，最典型的就是 Windows 系统。

使用图形用户界面的操作系统在执行程序时，首先创建一个新的显示区域，该区域称为窗口，然后在该窗口中进行指定程序的执行。用户在使用窗口时可以根据喜好自定义窗口大小、文字样式、形状、位置等属性，并在其中使用鼠标选择所需操作，如将本窗口中所有的文件按照大小排序时，只需在窗口的空白处右击，然后选择"排列图标"，并在随后出现的子菜单中选择"大小"即可。该操作过程中，选中"排列图标"的动作就相当于命令接口中的一条具体操作指令，选择"大小"就相当于选中了该指令程序的某个具体功能子程序段，鼠标所在位置则表明了此次操作的被操作对象为当前目录。因此，整个过程将被图形用户界面的命令解释程序解释为"对当前目录下的所有文件按照其所占用的空间大小排序"。

通过上面分析，可以看到图形用户界面的操作模式和人类生活的工作方式很接近，因此即使是非专业用户也可以简单、便捷、直观地使用操作系统的各项系统服务，从而拉近了计算机与普通用户的距离，极大地促进了计算机应用的发展。即使是对专业用户，图形用户接口也可以缩短其学习指令的周期，并将更多的精力和时间放在更为重要的工作中。

值得说明的是，命令接口和图形用户接口各有优势，在现代操作系统中均是不可替代的，因此所有的操作系统基本上都会同时提供这两种接口形式。命令接口的优势主要体现在对计算机资源的控制更为直接有效、系统与用户的互动性更强、占用资源少、响应时间短等方面，因此对于专业人士和程序员而言，使用命令接口可以实现更为复杂和特殊的计算机操控要求。而图形用户接口拥有美观性、易用性、便捷性等优势，则更适用于非专业人士或只使用操作系统环境而不需要控制系统环境的专业人士。

2.2.3 程序接口

上述两种接口主要用于用户与计算机的交互，这种交互通常比较注重响应的及时性等特性。但在用户程序中，系统服务产生的结果通常只是一个中间数据，无须全部通知用户。要在程序中嵌入系统服务，只需要使用操作系统提供的应用程序接口(Application Programming Interface，API)即可。API 是用户在程序中获取系统服务功能的唯一方式。

计算机系统中的程序分为系统程序和用户程序两类。前者用于管理和分配系统资源，为用户提供服务；后者用于完成用户自身任务，需要向系统提出资源申请并等待系统的审核分配，是服务的申请者。因此其重要程度必然不同，即系统程序的优先级别要高于用户程序。为了保证对系统资源和服务的正确使用，现代操作系统经常采用分层的形式运行这两种不同类型的程序。而处理机也相应地被分为系统程序运行时的核心态和用户程序运行时的用户态两种工作状态。处于核心态的处理器可以管理和控制系统的全部软硬件资源，能为用户提供各种服务；处于用户态的处理器只能访问该程序所保护的个人内外存区域，且能直接访问的软硬件资源也是受到限制的。这种不同的工作方式可以确保用户程序不会访问系统区域或其他用户的非共享数据。

用户程序在执行时也需要使用部分系统服务，如一些重要的外部设备等，此时就需要使用系统规定的程序接口。每个操作系统的程序接口都由一组系统调用组成，该系统调用是一组用来请求操作系统内核完成特定功能的专用过程调用，用户程序必须使用这种方式获取核心态的系统服务。实际上，系统调用的使用者并非仅限于用户程序，某些重要的工作可以被系统程序调用，以简化编程过程。典型的如微软的系统调用是 Win32 API 的一部分，可以在所有的 Windows 平台上通用。

用户程序在执行过程中，通常需要频繁使用系统调用来获取操作系统的各种功能和服务，甚至某些系统调用本身还要使用系统调用来协助完成工作。如某用户进程需要读一个文件中的数据，而文件管理是操作系统的功能，也就意味着用户进程并不能直接去读磁盘的文件空间，这个工作只有交给操作系统来做，因此用户程序需要利用一个系统调用指令，将 CPU 控制权交给操作系统。当操作系统得到 CPU 控制权后首先要做的就是检查用户发来的参数，以确定所需的调用进程。接着操作系统执行系统调用，将指定位置的文件打开并将其复制到内存的用户程序空间中。在这个过程中，若出现找不到文件、打开过程出错或调用进程非正常终止等情况，将会导致不同的处理错误状况的系统调用被启动。

2.3　操作系统提供的服务

2.3.1　操作系统提供的基本服务

无论界面表现和内核设计差异有多大，所有的操作系统都具有一些共同的特征和相似甚至完全相同的共性化服务。这些基本服务用来帮助用户简单便捷地使用计算机各类资源，它们包括以下几个类别。

1. 控制程序运行

系统通过服务将用户程序装入内存并运行该程序，并且要控制程序在规定时间内结束(对于实时系统而言，这一点极为重要)。此外，此类服务还负责将执行过程中出现的错误和异常及时地报告给用户或系统的其他错误处理程序。

2. 进行 I/O 操作

程序运行过程通常由 CPU 处理和 I/O 处理交织而成，而 I/O 操作经常会涉及磁盘文件或其他各种不同类型的外部设备。为保证各用户合理、安全地共享设备资源，用户是不能直接控制设备的，因此只能通过向操作系统发送设备申请，系统解析出要使用的设备端口和具体操作要求，然后使用系统调用控制设备按照要求工作。设备完成请求后，将会把工作结果交给系统，此时系统再使用系统调用将结果显示在屏幕上或交给用户。因此，系统必须要具有控制 I/O 操作的方法。

3. 操作文件系统

文件系统是操作系统用来管理、存取文件的机制。为了保证实现"按名存取"，文件系统应该为用户提供根据文件名称来创建、访问、修改、删除文件的方法，以确保文件数据的安全可靠以及正确存取。此外，若有多个用户，操作系统要将不同用户的文件分别保护。

4. 实现通信

当多个程序合作完成一个大型任务时，通常需要借助通信来控制程序的执行顺序。通信双方可以处于同一台计算机上，也可以通过网络联系。程序通信的方式有很多种，如通过传递特殊格式的消息或使用公共信箱等。

5. 错误处理

在系统运行期间，各种级别的程序都有可能出现错误情况。典型的错误如访问无操作权限的数据、设备故障、CPU 运算溢出等，它们具有不同的表现，但都会导致任务执行出现错误结果，甚至造成无法挽回的严重后果，因此操作系统中通常都包含错误检查和处理机制，以便及时发现错误并采取正确的处理步骤，避免损害系统的正确性和统一性。

上述类型的各种服务一部分使用系统调用来实现，这部分服务称为底层服务；而这些底层服务可以编写成程序，形成指令文件，当用户需要使用时直接使用命令接口就可以实现系统服务的申请和利用。

2.3.2　操作系统提供的公共函数

系统内核中还有很多公共的基础函数，用来帮助系统高效运行、协助用户合理共享资源并提高系统效率。这些函数通常用来实现以下功能。

(1) 资源分配。操作系统管理的各种不同种类的软硬件资源中有一类十分特别，它们需要使用专门的程序以及精心设计的算法来完成分配，以便更好地利用资源。典型的如 CPU 控制权的分配过程就需要使用调度算法，此外内存分配需要考虑内存管理机制，并利用专门的内存分配和回收函数确保所有内存空间都处于系统的统一管理之下。

(2) 统计管理和控制数据。系统运行的当前状态通常会导致一些重要工作的启动或关闭，因此 OS 要保存每个用户的资源使用情况，以便建立系统管理和控制所需的统计数据。统计结果需要经过细致的分析，并根据分析结果设计一系列系统服务的改进措施，这些措施将帮助系统修正运作方式，使其更满足用户需要。

(3) 提供系统资源保护。系统资源是操作系统的重要管理对象，其安全使用决定系统本身的安全性。因此在多用户、多任务系统中，需要在资源的使用过程中设置优良的保护机制，使得每个用户都使用已分配给自己的资源完成工作，同时禁止用户访问系统其他资源和其他用户已获取的资源。此外，为避免用户程序对资源的需求冲突，操作系统在分配各类资源中扮演仲裁角色，决定哪个或哪些用户的请求可以满足。

2.4 小结

本章介绍操作系统如何为用户提供工作环境功能，该功能由系统生成和系统引导两部分组成。系统生成是在裸机之上覆盖一层系统软件，以确保对系统重要资源的管理和分配。系统引导是将操作系统内核装入内存并启动系统的过程。

系统启动是一个复杂的过程，需要进行大量的检测和配置，只有所有的步骤都成功完成时才能称该系统被顺利启动。系统启动后，用户即可在其上运行自己的任务，这些任务需要使用系统的各种服务，而用户提出的服务请求又必须使用特殊的接口通知操作系统。这些接口由操作系统提供，根据使用方法不同可分为图形用户接口、命令接口和程序接口。这些接口各有优势，用途不一：图形用户接口方便直观，命令接口直接有效，程序接口专用来在用户程序中嵌入系统服务。

当服务请求被发送给操作系统后，系统利用各种不同类型的系统调用来响应服务请求，完成指定任务处理，并发送结果给发送请求的用户。通过这种方式，用户无须了解底层系统实现细节，只需根据接口格式将相关信息发送给系统即可。这种方法使得机器与用户相隔离，大大减轻计算机操作人员的工作量。

2.5 思考练习

1. 请说明系统生成和系统引导的过程。
2. 操作系统具有哪些接口？这些接口的作用是什么？
3. 请说明操作系统具有的共性服务有哪些不同类别，这些类别分别用于完成什么功能？
4. 系统调用的用途是什么？
5. 命令解释程序有什么作用？

❧ 第 3 章 ❧

处理器管理

本章学习目标
- 了解程序的不同执行次序的特点
- 理解并掌握进程的概念、状态和状态转换机制
- 了解进程的控制机制，学会编写多进程程序
- 理解并掌握线程概念、线程模型及其与进程的关系
- 理解并掌握处理器调度的不同层次和作用，深入理解处理机调度算法

本章概述

现代操作系统均采用多道程序环境，处理器的分配和调度以进程为单位，因此处理器管理实际上就是对进程的管理。引入线程概念的操作系统还要加入对线程的管理。本章主要围绕进程与线程管理展开，首先介绍进程与线程的基本概念，重点介绍进程的定义、状态等知识，并说明了进程控制过程和方法；然后对处理器调度的实现和调度算法进行阐述；最后介绍在现代网络环境和实时系统中使用的多处理器调度和实时调度的一些基本原理。

3.1 程序的执行

3.1.1 程序的顺序执行

在早期的单道程序计算机系统中，一次只能运行一个程序，当有多个程序需要运行时，程序的执行方式必须是顺序的，即必须在一个程序执行完成之后，才允许执行另一个程序。通常，可以把一个应用程序分成若干个程序段，在各程序段之间，必须按照某种先后次序顺序执行，仅当前操作(程序段)执行完毕后，才能执行后续操作。例如，在进行计算时，总是先输入用户的程序和数据，然后进行计算，最后打印计算结果。顺序执行的过程如图 3-1 所示。

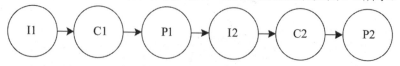

图 3-1　程序段的顺序执行

程序的顺序执行具有以下特征。

(1) 顺序性。处理机在执行程序时，严格按照程序所规定的顺序执行，即每一操作都必须

在下一操作开始之前完成。

(2) 封闭性。程序一旦开始运行就独占系统资源，只有本程序才能改变资源的状态，执行结果不受外界条件的影响。

(3) 可再现性。只要初始条件和运行环境相同，多次执行同一程序，都会得到相同的结果。

3.1.2 程序的并发执行

程序的顺序执行降低了计算机系统的整体处理能力，使系统资源不能得到充分利用，效率低下。为了提高计算机系统的资源利用率，现代计算机普遍采用并发操作，即若干个程序段同时在系统中运行，这些程序段的执行在时间上是重叠的，当一个程序还未执行结束时，另一个可能已经开始运行了。

程序的并发执行可以大大提高系统的吞吐量，它具有以下特征。

(1) 间断性。多个程序在并发执行时，需要为了完成同一项任务而相互合作，当运行较快的程序需要用到运行慢的程序的执行结果才能继续往下运行时，就需要先暂停，等运行比较慢的程序的执行结果出来后，再重新开始运行。这种相互制约关系使得并发执行的程序表现出"暂停—执行—暂停"的间断性运行规律。

(2) 失去封闭性。程序在并发执行时，多个程序需要共享系统中的多种资源。所以，这些资源的状态是由多个程序改变的，从而使程序的运行失去了封闭性。这样，当某个程序执行时，其必然会受到其他程序的影响。例如，当处理器已经被其他程序占用时，另一程序则必须等待。

(3) 不可再现性。程序在并发执行时，由于失去了封闭性，从而导致其失去可再现性。例如，有两个循环程序 A 和 B，它们共享一个变量 N。程序 A 每执行一次，都要做 N=N+1 的操作；程序 B 每执行一次，都执行 Print(N)操作，然后将 N 重置为 0。程序 A 和 B 以不同的速度运行。这样，可能出现如表 3-1 所示的 3 种情况(假定某时刻变量 N 的值为 n)。

表 3-1　并发程序推进顺序不同会导致出现 3 种不同结果

序号	执行顺序	N 的值
1	N=N+1；Print(N)；N=0；	n+1，n+1，0
2	Print(N)；N=0；N=N+1	n，0，1
3	Print(N)；N=N+1；N=0	n，n+1，0

上述情况说明，程序在并发执行时，由于失去封闭性，其计算结果与并发程序的执行速度有关，从而使程序的执行失去可再现性。也就是说，并发执行程序的执行环境和初始条件虽然相同，但是经过多次执行之后，得到的结果却不相同。

3.2　进程概述

3.2.1　进程的概念

1. 进程的引入

现代计算机均具备同时完成多项任务的功能。例如，某用户可以使用个人计算机边听音乐边玩游戏，此时操作系统使用两个应用程序完成这两项工作，每个应用程序是由一组完成特定任务的指令序列组成的，CPU 一条一条地执行这些指令。然而在单核 CPU 的计算机中，同一时刻只能执行一条指令，为了让两个工作同时执行，操作系统使用"时间片轮转"的方式在两个应用程序之间来回切换。操作系统以进程(Process)的方式运行应用程序，进程不仅包括应用程序的指令流，也包括运行程序所需的内存、寄存器等资源。也可以把进程理解为一条执行路线。一般情况下，开启两个应用程序，操作系统就相应地创建两个进程，即增加两条执行路线。操作系统轮流执行每个进程，每个进程执行一小段时间(一个时间片)。例如，先执行几十毫秒播放音乐的进程，接着再执行几十毫秒游戏进程，两个进程就这样循环往复，交替进行。因为交替间隔很短(一般只有几十毫秒)，人们从视觉和听觉上根本感觉不到如此短暂的停顿，所以在表面上看来两个工作是在"同时"执行。在单处理器体系中，进程在宏观上是并发执行，在微观上却是交替执行。

2. 进程与程序的区别和联系

需要注意的是，进程和程序既有区别也有联系，主要体现在以下几个方面。

(1) 程序是指令集合，是静态概念。进程是程序在处理机上的一次执行过程，是动态概念。程序可以作为资料长期保存，只要存放程序的介质不损坏，程序就可以一直存在。而进程是有生命周期的，执行完毕后就不复存在。

(2) 进程是一个独立的运行单位，能与其他进程并发(并行)执行。而程序则不可以并发执行。

(3) 进程是进行计算机资源分配的基本单位，也是进行处理机调度的基本单位。

(4) 一个程序可以作为多个进程的运行程序，例如，可以用文本处理程序同时打开多个文本进行处理，每运行一次文本处理程序系统就会创建一个进程，每个进程处理一个文本，这些进程可以同时存在，但使用的是同一程序。

3. 进程的定义

"进程"概念是为了使程序能够并发执行，并且能对并发的程序加以描述和控制而引入的。由于并发活动的复杂性，到目前为止，各个操作系统对进程的定义尚未统一。在国内，一般把进程理解为："可并发执行且具有独立功能的程序在一个数据集合上的运行过程，是操作系统进行资源分配和调度的基本单位"。这里首先强调了进程是一个程序运行的动态过程，而且该程序必须具有并发运行的程序结构；其次强调了这个运行过程必须依赖一个数据集合而独立运行，从而形成了系统中的一个单位。

4. 进程的特性

进程具有以下五大特性。

(1) 动态性。进程的实质是程序的一次执行过程，是个动态的概念，有一定的生命周期，要经历创建、执行、撤销过程。程序是静态的，只是一组有序指令的集合，并存放在某种介质上，本身并不具有运动的特性。

(2) 结构性。进程具有结构特性，它由进程控制块(Process Control Block，PCB)、程序段和数据段组成。由于程序是静态的，不能反映程序运行时的变化情况，为了记录、描述、跟踪进程运行时的状态变化，以便对进程进行管理和控制，操作系统配备了一套数据结构——进程控制块。每个进程一进入内存首先要向系统申请一个空闲的 PCB，然后将自己的控制和属性信息填入其中的对应字段，填写完成后，系统将根据 PCB 来感知进程的存在，控制进程的执行。进程中的程序段保存的是该进程要执行的指令，这个指令段可以和其他进程共享使用。而进程数据段则主要保存本进程要处理的初始数据、运行过程中产生的中间结果等。

(3) 并发性。并发性是指在一个系统内可以同时存在多个进程，并通过交替使用处理器，从而实现并发执行。

(4) 异步性。异步性是指进程之间在交替使用计算机资源时没有强制的顺序，按各自独立的、不可预知的速度向前推进。因此，在多个进程使用一些共享资源时，为了防止共享资源被破坏，计算机与其操作系统应提供保证进程之间能协调工作的硬件和软件机制。

(5) 独立性。独立性是指进程在系统中是一个可独立运行的、具有独立功能的基本单位，也是系统分配资源和进行调度的独立单位。凡是未建立 PCB 的程序都不能作为一个独立的单位参与运行。

5. 进程的分类

操作系统中的进程分为两大类，一类是执行操作系统核心代码的系统进程，主要用于对系统资源的管理和控制。另一类是完成用户任务需求的用户进程。系统进程和用户进程有如下区别。

(1) 系统进程可以独占分配给它们的资源，必要时可以最高优先级运行；用户进程需要通过系统服务请求(系统调用)的方式来竞争使用系统资源。

(2) 用户进程不能直接执行 I/O 操作，而系统进程可以直接执行 I/O 操作。

(3) 系统进程在内核态(管态)下活动，用户进程则是在用户态(目态)下活动。

3.2.2　进程的状态

在系统中有多个进程存在时，它们是交替运行的，即进程会执行一段时间、暂停一下，然后再执行一段时间，重复该过程直到执行完毕。进程运行的间断性决定了进程可能具有多种状态。

1. 基本状态

进程在运行过程中通常有 3 种基本状态。这些状态与系统是否能选择该进程投入运行(该过程被称为调度)密切相关，所以又被称为进程调度状态。进程的 3 种基本状态如下。

(1) 就绪状态。进程已获取到除 CPU 之外的所有必要资源，只要再得到 CPU，就可以马上投入运行，这时进程所处的状态为就绪状态。一个系统中可能会有多个处于就绪状态的进程，并会被插入一个就绪队列的管理机制中，等待被调度执行。

(2) 运行状态。处于就绪状态的进程被调度程序选中后将得到 CPU 控制权，此时该进程就可以使用处理器进行数据运算和处理，而其所处的状态称为运行状态(在单处理机系统中，只有一个进程处于此状态)。

(3) 阻塞状态。当一个进程正在等待某个事件的发生(如等待 I/O 的完成)而暂停执行，此时该进程即使拥有 CPU 控制权也无法执行，则称该进程处于阻塞状态，又称等待状态。

一般情况下，一个进程的状态并不是固定不变，而是在整个生命周期中不断变化的，图 3-2 所示为进程的三种基本状态之间的转换关系。处于就绪状态的进程，在调度程序为之分配了处理器后，就可以投入运行。同时，进程的状态也由就绪状态转变为运行状态。正在执行的进程称为当前进程。在采用时间片机制的操作系统中，分配给当前进程的时间片用完后，它会暂停执行，其状态也由运行状态转换到就绪状态。如果由于某事件发生(如进程需要访问某 I/O 设备，而该设备正在被别的进程访问)而使进程运行受阻，不能再继续向下执行时，它的状态会由运行状态转变为阻塞状态。当进程期望的某事件发生时(如需要访问的 I/O 设备已可用)，进程将从阻塞状态转变为就绪状态，这时进程运行所需要的资源都已具备，只需要等待调度程序为之分配处理器即可运行。

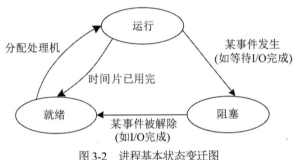

图 3-2　进程基本状态变迁图

2. 挂起状态

随着系统的运行，新进程会逐步增多，当系统资源不能满足进程运行需要时，系统必须把某些进程交换到磁盘上，不让其参与进程调度，以达到平衡系统负荷的目的，这个过程称为"挂起"。挂起是除上述 3 种基本状态之外的一种新进程状态，在很多操作系统中都具有该状态。引起进程挂起的原因主要有以下几种。

(1) 调节系统负荷的需要。当实时系统中的工作负荷过重，已影响到实时进程的运行时，需要把一些不太重要的进程暂时挂起，以保证系统的正常运行。

(2) 用户请求。用户发现自己的程序在运行过程中出现异常情况时，要求挂起进程，以便分析其执行情况或者进行其他处理。

(3) 父进程请求。父进程要求挂起某个子进程，以进行修改或者协调各子进程的运行。

(4) 系统需要。有时系统需要检查运行过程中的资源占用情况或者其他原因而挂起某些进程。

在引入挂起状态的操作系统中，又增加了静止就绪和静止阻塞两个新的进程状态。图 3-3 所示为具有挂起状态的进程状态转换图。可以看出，活动就绪状态是指进程未被挂起时的就绪状态。调用挂起原语把处于活动就绪状态的进程挂起后，该进程就会由活动就绪状态转变为静止就绪状态。处于静止就绪状态的进程不会被进程调度程序调度。活动阻塞状态是指进程未被挂起时的阻塞状态。调用挂起原语把处于活动阻塞的进程挂起后，其状态就转变为静止阻塞。调用激活原语激活后又可以转换到活动阻塞状态。

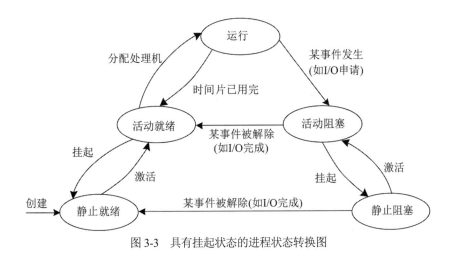

图 3-3　具有挂起状态的进程状态转换图

3.2.3　进程控制块

进程控制块(PCB)是操作系统为了管理进程而设置的一个专门的数据结构,用来记录进程的外部特征和描述进程的运动变化过程。系统利用 PCB 来控制和管理进程,也是系统感知进程存在的唯一标志。进程与 PCB 是一一对应的,每个进程都必须设置一个 PCB。

不同的操作系统对进程的具体控制和管理机制不同,其 PCB 的组成也不尽相同,但其中通常应包含如下信息。

(1) 进程标识符。进程标识符是每个进程的唯一身份标识,用于区别不同的进程,通常是一个线性编号的数字。

(2) 进程当前状态,用来说明进程当前所处的状态。为了管理方便,系统设计时会将相同状态的进程组成一个队列,如就绪进程队列。等待进程则根据等待的事件组成多个等待队列,如等待打印机队列、等待磁盘 I/O 完成队列等。

(3) 进程相应的程序和数据在内存中的地址,以便把 PCB 与其程序和数据联系起来。

(4) 进程资源清单。资源清单记录进程完成任务所需的各项资源及其当前拥有情况,如已拥有的 I/O 设备的类型和数量、打开的文件列表等。

(5) 进程优先级。优先级用于反映进程的紧迫程度,一般在进程新建时由系统自动设置。为了确保关键性系统进程尽快完成任务,操作系统通常会将系统基础的优先级设置得比用户进程略高。

(6) CPU 现场保护区。当进程因某种原因不能继续占用 CPU 时(如等待打印机),应暂停执行当前指令序列并释放 CPU,为确保该进程在重新获得 CPU 后能从断点处继续执行,操作系统需要将 CPU 中保存上一条指令执行后的各种状态信息复制到 PCB 中保护起来。当该进程再次获得 CPU 后,这些信息将用于恢复断点现场,确保进程重新执行时能继续未完成的任务。

(7) 进程同步与通信机制,用于实现进程间互斥、同步和通信所需的信号量与管程等。

(8) 进程所在队列 PCB 的链接字。进程 PCB 将根据进程所处的当前状态而插入不同队列中。PCB 链接字指出该进程所在队列中下一个进程 PCB 的编号。

(9) 与进程有关的其他信息,如进程记账信息、进程占用 CPU 的时间等。

3.3 进程控制

3.3.1 进程控制的概念

进程控制是进程管理最基本的功能，是对系统中所有进程从创建到消亡的全过程实施有效的控制，不但要完成对运行过程中状态转换的控制，还需要能够创建新进程或者撤销已经执行完毕的进程。进程控制一般由操作系统内核来完成。操作系统内核是一组与硬件密切相关的功能模块的集合，它位于紧邻硬件的软件层中并常驻内存，包括中断处理程序、常用的设备驱动程序、运行频率较高的公用模块等。这种布局有利于提高操作系统的运行效率。

3.3.2 进程控制机构及其功能

为了对进程进行有效的控制，操作系统必须设置一个控制机构。在现代操作系统中，这一控制机构通常由操作系统内核提供。不同的操作系统内核所包含的功能不同，但大多都包含支撑功能和资源管理功能。

1. 支撑功能

操作系统内核的支撑功能主要体现在以下方面。

(1) 中断处理。操作系统的各种重要活动最终都依赖于中断，如各种类型的系统调用、键盘命令的输入、设备驱动以及文件系统的使用等。通常内核只对中断进行"有限次处理"，然后转入有关进程继续处理。这不仅可以减少中断处理时间，也可以提高程序的并发性。

(2) 时钟处理。操作系统的许多活动都要使用系统时钟进行同步。例如，在分时系统时间片调度算法中，当时间片用完时，由时钟管理产生一个中断信号，通知调度程序重新调度。

(3) 原语操作。内核在执行某些操作时，往往是通过原语操作实现的。原语是由若干条机器指令构成的、用于完成特定功能的一段程序。原语在执行过程中是不可分割的。进程控制原语主要有创建原语、撤销原语、挂起原语、激活原语、阻塞原语和唤醒原语等。

2. 资源管理功能

操作系统内核的资源管理功能主要体现在以下方面。

(1) 进程管理。进程管理的大部分或者全部功能都放在内核中，如进程的调度与分配、进程的创建和撤销。

(2) 存储器管理。内存的分配和回收、内存保护和对换等功能模块都放在内核中。

(3) 设备管理。设备驱动程序、缓冲区管理、设备分配等功能模块都放在内核中。

内核中包含的原语主要有进程控制、进程通信、资源管理以及其他原语。

3.3.3 进程控制的过程

1. 进程创建

一个进程在执行的过程中可以创建新的进程，通常将创建者进程称为父进程，而将被创建的新进程称为该父进程的子进程。子进程还可以再创建子进程，被子进程新创建的进程被称为孙子进程，从而形成进程树，树的根节点是整个进程家族的祖先，如图 3-4 所示。

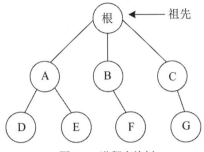

图 3-4　进程家族树

当子进程被创建时，既可以直接向操作系统申请资源，也可以继承父进程所拥有的资源；当子进程被撤销时，应该把从父进程那里获得的资源还给父进程，其他资源则交还给系统。另外，当撤销父进程时，系统会把它创建的所有子进程也一同撤销。

不论是系统还是用户，创建进程的操作都必须调用创建原语来实现。创建原语启动后会首先向系统申请一个空白 PCB，并将其编号作为新进程的唯一的数字标识符，接着按照资源清单为新进程申请各项系统资源，如存储程序和数据所需的内存空间、运行所需的各种外部设备等，同时根据获得的资源情况对 PCB 进行初始化。当所有资源都得到分配后，新进程就可以插入就绪队列中，等待调度执行。

2. 进程撤销

当进程完成任务或在执行的过程中发生异常时，系统将调用进程终止原语来终止该进程。该原语根据被终止进程的标识符查找到该进程的 PCB，并从中读出该进程的状态，然后将 CPU 的控制权收回以终止进程的执行；若该进程还有子孙进程，还应该先将其所有子孙进程终止，防止它们成为不可控进程。待进程所拥有的资源全部回收后，进程终止原语会将被终止进程的 PCB 清空后归还给系统。

3. 进程阻塞

正在运行的进程由于某些条件不满足而需要等待时，该进程会主动调用进程阻塞原语阻塞自身。该原语的主要工作是保护当前运行进程的 CPU 现场、修改进程状态标记为阻塞、按照阻塞原因将进程插入相应阻塞队列，最后将 CPU 控制权交给进程调度程序。

导致进程阻塞的原因有很多，例如提出系统服务请求(如 I/O 操作)后因为某种原因而未得到操作系统的立即响应，或者需要从其他合作进程获得的数据尚未到达等。

4. 进程唤醒

当阻塞进程所等待的事件出现时，例如所需的数据已到达，或者等待的 I/O 操作已经完成，则由另外的与阻塞进程相关的进程(如用完并释放该 I/O 设备的进程)调用唤醒原语，将等待该事件的进程唤醒。阻塞进程不能唤醒自己。唤醒原语执行的过程为：首先把被阻塞的进程从等待该事件的阻塞队列中移出，然后将其所需资源或数据分配给它，接着将 PCB 中的状态由阻塞修改为就绪，最后将该进程的 PCB 插入就绪队列中。

3.4 线程概述

自 20 世纪 60 年代推出进程概念后，在操作系统中都是以进程作为独立运行的基本单位。直到 20 世纪 80 年代中期，人们又提出了比进程更小的能独立运行的基本单位——线程，目的是提高系统内程序并发执行的程度，从而进一步提高系统的吞吐量。线程的概念不仅被引入新推出的操作系统中，而且被引入了新推出的数据库管理系统和一些应用软件中，以改善软件的性能。

3.4.1 线程的概念

传统的进程有两个基本属性：可拥有资源的独立单位，处理器调度和分配的独立单位。由于在进程的创建、撤销和切换中，系统必须为之付出较大的时空开销，因此在系统中设置的进程数目不宜过多，进程切换的频率不宜太高，这就限制了并发执行程度的提高。引入线程以后，人们将传统进程的两个基本属性分开，线程成为处理器调度和分配的独立单位，进程仍作为分配资源的独立单位。一个进程可以创建多个线程，每个线程都完成进程任务的一部分。资源分配发生在进程创建时，而线程所需的资源主要从父进程处继承，无须系统再次分配。而调度程序在分配 CPU 控制权时，则以线程为单位。这种方式中，线程可以视为轻量级的进程，当多个线程并发执行时，可以以较小的时空开销完成切换。

例如，在文件服务进程中，可设置多个服务线程，当一个线程受阻时，第二个线程可以继续执行，第二个线程受阻时，第三个线程可以继续运行，以此类推。这种方式可以显著提高文件系统的服务质量和系统的吞吐量。

进程作为拥有资源的基本单位，不用对其进行频繁的切换，进一步减少了切换时的时间开销；同时，由于各进程的线程间甚至本进程内部的线程间都可以并发执行，因此进一步提高了系统的并发程度。需要说明的是，线程是进程中的一个实体，是被系统独立分配和调度的基本单位。线程自己基本上不拥有系统资源，只拥有一些在运行中必不可少的资源(如程序计数器、一组寄存器和栈)。

线程由线程 ID、程序计数器、寄存器集合和堆栈组成。其与同属一个进程的其他线程共享父进程代码段、数据段和其他操作系统资源(如打开文件表和信号量等)。一个传统的进程只有一个控制线程。如果进程有多个控制线程，就能同时做多个任务。

3.4.2 多线程的概念和优点

线程是程序中一个单一的顺序控制流程。在单个程序中可以同时运行多个线程完成不同的工作，称为多线程。多线程是为了同步完成多项任务，通过提高资源使用效率来提高系统的吞吐量。

多线程编程具有以下优点。

(1) 响应程度高。一个交互式进程采用多线程方式运行，其当前运行线程进入阻塞状态时，其父进程并不一定需要进入阻塞状态，系统将首先检查同一进程所包含的其他线程是否具备运行条件，若具备运行条件则将 CPU 交给这些线程，该进程继续保持运行状态；若找不到这样的线程，则将 CPU 转交给其他进程中的线程，原进程状态改为阻塞。这种方法可以确保进程尽快推进，从而提高对用户的响应程度。例如，多线程的网页浏览器在利用一个线程装入图像时，能够通过另一个线程与用户交互。

(2) 资源共享。线程默认共享自身所属进程的内存和资源。资源共享的优点是允许一个应用程序在同一地址空间内有多个不同的活动线程。

(3) 经济快捷。线程概念没有出现前，操作系统在创建进程时为其分配内存和资源时所需的时空开销比较昂贵。此外，进程运行中进行的状态转换也涉及内存等资源的分配和回收，同样需要较高的时空开销。而引入线程概念后，由于线程共享其所属进程的资源，因此，创建线程和上下文切换时无须再次分配，更为经济快捷。

(4) 多处理器体系结构的利用。多线程能够充分支持多处理器体系结构，以便每个线程并行运行在不同的处理器上。

一个线程可以创建和撤销另一个线程，同一进程中的多个线程之间可以并发执行。由于线程之间的相互制约，致使线程在运行中呈现出间断性。线程也有就绪、阻塞和运行 3 种基本状态，其转换方式和进程是相同的。由于线程具有许多传统进程所具有的特性，故也称为"轻型进程"(Light-Weight Process)；传统进程被称为"重型进程"(Heavy-Weight Process)。

3.4.3 线程的实现

许多现代操作系统都已实现了线程，但各系统的实现方式并不完全相同，主要分为两种方式：用户级线程和内核级线程。

用户级线程仅存在于用户空间中。用户级线程的创建、撤销，线程间的同步与通信等功能都无须通过系统调用来实现。用户级线程的切换，常发生在一个应用进程的诸多线程之间，同样也无须内核的支持。由于切换的规则远比进程调度简单，因此线程间的切换速度非常快。可以看出，用户级线程是与内核无关的。在一个应用程序中的线程个数可以达到数百甚至数千个。由于这些线程的 PCB 设置在用户空间，线程执行的操作也无须内核帮助，因此，内核完全不知道用户级线程的存在。值得注意的是，在设置了用户级线程的操作系统中，仍然是以进程为单位进行调度的。

内核级线程是在内核的支持下运行的，不论是用户进程中的线程，还是系统进程中的线程，其创建、撤销、切换和管理都需依靠操作系统内核来完成，内核线程的创建和管理要慢于用户线程的创建和管理。内核为每个内核级线程设置了一个 PCB，内核根据该 PCB 感知线程的存在，并对其进行控制。

3.4.4 多线程模型

许多系统都支持用户级和内核级线程，从而有不同的多线程模型。下面将介绍 3 种常见的线程模型，如图 3-5 所示。

1. 多对一模型

多对一模型将许多用户级线程映射到一个内核线程。线程管理是在用户空间进行的，因此效率比较高，但是，如果一个线程执行了阻塞系统调用，那么整个进程就会阻塞，而且由于任何时刻只允许一个线程访问内核，因此多个线程不能并行运行在多处理器上。在这种模型中，处理器调度的单位仍然是进程。绿色线程(Green Thread)、Solaris 2 所提供的线程库就是使用了这种模型。另外，在不支持内核级线程的操作系统上实现的用户级线程库也使用了多对一模型。

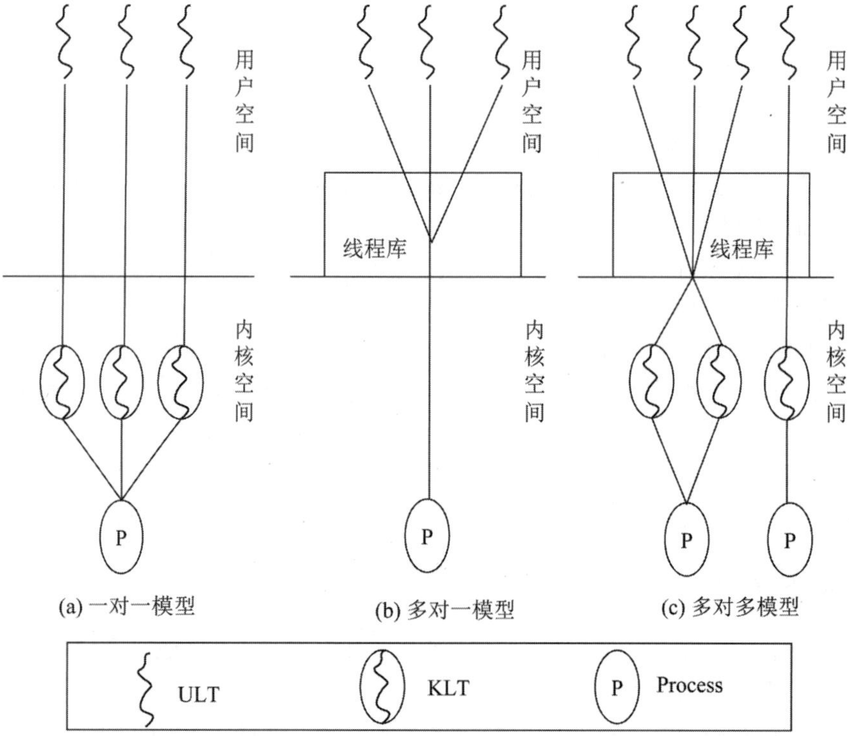

图 3-5　线程模型

2. 一对一模型

一对一模型将每个用户线程映射到一个内核线程。当一个线程执行阻塞时，该线程模型能够允许另一个线程继续执行，所以其提供了比多对一模型更好的并发功能。该模型也允许多个线程运行在多处理器系统上。这种模型的缺点是每创建一个用户线程就需要创建一个相应的内核线程。由于创建内核线程的开销会影响应用程序的性能，因此，这种模型的绝大多数实现限制了系统所支持的线程数量。Windows NT/2000/XP 和 OS/2 实现了一对一模型。

3. 多对多模型

多对多模型使用多路复用技术，使许多用户级线程映射到同样数量或更小数量的内核线程上。内核线程的数量可能与特定应用程序或特定机器有关。虽然多对一模型允许开发人员随意创建任意多个用户进程，但是由于内核一次只能调度一个线程，因此并不能增加系统的并发性。一对一模型提供了更强大的并发性，但是开发人员必须小心控制，不要在应用程序内创建太多的线程。多对多模型克服了这两种模型的缺点，开发人员可以创建任意多个必要的线程，并且相应的内核线程能够在多处理器系统上并行运行。而且，当一个线程执行阻塞系统调用时，内核能够调度另一个线程来执行。Solaris 2、IRIX、HP-UX 和 Tru64 Unix 都支持这种模型。

3.4.5 线程池

目前大多数网络服务器，包括 Web 服务器、E-mail 服务器以及数据库服务器等都具有一个共同点，就是单位时间内必须处理数目巨大的连接请求，但处理时间却相对较短。

在传统多线程方案中，采用的服务器模型一旦接收到请求后，立即创建一个新的线程，由该线程执行任务。任务执行完毕后，线程退出，这就是"即时创建，即时销毁"的策略。尽管与创建进程相比，创建线程的时间已经大大地缩短，但是如果提交给线程的任务执行时间较短，而且执行次数极其频繁，那么服务器将处于不停地创建线程、销毁线程的状态，会耗费大量的 CPU 时间，从而影响到整个系统的处理能力。而使用线程池则能很好地解决这个问题。

线程池的实现原理类似于操作系统中的缓冲区概念，其流程如下：预先创建若干数量的线程，并让这些线程都处于睡眠状态，不消耗 CPU 资源，当客户端有一个新请求时，就会唤醒线程池中的某一个睡眠线程来处理客户端的这个请求，当处理完这个请求后，线程又处于睡眠状态。

基于这种预创建技术，线程池将线程创建和销毁所带来的开销均摊到各个具体的任务上，执行次数越多，每个任务分担到的线程自身开销就越小。

线程池具有以下优点。

(1) 用现有线程处理请求通常比等待创建新线程快。

(2) 线程池限定了任何时候可存在线程的数量。

3.5 处理器调度

处理器调度的过程就是为待处理的作业或进程分配处理器的过程。处理器作为最重要的计算机资源之一，其调度对于操作系统的设计非常重要。在多道程序系统中，一个任务提交后，必须经过处理器调度，方能获得处理器而执行。处理器调度的具体过程是由调度程序来完成的。不同的操作系统采用的调度方式也不相同。有的系统仅采用一级调度，而有的系统采用两级或三级，并且所用的调度算法也可能完全不同。通常情况下，一个较为完善的操作系统会提供三级调度。

3.5.1 处理器调度的层次

处理器调度不仅涉及选择哪一个就绪进程进入运行状态，还涉及何时启动一个进程的执行。按照一个作业从进入系统的后备队列，直到最后执行完毕，可能要经历的调度过程，可以把处理器调度的层次分为三级调度：高级调度、中级调度和低级调度，如图 3-6 所示。

1. 高级调度

高级调度又称宏观调度或作业调度，其首先需要做出两个决定：一个是要从驻留在外存的后备队列中调入多少个作业，二是要调入哪几个作业。然后为被选中的作业创建进程，并分配必要的系统资源，如内存、外设等。最后把新创建的进程放入就绪队列中，等待被调度执行。高级调度的时间尺度通常是分钟、小时或天。

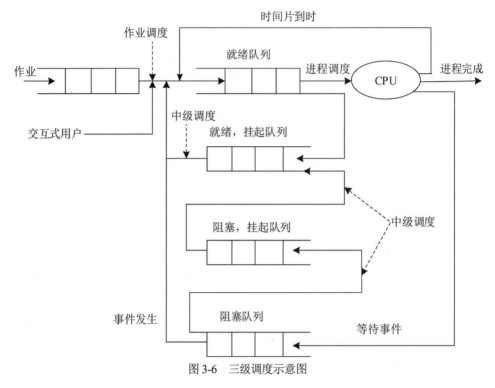

图 3-6 三级调度示意图

2. 中级调度

中级调度主要用于实现进程在内存和外存对换区之间的交换。当系统内存空间不足时，中级调度把内存中暂时不能运行的进程调到外存中等待，等内存有足够的空闲空间时，再由中级调度决定将外存上的某些具备了运行条件的就绪进程调入内存，把其状态修改为就绪状态或阻塞状态并插入相应队列。这种方法可以提高内存的利用率和系统吞吐量。实现中级调度需要存储器管理模块的对换功能的配合。

3. 低级调度

低级调度又称进程调度，是操作系统中最基本的一种调度，也是所有现代操作系统必备的调度层次。其主要功能是按照一定的算法从就绪队列中选择一个进程，然后将处理器分配给它。执行低级调度功能的程序称作进程调度程序，由其实现处理器在进程间的切换。低级调度的时间尺度通常是毫秒级的。在分时系统中往往几十毫秒就要运行一次，因此进程调度算法不能太复杂，以免占用太多的处理器时间，从而影响整个系统的性能。

在以上 3 种调度中，低级调度的执行频率最高，高级调度的执行频率最低，中级调度介于二者之间。因此要求低级调度算法的实现力求做到简单高效。

3.5.2 选择调度算法的准则

进程调度的算法较多，各具特点，适用于不同的操作系统。例如，对于某类进程调度非常高效的算法，但用于另一类进程的调度时则未必适合。因此，在设计操作系统时应按照设计目标的要求，考虑算法特性和其他相关因素，选用最适用的进程调度算法。

为了满足用户和系统的需要，选择进程调度算法时需要考虑以下几项准则。

(1) 处理器利用率高。在实际系统中，处理器的利用率一般在 40%(系统负荷较轻)和 90%(系统负荷较重)之间。选择算法时，应考虑尽可能地提高处理器利用率。

(2) 周转时间短。周转时间包括作业在外存后备队列上等待调度的时间，进程在就绪队列上等待进程调度的时间，进程在 CPU 上执行的时间，以及进程等待 I/O 操作完成的时间四部分。对每个用户而言，都希望自己作业的周转时间最短。但作为计算机系统的管理者，则总是希望能使平均周转时间最短，这不仅会有效地提高系统资源的利用率，而且还可使大多数用户都感到满意。平均周转时间可描述如下：

$$T = \frac{1}{n}\left[\sum_{i=1}^{n} T_i\right]$$

平均周转时间 T 与系统为其提供服务的时间 T_s 之比，即 $W = T/T_s$，称为带权周转时间，而平均带权周转时间则可表示如下：

$$W = \frac{1}{n}\left[\sum_{i=1}^{n} \frac{T_i}{T_s}\right]$$

(3) 响应时间快。响应时间是指从用户提交一个请求开始，到系统首次产生响应为止的时间间隔。响应时间的长短通常用来评价分时系统的性能，是选择进程调度算法非常重要的准则之一。

(4) 保证截止时间。截止时间是指作业必须开始执行的最迟时间，或必须完成的最迟时间。对于实时系统，其调度方式和算法必须能保证这一点，否则将可能造成难以预料的后果。

(5) 系统吞吐量高。吞吐量是指在单位时间内系统所完成的作业数，其与所处理的作业长度关系密切。对于大型作业，一般吞吐量约为每小时一道作业；对于中、小型作业，系统吞吐量可达到几十道，甚至上百道之多。

3.5.3 作业调度

作业调度是按照某种调度算法从后备作业队列中选择作业装入内存运行，并在作业运行结束后做善后处理。

1. 作业调度的过程

作业调度要完成的工作包括以下内容。

(1) 选择作业。按照某种作业调度算法从后备作业队列中选择作业。

(2) 分配资源。为选中的作业分配内存和外设资源。

(3) 建立作业进程。为选中的作业建立相应的进程，并设置成就绪状态，将其 PCB 排在就绪状态进程队列上。

(4) 建立有关表格。构造和填写作业运行时所需要的有关表格，如作业表，其登记所有在内存中运行的各道作业的有关信息等。

(5) 作业善后处理。当作业正常结束或因出错终止时，为该作业做善后处理工作。

2. 批处理作业调度

批处理作业从提交到最终执行完成需要经历以下 4 种状态。

(1) 提交状态。程序员把已存储作业实体的某种介质，如卡片、纸带、软盘等，提交给机房后或用户通过终端键盘向计算机输入其作业时所处的状态，称为提交状态。

(2) 后备状态。系统操作员把载有作业实体的某种介质，放在相应的输入设备上，并转储到计算机系统硬盘的输入井(相应的磁盘区域，专门用来存放作业实体信息)中等待调度运行时的状态，称为后备状态。

(3) 运行状态。硬盘输入井中处于后备状态的作业，被作业调度程序调度选中装入内存中投入运行时的状态，称为运行状态。

(4) 完成状态。作业正常运行结束或因发生错误而终止，释放其占有的全部资源，准备离开系统时作业的状态，称为完成状态。

批处理作业状态变迁如图 3-7 所示。

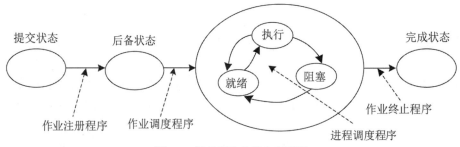

图 3-7　批处理作业状态变迁图

3.5.4　进程调度

处理器是计算机中最重要的资源，处理器的利用率甚至系统性能都在很大程度上取决于进程调度(也称处理器调度)性能的好坏。因此，进程调度成为各类操作系统设计的中心工作之一。

1. 引起进程调度的事件

进行进程调度的时机与进程调度的方式有关。当某些触发事件发生时，当前运行进程的CPU 被收回，需要重新进行进程调度。引起进程调度的典型事件如下所示。

(1) 正在执行的进程正确完成，或由于某种错误而终止运行。

(2) 执行中的进程提出 I/O 请求，等待 I/O 完成。

(3) 在分时系统中，分给进程的时间片用完。

(4) 按照抢占式优先级调度时，有更高优先级进程变为就绪状态。

(5) 在进程通信中，执行中的进程执行了某种原语操作，如 Wait 操作、阻塞原语或唤醒原语时，都可能引起进程调度。

当引起进程调度的事件发生时，首先要保存当前进程 A 的上下文，然后执行调度程序。在调度程序的控制下确定是否要进行切换，以及切换到哪个进程。如果要切换到另一进程 B，则需要记录放弃 CPU 的进程 A 的现场信息(如 PC，通用寄存器的内容等)，把 CPU 分配给 B 进程，并恢复进程 B 的上下文，然后开始从上次切换前的位置继续执行进程 B 代码。

2. 进程调度方式

通常，进程调度可分为非抢占方式和抢占方式两种。

(1) 非抢占方式。在非抢占方式下，调度程序一旦把 CPU 分配给某一进程后便让其一直运行下去，直到进程完成或发生某事件而不能运行时，才将 CPU 分给其他进程。

(2) 抢占方式。当一个进程正在执行时，系统可以根据某种策略收回 CPU，将其移入就绪队列，然后选择其他进程，将 CPU 分配给它，使之运行。系统使用抢占方式进行进程调度时需要遵循一定的原则，主要有以下几个方面。

- 时间片原则。各进程在系统分配的时间片内运行，当该时间片用完或由于该进程等待某事件发生而阻塞自身时，系统就停止该进程的执行而重新进行调度。
- 优先级原则。每个进程均赋予一个调度优先级，通常一些重要和紧急的进程被赋予较高的优先级。当一个新的更紧迫的进程到达时，或者一个优先级高于当前进程的进程就绪时，OS 就停止当前进程的执行，将处理器分配给该优先级高的进程，使之执行。
- 短进程优先原则。当新到达的进程比正在执行的进程运行时间短时，系统剥夺当前进程的执行，而将处理器分配给新的短进程，使之优先执行。

非抢占调度方式的主要优点是简单、系统开销小，通常用在批处理系统中；抢占式调度方式能够及时响应各进程的请求，多用在分时系统和实时系统中。

3.6 调度算法

进程调度的主要工作是在某一给定时刻，采用某种策略决定哪个就绪进程运行、运行多长时间以及如何保证进程的运行。目前存在多种调度算法，有的调度算法适用于作业调度；有的调度算法适用于进程调度；也有的调度算法对两者都适用。

3.6.1 先来先服务算法

先来先服务(First-Come，First-Served，FCFS)是一种最普遍和最简单的算法，在三个调度层次中都可以使用。在将该算法应用于作业调度时，系统会优先从后备队列中选择一个或者多个位于队列头部的作业，调入内存，分配所需资源，创建进程，然后放入就绪队列中。在进程调度中使用 FCFS 算法时，会从就绪队列中选择一个最先进入队列的进程，为其分配处理器，使之开始运行。

FCFS 算法是非抢占式的，只根据进程到达就绪队列的时间来分配处理器，一旦一个进程获得了处理器，就一直运行到结束才会让出处理器。

这种调度从形式上讲是公平的，但其使短作业要等待长作业的完成，重要的作业要等待不重要作业的完成，从这个意义上讲又是不公平的。

FCFS 算法的平均周转时间比较长，因此对长作业(进程)比较有利；短进程的执行时间一般很短，如果让它等待较长的时间才能得到执行，那么其带权周转时间会很长，不利于短作业(进程)。

例如，有以下一组进程 P1、P2、P3，到达时间依次为 0、1、2，运行时间分别为 24、3、

3(时间单位：ms)。如果按照 FCFS 算法来处理这些进程，那么将得到如图 3-8 所示的结果，可以算出，平均周转时间 T=26ms，平均带权周转时间 W=6.33ms。

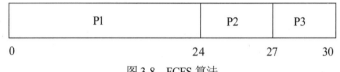

图 3-8　FCFS 算法

使用 FCFS 调度算法时，作业(进程)之间响应时间的差距较小，因此其可预测性高于其他多数调度算法。但由于这种调度算法不能保证良好的响应时间，因此在存在交互式请求的系统中无法使用。

在现代系统中，很少单独把 FCFS 作为唯一的调度算法，通常把它与优先级策略结合，维护多个队列，每个优先级一个队列，每个队列内部采用 FCFS 调度算法。

3.6.2　短作业(进程)优先算法

短作业(进程)优先(Shortest-Job-First，SJF)算法是指对短作业或者短进程优先调度的算法，将每个进程与其估计运行时间进行关联，下一次选择所需处理时间最短的进程，可以分别用于作业调度和进程调度。

SJF 算法的平均周转时间较短，系统吞吐量大。通过将短进程移到长进程之前，短进程等待时间的减少大于长进程等待时间的增加，因此，平均等待时间减少了。例如，有一组进程 P1、P2、P3 和 P4，在 0 时刻到达，运行时间依次为 6ms、8ms、7ms、3ms。采用 SJF 算法，就能得到如图 3-9 所示的调度结果，因此，平均周转时间为 W=(3+9+16+24)/4=13ms。如果使用 FCFS 算法，那么，平均周转时间 W=(6+14+21+24)/4=16.25ms。

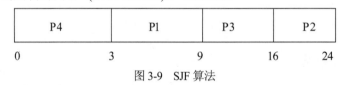

图 3-9　SJF 算法

从上面的例子可以看出，SJF 算法能有效地降低作业的平均周转时间，提高系统吞吐量。但是 SJF 算法也存在一些不容忽视的缺点。

(1) 长作业(进程)有可能被饿死。在有短作业(进程)持续不断到达时，由于调度程序总是优先调度那些(即使是后进来的)短作业(进程)，将导致长作业(进程)长期得不到调度而饿死。

(2) 缺少剥夺机制，不适用于分时系统或交互式事务处理环境。

(3) 无法准确知道作业(进程)的确切执行时间，致使该算法不一定能真正做到短作业优先调度。

3.6.3　优先级调度算法

优先级调度算法(Priority-Scheduling Algorithm)指的是调度程序每次都选择就绪队列中优先级最高的进程投入运行。如果存在优先级相同的进程，则按 FCFS 的原则进行调度。

优先级调度算法可以分为非抢占式优先级算法和抢占式优先级算法两种类型。非抢占式优先级算法是指系统一旦将处理器分配给就绪队列中具有最高优先级的进程以后，该进程将一直占用处理器，直到运行完毕或者自行放弃处理器时，系统才能将处理器分配给其他具有最高优先级的进程。而抢占式优先级算法则是指系统在把处理器分配给最高优先级进程，使之运行，而在其运行期间，如果出现更高优先级的进程，则调度程序立即停止当前进程的执行，而重新将处理器分配给新进来的具有更高优先级的进程。

现代操作系统中，通常使用某一范围的一个整数来表示进程优先级。如 0~7 或者 0~255 中的某一个整数。在不同的系统中，具体的用法不太一样，有的系统使用 0 表示最高优先级，当数值越大时表示优先级越低，但有的系统则正好相反。

在该算法中，首先考虑的问题是如何确定进程的优先级。根据进程优先级是否可变动，可将其分为静态优先级和动态优先级两种。

(1) 静态优先级。静态优先级是在进程创建时确定的，一经确定后在整个进程运行期间不再改变。在确定进程优先级时需要综合考虑进程类型、对资源的需求、用户要求等方面的因素。通常，系统进程的优先级高于用户进程的优先级；对于 I/O 服务请求比较密集的进程应赋予较高的优先级。另外，用户还可以根据作业情况提出自己的优先级要求。

(2) 动态优先级。动态优先级是在进程运行前先确定一个优先级，进程运行过程中根据进程等待时间的长短、执行时间的多少、输入输出信息量的大小等，通过计算得到新的优先级。每次调度时，仍然是从就绪队列中选择优先级最高的进程优先调度，同级的采用先来先服务 (FCFS) 策略。在进程运行过程中，动态优先级能自始至终地反映出计算优先级所依赖的特性。与静态优先级相比，动态优先级调度算法可以实现更加精确的调度，从而获得更好的调度性能，这对分时系统显得非常重要。

3.6.4 时间片轮转算法

时间片轮转(Round-Robin，RR)算法是专门为分时系统而设计的，主要用于进程调度。在采用此算法的系统中，将系统中所有的就绪进程按照 FCFS 原则排成一个队列。每次调度时将 CPU 分派给队首进程，让其执行一个时间片。时间片的长度从几毫秒到几百毫秒。在一个时间片结束时，发生时钟中断，调度程序暂停当前进程的执行，将其送到就绪队列的末尾，并通过 CPU 现场切换执行当前的队首进程。当然，进程可以未使用完一个时间片，就让出 CPU(如阻塞)。这样可以保证就绪队列中的所有进程都有获得处理器而运行的机会，可以提高进程并发性和响应时间特性，从而提高资源利用率。

在时间片轮转算法中，时间片长度的选择十分关键。时间片长度的选择会直接影响系统开销和响应时间，如果时间片长度过短，则调度程序剥夺处理机的次数增多，这将使进程上下文交换次数大大增加，加重了系统开销。如果时间片长度选择过大，大到一个进程足以完成其全部运行工作所需的时间，那么时间片轮转算法就退化为先来先服务策略。最佳的时间片长度应能使分时用户得到好的响应时间。响应时间(T)、进程数目(N)和时间片(q)之间的关系如下：

$$T = N \cdot q$$

确定时间片长度时除了要考虑用户的响应要求，也要考虑系统的处理能力，应当使用户输入通常在一个时间片内能处理完，否则会延长响应时间、平均周转时间和平均带权周转时间。

3.6.5 多级队列调度算法

在允许进程被分为不同组的前提下，操作系统中出现了一类可以使用多级队列的调度算法(Multilevel-Queue-Scheduling Algorithm)。例如，在系统中对进程有一种划分方法，将进程分为前台(或交互式)进程和后台(或批处理)进程，这两种不同类型的进程具有不同的响应时间要求，也有不同的调度需要。另外，与后台进程相比，前台进程可能要有更高的优先级。

多级队列调度算法将就绪进程分成多个独立队列。根据进程的某些属性，如内存大小、进程优先级或进程类型等，进程会被永久地分配到一个队列，每个队列有自己的调度算法。例如前述的前台进程和后台进程队列，前台进程队列可能是采用 RR 调度算法进行调度，而后台进程队列则可以采用 FCFS 调度算法。另外，队列之间必须有优先级的差异，例如，前台队列通常比后台队列具有更高的优先级。

现在来研究具有 5 个队列的多级调度算法的例子。如图 3-10 所示，某系统中具有下列 5 个层次的进程：①系统进程；②交互式进程；③交互式编辑进程；④批处理进程；⑤学生进程。各队列的优先级自上而下递减。仅当系统进程、交互式进程和交互式编辑进程 3 个队列都为空时，批处理队列中的进程才可以运行。当批处理进程正在运行时，若有一个交互式编辑进程进入就绪队列时，该批处理进程会被抢占。Solaris 2 系统采用的就是这种算法。

多级队列调度算法还可以在队列之间划分时间片。每个队列都有一定的 CPU 时间，这可用于调度队列中的不同进程，例如，在前、后台的例子中，前台队列可以有 80%的 CPU 时间用于在进程之间进行 RR 调度,而后台队列可以有 20%的 CPU 时间来进行基于 FCFS 算法的调度。

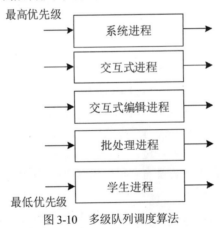

图 3-10　多级队列调度算法

3.6.6 多级反馈队列调度算法

前面介绍的各种调度算法都有一定的局限性，如短进程优先的调度算法仅照顾了短进程而忽略了长进程，而且如果事先不知道短进程的执行时间，则短进程优先和基于进程长度的调度算法都将失效。多级反馈队列调度算法则不必事先知道各进程的执行时间，又可以满足各种类型进程的调度需要，因而是一种目前公认较好的进程调度算法。在 UNIX 系统、Windows NT、OS/2 中都采用了类似的调度算法。多级反馈队列算法又称多队列轮转法，其算法思想介绍如下(假设采用抢占式调度)。

(1) 需要设置多个就绪队列，并且为其分别赋予不同的优先级。图 3-11 是多级反馈队列调度示意图。队列 1 的优先级最高，其他逐级降低。每队列分配不同的时间片，规定优先级越低则时间片越长。

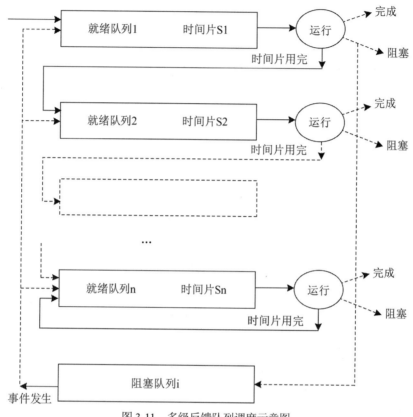

图 3-11 多级反馈队列调度示意图

(2) 新进程就绪后，先插入队列 1 的末尾，按 FCFS 算法调度。若一个时间片未能执行完，则降低插入队列 2 的末尾；以此类推，降低到最后的队列，则按"时间片轮转"算法调度直到完成。

(3) 进程由于等待事件而放弃 CPU 后，进入等待队列，一旦等待的事件发生，则回到原来的就绪队列。

(4) 只有当较高优先级的队列为空时，才调度较低优先级队列中的进程执行。如果进程执行时有新进程进入较高优先级的队列，则需要重新调度，抢先执行新进程，并把被抢先的进程插入原队列的末尾。

多级反馈队列调度算法具有较好的性能，能照顾到各种用户利益，其主要有以下优点。

- 可以照顾短进程，从而提高系统吞吐量和缩短平均周转时间。
- 可以照顾 I/O 型进程，从而获得较好的 I/O 设备利用率，并缩短响应时间。
- 不必事先估计进程的执行时间，可以在运行过程中进行动态调节。

对于不同类型的作业而言，该方法都能获得较好的效率。对短作业而言，在第一个就绪队列中就可以完成自己的工作，且响应效率很高；对中型作业而言，在第一个队列紧邻的几个就绪队列中基本上就可以完成；而长作业随着时间推移将降到最后一个使用 RR 算法的就绪队列，系统总能保证长作业不会饿死，而是在某个时刻获得运行。

对于 I/O 密集型进程，可以让其进入最高优先级队列，及时与 I/O 交互。通常，最高优先级的时间片大小被设置为一次典型的 I/O 操作时间。当一个时间片用完后，该进程将被插入阻塞队列。对于计算型进程，每次执行完时间片，则进入更低级队列，最终采用最大时间片来执行，减少调度次数。而对于需要 CPU 处理大量数据且 I/O 次数不多的进程，在 I/O 完成后放回原队列，以免每次都回到最高优先级队列后再逐次下降。为适应一个进程在不同时间段的运行特点，可以根据需要进行调整，例如 I/O 完成时，可以提高优先级；当时间片用完时，再降低优先级。

3.6.7 高响应比优先调度算法

高响应比优先调度是指当前进程完成或被阻塞，需要重新调度时，系统选择响应比最大的就绪进程，然后投入运行。响应比的计算方法如下所示：

$$响应比 = \frac{周转时间}{运行时间} = \frac{运行时间 + 等待时间}{运行时间} = 1 + \frac{等待时间}{运行时间}$$

由上式可以看出，在等待时间相同时，要求服务的时间(运行时间)越短优先级会越高，对短作业有利。在要求服务时间相同时，等待的时间越长优先级就会越高，这时与先来先服务比较类似。在高响应比优先调度算法中，长作业的优先级会随着等待时间加长而升高，因此长作业也会得到机会执行，不会出现长进程被饿死的情况。

高响应比优先调度算法是先来先服务(FCFS)和短作业优先(SJF)的有机结合，克服了两种算法的缺点，既照顾了先来者，又优待了短作业，提高了系统吞吐率，是上述两种算法的一种较好的折中。唯一的不足是每次重新调度之前需要计算期待的响应比，因而会增加计算量和系统开销。

3.7 多处理器调度和实时调度

3.7.1 多处理器调度

多处理器系统是一种新型体系结构的计算机系统，其含有两个或两个以上处理器，能够实现对信息的高度并行处理，提高系统吞吐量和可靠性。现在功能较强的主机系统和服务器，几乎都无一例外地采用多处理器系统。根据系统使用的处理器是否相同，可以把多处理器系统分为对称多处理器系统和非对称多处理器系统。在对称多处理器系统中使用的各处理单元，在功能和结构上都是相同的，目前大多数多处理器系统都属于这一类型。而在非对称处理器系统中含有多种不同类型的处理单元，其功能和结构各不相同，其中有一个处理器作为主处理器，剩余的作为从处理器。下面介绍的多处理器调度相关问题，主要针对对称多处理器系统，因而可以将任务队列中的进程分配到任何一个处理器上运行。

在多处理器系统中，需要对处理器进行负载均衡，以免出现有的处理器处于空闲状态而有的处理器一直处于忙碌状态。进行进程分配的一种简单做法是为每个处理器固定地分配一个就绪的作业队列，该队列中的各作业只能在该处理器上运行，直到执行完毕。这种方法会导致作业较少或者处理较快的处理器处于空闲状态，而有的处理器很忙。为了消除系统中各处理器忙闲不均的现象，可以在系统中只设置一个公共的就绪队列，系统中所有的就绪进程都被挂在该队列上，在分配进程时，可以分配到任何一个空闲的处理器上运行。

多处理器调度有三种代表性的调度方式：自我调度方式、按组调度方式和使用专用处理器调度方式。

(1) 自我调度是多处理器系统中一种最简单的调度方式，所有处于空闲状态的处理器都可以自己从唯一的就绪队列中获得一个进程(或线程)来运行。由于系统中只有一个就绪队列，各处理器必须互斥地访问该队列，很容易形成系统瓶颈；另外，通常情况下，应用程序中的多个线程需要相互合作，使用自我调度方式时它们很难同时获得处理器而同时运行，会使某些线程由于合作线程无法获得处理器而阻塞，进而被切换下来，从而导致线程的频繁切换。按组调度方式则可以有效避免线程被频繁切换的问题。

(2) 按组调度就是将一个进程中的一组线程分配到一组处理器上来执行，使它们能并行执行，有效减少线程阻塞，从而减少线程切换，提升系统性能。

(3) 专用处理器调度为要运行的应用程序分配一组处理器，每个线程使用一个处理器，在该应用程序执行完之前这组处理器不会被调度给其他进程(或线程)使用。这种方法会造成严重的处理器浪费，但是在具有数十个乃至数百个处理器的高度并行系统中，单个处理器的投资费用会远远小于整个系统的费用，系统性能和效率的重要性也远大于单个处理器利用率的重要性。另外，这种方式可以避免进程或者线程切换，大大缩短程序运行时间。

3.7.2 实时调度

在实时系统中，除要求作业的逻辑结果正确之外，还要求在一定的时间约束(截止时间)内完成。根据截止时间，实时系统的实时性分为"硬实时"和"软实时"两类。硬实时是指应用的时间需求能够得到完全满足，即在截止时间之前必须完成，否则就造成严重后果，如在航空航天、军事、核工业等一些关键领域中的应用。软实时是指某些应用虽然有时限要求，但实时任务偶尔违反这种要求也不会造成严重影响，如即时通信和信息采集系统等。

实时系统中调度的目的是尽可能地保证满足每个作业的时间约束，及时对外部请求做出响应。实时调度技术通常有多种划分方法，常用的有以下两种。

(1) 非抢占式调度。非抢占式调度是指在作业的执行期间不允许被中断，作业一旦获得处理器就必须执行完或者作业放弃处理器，然后调度器才能再调度别的作业并执行。这种方法的优点是上下文切换少，但是处理器利用率低，可调度性不好。这种方法通常用于一些小型的实时系统或对时间要求不太严格的实时控制系统中。

(2) 抢占式调度。抢占式调度是一种基于优先级驱动的调度方式。除在共享资源的临界段之外，高优先级任务一旦准备就绪，可随时向低优先级任务抢占处理器，马上开始运行。这种方式的优点是实时性好，反应快，调度算法相对简单，可优先保证高优先级任务的时间约束，其缺点是上下文切换多。这种方法适用于对时间要求比较苛刻的实时系统，如要求响应时间精度达到毫秒甚至微秒的系统。

3.8 Linux 的进程管理

3.8.1 Linux 的进程描述符

传统的支持进程做法是把进程作为内核资源分配的单位，线程是调度的基本单位。Linux 既支持传统的进程机制，又支持多线程并行。Linux 中没有明确的数据结构表示线程，其通过扩展进程机制创建轻型进程并设置轻型进程组来支持多线程并行。

在 Linux 中，每一个进程(包括轻型进程)用一个 task_struct 数据结构来表示，用来管理系统中的进程，task_struct 数据结构就是进程的 PCB，也称为进程描述符，表 3-2 所示列出了进程描述符的主要内容。

表 3-2 Linux 进程描述符中的主要内容

项	名称	类型	描述
进程标识信息	pid	pid_t	进程标识(唯一)
	pgrp	pid_t	进程组标识
	uid，suid	uid_t	进程用户标识
	gid，sgid	gid_t	进程用户组标识
进程运行环境信息	thread_info	thread_info *	当前进程运行的环境信息
进程地址空间信息	mm	mm_struct *	指向进程的内存描述符
进程窗口相关信息	tty	tty_struct *	指向终端窗口描述符
文件相关信息	files	files_struct *	指向文件资源描述符
进程调度信息	state	long	进程运行状态
	rt_priority	long	实时进程的优先级
	nice	long	普通进程的优先级
	counter	long	时间片
信号处理信息	signal	long	进程接收到的信号
	blocked	long	进程接收信号的掩码
	sig	signal_struct *	指定进程接收信号处理函数
处理机执行现场	policy	long	进程调度策略
描述进程间关系的指针	next_task prev_task	task_struct *	进程链的向前指针，向后指针
	thread_group	list_head *	轻型进程组链的前、后指针
	p_pptr	task_struct *	指向父进程的指针
	p_cptr	task_struct *	指向孩子进程的指针

在 Linux 中，用户程序通过系统调用 fork()创建一个进程，调用 clone()创建一个轻型进程。进程和轻型进程都有唯一的 pid，但轻型进程和其父进程有相同的进程组标识符 pgrp(即父进程的 pid)，轻型进程可以和父进程共享地址空间、终端窗口、打开文件表等信息。

Linux 有两种运行模式——核心态和用户态。内核都在核心态下运行，进程一般运行在用户态，只有触发终端异常或系统调用时才切换到核心态。进程拥有两个栈：用户模式栈和核心模式栈，分别在各自的运行模式下使用。进程描述符的运行环境信息 thread_info 和进程的核心栈的空间分配在一起，而 task_struct 对象利用 slab 分配器进行分配。图 3-12 所示说明了这一点。

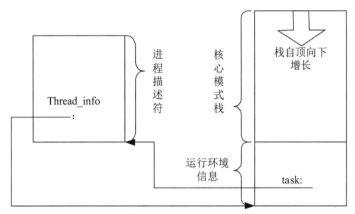

图 3-12　核心模式栈、运行环境信息和进程描述符

3.8.2　Linux 的进程状态及转换

1. Linux 进程的基本状态

进程在其生命周期中会经历几种状态，并处于不断的变迁中。Linux 的进程状态有 7 种。

(1) 运行状态(TASK_RUNNING)：在该状态下，进程是正在运行或者是具备运行资格，等待被调度执行的进程。所有处于运行状态的进程都挂入运行队列(run_queue)中。

(2) 可中断睡眠状态(TASK_INTERRUPTIBLE)：该进程处于等待资源的阻塞或睡眠状态，直到所需资源满足时，进程被唤醒或者被信号终止睡眠状态。

(3) 不可中断睡眠状态(TASK_UNINTERRUPTIBLE)：该进程处于等待资源的阻塞或睡眠状态，直到所需资源满足时，进程被唤醒，但不能被信号唤醒。

(4) 暂停状态(TASK_STOPPED)：进程处于暂停或挂起状态，当进程处于 SIGSTOP、SIGTSTP、SIGTTIN 或 SIGTTOU 信号时进入该状态。

(5) 跟踪状态(TASK_TRACED)：当调试进程收到信号时进入该状态并通知调试器，等待调试器发出继续的命令。

(6) 僵死状态(TASK_ZOMBIE)：该状态表示进程已经结束，并释放了大部分占用的资源，等待内核收回进程的 task_struct 结构。

(7) 退出状态(TASK_DEAD)：与 TASK_ZOMBIE 类似，只是不需要等待内核回收进程描述符和核心栈。

图 3-13 说明了 Linux 中进程状态之间的转换关系，同时列出了实现这些转换的内核函数。

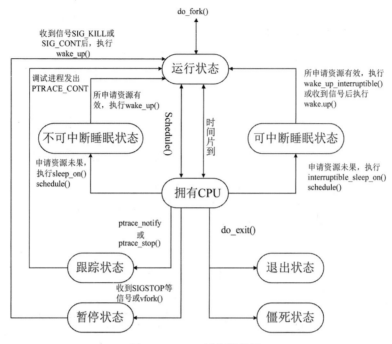

图 3-13　Linux 进程转换图

2. Linux 状态转换条件

进程创建时的状态为不可中断睡眠状态，在 do_fork() 结束前被父进程唤醒后，变为运行状态。处于运行状态的进程被移到 run_queue 就绪队列中等待调度，在适当时由 schedule() 按调度算法选中，获得 CPU。进程调度可用先进先出或轮转法，分实时和非实时两种情形。

获得 CPU 且正在运行的进程若申请不到某个资源，则调用 sleep_on() 或 interruptible_sleep_on 睡眠，其 task_struct 进程控制块挂到相应资源的 wait_queue 等待队列。如果调用 sleep_on()，则其状态变为不可中断睡眠状态，如果调用 interruptible_sleep_on()，则其状态变为可中断睡眠状态。sleep_on() 或 interruptible_sleep_on() 将调用 schedule() 函数把睡眠进程释放的 CPU 分配给 run_queue 队列的某个就绪进程。

进程状态为可中断睡眠时，当其申请的资源有效时被唤醒或被定时中断唤醒。状态为不可中断睡眠时，进程只有当其申请的资源有效时才被唤醒，不能被信号、定时中断唤醒。唤醒后，进程进入 run_queue 队列，状态改为运行。进程执行系统调用 sys_exit() 或收到 SIG_KILL 信号时调用 do_exit()，进程状态改为僵死状态，释放所占用的资源，同时启动 schedule() 把 CPU 分配给 run_queue 队列中的其他就绪进程。

若进程通过系统调用设置标志 PF_SYSTRACE，则在系统调用返回前进入函数 syscall_trace()，状态改为暂停，CPU 分配给 run_queue 队列中的其他就绪程序。只有通过其他进程发送的信号 SIG_KILL 或 SIG_CONT，才能把暂停状态进程唤醒，重新进入 run_queue 队列。

3.8.3　Linux 进程的调度

Linux 是一个分时的操作系统，其为每个进程分一个时间片，当进程的时间片用完时，调度程序从就绪队列中根据优先级等参数，选取一个进程来运行。Linux 支持实时进程的概念，对实时进程的反应要比普通进程快。

在 Linux 中，进程运行有两种形态：用户态(user mode)和核心态(即系统态 system mode)。进程通过系统调用进入核心态。进程运行过程中，当发生一些事件，如等待进程读、写设备，那么进程放弃处理器，调度程序选取其他进程运行。

在 Linux 中，进程通常称为任务(task)。对进程的调度由进程管理模块实现，进程管理根据一定的调度策略给进程分配 CPU。为了公平地分配 CPU 资源，进程 task_struct 结构中有下列调度信息。

(1) policy：指定进程的调度策略。Linux 进程有实时进程和普通进程两种类型。SCHED_RR(轮转调度策略)和 SCHED_FIFO(先进先出)用于实时进程，实时进程比普通进程优先级高，不同的实时进程间的优先级相同。SCHED_OTHER 用于普通进程，SCHED_YIELD 表示进程主动放弃 CPU 资源。

(2) priority：进程调度优先级，也就是进程运行时占用 CPU 时的时间。该值也是普通进程的可用时间片的初值，可以通过系统调用或命令来改变一个进程的优先级。

(3) rt_priority：实时进程专用调度优先级。实时进程的可用时间片的初值即为该值，可通过系统调用来修改该优先级。

(4) counter：进程被调度时运行时间的长短(程序运行时间片的大小)。进程第一次运行时，counter 设为 priority 值的大小，每运行一次时钟周期递减。普通进程的优先级即为该值，所以普通进程占用的 CPU 时间越短，优先权越高。

在 Linux 中，没有一个专门的系统进程处理进程调度的事宜，进程完成系统的初始化工作后，由核心提供的 schedule( )函数来实现任务调度。schedule( )函数被调用的情况有 4 种。进程运行时；当前运行进程被放到等待队列中后；进程从核心态返回到用户态之前，即系统调用结束时；进程本次时间片用完，即 task_struct 的 counter 为 0 时。

针对 Slackware Linux 的版本 3.1.0 的源程序，调度函数 schedule( )的执行流程如下。

(1) 判断 schedule( )程序是否在中断服务程序中调用，若是，则退出。schedule( )不可以使用在中断服务程序中，以变量 intr_count 是否为 0 来区分。

(2) 如果 bottom half 队列中有任务，则执行之。

(3) 执行 tq_scheduler 任务队列中的任务。

(4) 如果当前进程采用轮转法调度且时间片用完，则置时间片初值，并将其移至 run_queue 队列末尾。

(5) 唤醒处于可打断睡眠状态的进程，转换状态执行。

(6) 选择 run_queue 队列中优先权最大的进程作为下一执行进程。

(7) 如果当前进程没有被选中，则进行进程切换；如果当前进程交出 CPU 是因为设置了软件定时 time_out，则设置定时器并将其挂在适当定时器队列 timer_list 上。

3.8.4　Linux 进程的创建和终止

1. 进程的创建

Linux 系统启动时系统中只有一个初始化进程，该进程运行在核心态，系统初始化结束时，初始化进程创建一个 init 进程(标识号为 1)，而进程处于空转状态，因而进程在 Linux 中也称为空闲进程。系统中所有其他进程都是由 init 进程派生的。当一个进程创建其子进程时，子进程的 task_struct 是动态生成的，只有空闲进程的 task_struct 是静态分配的。

Linux 提供了系统调用 fork( )和 clone( )来创建子进程，而系统调用 fork( )和 clone( )都是调用内核函数 do_fork( )，通过复制当前进程来创建子进程。该函数所做工作如下。

(1) 分配一个 task_struct 内存空间，并将当前进程的 task_struct 内容复制其中。

(2) 查看当前进程数是否超过系统允许，并从 tarray_freelist 分配一个指向新分配的 task_struct 的指针。

(3) 设置 task_struct 中各成员的值，获取一个可以使用的进程标识符。

(4) 从父进程中继承文件表、文件系统信息信号、处理函数等信息。

(5) 复制内存管理数据，为新进程建立新的页目录、页表等。

(6) 建立进程上下文环境，唤醒新进程，即设置新进程的状态为 TASK_PUNNING，并放入运行队列中，等待调度。

(7) 系统总进程数加 1。

当上述过程中出错时，则释放分配的空间，并返回错误代码。在创建进程时，Linux 允许两个进程共享相同的资源，如文件、信号处理程序等。当某个资源被共享时，该资源的引用数会增加 1，从而只有当使用资源的进程都终止时，内核才会释放这些资源。

2. 进程的终止

进程运行结束后即被销毁。当进程正常结束时，进程调用 exit( )函数；或在 main 函数中执行 return 语句；或者 main 函数执行完，进程结束。当进程在运行期间出现错误或故障被迫结束时，如特权指令错、被 0 除、外界干预等，Linux 通过调用 abort( )或收到进程外所发来的信号而结束，属于进程的异常结束。

无论进程是正常结束还是非正常结束，最终都要调用内核函数 do_exit( )。进程释放其占用的资源，并调用调度程序使其他进程被调度运行。do_exit( )所做的工作如下。

(1) 释放进程的数据结构和内存等资源。

(2) 将进程状态设置为 TASK_ZOMBIE。

(3) 通知父进程等相关进程，将所有子进程的父进程设置为 init 进程。

(4) 调用 schedule( )，调度就绪队列中的进程到 CPU 运行。

因为父进程要通过 wait( )之类的系统调用来确定子进程是否结束，当子进程结束时，子进程描述符和其关联的部分数据结构也不能立即被释放，子进程处于 EXIT_ZOMBIE 状态。此时，父进程释放子进程 task_struct，进程结束。

3.8.5 Linux 的线程管理

Linux 是一种支持多线程、多任务的操作系统，其没有单独定义线程，而是将线程定义为"执行上下文"，实际是进程的另外一个执行上下文。Linux 基本调度单位仍然是进程，其内核要区分进程，只需要一个进程/线程数字即可。

Linux 线程有两种：用户线程和内核线程。用户线程是用户使用的处理程序中多个控制流的单元，其不需要内核的支持，使用 POXIS 的 Pthreads 线程库提供的函数实现线程的创建、同步、调度和管理等操作。内核进程的管理调度由内核完成，用户不能直接控制它，其不需要和用户进程联系，可被系统的其他线程访问，线程之间可以用系统调用 clone()来共享地址空间。

Linux 线程的调度是为了使多个线程协调一致共同完成任务，而不是相互争夺处理器，所以线程的调度属于非抢先式调度，线程之间的切换只发生在线程自动放弃对 CPU 控制的时候。但是内核线程不同，其调度是抢先式的，当分给线程的时间用完时，内核将中断其执行，将控制权交给其他线程。

1. 调度策略

调度策略主要有三种。

(1) SCHED_OTHER(普通分时调度策略)：是默认调度策略，适用于优先级为 0 的线程，其为链表中的每个线程分配时间片，保证链表中的每个线程有公平的执行时间。

(2) SCHED_FIFO(先进先出调度策略)：适用于优先级高于 0 的线程，当 SCHED_FIFO 中有可运行线程时，该线程会抢先任何当前运行的 SCHED_OTHER 线程成为当前运行线程；当有优先级更高的线程抢先时，该进程保留在对应链表的头部，在高优先级线程结束后立即投入运行。

(3) SCHED_RR(循环调度策略)：是 SCHED_FIFO 策略的简单增强，增加了时间片限制。如果某个 SCHED_RR 运行的线程等于或超过分配给它的时间片，结束运行，排到对应链表的尾部。

2. 同步机制

Linux 是多线程、多任务的操作系统，当多个线程同时访问一个资源时，会产生不可预料的后果。此外，几个相互配合的线程也存在如何同步、协调运行的问题。所以，线程必须有一定的同步机制。Linux 同步机制包括自旋锁、信号量、条件变量。

(1) 自旋锁。自旋锁是指通过一个时刻只允许一个线程访问临界区共享资源的方式来确保该资源的一致性。一般使用一个整数域作为锁，当值为 0 表示解锁状态，线程可以访问资源；其值为 1 表示上锁状态，该资源有线程访问，该线程进入等待队列，直到该资源被释放，队列中优先级最高的线程访问该资源。

(2) 信号量。信号量用来保证因竞争资源而引起的数据一致性问题。Linux 利用信号量实现对临界区资源的访问。

(3) 条件变量。条件变量用来保证线程实现阻塞，直到某个事件发生或条件成立。与自旋锁和信号量不同，条件变量用来发送信号表示某一个操作完成，相对于等待资源锁定，其更适用于等待事件。而自旋锁和信号量主要用于控制对数据的访问。

3.9 小结

现代操作系统均采用多道程序环境，处理器的分配和调度以进程为单位，因此处理器管理实际上就是对进程的管理，引入线程概念的操作系统中还要加入对线程的管理。

引入进程概念是为了准确地描述和管理多道程序系统中多个作业的运行情况，以及系统资源的管理和分配情况。现代计算机通常以进程作为资源分配和独立运行的基本单位和实体。进程是具有生命周期的活动实体，其在整个生命周期内不断地在几个不同状态间转换，操作系统通过进程控制块来感知进程存在和控制进程运行。进程的控制机构由内核实现，用来完成进程的创建、撤销、阻塞、唤醒等操作。进程控制机构将会把进程在不同的状态间转换，以保证数据的正确处理和保存，使得程序能得到正确的运行。

对进程的管理除了在状态上的变化外，还要考虑调度问题。处理器调度不仅涉及选择哪一个就绪进程进入运行状态，还涉及何时启动一个进程的执行。按照一个作业从进入系统的后备队列，直到最后执行完毕，可能要经历的调度过程，可以把处理器调度层次分为三级调度：高级调度、中级调度和低级调度。这三个层次都可以根据需要选择合适的调度算法。常见的调度算法有先来先服务、短作业(进程)优先、优先级调度、时间片轮转调度、多级队列调度、高响应比优先调度等。先来先服务优先考虑到达顺序，简单易实现，但进程平均等待时间长。短作业(进程)优先利于小型任务，大型任务可能会因为得不到调度而饿死。在优先级调度算法中，无论采用静态还是动态的优先级，优先级的确定方法都是关键问题。时间片轮转算法常见于分时系统中，能使得多用户在一定时间内都得到一定的响应，具有较好的实用价值，其时间片的大小对系统影响极大。在多级队列调度算法中，应用最广泛的是具有较高实用价值的多级反馈队列调度算法，其能保证大小不同的作业都能获得执行，且平均等待时间也在可接受范围。高响应比优先调度算法中，需要仔细设计响应比的计算公式。

随着多处理器体系的出现和流行，如何实现多处理器的协调工作也逐渐成为研究热点。而多处理器调度算法是其中最为活跃的领域之一。在多处理器系统中，需要对处理器进行负载均衡，以免出现有的处理器处于空闲状态而有的处理器一直处于忙碌状态。

实时系统中调度的目的是要尽可能地保证满足每个作业的时间约束，及时对外部请求做出响应。因此在设计和使用实时调度算法时，必须时刻注意对截止时间的要求，一旦超出指定的时间要求，就有可能导致严重的系统错误。

3.10 思考练习

1. 为什么程序并发执行会产生间断性特征，并失去封闭性和可再现性？
2. 什么是进程？为什么要在操作系统中引入进程？
3. 试从并发性、独立性、动态性上比较程序和进程的不同。
4. 什么是PCB？其具有什么作用？为什么说PCB是进程存在的唯一标识？
5. 进程有哪些基本状态？这些状态具有什么特征？
6. 为什么要引入挂起状态？该状态有什么特性？
7. 说明进程基本状态的转换关系及引起这些状态间转换的典型原因。
8. 说明在加入了挂起状态的操作系统中，进程状态间的转换关系及引发转换的典型原因。
9. 试说明引起进程创建的典型事件。
10. 试说明引起进程撤销的典型事件。
11. 试说明引起进程阻塞和唤醒的典型事件。
12. 试说明进程创建的过程。
13. 试说明进程撤销的过程。
14. 什么是线程？请比较其与进程的异同。

15. 处理器调度的层次有哪些？各层次的主要工作是什么？

16. 抢占式调度的原则是什么？请简要说明。

17. 在批处理系统、分时系统、实时系统中，应分别采用哪种作业(进程)调度算法？

18. 说明时间片轮转调度算法的基本思路。

19. 试说明多级反馈队列调度算法思想。

20. 什么是静态和动态优先级？如何确定静态优先级？

21. 在一个单道批处理系统中，一组作业的到达时间和运行时间如表 3-3 所示。试计算使用先来先服务、短作业优先、高响应比优先算法时的平均周转时间和平均带权周转时间。

表 3-3　一组作业的到达时间和运行时间表

作业	到达时间(ms)	运行时间(ms)
1	8.0	1.0
2	8.5	0.5
3	9.0	0.2
4	9.1	0.1

22. Linux 进程有几个状态，简述各状态的转换条件。

23. Linux 中的线程调度算法有几种，简述之。

第4章

进程同步与死锁

本章学习目标

- 理解并熟练掌握进程的同步和互斥的概念，理解临界资源和临界区的定义和特征
- 理解并熟练掌握信号量机制，能利用信号量实现进程同步和互斥
- 熟练掌握经典同步问题的解决方案
- 了解管程的概念，掌握利用管程实现进程同步的方法
- 理解并掌握进程通信的方式，深入理解并掌握消息缓冲队列通信机制
- 理解并掌握死锁的概念、死锁产生的原因和必要条件
- 理解并掌握死锁预防、避免、检测和解除的方法

本章概述

在现代计算机系统中，多个进程可以并发执行，从而大大提高了资源利用率和系统吞吐量。但是对于需要共享资源或者需要相互合作来完成共同任务的进程来说，抢用系统临界资源时，如果不对它们进行控制，则可能造成系统混乱。由于各进程是异步执行的，其运行顺序具有不确定性，这样就会出现每次执行的结果都可能不同，失去了封闭性和再现性。为了使相互合作的进程每次执行的结果具有确定性和再现性，就需要操作系统提供相应的并发控制机制，以实现进程之间的同步和互斥，将原来无序的、不确定的执行变为有序的、确定的执行。本章首先介绍进程同步和互斥的基本概念，然后阐述如何通过信号量机制和管程来实现进程的同步和互斥，最后介绍进程死锁的基本概念，并阐述如何预防和避免死锁的发生，以及死锁检测和解除的方法。

4.1 进程的同步和互斥

4.1.1 进程的同步

操作系统中的进程都是各自独立并以不可预知的速度向前推进的，也就是一个进程相对另一个进程的执行速度是无法确定的，即它们具有异步性。但是对于需要相互合作的进程来说，其执行顺序需要在某些特定时刻进行协调，先达到条件的进程需要等待后到达的进程，此时这些进程间存在一种制约关系。

例如，系统中有两个进程 A 和 B，进程 A 负责视频数据采集，进程 B 负责把进程 A 采集到的原始视频数据进行压缩处理，这两个进程相互合作，共同完成视频采集和压缩存储工作。

视频数据采集进程 A 通过缓冲区向数据压缩进程 B 提供采集到的原始视频数据。当缓冲区中无可用数据时，进程 B 就会因为获取不到需要处理的数据而进入阻塞状态；当进程 A 将数据送入缓冲区后，需要唤醒进程 B 开始压缩；反之，当缓冲区已经被数据填满时，进程 A 因不能继续向缓冲区写入数据而阻塞，直到当进程 B 将缓冲区数据取走后便再次将进程 A 唤醒，即告诉其可以继续往缓冲区中送入数据了。可以看出，进程 A 和进程 B 需要在缓冲区空和缓冲区满时相互协调，才能共同完成任务，它们之间存在着相互制约的关系。

通过上面的例子可以看出，同步是进程间的直接制约关系，这种制约主要源于进程间的合作。进程同步的主要任务就是使并发执行的各进程之间能有效地共享资源和相互合作，从而在执行时间、次序上相互制约，按照一定的协议协调执行，使程序的执行具有可再现性。

4.1.2　进程的互斥

当多个进程需要使用相同的资源，且此类资源在任一时刻只能供一个进程使用时，获得资源的进程可以继续执行，没有获得资源的进程必须等待。

例如，在某系统中只有一台打印机，打印机一次只能供一个进程使用，而两个进程 P1 和 P2 都希望能够使用这台打印机，为了能保证它们的输出结果正确，使用打印机前需要先提出申请，系统先把打印机分配给哪个进程，哪个进程就先使用打印机，一旦获得打印机，就一直独占使用，直到使用完毕，在此过程中另一个进程必须等待。否则，若允许两个进程同时使用打印机，进程 P1 和进程 P2 的输出信息会交织在一起，导致打印结果无法使用和识别。

可以看出，进程 P1 和 P2 之间是相互独立的，无直接联系，只是由于竞争使用同一个物理资源而相互制约，这是进程之间的间接制约关系。这种关系与前面讲到的源于进程间合作的同步关系不同，其运行具有时间次序的特征，谁先从系统获得共享资源，谁就先运行。这种对共享资源的排他性使用所造成的进程间的间接制约关系称为进程互斥。互斥是一种特殊的同步方式。

在计算机资源中，有些资源在同一时段只能被一个进程使用，如上面提到的打印机资源，这类资源称为临界资源(Critical Resource)。临界资源可能是硬件，也可能是软件，如变量、数据、表格、队列等。临界资源虽然可以被若干个进程共享，但一次只能由一个进程使用。临界资源的管理由操作系统完成，其通常将临界资源分配给首先提出使用申请的进程。

一个典型的进程同步例子是生产者—消费者问题。其表示了系统运行过程中一个常见的情景，即一个进程的输出信息是另一个进程的输入信息，被描述为：一批生产者生产产品(如特定结构数据、数据库的一个表格等)，同时有另一批消费者消耗该产品(如统计等数据运算工作等)。显然，这两者之间存在一定的制约关系：生产者工作效率高时，会产生供过于求的情况；消费者工作效率高时，会产生供不应求的情况。任何一种情况产生时都会导致其中一个类型的工作无法继续。此外，在这个问题中，为了不让两类进程发生直接的相互等待，操作系统一般都提供一个环状缓冲池，用来缓存产品。这样每个生产者生产的产品直接放入环状缓冲池的一个空缓冲区中，而消费者每次需要消费时也直接从缓冲池中选择一个满缓冲区数据来使用。

为了表述缓冲池，可以使用一个数组来表示 n 个(0, 1, ..., n-1)缓存区组成的环状缓冲池。在该缓冲池中，使用两个特殊的指针 in 和 out。in 指针用来表示生产者下一个可用的空闲缓冲区位置；out 指针记录的则是消费者进程可用的下一个满缓冲区。此外，还要设置一个变量 counter，用来记录缓冲池中满缓冲区个数，其初值为 0。上述各变量的初值和取值范围如下：

```
int n;
typedef struct
{
    …
} item;
item buffer[n];
0<=in<=n-1;
0<=out<=n-1;
0<=counter<=n;
```

那么，相互合作的生产者和消费者的工作可以描述如下：

```
void producer()
{
    bool bFlag=true;
    do{                              //设置永真循环，表示生产者的工作是循环进行的
        ...
        produce an item in nextp;    //nextp 是用来暂存刚生产出来的产品的缓冲区
        ......
        while (counter==n);          //当缓冲池满时，生产者进程做空操作，即等待有空闲区出现
        buffer[in]= nextp;           //将生产者最新的产品放入当前空缓冲区
        in=in+1 % n;                 /*in 指针后移，由于是环状缓冲，若当前为 n-1 号缓冲区，则后移后要
                                       指向 0 号缓冲区*/
        counter= counter+1;          //满缓冲区计数值加 1
    }while(bFlag == true);           /*不满足条件时退出运行，通常是任务结束后由其父进程终止生产者*/
}
void consumer()
{
    bool bFlag=true;
    do{                              //永真循环，同样表示消费者进程是循环工作
        while (counter==0 );         //当缓冲池为空时，消费者做空操作，以等待有数据可消耗
        netxc=buffer[out];           //nextc 是消费者进程暂存刚取出的数据的缓冲区
        out=out+1 % n;               //指针 out 后移 1 位
        counter=counter-1;           //满缓冲区计数值减 1
        consume the item in nextc;   //消费者在自身空间处理刚取出的数据
    }while(bFlag == true);
}
```

上述进程的工作流程独立来看都是正确的，但这两者在单处理器系统中同时工作时需要共享变量 counter，这就有可能由于执行顺序而导致严重问题。对 counter 的加减 1 的操作用机器语言描述如下：

①register1=counter；   ④register2=counter；

②register1=register1+1；   ⑤register2=register2-1；

③counter=register1；   ⑥counter=register2；

显然，若先执行左侧三条语句，再执行右侧三条语句，则生产者和消费者对 counter 的影响均是可以记录下来的。但若按照①、④、②、⑤、③、⑥的顺序执行，则最终的结果是只保留了消费者消费了一个产品，但对于生产者所生产的产品并没有记录，这就会造成有用数据被错

误覆盖的问题。因此，对临界资源 counter 的访问和修改应该是互斥进行的。

为保证多个进程对临界资源进行正确的互斥访问，人们把每个进程中访问临界资源的那段代码使用特殊手段管理，这段代码被称为临界区(Critical Section)。如果能保证各进程互斥地进入自己的临界区，即可实现对临界资源的互斥访问。进程在进入临界区前，首先要对临界资源的使用情况进行查询，如果临界资源处于空闲状态，则该进程可以进入临界区，同时把临界资源的状态设置为正在使用状态；如果临界资源正在被使用，那么该进程不能进入临界区。这段位于临界区前面的一段用于检查临界区使用状态的代码被称为进入区(Entry Section)。在进程完成对临界区的访问后，要把临界区访问标志恢复为未被访问状态，完成该任务的代码段被称为退出区(Exit Section)。进程中除进入区、临界区和退出区之外的部分被称为剩余区。临界资源的循环进程可以描述如下：

```
bool bFlag=true;
do{
    进入区
    临界区
    退出区
    剩余区
}while (bFlag == true);
```

实现临界区的互斥使用主要依靠硬件，也可以采用软件来协调各进程之间的关系。通常的做法是在系统中设置专门的同步机构来协调各个进程的运行。但是不论是采用软件或硬件方法，所有的同步机制都应遵循下面 4 条准则。

(1) 空闲让进。当无进程处于临界区时，允许进程进入临界区，并且只能在临界区运行有限的时间。

(2) 忙则等待。当有一个进程在临界区时，其他欲进入临界区的进程必须等待，以保证进程互斥地访问临界资源。

(3) 有限等待。对要求访问临界资源的进程，应保证进程能在有限时间内进入临界区，以免陷入"饥饿"状态。

(4) 让权等待。当进程不能进入临界区时，应立即放弃 CPU 使用权，以使其他进程有机会得到 CPU 的使用权，避免其陷入"饥饿"状态。

4.1.3　信号量机制

信号量(Semaphore)是荷兰学者 Dijkstra 在 1965 年提出的一种有效的进程同步和互斥工具，其负责协调各个进程，以保证它们能够正确、合理地使用公共资源，有时也被称为信号灯。经过长期广泛的应用实践，信号量机制已经有了很大的发展，形成了整型信号量、记录型信号量、AND 型信号量、信号量集等机制。现在，信号量机制已经被广泛地应用到单处理机和多处理机系统以及计算机网络中。

1. 整型信号量与 P、V 操作

在整型信号量机制中，信号量 S 是一个整型变量，通常被初始化为相应资源的初始数量。除了初始化之外，对信号量 S 只能通过 wait 和 signal 这两个标准的原子操作来访问。所谓原子操作，指的是一旦执行一定要全部完成，不能被打断。这就保证了当一个进程在修改某信号量

时，没有其他进程同时对其进行修改。因为希腊语 wait 的首字母为 P，signal 的首字母为 V，所以 wait 和 signal 操作通常又称为 P、V 操作。

wait 操作可以表示为如下形式：

```
void wait(int S)
{
    while (S<=0);    //当信号量 S 的值小于或等于 0 时，做空操作，否则将其值减 1
    S = S-1;
}
```

signal 操作可以表示为如下形式：

```
void signal (int S)
{
    S= S+1;
}
```

从 P、V 操作的定义可以看出，wait 操作表示申请一个资源，所申请的资源能够获准分配的前提是系统中还有此类资源(S>0)；signal 操作表示释放一个资源，由于释放操作是程序的主动行为，不需要测试，因此对 S 的操作就是直接加 1。需要注意的是，这里的 wait(S)操作和 signal(S) 操作在对 S 的当前值进行测试(S≤0)和修改(S=S-1)时也是不可中断的。

根据用途不同，信号量分为互斥信号量和资源信号量。互斥信号量用于实现进程间的互斥，初值通常设为 1，其所联系的一组并行进程均可对其实施 P、V 操作；资源信号量用于进程间的同步，初值为 0 或指定资源初始数量。实际上互斥信号量是资源信号量的一个特例，如果资源信号量的初值为 1，表示只有一个此类资源，因此同一时刻只允许一个进程访问临界资源，此时的资源信号量实际上就转化为互斥信号量。

对系统中的每个进程，其运行的正确与否不仅取决于自身的正确性，而且与其在执行中能否与其他相关进程正确地实施同步互斥有关。P、V 操作是实现进程同步和互斥的常用方法。

2. 记录型信号量

整型信号量虽然能够解决进程的同步和互斥问题，但是在 wait 操作中，当信号量 S≤0 时，将会不断地循环测试。因此，该机制没有遵循"让权等待"的准则，而使进程处于"忙等"状态，这样连续不断地循环测试显然是低效的。在单处理器系统中，CPU 被多个进程共享使用，"忙等"浪费了可以供其他进程使用的 CPU 时间。在采取了"让权等待"的策略后，虽然可以克服"忙等"现象，但是又会出现多个进程等待访问同一临界资源的情况。所以，除了需要一个用于代表资源数目的整型变量 value 外，还应增加一个进程链表 L，用于链接上述所有等待进程，这两者共同构成了记录型信号量。

记录型信号量还对 wait 和 signal 操作的定义进行了改进。进程在执行 wait 操作时，如果检测到 S≤0，系统则会让当前进程转换到阻塞状态，并将其放入与信号量相关的等待队列(链表 L)中，而不是使进程一直处于"忙等"状态。

在信号量机制中，记录型信号量是由于其采用了记录型的数据结构而得名的。其 C 语言数据结构定义如下所示：

```
typedef struct {
```

```
        int value;
        struct process *L;
    } semaphore;
```

相应地，wait 操作可描述如下：

```
void wait (semaphore S) {
    S.value= S.value-1;    //申请资源，尝试分配
    if (S.value <0) {       /*若申请不成功，即在本次操作前 value 的值小于或等于 0，说明系统中没有该
                            资源，则阻塞本进程，并把本进程加入 S.L 链表中*/
        block(S.L);
    }
}
```

信号量操作 signal 可以如下定义：

```
void signal (semaphore S) {
    S.value = S.value+1;    //释放资源，系统中该类资源当前可用数量增 1
    if (S.value <= 0) {     /*若还有进程因该资源而阻塞，则唤醒阻塞进程，被唤醒者在阻塞链表 L 的链
                            首位置，从链表 S.L 头部移出一个进程 P*/
        wakeup(S.L);        //唤醒被移出的进程 P
    }
}
```

其中，block(S.L)操作用于阻塞调用其进程，wakeup(P)操作用于唤醒链表 L 的链首阻塞进程 P。这两个操作均以基本系统调用的形式由操作系统提供。

在记录型信号量机制中，S.value 的大小、正负实际上反映了系统中进程对指定临界资源的使用情况：若 S.value<0，表示有 value 个进程正处于阻塞状态等待使用该资源，因此在 signal 操作中，当释放资源后，若发现还有进程因为等待该资源被阻塞，就需要通知这些进程中的一个或几个重新尝试申请该资源；若 S.value>0，表示有 value 个指定类型的临界资源可用，因此在 wait 操作中，需要先测试是否有空闲资源可用，有的话才不会导致进程被阻塞；若 S.value=0，表示所有的该资源均已分配出去，且目前没有进程因为该资源无法获取而阻塞。

3. AND 型信号量

上述的进程互斥问题，是针对各进程之间要共享一个临界资源而言的。在有些应用场合，一个进程需要先获得两个或者更多的共享资源后，才能执行其任务。假定现在有两个进程 A 和 B，都要求访问共享数据 D 和 E，共享数据 D 和 E 都为临界资源。为此，可为数据 D 和 E 分别设置用于互斥的信号量 Dmutex 和 Emutex，并令其初值都为 1。相应地，在两个进程中都要包含对 Dmutex 和 Emutex 的操作，具体操作如下：

```
Void A(int Dmutex，int Emutex)      Void B(int Dmutex，int Emutex)
{                                   {
...                                 ...
wait (Dmutex);                      wait (Emutex);
wait (Emutex);                      wait (Dmutex);
...                                 ...
}                                   }
```

若进程 A 和 B 按下述次序交替执行 wait 操作:

进程 A 先执行 wait(Dmutex),于是 Dmutex=0。

进程 B 随后执行 wait(Emutex),于是 Emutex=0。

进程 A 执行 wait(Emutex),使得 Emutex=-1,进程 A 无法获得资源,阻塞自身。

进程 B 执行 wait(Dmutex),使得 Dmutex=-1,进程 B 无法获得资源,阻塞自身。

最后,进程 A 和进程 B 都处于阻塞僵持状态。在无外力作用下,两者都将无法从这一僵持局面中解脱出来,则称此时的进程 A 和 B 已经进入死锁状态。显然,当进程同时要求的共享资源越多时,发生进程死锁的可能性也就越大。

AND 同步机制的基本思想是:将进程在整个运行过程中需要的所有资源,一次性全部分配给进程,等到进程使用完毕后再一起释放。只要还有一个资源未能分配给进程,其他所有可能为之分配的资源,也不分配给它。也就是说,对若干个临界资源的分配,采取原子操作的方式:要么全部分配给进程,要么一个也不分配。由死锁理论可知,这样即可避免上述死锁情况的发生。为此,在 wait 操作中,增加了一个 AND 条件,故称为 AND 同步,或称为同时 wait 操作,即 Swait(Simultaneous wait)。

Swait 定义如下所示:

```
Swait(S₁, S₂, ..., Sₙ)
{
    if(S₁ >=1 && S₂ >= 1 && ... && Sₙ >= 1)     //测试是否全部资源请求都能得到满足
    {
        for (i = 1; i <= n; i ++)   Sᵢ = Sᵢ-1;
    }
    else                                          //任意一个所需资源得不到满足时,需要阻塞当前进程
    {
        将当前进程插入测试过程中发现的第一个资源数量小于或等于 0 的资源 Sᵢ 的阻塞队列中;
        阻塞当前进程;
    }
}
```

AND 型信号量的 signal 原语为 Ssignal,其定义如下所示:

```
Ssignal(S₁, S₂, ..., Sₙ)
{
    for (i = 1; i <= n; i ++)
    {
        Sᵢ ++;                    //释放一个单位的资源 Sᵢ
        if(资源 Sᵢ 的阻塞队列非空){
            从队首位置取出进程 P;
            唤醒进程 P;
            if(Swait(P)成功){
                将进程 P 插入就绪队列;
            }
            else{
                阻塞进程 P;
                将其插入其他资源的阻塞队列;
            }
        }
```

```
    }
}
```

引入 AND 信号量之后，上面的例子就可以简单地改写为如下形式：

```
void A (int Dmutex, int Emutex)        void    B (int Dmutex, int Emutex)
{                                      {
...                                    ...
Swait (Dmutex,Emutex);                 Swait (Emutex,Dmetux);
...                                    ...
Ssignal (Dmutex,Emutex);               Ssignal (Emutex,Dmutex);
}                                      }
```

修改使用 AND 信号量后，即可避免死锁问题。

4. 信号量集

记录型信号量的 wait(S) 和 signal(S) 只能用于控制总数量为 1 的资源，因此仅能实现对一个单位的某类资源的分配和释放。但在现实生活中，人们见得更多的是一次申请多个资源的情况，这多个资源可以是相同类型的，也可以是不同类型的。对这种申请要求而言，若还使用 wait(S) 操作进行资源申请，其执行次数就必须为多次，这种方式很明显是极为低效的，且易产生进程僵持。例如，A、B 两进程均需要同时获取临界资源 C 和 D 后才能正确运行，而当前进程 A 先获取了 C，进程 B 先获取了 D，则进程 A、B 均会因缺少资源而产生僵持。造成这种状态的根本原因就是进程对资源的申请不是"原子"的，即申请时是分多次一个个类型获取的，由于各进程对资源申请的次序不同，则很容易造成上述的危险状态。

此外，为保证系统安全，尽量避免进程僵持等现象出现，在系统分配资源时还经常为其设置下限值，即如果当前空闲资源数量低于该值时，进程的资源申请不获批准。因此在每次分配前都需要对所需资源的数量进行测试，当发现其当前数量高于下限时才真正分配。

为了实现上述两点要求，人们对信号量机制进行了进一步的修改，形成了信号量集。该机制的 Swait 操作可以描述为如下形式，其中 S 为信号量，d 为需求量，t 为下限值。

```
Swait(S₁, t₁, d₁, S₂, t₂, d₂, ..., Sₙ, tₙ, dₙ)
{
    if (S₁>=t₁ && ... && Sₙ>=tₙ)
    {
        for (i = 1; i <= n; i ++)
        {
            Sᵢ:=Sᵢ-dᵢ;
        }
    }
    else
    {
        将当前进程插入测试过程中发现的第一个 Sᵢ<tᵢ 的资源 Sᵢ 的阻塞队列中；
        阻塞当前进程；
    }
}
```

类似地，Ssignal 操作可以描述如下：

```
Ssignal(S₁, d₁, ..., Sₙ, dₙ)
{
    for (i = 1; i <= n; i ++)
    {
        Si:=Si+di;
        将所有因 S₁~Sₙ 而等待的进程转为就绪状态并插入就绪队列；
    }
}
```

按照上述定义，会出现如下特别的情况。

(1) Swait(S,d,d)。这种情况下，信号量集被特殊化为一个信号量 S，其申请资源的下限为 d 个，当前申请也是 d 个，即每次可以申请该资源 d 个，当现有资源少于 d 个时不能分配。这样做的好处是可以保证系统中保留一定数量的空闲资源为其他类型进程使用。

(2) Swait(S,1,0)。该操作可用来实现软开关。当 S 大于或等于 1 时，多个进程可以进入指定区；当 S 等于 0 时，任何进程都不能进入指定区。

(3) Swait(S,1,1)。当 S 大于 1 时，相当于记录型信号量；当 S 等于 1 时，相当于互斥信号量。

4.1.4　信号量的使用方法

n 个进程的互斥问题可以使用信号量来解决。这 n 个进程共享一个互斥信号量 mutex，并将其初始化为 1，每个进程 Pi 的组织结构如图 4-1 所示。这种结构的进程在进入自身临界区前首先要使用 wait 操作测试资源是否可分配，当通过测试时才真正进入临界区开始对共享资源操作。这种先测试再进入以及不退出不让权的方式，可以保证每个进程一旦申请到资源就对其独占使用，直到不再需要使用临界资源为止。

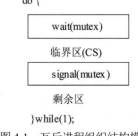

图 4-1　互斥进程组织结构模型

信号量也可以用来解决各种同步问题。例如，两个正在执行的并发进程：p1 有语句 s1，而 p2 有语句 s2，且要求只有在 s1 执行完之后才能执行 s2。使用信号量即可很容易地满足控制需要：设置 p1 和 p2 共享一个初值为 0 的信号量 synch，在进程 p1 中插入如下语句：

```
p1：s1;
signal (synch);
```

在进程 p2 中插入如下语句：

```
p2：wait(synch);
s2;
```

由于 synch 初始化为 0，则 p2 只有在 p1 已调用 signal(synch)后，即已经在 signal(synch)中将信号量的值修改为 1 之后才能执行。根据程序执行的顺序性特征，wait(synch)执行的前提是 s1 已经被正确执行，即通过 signal 和 wait 操作使得 s1 执行后再执行 s2。

4.1.5　信号量的应用实例

1. 利用 P、V 操作实现进程的互斥

如上节所述，解决进程互斥问题，只需令互斥信号量 mutex 的初值为 1，进入临界区时执行 wait(即 P 操作)，退出临界区时执行 signal(即 V 操作)。这样进入临界区的代码段如下所示：

```
P(mutex)
临界区
V(mutex)
```

例如，有两个并发的程序合作完成某路口车流量的统计，其中"观察者"P1 识别通过的车辆数，"报告者"P2 定时将观察到的计数值 COUNT 设置为 0，显然这里的 COUNT 是一个临界资源，需要互斥使用。用 P、V 操作实现的交通流量统计程序如下：

```
void P1()                          void P2()
{                                  {
    L1:if (有车通过)                   L2: {
    {                                      P(mutex);
        P(mutex);                          printf ("COUNT=%d\n", COUNT);
        COUNT=COUNT+1;                     COUNT=0;
        V(mutex);                          V(mutex);
    }                                  }
    GOTO  L1;                          GOTO  L2;
}                                  }
```

2. 利用 P、V 操作实现进程的同步

进程的同步是由于进程间的合作而引起的相互制约问题，解决进程同步的一种方法是将一个资源信号量与某个"消息"相联系，当信号量的值为 0 时表示希望的消息还未产生，否则表示希望的消息已经来到。假定用信号量 S 表示某条消息，进程可以通过调用 P 操作测试消息是否到达(或资源数量是否满足请求)，调用 V 操作发送消息通知合作者已经准备好(或资源已经被释放)。最典型的应用是 4.2.1 所讲的生产者—消费者同步问题。

3. 控制合作进程的执行次序

在多进程合作时，信号量可以帮助用户进行简单的进程推进次序的自动控制。这种方法主要利用了 P、V 操作控制进程同步的能力，同时也进行了简单的通信。这种方式的基本思想是在两个需要先后执行的实体之间使用 P、V 操作，而 P、V 原语的操作对象就是在两个实体之间传输的消息，该消息以初值为 0 的信号量形式出现。这里所谓的实体可以是程序段或语句。具体实现方法是：在需要先完成的前趋实体后加入一个 V 操作，则信号量的值变为 1；在需要后完成的后继实体前加入一个 P 操作，使其恢复原值。通过这种方式，可以保证只有前趋实体执行后才能执行后继实体。

图 4-2 所示为前趋关系图，其中的圆圈表示一个实体，箭头表示前趋关系指向，箭头头部的实体为后继实体，尾部的实体为前趋实体。则该图形可使用下列伪代码描述：

```
semaphore a=0,b=0,c=0,d=0,e=0; /*设置五个信号量，其表达的消息传递双方如图 4-2 所示*/
{
    {                                //定义并发实体的程序段起始语句
        { S1; signal(a); }
        {S2; signal(b); }
        {S3; signal(c); }
        {wait(a); wait(b); S4; signal(d); }
        {wait(c); S5; signal(e); }
        {wait(d); wait(e); S6; }
    }                                //定义并发实体的程序段终止语句
}
```

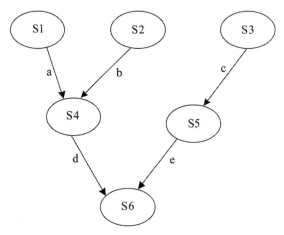

图 4-2　前趋关系图举例

4.2　经典同步问题

本节将介绍几个经典的同步问题。这些问题作为大量并发控制的例子，可用来测试几乎所有新提出的同步方案。这些解决方案使用了信号量来处理同步问题。由于互斥是操作系统的基本要求，在进行同步问题的解答时，还要注意以下几点，才能获得令人满意的结果。

(1) 两个进程要保持互斥，不能同时驻留在自己的临界区。

(2) 进程进入自身临界区后不能长期等待，即有限时间内占用临界资源。

(3) 任何尚未进入临界区的进程都不能阻止其他进程进入其自身临界区。

4.2.1　生产者—消费者问题

前面章节介绍过，生产者—消费者问题是一个典型的进程同步问题，可用来描述系统中相互配合的两类进程，且第一类进程(生产者)的输出结果正好是第二类进程(消费者)等待的待处理数据。为了将这些数据正确存放，且保证所有的数据都被及时处理，需要使用一个特殊的环状缓冲池。该问题被描述为：一批生产者生产特定结构的产品，并将其放入具有 n 个缓冲区的环状缓冲池，即若当前使用的是 $n\text{-}1$ 号缓冲区，下一个可用的就是 0 号缓冲区。生产者一次只能生产并放入一个产品，消费者一次只能取出并消费一个产品，且生产者和消费者、消费者之间、生产者之间均对缓冲池互斥访问。在这个问题中，生产者和消费者使用固定的有限数目的 n 个缓冲区来进行任意数目消息的传递，因此也被称为有限缓冲区问题。

　　显然，缓冲池是临界资源，因此需要为其设置一个互斥信号量 mutex。此外，为了让生产者和消费者都能使用正确的空、满缓冲区，还需要设置两个资源信号量 empty 和 full，其初值分别为空、满缓冲区的初值 n 和 0。在进程选择缓冲区时，还需要使用两个特殊指针 in 和 out，分别指向生产者使用的空缓冲区和消费者使用的满缓冲区。每当 in 或 out 当前指向的缓冲区被生产者或消费者使用后，均需要后移一个缓冲区。使用伪代码对生产者—消费者问题描述如下：

```
semaphore mutex = 1;
semaphore full = 0;
semaphore empty = n;
buffType buffer[n];
Producer(){
  bufType *next, *in;
  while(TRUE) {
    produceItem(next);      //生产者生产产品放入 next 缓冲区暂存
    P(empty);               //申请一个空缓冲区
    P(mutex);               //为缓冲池加锁，使其他进程无法对其中任一缓冲区操作
    copyBuffer(next, in);   //将 next 缓冲区中的数据放入 in 所指向的公共空缓冲区
    in=(in +1) mod n;       //in 指针后移一位，下一位生产者到来时将使用新的空区
    V(mutex);               //为缓冲池解锁，使其他进程可以进入缓冲池操作
    V(full);                /*释放已经装满数据的满缓冲区，V 操作使得满缓冲区数量增 1，若有因找不
                              到满缓冲区而被阻塞的消费者时，该操作还会唤醒它*/
  }
}
Consumer() {
  bufType *next, *out;
  while (TRUE) {
    P(full);                //消费者申请一个满缓冲区
    P(mutex);               //为缓冲池加锁
    copyBuffer(out, next);  /*将 out 指针指向的满缓冲区整体复制到 next 缓冲区暂存*/
    out=(out+1) mod n;      /*将 out 指针后移一位，下一个到来的消费者将使用 out 指针新指向的满缓冲区*/
    V(mutex);               //为缓冲池解锁
    V(empty);               /*释放已经清空的空缓冲区，该 V 操作将使得空缓冲区数量增 1，若有因找不
                              到空缓冲区而阻塞的生产者时，该操作还会唤醒它*/
    consumeItem(next);      //消费者消费商品
  }
}
```

　　在上述过程中，还有三个细节需要注意。

　　(1) 对信号量的 P 操作要注意顺序问题，即当程序中出现多个 P 操作时顺序不能颠倒，应先对资源信号量进行 P 操作，再对互斥信号量进行 P 操作。例如，在生产者进程中，如果先对互斥信号量 mutex 进行了 P 操作并顺利进入了自身临界区，而临界区的第一个工作就是申请空缓冲区，且发现当前缓冲池中没有空区，则该进程在此步被阻塞。而此时其处于临界区，并未

放弃对缓冲池的控制，因此后来到来的其他消费者也无法进入缓冲池消费，使得缓冲池总是没有出现空缓冲区的可能，这时就出现了严重的进程死锁状态。

(2) 在同一个进程中，用于实现互斥的信号量的 P、V 操作必须成对出现。这是因为 P 操作将初值为 1 的互斥信号量减 1 后，其他要对缓冲池操作的新到进程再想进入时将测试互斥信号量的值，由于此时 mutex 为 0，不满足条件，因此该进程被阻塞。这就可以保证一个进程在进入自身临界区时没有其他用户可以打断。另外，当前进程完成临界区执行后，要进行一次 V(mutex)，该操作的作用是将互斥信号量 mutex 恢复为初值 1，则在当前进程继续执行后继的操作时到达的新进程将被允许进入临界区。这个操作可以保证在一个进程完成自身临界区执行后能正确退出并使其他人继续使用临界资源。

(3) 在合作进程之间，通过资源信号量传递信息。在本例中，可以很明显地看出，生产者和消费者利用对资源信号量 empty 和 full 的 P、V 操作完成了相互的通信：生产者对 empty 的 P 操作将空缓冲区的数量减 1，消费者则通过 V 操作将 empty 的值加 1，这一对 P、V 操作分别出现在有合作关系的生产者和消费者进程中，使得消费者可以通过 V(empty)操作来唤醒因无法找到空缓冲区而阻塞的生产者。

4.2.2 读者—写者问题

Courtois、Heymans 和 Parnas 于 1971 年提出了另一个有趣的同步问题，即读者—写者问题。该问题假设一种资源在两种截然不同的进程间共享，一类进程可以和同类的其他进程一起共享资源，且不会对资源进行改写，只获取资源的副本，其行为与去图书馆读书的读者很相似，因此被形象地称为读者(reader)；另一类进程则能够对资源进行改写，且在使用资源的时候排斥其他任何类型的进程使用该资源，这样的行为又与书籍的作者类似，因此被称为写者(writer)。读者—写者问题经常用来描述一组进程共享一个文件时，多个只读权限的进程可以同时共享该文件，一旦有进程对文件进行改写时，其他任何进程(无论是读者还是其他写者)均不可共享该文件。

读者—写者问题的解决方案有多种，下面主要介绍两种方案。

1. 读者优先

由于读者对资源没有修改且通常只需获取一个副本即可离开，因此其操作时间比较短，所以可以考虑让读者优先，即只要有一个读者持有资源，后继到达的读者可以被允许立即进入临界区，而后继到达的写者将被当前的读者排斥而无法进入临界区，只能阻塞自身。这种方法中，只有第一个到达的读者才需要与写者竞争共享资源，只要读者获得共享资源后，在资源没有被释放之前，后继的读者都可以直接进入临界区访问。系统通过变量 readCount 记录进入临界区的读者数目，对该变量的更新和检查也应该在临界区中进行。第一个读者和每个写者都要执行 P(writeBlock)操作，该信号量是为了保证有读者在临界区时写者均不可进，以及有写者在临界区时读者和其他写者都不可进。而当最后一个读者退出临界区时，需要执行 V(writeBlock)来释放其对共享资源的占用，此时正在等待的写者将被唤醒并试图进入临界区。对该过程的伪代码描述如下：

```
int readCount = 0;
semaphore mutex = 1;
```

```
semaphore writeBlock = 1;
Reader() {
    while( TRUE) {
        ...
        P(mutex);           //在修改 readCount 前先加锁, 使得其他进程无法同时修改
        readCount = readCount +1;     /*修改 readCount 的值, 使其所记录的处于读状态的读者数目增加 1*/
        if(readCount==1)    /*若当前读者为第一个进入临界区的读者, 则将写锁加上, 限制任何一个写者进入*/
        P(writeBlock);
        V(mutex);           //退出对 readCount 的修改

        ...
        执行读操作;
        ...
        P(mutex);
        readCount = readCount -1;     //将当前进入读状态的读者数目减 1
        if (readCount == 0)           /*若当前读者为最后一个使用临界资源的读者进程, 则将写锁揭开,
                                       尝试唤醒因无法进入临界区而阻塞的写者*/
        V(writeBlock);
        V(mutex);
    }
}
Writer() {
    while(TRUE) {
        ...
        P(writeBlock);      /*每个写者到达时, 首先查看临界资源是否已经被分配给其他进程, 若无才进
                            入临界区*/
        执行写操作;
        V(writeBlock);      //写者退出临界区时需要通知其他进程可以开始竞争临界资源
        ...
    }
}
```

这种读者优先的方案被称为第一读者—写者问题。它虽然能实现问题最初的设想, 但没有真正解决问题。这种方法中, 如果读者连续不断到来, 就有可能长期占据资源, 而写者将无法进入临界区, 最终"饿死"。同时这种方式还存在其他问题, 例如, 在对数据库文件更新时, 人们都希望尽快更新文件, 但采用这种方式时, 大量的操作均要基于陈旧的数据。

2. 写者优先

为解决以上问题, 就出现了第二读者—写者问题, 这是一种写者优先的解决方案。该方法中, 当一个写者请求访问共享资源时, 任一随后到达的读者进程必须等待, 直到先到的写者完成对共享资源的更改并释放该资源后, 该读者才被唤醒。该方法的伪代码描述如下:

```
int readCount = 0,writeCount = 0;
semaphore mutex1=1, mutex2=1;
semaphore readBlock= 1;
semaphore writePending=1;
semaphore writeBlock=1;
reader() {
    while( TRUE) {
        ...
```

```
            P(writePending);
            P(readBlock);
            P(mutex1);
            readCount = readCount + 1;
            if(readCount = =1)
            P(writeBlock);
            V(mutex1);
            V(readBlock);
            V(writePending);
            访问临界资源;
            P(mutex1);
            readCount = readCount – 1;
            if (readCount = =0)
            V(writeBlock);
            V(mutex1);
        }
    }
    Writer() {
        while ( TRUE ) {
            ...
            P(mutex2);
            writeCount = writeCount + 1;
            if( writeCount = =1 )
            P(readBlock);
            V(mutex2);
            P(writeBlock);
            访问临界资源;
            V(writeBlock);
            P(mutex2);
            writeCount=writeCount-1;
            if( writeCount = =0)
            V(readBlock);
            V(mutex2);
        }
    }
```

这种解法中，一个读者到达时，若无人使用临界资源，其将直接进入临界区，并对 writeBlock 进行 P 操作以阻止写者进入，后继到达的读者并不会被阻止，也将进入自身临界区，直到有第一个写者到达为止。此时该写者将会首先对 readBlock 进行 P 操作以阻止后继到达的读者继续进入临界区，然后写者就在信号量 writeBlock 上阻塞自身。此时所有在该写者之后到达的新进程将分别被 readBlock 和 writeBlock 所阻塞。当前处于临界区中的所有读者退出后，最后一个退出的读者将对 writeBlock 执行 V 操作，这时第一个写者将被唤醒进入临界区，当其完成工作退出临界区时再对 readBlock 进行 V 操作，使得在其后到达的读者可以进入临界区。此外，若当前使用临界资源的是写者，且又有一个写者到达，则后到的写者被 writeBlock 阻塞，在其后到达的其他读者将被 writePending 阻塞。当第一个写者离开临界区后，由于写者的优先级高于读者，则第二个写者将进入临界区，读者将会等待。只有所有的写者都离开临界区后，读者才可进入自身临界区。

4.2.3　哲学家进餐问题

1965 年，Dijkstra 提出并解决了一个被他命名为哲学家进餐问题的同步问题。该问题已经成为新同步原语的经典测试方案。该问题可以简单地描述为：五位哲学家一生都在思考和进餐中度过，他们围坐在一个圆桌周围，每人面前放了一份美味的餐点，两份相邻的餐盘中间都放了一根筷子，哲学家需要把自己左右两侧的两个筷子分别拿起才能进餐。餐桌如图 4-3 所示，哲学家的行为模式就是平时思考，饿了就分别拿起两侧的筷子，若两次都能成功，即获得了两根筷子时，该哲学家就可以进餐了。当他吃饱后，为了不让其他人挨饿，需要马上将两根筷子分别放下，这里拿起和放下筷子的次序并没有强制规定。那么是不是能够编一个程序描述哲学家的行为，且不产生死锁呢？

图 4-3　哲学家进餐问题餐桌示意图

一种最直接的解法是强制每个哲学家都先拿起左边的筷子，成功后再去拿起右边的筷子。其伪代码描述如下，其中哲学家的编号为 0~4，五根筷子的编号也是 0~4，且与哲学家编号相同的筷子位于该哲学家的左侧：

```
int N=5;
Philosopher( int i)
{
    while (TRUE) {
    thinking;                    //第 i 个哲学家在思考
        take_chop(i);            //第 i 个哲学家拿起第 i 号筷子，该筷子在其左边
        take_chop((i+1)%N);      //第 i 个哲学家拿起第(i+1)%N 号筷子，该筷子在其右边
        eating;                  //第 i 个哲学家开始进餐
        put_chop(i);             //第 i 个哲学家放下左筷子
        put_chop((i+1)%N);       //第 i 个哲学家放下右筷子
    }
}
```

这种解法初看没有什么问题，但当多位哲学家同步时将会产生严重的"饥饿"现象。该现象产生的原因就是每位哲学家都先拿起左筷子，且在拿到右筷子前不会放弃对左筷子的拥有。那么考虑下面这种情况，若五位哲学家同时拿起左筷子，此时桌子上没有一根未用的筷子，每位哲学家都在等待其右边的邻居进餐完毕后释放筷子给自己。那么所有的哲学家将僵持并永久

等待下去，导致长期饥饿。

　　上述饥饿状态产生的原因是每位哲学家在拿到左筷子且拿不到右筷子时不放弃已拿到的左筷子，那么如果设置每位哲学家一旦发现右筷子不可用时马上释放左筷子是否能解决这个问题呢？答案是否定的。当五位哲学家同时拿起左筷子后，发现右筷子不可用，那么他们将同时放下左筷子。隔一段时间后，每个人都尝试着再一次进餐，即去拿起左筷子。显然，这里的问题就产生在间隔时间的长度上。若每人的间隔时间是一个固定值，则每个哲学家将不断地拿起再放下左筷子，仍然没有一个人能获得两根筷子后进餐，仍然产生了饥饿现象。

　　为了避免上述问题，另一种可能的解决方法是将上述的间隔时间设定为随机值。这种方式在要求不是很严格的系统中工作良好，且实现简单。但还是存在一些应用场合(如核电站的安全控制系统、某些特殊武器系统等)需要一种从根本上禁止饥饿和死锁产生的解决方案，以确保各进程同步的安全稳定。

　　为达到上述要求，可以对上述的程序段进行一些改进，使哲学家们既不会死锁也不会饥饿：使用一个互斥信号量对调用 thinking 之后的五个语句进行保护。在开始拿筷子之前，i 号哲学家先对互斥信号量 mutex 执行 P 操作，这样当他拿起 i 号筷子时，其他哲学家将不能同时拿任何一根筷子。此时该哲学家将试图拿起第 i+1 号筷子，若该筷子空闲，i 号哲学家就可以拿起它并进餐，直至进餐完毕才放下两根筷子并对 mutex 执行 V 操作；若该筷子已经被拿起，i 号哲学家就放下 i 号筷子，并对 mutex 执行 V 操作。可以看出，这种方法虽然避免了死锁和饥饿，但其并发度很低，一个时刻只允许一个哲学家进餐。而实际上五根筷子是可以保证两个哲学家同时进餐的。

　　为此，还可以将该算法进一步改进，使其没有死锁和饥饿，同时获得最大的并发度。该算法需要使用一个数组 state 来跟踪每个哲学家的当前状态(可能的状态有思考、进餐、饥饿)，处于饥饿状态的哲学家需要尝试拿筷子。而一个哲学家可以进餐的前提是其左右邻居都没有在进餐。该算法的伪代码描述如下：

```
int N=5;                              //哲学家数目
int LEFT=i,RIGHT=(i+1)%N              //i 的左右邻居编号
int THINKING=0, HUNGRY=1, EATING=2;   //哲学家的几种状态
int state[N];                         //跟踪记录每位哲学家的状态的数组
semaphore mutex=1;                    //互斥信号量
semaphore s[N];                       //s[i]为第 i 号哲学家的对应信号量
Philosopher(int i)
{
    while(TRUE) {
        thinking;        //哲学家在思考
        take_chop(i);    //哲学家试图拿起两根筷子，成功后进餐，不成功就阻塞
        eating;          //哲学家在进餐
        put_chop(i);     //哲学家放下两根筷子
    }
}
take_chop(int i)         //哲学家拿起两根筷子的过程
{
    P(mutex);            //进入临界区，限制他人同时对筷子操作
    State[i]=HUNGRY;     //将哲学家的状态设为饥饿，此时可以尝试拿筷子
    test(i);             //测试两根筷子是否可拿起
```

```
        V(mutex);               //退出临界区
        P(s[i]);                //测试筷子是否成功拿起，不成功就阻塞
    }
    put_chop(int i)             //哲学家放下筷子的过程
    {
        P(mutex);               //进入临界区，他人不能对筷子操作
        State[i]=THINKING;      //哲学家完成就餐
        test(LEFT);             //测试左邻居是否可以进餐
        test(RIGHT);            //测试右邻居是否可以进餐
        V(mutex);               //退出临界区
    }
    test(int i)                 /*若第i个哲学家当前状态为饥饿，其左右邻居均不是进餐状态，则将哲学家
                                  状态改为进餐，且将左右筷子拿起，否则不做操作*/
    {
        if(state[i]= =HUNGRY && state[LEFT]!=EATING && state[RIGHT]!=EATING) {
            state[i]=EATING;
            V(s[i]);
        }
    }
```

该算法使用了一个信号量数组，数组中的每个信号量对应一个哲学家，当其所需的筷子被占用时，想进餐的 i 号哲学家就被信号量 s[i] 阻塞。这里的 Philosopher 是主代码，以进程形式运行，而 take_chop、put_chop 和 test 仅仅是供调用的过程。

4.2.4　理发师问题

另一个经典的同步问题是贪睡的理发师问题。该问题被描述为：在理发店中有一位理发师、一把理发椅和 n 个供顾客等待的等待位。若没有顾客，理发师便在理发椅上睡觉。当第一个顾客到来时，其必须先叫醒理发师为其服务。当理发师正在为顾客服务时，新到来的顾客将查看是否有空闲的等待位，若有就坐下等待，若无就离开理发店。理发师在为当前顾客服务完时要查看是否有等待的顾客，若有就继续服务，若无就马上睡去。要求为理发师和顾客各编写一段程序来描述他们的行为，且不能产生竞争。这个问题经常被用来模拟各种排队情形。

解决这个问题需要设置三个信号量：customers，用来记录等待理发的顾客数(不包括正在理发的顾客)；barbers，记录正在等候顾客的理发师数，其值应为 0 或 1；mutex，用于互斥。此外还应设置一个变量 waiting，它也是记录等待的顾客数，是 customers 的一个副本。设置 waiting 的原因是 customers 是一个信号量，无法读取其当前值。当一个顾客进入理发店后，首先做的就是检查等候的顾客数量 waiting，若该数量少于等待位数，顾客坐下等待，否则离开。该过程的伪代码描述如下：

```
int CHAIRS=5;               //设等待位为5
semaphore customers=0;      //等待服务的顾客数
semaphore barbers=0;        //等待顾客的理发师数
semaphore mutex=1;
int waiting=0;
barber()
```

```
{
    while(TRUE) {
        P(customers);           //等待的顾客数为 0 就进入睡眠状态(阻塞)
        P(mutex);               //获得对 waiting 的访问权
        waiting=waiting-1;      //将等待的顾客数减 1
        V(barbers);             //理发师准备理发
        V(mutex);               //释放对 waiting 的访问权
        理发;
    }
}
customer()
{
    P(mutex);                   //进入临界区
    if(waiting<CHAIRS) {        //若没有空闲等待位就离开
        waiting=waiting+1;      //将等待的顾客数加 1
        V(customers);           //如果理发师在睡觉就唤醒他
        V(mutex);               //释放对 waiting 的访问权
        P(barbers);             //若无顾客可服务理发师就睡觉
        享受理发服务;
    }else{
        V(mutex);               //理发店已满，不进入
    }
}
```

该解法中，当理发师开始一天的工作时，首先执行 barber 过程，由于此时没有顾客，其将被 customers 阻塞，理发师可以去睡觉，直到有顾客到来将其唤醒。当第一个顾客到来时，其执行过程customer，通过对 mutex 加锁而进入临界区。另一个顾客再来时会被 mutex 阻塞，此时新顾客将查看是否有空闲等待位，即等候的顾客数是否小于等待位数，若没有顾客马上离开；若有空闲位就将变量 waiting 加 1，再对信号量 customers 执行 V 操作，唤醒理发师。当顾客释放了 mutex 后，理发师将接管 mutex 并准备为顾客理发。需要注意的是，理发完成后，顾客将退出该过程并离开理发店，这里顾客只是要求一次性的服务，而非长期服务，因此不必再使用循环结构；但理发师的操作却是循环的，以便为下一位顾客服务。

4.3 管程

信号量机制功能强大，是一种既方便又有效的进程同步机制，但是在使用过程中对信号量的操作分散在各个进程中，不易控制。这不仅使系统的管理变得复杂，而且对同步操作使用不当时会导致系统死锁。例如，在生产者—消费者问题中将生产者或消费者进程中的两个 P 操作交换次序就可能引起死锁。为了解决上述问题，便于编写正确的程序，Hoare 和 Hansen 提出了一种高级同步原语——管程，如图 4-4 所示。

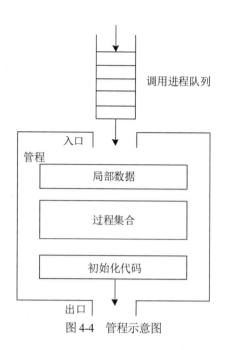

图 4-4　管程示意图

4.3.1　管程的基本概念

　　管程由过程、变量及数据结构等组成，它们共同构成了一个特殊的模块或软件包。进程可以在任意时刻调用管程中的过程，但不允许使用管程外的过程来访问管程内的数据结构。此外，管程在任一时刻只能有一个活跃进程，这一特性可以帮助管程有效地实现互斥。管程作为一种特殊的程序可以被编译器识别，每当进程调用管程时，编译器都会采用与其他过程调用不同的方法来处理。这种处理方法的特别之处在于，当一个进程调用管程中的过程时，该过程中的前几条指令将检查管程当前是否有其他的活跃进程。若有，则新到调用进程被阻塞，等待当前在管程中的其他活跃进程退出管程时将其唤醒；若无，则新到调用进程立即进入管程。

　　进入管程时的互斥由编译器负责，因此出错的可能性较小。编写管程的人员无须关心编译器是如何处理互斥的，只需要将所有的临界区都转换成管程的过程即可，编译器将保证绝不会有两个进程同时进入临界区。

　　作为一种程序设计语言的结构成分，管程与进程是截然不同的实体，主要体现在以下几个方面。

　　(1) 虽然二者都定义了数据结构，但进程定义的是私有数据结构 PCB，管程定义的是公共数据结构，如条件变量等。

　　(2) 二者都存在对各自数据结构上的操作，但进程是顺序执行的，管程则是进行同步操作和初始化操作。

　　(3) 进程是为了保证系统并发而设计的，管程则是为了解决共享资源的互斥。

　　(4) 进程通过调用管程中的过程来进行共享数据结构的操作，该过程就表现为进程的子程序，因此进程是主动的，管程是被动的。

　　(5) 进程间可并发，管程作为子程序不能与其调用者并发。

　　(6) 进程具有动态性和生命周期，管程只是一个资源管理模块，供进程调用。

4.3.2 条件变量

在管程中，除了完成互斥外，还要保证能将无法继续运行的进程正确阻塞。例如，在生产者—消费者问题中，可以很容易地将对缓冲池满和缓冲池空的测试过程放入管程中，但是当生产者发现缓冲池满时如何阻塞自身呢？

解决的方法是引入条件变量(condition variable)以及对其的一对 wait、signal 操作，其具体含义如下。

(1) x.wait 表示正在调用管程的进程因 x 条件需要被阻塞或挂起，该进程在执行 wait 操作时将自己插入 x 条件的等待队列中，并释放管程。此时其他进程可以使用该管程完成自身工作，当 x 条件产生变化时，系统调度程序将选择等待队列中的一个进程继续执行；

(2) x.signal 表示正在调用管程的进程发现 x 条件发生了变化，则使用 signal 操作唤醒一个因 x 条件被阻塞或挂起的进程。

当一个管程中的进程发现自身无法运行下去(如生产者进程发现缓冲池满)时，其将对某个条件变量(如 full)执行 wait 操作。该操作会阻塞调用进程自身，并将其他在管程外等待的进程调入管程。

在不同的操作系统中，当对某条件变量执行 signal 操作后，能够进入管程运行的调用进程可以有不同选择。设进程 A 在运行过程中条件变量 x 发生了变化，而该条件变量 x 上有调用进程 B 正在等待，此时可以选择以下三种不同的设计方法。

(1) 进程 A 时刻监控条件变量 x 的变化，当发现 x 变化时仍然继续执行，直到自身退出时才唤醒进程 B 进入管程运行。

(2) 进程 A 时刻监控条件变量 x 的变化，当发现 x 变化时立即让出管程，让进程 B 进入管程，同时阻塞自身。

(3) 将对条件变量 x 的变化检查放在进程 A 退出管程时进行，即 P 操作只能作为一个管程过程的最后一条语句出现，此时进程 A 无须花费额外时间监控条件变量 x 的变化，也能保证进程 B 随条件变量 x 的变化而被唤醒。

上述三种方式都能得到较好的执行效率，但第三种的概念更为简单且更易实现。若在一个条件变量上有多个进程被阻塞，则 signal 操作发出后，系统调度程序将选择其中之一进入管程。

需要注意的是，条件变量并非计数器，不能像信号量一样累积信号以便将来使用。所以如果向一个条件变量发送信号时，该条件变量上的等待队列为空，则该信号就会丢失，这就要求wait 操作必须在 signal 之前。

具有条件变量的管程的语法如下所示：

```
Typedef   struct MONITOR monitor_name;
共享变量说明;
条件变量说明;
define  能被其他模块引用的过程名列表;
use    要调用的本模块外定义的过程名列表;
void   <过程名> (形参表)
       {
           ...
       }
       ...
```

```
void <函数名> (形参表)
    {
        ...
    }
    ...
    {
        管程的局部数据初始化语句序列;
    }
```

4.3.3　使用管程解决生产者—消费者问题

使用管程机制可以很好地解决生产者—消费者问题。此时需要先建立一个管程 ProducerConsumer，其中包含两个过程 insert(item) 和 consumer(item)。生产者—消费者同步问题可以用伪代码描述如下：

```
monitor ProducerConsumer
condition full,empty;
int count;
void insert(int item)
{
    if (count==N) wait(full);
    insert(item);
    count=count+1;
    if (count==1) signal(empty);
}
int remover()
{
    if (count==0) wait(empty);
    remove=remove_item;
    count=count-1;
    if (count==N-1) signal(full);
}
count=0;
end monitor
void producer()
{
    while (true)
    {
        item=produce_item;
        ProducerConsumer.insert(item);
    }
}
void consumer()
{
    while (true)
    {
        item=ProducerConsumer.remove;
        consume(item)
    }
}
```

4.4　进程通信

4.4.1　进程通信的概念

进程通信指的是进程间的信息交换。前面所述的信号量和管程都可以视为进程通信方式，这两种方式中一个进程可通过修改信号量或变量告知另一进程是否可以继续执行下去。但这两种通信方式一般一次只传送一个或几个字节的信息，以达到控制进程执行速度的目的。而在日常应用中，进程间经常需要交换大量信息，此时使用信号量可以传递的信息量远达不到需求。人们按照交换信息量的大小，可以把通信方式归类为低级通信和高级通信两种。前面所讲到的用于进程间同步和互斥的 P、V 操作，由于其交换的数据量少而被归结为低级通信。此外，由于管程和信号量机制都是用来解决访问公共内存的一个或多个 CPU 的互斥问题，而在网络高速发展的今天，通过局域网互联的分布式操作系统中的进程通信经常发生在不同主机上的 CPU 之间，这些 CPU 通常使用私有内存，因此无法满足用户需求。

为了解决上述问题，需要引入高级通信机制。所谓高级进程通信，是指用户可直接利用操作系统所提供的一组通信原语高效地传送大量数据的通信方式。在这种方式中，操作系统屏蔽了进程通信的实现细节，也就是说，进程通信对用户是透明的。这样程序员只需要简单调用操作系统提供的通信原语就能方便地实现进程间的通信，使通信程序编制的复杂性大大降低。

4.4.2　进程通信的方式

高级通信机制可以分为三大类：共享存储器系统、消息传递系统和管道通信系统。

1. 共享存储器系统

在共享存储器系统中，相互通信的进程通过共享某些数据结构或共享存储区实现进程之间的通信。该系统又可进一步细分为两种方式：基于共享数据结构的通信方式和基于共享存储区的通信方式。

(1) 基于共享数据结构的通信方式。在该方式中，操作系统只提供共享存储器，对共享的公共数据结构的定义及进程间的同步处理都要由程序员完成，这种方式是低效的，只能传递相对少量的数据。进程通过公用这些数据结构来实现信息交换。如生产者—消费者问题中的环状缓冲池就是一个典型的例子，两类合作进程通过对缓冲池的操作完成指定数据块的传递工作。

(2) 基于共享存储区的通信方式。在该方式中，操作系统要将存储器中的一个子空间用作共享存储区，各进程都可以对该存储区进行读写操作，每个进程都可以读到其他合作进程放入该区的数据。该方式的工作原理是：发送信息的进程需要通信前，先向系统申请获得共享存储区中的一个分区，并指定该分区的关键字；若指定的共享分区已经存在，则本进程直接取得共享分区的描述符交给申请者，由此再将共享分区关联在申请进程上，此时对该共享分区的读写就和对普通存储器的读写一样了。这种方式能够传输的数据量取决于共享存储区的大小，可以实现大量数据的传输，是一种典型的高级通信方式。

2. 消息传递系统

消息传递机制可以实现不同主机间多个 CPU 上进程的通信。这种方式需要使用两条原语

Send 和 Receive 来发送和接收格式化的消息(message)，这两条原语的使用方式与信号量很相似，都是以系统调用形式出现的，人们可以很容易地将其加入库例程中。其中，Send 原语用来向一个指定目标发送一条消息；Receive 原语用来从一个指定目标接收一条消息。没有消息传递时，消息的发送者和接收者按自己的进度不断工作。

消息传递系统在设计时遇到了许多信号量和管程未涉及的问题和设计难点，特别是网络上不同主机间进程的通信问题。为了防止网络信息的丢失，发送者和接收者通常要达成一个协议：接收者一接收到信息需要立即向发送者回送一条特殊的确认消息，若发送者在一段时间间隔内没有收到确认消息，就需要重发原信息。对于多次收到的相同信息，接收者将通过一个消息序号来辨别是否曾经接收过同样信息，若接收过就可以直接忽略新到的相同信息。此外，Send 和 Receive 原语中出现的进程名一定要保证没有二义性，即能够唯一定位到确定的主机上的某一个指定进程。在消息传递系统中遇到的很多问题都和计算机网络知识有关，需要设计人员对网络知识有一定了解。

消息传递系统是进程通信常用的方式，下面有具体小节将对其展开介绍。

3. 管道通信系统

管道通信是一种以文件系统为基础实现的、用于进程间大量数据传送的通信方式。所谓管道(pipeline)，是指连接一个接收(读)进程和一个发送(写)进程以实现它们之间通信的一个特殊的共享文件，又称为 pipe 文件、管线。使用管道进行通信时，发送进程负责向管道写入数据，大量数据以字符流的形式被写入管道，而接收进程负责从管道读取数据。管道通信机制允许进程按先进先出的方式传送数据，同时也能保证进程同步操作。管道实质上是一个共享文件，可以借助于文件系统的机制实现，其操作包括(管道)文件的创建、打开、关闭和读写。

4.4.3　消息传递系统

消息传递系统需要定义两条原语 Send 和 Receive，它是一种特殊的系统调用，能将格式化的消息在合作进程间传递。其调用形式如下所示：

```
Send(receiver, message)
Receive(sender, message)
```

前者 Send 用于将消息 message 发送给 receiver，后者 Receive 用来接收来自发送者 sender 的消息 message。这两个原语不仅可以用于本机上进程间的通信，还可以用于通过网络互连的多个主机间的通信，可分为直接通信和间接通信两种方式。

1. 直接通信

直接通信指的是发送进程直接利用 Send 原语将消息发送给目标进程，此时要求发送和接收两方都要以显式方式提供对方的标识符。如 Send(R1, message)表示将消息 message 发送给进程标识符为R1的进程，而R1进程也将使用Receive(S1, message)接收来自进程S1的消息message。

在某些情况下，接收进程可以与多个进程通信，此时在 Receive 原语中不能事先指定唯一的固定发送方。例如，某些用于进行公共计算的系统调用，其数据来源可以是任何一个进程。对于这样的应用，在接收进程接收消息的原语中，表示源进程的参数就是完成通信后的返回值，接收原语可以表示为 Receive(id, message)。

使用直接通信原语可以解决生产者—消费者问题。当生产者生产出一个产品后，就使用 Send 原语将消息发送给消费者，而消费者则利用 Receive 原语来得到一个消息。如果消息尚未发出，则消费者必须等待，直到收到生产者进程的消息后才继续运行。生产者和消费者之间的通信过程可以描述如下：

```
Producer：......
        生产产品放入缓冲区 i
        Send(consumer, i)              //发送消息通知消费者从缓冲区 i 中取数据
Consumer：Receive(producer, j)        //将生产者发来的数据放入缓冲区 j
        ......
        处理缓冲区 j 中的数据
```

直接通信方式常见于本地主机间的进程通信，且具有良好的性能，其典型应用就是后面介绍的消息缓冲队列机制。

2. 间接通信

间接通信方式中，进程间通信需要使用共享数据结构的实体，发送进程用该实体暂存发送给目标进程的消息，接收进程则从该实体中提取发送给自己的消息。由于该实体的使用方式与现实生活中的信箱很相似，因此在操作系统中借用这一名词，也将该中间实体称为信箱。消息在信箱中可以安全地保存，只允许核准用户读取指定信息。因此，利用信箱既可以实现实时通信，又可以实现非实时通信。

使用信箱时，需要用到系统提供的创建、撤销信箱的原语。创建信箱时，需要给出信箱名称、属性等信息，若是共享信箱，还需要给出能够共享信箱的核准用户名单。不再需要信箱时，由信箱拥有者调用撤销原语将其撤销。此外发送和接收消息的原语也是必不可少的，此时的发送和接收原语要直接对信箱操作，因此被改造为如下形式：

```
Send(mailbox, message)       //将一个消息 message 发送到指定信箱 mailbox
Receive(mailbox, message)    //从指定信箱 mailbox 将消息 message 取出
```

信箱的创建者可以是操作系统或用户进程，创建者为信箱的拥有者。系统中的信箱可以有以下三种。

(1) 私有信箱。私有信箱指用户进程创建的、作为自身组成部分的信箱。信箱的拥有者，即用户进程，有权从信箱中读取信息，其他用户只能将自己构成的消息发送到该信箱中。这种私有信箱可以采用单向通信链路来实现。当拥有该信箱的进程结束时，信箱也随之消失。

(2) 公用信箱。公用信箱指由操作系统创建的、提供给系统中所有核准进程使用的信箱。核准进程既可以把消息发送到该信箱中，也可以从信箱中读取发送给自己的消息。公用信箱应采用双向通信链路实现，且在系统运行期间长期有效。

(3) 共享信箱。共享信箱指由某进程创建，并在创建时或创建后指定其为共享信箱，同时信箱拥有者还要给出有权共享的进程名单。信箱的拥有者和共享者都有权从信箱中取走发送给自己的消息。因此可以看出，所谓"有权"共享信箱实际上指的是能从信箱中取走消息。

无论使用直接通信还是间接通信，消息传递系统在实现时都要注意通信链路、消息格式、进程同步方式等一些重要的因素。

通信链路建立在发送进程和接收进程之间，以确保二者的正确通信。建立链路的方式有两种：一种是显式建立的链路；另一种是隐式建立的链路。前者由发送进程使用建立连接的原语请求系统为之建立一条链路，当通信完成后，再使用显式方式拆除链路。该方法主要用于网络中的通信。而隐式链路建立时无须发送进程的显式请求，只要告知系统为其建立链路即可，这种方式在单机系统中极为普遍。通信链路的连接方式主要有两种，一种是链路两侧只有两个节点(进程)的点—点连接通信链路；另一种是能够连接多个节点的多点连接链路。通信链路的通信方式也可以分为两种，即只允许发送进程向接收进程发送消息或只允许接收进程向发送进程反馈消息的单向通信链路和可以进行双向信息传送的双向链路。此外，根据通信链路是否有容量将其分为无容量链路和有容量链路。无容量链路上没有缓冲区，不能缓存消息；有容量链路上设有缓冲区，可以暂存消息，这种方式可以帮助链路上的节点尽快进入下一个工作。

链路上传送的消息必须具有特定的格式。在单机系统中，发送进程和接收进程具有相同的环境，其消息格式可以采用相对简单的设计。在网络环境下，发送进程和接收进程很可能处于不同主机之上，具有不同的运行环境，且其距离也有可能很远，甚至跨越多个网络，因此其消息格式就相对复杂。但每个消息都要由消息头和消息体组成。消息头中放置消息传递时所需的控制信息，如发送进程名称、接收进程名称、消息长度、消息类型、消息编号、发送日期和时间等。消息体是发送进程实际传送出的数据。根据消息的长度限制，可以将系统中出现的消息分为定长格式和变长格式两类。定长格式消息的长度固定且比较短小，可以减少消息处理和存储的开销，传送速度较快，但对于需要传送长度不同的多个消息的进程而言很不方便，且分割后传送的消息很容易丢失部分信息，造成整个消息的错误。变长格式消息的长度取决于本次发送的消息，即消息长度是可变的。这种方式对用户而言是十分方便的，但会增加处理和存储开销。由于这两种不同格式的消息各有其优缺点，因此在多数系统中都同时采用这两种格式的消息，以满足不同场合的需要。

在实现消息传递系统时，还要考虑进程同步通信的需要，以保证合作进程能协调通信。无论是发送还是接收进程，在完成消息的发送或接收后，都存在两种可能，即继续发送(接收)或阻塞，因此形成了以下几种不同的同步方式。

(1) 发送进程和接收进程都阻塞。发送进程和接收进程之间无缓冲时，两者就需要紧密同步。这两个进程平时都处于阻塞状态，当有消息需要传递时就立即被唤醒并传递消息。这种同步方式又称为汇合。

(2) 发送进程不阻塞，接收进程阻塞。发送进程可以将多个信息尽快地发送给多个接收者，因此发送进程通常不阻塞；而接收进程平时阻塞，直到收到消息时才被唤醒，当需要进行的工作完成后，接收进程立即阻塞并等待新的消息到达。这种同步方式应用最为广泛，例如，在服务器上的系统服务进程等，都属于平时阻塞、有消息时唤醒的接收进程。

(3) 发送进程和接收进程均不阻塞。发送者和接收者平时都忙于自己的事务，只有发生某事件使其无法继续工作时才阻塞自身并等待消息到来。这种进程同步方式也是比较常见的。

4.4.4　消息缓冲队列通信机制

消息缓冲队列通信机制首先由美国的 Hansan 提出，并在 RC4000 系统上实现，后来被广泛应用于本地进程之间的通信中。在这种通信机制中，发送进程利用 Send 原语将消息直接发送给接收进程，接收进程则使用 Receive 原语接收消息。

1. 消息缓冲队列通信机制中的相关数据结构

消息缓冲队列通信机制中最重要的数据结构就是一组缓冲区，每个缓冲区都可以放置一条消息。当需要传送一条消息时，发送进程首先调用 Send 原语，将需要发送消息的请求提交给系统，系统立即为其分配一个空缓冲区，发送进程将要发送的消息放入刚获得的这个缓冲区中，最后再将该缓冲区放在接收者的消息缓冲队列的队尾即可完成发送工作。而接收者在某时刻调用 Receive 原语从自己的消息缓冲队列中取出队首元素，该缓冲区中放置的是其他进程发送给它的消息，此时系统将该缓冲区中的信息放入进程自身空间，再把空缓冲区回收即可。这些缓冲区描述如下：

```
typedef struct    {
    sender;           //发送进程标识符
    size ;            //消息长度
    text;             //消息正文
    next;             //指向下一个消息缓冲区的指针
}message buffe;
```

此外，为保证正确地对进程消息缓冲队列进行管理，在进程的 PCB 中还要设置相应的数据结构。这些数据结构包括用来指向本进程消息缓冲队列的队首指针，以及用于实现对消息缓冲队列进行同步的互斥信号量 mutex 和资源信号量 sm。在 PCB 中增加的数据项描述如下：

```
typedef struct {
    ...
    mq;               //消息缓冲队列队首指针
    mutex;            //消息缓冲队列的互斥信号量
    sm;               //消息缓冲队列的资源信号量
    ...
} processcontrol block;
```

2. 发送原语 Send

发送进程在发送消息前需要先在自身空间开辟一个发送区 a，其中放入本次将要发送的消息体、发送进程标识符、消息长度等必要信息。然后发送进程将调用发送原语将发送区 a 中的数据打包发给接收进程。发送原语 Send 的执行过程包括以下两步。

(1) 根据发送区 a 中记录的消息长度为其申请一个合适大小的缓冲区 i，然后把发送区 a 中的信息复制到缓冲区 i 中。

(2) 将缓冲区 i 插入接收进程的消息缓冲队列 mq 的队尾。要完成该步骤，需要首先获得接收进程的内部标识符 j，然后将 i 挂在 j.mq 上。需要注意的是，进程的消息缓冲队列是临界资源，需要互斥使用，因此在将缓冲区 i 插入 mq 时，应使用 P、V 操作保证互斥。

发送原语 Send 描述如下：

```
void Send(receiver, a)
{
    getbuf(a.size,i);        //根据发送区 a 中记录的消息长度 size 申请缓冲区
    i.sender= a.sender;      //将发送区 a 中的信息复制到缓冲区 i 的对应空间
```

```
        i.size= a.size;
        i.text= a.text;
        i.next= 0;
        getid( PCB set, receiver);    //获取接收进程的标识符
        P( j.mutex);
        insert(j.mq, i);             //将装有消息的缓冲区 i 插入接收进程的消息队列
        V(j.mutex);
        V(j.sm);
    }
```

3. 接收原语 Receive

接收进程在收到消息后，需要调用接收原语 Receive(b)，以完成将自身消息缓冲队列 mq 的队首元素 i 取下并复制到自身内存空间 b 的工作区。接收原语描述如下：

```
void Receive(b)
{
        j= PID;                      //获取接收进程的内部标识符
        P( j.sm);
        P(j.mutex);
        Remove(j.mq, i);             //将进程 j 的消息缓冲队列 mq 的队首元素 i 取出
        V(j.mutex);
        b.sender= i.sender;          //将缓冲区 i 中的信息复制到进程 j 的接收区 b 中
        b.size= i.size;
        b.text= i.text;
    }
```

4.4.5　管道通信方式

为了协调读、写进程双方的通信，管道通信机制必须具备以下三方面的协调能力。

(1) 管道必须保证进程之间的互斥，即一个进程正在使用某个管道写入或读出数据时，另一进程必须等待。

(2) 发送者和接收者双方必须能够知道对方是否存在，若有一方不存在就不能进行通信。

(3) 要确保参与通信的进程间实现正确的同步关系，写进程把一定量的数据成功写入管道后就去睡眠等待，直到读进程把数据读走后，再把写进程唤醒，继续向管道写入数据。当管道中没有数据可读时，读进程也会睡眠等待，直到写进程把数据写入管道后，才把读进程唤醒。

管道通信方式首创于 UNIX 系统，由于其在大量数据传送过程中表现出良好的性能，又被引入后来的许多不同操作系统中。

4.4.6　Linux 的进程通信

1. 信号量、消息队列、共享内存

Linux 支持多种进程间的通信方式，如管道、信号、SysV 和套接口等。这节将介绍 SysV 进程间通信的三种方式：信号量、消息队列、共享内存。

(1) 信号量。信号量也叫信号灯，是一个确定的二元组(S,Q)，其中 S 是个具有非负初值的整型变量，表示的是临界资源的实体。信号量的值有以下两种情况：

- 代表可用资源的数量，此时 Q 的队列为空。
- 代表由于等待此种资源而被阻塞的进程的数量，也就是 Q 队列中进程的个数。

信号量支持 P、V 原语，其值仅能由 P、V 操作进行改变，进程可以利用信号量实现同步和互斥。SysV 信号量实质是一个信号量的集合，由多个单独的信号量组成，它是对用户空间的操作，最终需要内核的同步机制支持。

信号量集合在内核中的结构体为 sem_array，定义如下：

```
struct sem_array{
    struct kern_ipc_perm sem_perm;
    time_t sem_otime;                          /*最近一次操作时间*/
    time_t sem_ctime;                          /*最近一次改变时间*/
    struct sem *sem_base;                      /*指向第一个信号量*/
    struct sem_queue *sem_pending;             /*挂起操作队列*/
    struct sem_queue **sem_pending_last;
    struct sem_undo *undo;
    unsigned long sem_nsems;                   /*信号量的个数*/
};
```

信号量的初始值可以调用函数 semctl() 进行设置，用户调用 semop() 函数同时对一个或多个信号量进行操作，在实际应用中，对应多种资源的申请或释放。semop() 保证操作的原子性，尤其对于多种资源的申请来说，要么一次性获得所有的资源，要么放弃申请，要么在不占有任何资源的情况下继续等待。

semop() 的结构体如下所示：

```
int semop(int semid, struct sembuf * sops,int nsops);
```

其中，semid 是信号量集合的 ID；sops 是一个数组，表示在一个或多个信号量上操作的集合；nsops 为 sops 指向数组的大小。

在对信号量操作 semop 时会使用 sembuf 结构，数据结构如下所示：

```
struct sembuf{
    unsigned short sem_num;          /*在 sem_array.sem_base[]数组中的下标*/
    short sem_op;                    /*信号量的具体操作*/
    short sem_flg;                   /*操作标记，可取 IPC_NOWAIT、SEM_UNDO 两个标志*/
};
```

当进程的信号量操作不能完成进入阻塞状态时，需要将一个代表着当前进程的 sem_queue 结构链入相应的信号量集合的等待队列，即 sem_array 结构的 sem_pending 队列。

(2) 消息队列。Linux 采用消息队列的方式来实现消息传递。这种消息的发送方式是：发送方不必等待接收方检查其所收到的消息即可继续工作，而接收方如果没有收到消息也不需要等待。新的消息总是放在队列的末尾，接收时并不总是从头来接收，可以从中间来接收。

消息队列是随内核持续的，并和进程相关，只有在内核重启或者显示删除一个消息队列时，该消息队列才会真正被删除。因此，系统中记录消息队列的数据结构(struct ipc_ids msg_ids)位于内核中，系统的所有消息队列都可以在结构 msg_ids 中找到访问入口。

消息队列的编程接口(API)共有 4 个。

- msgget：调用者提供一个消息队列的键标(用于表示一个消息队列的唯一名字)，当这个消息队列存在时，这个消息调用负责返回这个队列的标识号；如果这个队列不存在，则创建一个消息队列，然后返回这个消息队列的标识号，主要由 sys_msgget 执行。

- msgsnd：向一个消息队列发送一个消息，主要由 sys_msgsnd 执行。
- msgrcv：从一个消息队列中收到一个消息，主要由 sys_msgrcv 执行。
- msgctl：在消息队列上执行指定的操作。根据参数的不同和权限的不同，可以执行检索、删除等操作，主要由 sys_msgctl 执行。

内核中消息队列用 msg_queue 结构表示，定义如下：

```
struct msg_queue{
    struct kern_ipc_perm q_perm;
    time_t q_stime;                     /*最近一次 magsnd 时间*/
    time_t q_rtime                      /*最近一次 msgrcv 时间*/
    time_t q_ctime;                     /*最近的改变时间*/
    unsigned long q_chytes;             /*队列中的字节数*/
    unsigned long q_qnum;               /*队列中的消息数目*/
    unsigned long q_qhytes;             /*队列允许的最大字节数*/
    pid_t q_lspid;                      /*最近一次 msgsnd()函数发送进程的 pid*/
    pid_t q_lrpid;                      /*最近一次 msgrcv()函数接收进程的 pid*/

    struct list_head q_messages;        /*消息队列*/
    struct list_head q_senders;         /*待发送消息的阻塞进程队列*/
    struct list_head q_receivers;       /*待接收消息的阻塞进程队列*/
};
```

(3) 共享内存。共享内存是进程间通信的一种方式，其允许多个进程访问同一块内存。不同的进程把共享内存映射到自己的一块地址空间，不同的进程映射的空间地址不一定相同。当映射后，一个进程对该地址空间进程写操作时，共享该内存的其他进程就会察觉到这个更改，从而实现进程通信。因为共享内存没有提供进程间同步和互斥的机制，通常需要和信号量配合使用。

由于所有进程共享同一块内存，进程访问该内存时如同访问自己的私有空间一样，因此共享内存在各种进程间通信的方式中是最快捷的。图 4-5 描述了共享内存的原理。

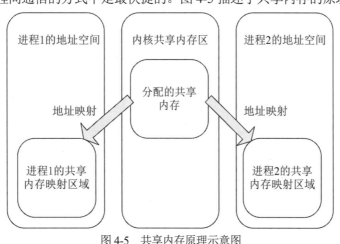

图 4-5　共享内存原理示意图

进程通过共享内存通信时，Linux 为之提供了 4 个系统调用函数。

- shmget()：创建共享内存，获取一个内部标识为 shmid 的共享存储区。
- shmat()：映射共享内存，逻辑上将内部标识符为 shmid 的共享内存区附接到进程的虚拟地址空间 shmaddr。
- shmdt()：撤销映射，将一个共享存储区从指定的进程的虚拟地址空间断开。
- shmctl()：共享内存的控制，对与共享存储区关联的各种参数进行操作，从而对共享存储区进行控制，包括删除共享存储区。

共享内存通信的实现方法具体介绍如下。

发送进程：

① 使用系统调用函数 shmget()创建或者获取指定 key 值的共享内存。

② 使用系统调用函数 shmat()将共享内存附接到自己的虚拟地址空间。

③ 将需要发送的信息写入共享内存。

④ 使用系统调用函数 shmdt()断开共享内存。

接收进程：

① 使用系统调用函数 shmget()创建或者获取指定 key 值的共享内存。

② 使用系统调用函数 shmat()将共享内存附接到自己的虚拟地址空间。

③ 将共享内存中的信息输出或取出存放到其他数据块中。

④ 使用系统调用函数 shmdt()断开共享内存。

⑤ 如果不再使用共享内存，使用系统调用函数 shmctl()将其撤销。

需要注意的是，系统调用函数 shmget()创建共享内存区时并没有立即分配物理内存，而是创建一个文件对象 shm_file 来描述该区域。而且，共享内存第一次 shmat()后仍没有分配物理内存。Linux 在此采取的是"懒惰策略"，当进程第一次访问该映射共享内存区的区域地址时，将触发页面异常，最终调用 shmem_nopage()函数。函数 shmget()的处理过程大致如下所示。

① 根据文件和文件位置查找文件是否已经在 Page_Cache 中，因为别的进程可能已经为映射的共享内存区页面申请了一个物理页帧，如果找到，修改本进程页表即可，否则继续下一步。

② 检查被映射的共享内存区页面是否被访问过，已被换出到交换分区，如果是，调入该页面，修改进程页表，否则继续下一步。

③ 若被映射的共享内存区页面从未被访问过，则向内存子系统申请一个物理页帧，修改进程表。

2. 管道

管道是指用于连接一个读进程和一个写进程，以实现它们之间通信的共享文件，又称 pipe 文件。管道在进程间开辟一个固定大小的缓冲区，需要发布信息的进程运行写操作，需要接收信息的进程运行读操作。管道是单向的字节流，它把一个进程的标准输出和另一个进程的标准输入连接在一起。Linux 中有两种管道：无名管道和命名管道。

1) 无名管道

无名管道没有磁盘节点，仅作为一个内存对象存在，用完后就销毁了。由于没有文件名和路径，也没有磁盘节点，因此无名管道没有显示的打开过程，它在创建时就自动打开，并且生成内存 inode 节点、dentry 目录项对象和两个文件结构对象(一个读操作、一个写操作)，其内存对象和普通文件的一致，所以读写操作使用的是同样的文件接口，当然读写函数是专用的。因为无名管道不能显式打开，因此只能由父子进程之间、兄弟进程之间或者其他有亲缘关系并且都继承了祖先进程的管道文件对象的两个进程间通信使用。

无名管道以先进先出的方式保存一定数量的数据，一个进程从管道的一端写，另一个进程从管道的另一端读。在主进程中使用 fork()函数创建一个子进程，这样父子进程同时拥有对同一管道的读写句柄，因为管道没有提供锁定的保护机制，所以必须决定数据的流动方向，然后在相应的进程中关闭不需要的句柄。这样，即可使用 read()和 write()函数来对其进行读写操作。无名管道进行进程间通信的步骤具体如下：①创建管道；②生成子进程(多个)；③关闭/复制文件描述符，使之与相应的管道末端相联系；④关闭不需要的管道末端；⑤进行通信活动；⑥关闭剩余所有的打开文件描述符；⑦等待子进程结束。

2) 命名管道

命名管道没有文件名和磁盘节点，可由任意两个或多个进程间通信使用。命名管道的使用方法和普通文件类似，都遵循打开、读、写、关闭这样的过程，但是读写的内部实现和普通文件不同，而和无名管道一样。

无名管道应用有一个重大限制，其只能用于具有亲缘关系的进程间通信，在命名管道提出后，该限制得到了克服。命名管道提供一个路径名与之关联，以 FIFO 的文件形式存在于文件系统中。这样，即使与 FIFO 的创建进程不存在亲缘关系的进程，只要可以访问该路径，就能够彼此通过 FIFO 相互通信。因此，通过 FIFO，不相关的进程也能交换数据。

在 Linux 系统中，可以识别命名管道文件，如下所示：

```
$ ls-l filename
prs-r--r--l root 0 sep 27 19:40 filename|
```

filename 文件名后跟着一个 | 符号表明该文件是管道文件。

3. 信号

信号是 Linux 进程间通信的一种异步通信机制，可以看作是异步通知，即告诉接收信号的进程有哪些事情发生，收到信号的进程对各种信号有不同的处理方式。进程的信号机制和中断处理机制很相似，进程收到某个信号(代表某个异步事件)时，插入执行一段定制的程序(信号处理程序)。因此，进程信号又叫软中断。发出信号的事件被称为信号源，主要包括进程、内核、中断和异常。

把从开始发送信号到信号处理结束的过程称为信号生命周期，其包括四部分：信号产生、信号注册、信号注销和信号处理。其中前两项可归为信号发送，后两项可归为信号接收。

操作系统的每个进程中都有一个进程控制块(PCB)，用于表述和控制单个进程。PCB 的数据结构中主要包括三部分。

(1) 挂起信号(pending)：挂起信号是一个链表，记录了等待进程处理的信号(sigID)以及信号的发起者(sender)，具有信号寄存器的作用。

(2) 信号描述符(sig_flag)：表项中包含了进程对信号的处理方式(sig_flag)和信号处理程序的入口。

(3) 信号阻塞位(blocked)：标记了暂时不处理的信号，具有信号屏蔽寄存器的作用。每个信号都有一个数字(sigID)标识，在信号描述符中占有相应的表项。

表 4-1 描述了 Linux 常用的信号。进程通过系统调用来设置对某种信号的处理方式和处理程序，信号的处理必须由接收信号的进程完成，该进程在接收到信号后可以采用四种方式处理信号。

- 忽略信号：丢弃或忽略信号，但 SIGSTOP 和 SIGKILL 信号不能忽略。
- 阻塞信号：暂时不处理该信号，推迟该信号的处理。
- 默认处理信号：该信号没有指定的信号处理程序，由内核的默认处理程序处理。
- 进程处理信号：由进程指定的处理程序处理该信号。

表 4-1　Linux 常用的信号

sigID	宏名	描述
1	SIGHUP	终端挂起或控制进程的信号
2	SIGINT/SIGQUIT	键盘的中断/退出信号
3	SIGABRT	由 abort()函数发出的退出信号
4	SIGILL	非法指令信号
5	SIGKILL	终止进程的信号
6	SIGPIPE	管道破裂信号：写一个没有读端口的管道
7	SIGSTOP	进程挂起信号
8	SIGCHLD	子进程结束信号
9	SIGUSR1	用户自定义信号 1

4.5　死锁

在多道程序系统中，多个进程可以并发运行，并共享系统的资源，从而有效提高资源的利用率，同时也提高系统的吞吐量。但是如果对资源的管理和使用不当，在一定条件下会导致系统进入一种僵持状态——死锁。在一些系统中，特别是实时控制系统，系统一旦发生死锁将导致灾难性的后果。

死锁问题是 E.W.Dijkstra 在 1965 年研究银行家算法时首次提出的，之后又由 Havender、Lyach 等人研究并发展。

4.5.1　死锁的概念

所谓死锁是指在一个进程集合中的所有进程都在等待只能由该集合中的其他一个进程才能引发的事件而无限期地僵持下去的局面。由于所有的进程都在等待，因此没有一个进程能引起那(些)个能唤醒该集合中另一个进程的事件，这样所有的进程都只能永久地等待下去。陷入僵持状态的死锁进程所占用的资源或者需要与它们进行某种合作的其他进程则会相继陷入死锁，最终可能导致整个系统处于瘫痪状态。死锁是进程并发执行带来的一个严重问题，是操作系统乃至并发程序设计中需要小心处理的难题。

死锁问题不仅存在于计算机系统中，在日常生活中也广泛存在。例如，在一个十字路口，交通信号灯出现故障后，所有的机动车将无所适从，若出现如图 4-6 所示情况时，四个方向的机动车都会因为前方有垂直方向的车挡路而停车，由于所有的机动车都无法越过前方的车辆，它们将先后进入死锁状态。

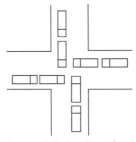

图 4-6　十字路口的死锁现象

显然，在这个例子里十字路口就是一个临界资源，任何车辆(进程)在进入十字路口前若先查看一下路口是否有能阻塞自己的车辆，然后再决定是否通过，就能尽量避免死锁(僵持)状态的产生。

死锁现象在计算机系统中也是很常见的。前面在讨论信号量的 P、V 操作时曾经提及，若多个 P 和 V 操作的顺序不当，就会导致进程死锁。多数情况下，进程死锁的产生都是因为其在等待进程集合中的另一个进程释放资源，但是由于所有的进程都不能运行，而资源的释放通常又是在进程运行完毕后才做的工作，因此所有的进程都在期待别的进程先释放资源，同时又对自己已经掌握的资源紧抓不放，于是所有的进程都不能被唤醒。可以看出，死锁的产生与进程数量以及占有或请求的资源数量、种类都是无关的，且无论资源是软件还是硬件，都不会阻碍死锁的发生。

4.5.2　死锁产生的原因和必要条件

1. 死锁产生的原因

死锁产生的原因可以总结为如下两点。

(1) 竞争资源。当系统中多个进程共享资源如打印机、公共队列等，其数目不足以同时满足各进程的需要时，会引起各进程对资源的竞争而产生死锁。

通常，计算机系统的资源可以分为可剥夺资源与不可剥夺资源两类。可剥夺资源是指已经被分配给某进程使用的资源，可以在其属主尚未主动放弃对资源的拥有权限之前被其他进程剥夺并占为己有，且不会引起系统错误。例如，高优先级的进程可以剥夺低优先级进程的 CPU，只要在剥夺前做好当前处理机状态的保存，则此次剥夺不会对两个进程的执行结果造成任何影响。再如，内存管理机构可以将 A 进程占据的部分主存空间中的信息暂存到外存，然后将这部分内存空间转交给 B 进程使用，对于 A、B 两个进程而言，这种剥夺并不影响其最终结果。可见 CPU 和内存都是典型的可剥夺资源。不可剥夺资源是指系统把这类资源分配给进程后，获得资源的进程就一直占有该资源，直到使用完毕后自行释放，否则其他进程无法获取到该资源。通常不可剥夺资源都要求处理连续工作，例如，磁带机、打印机等属于不可剥夺性资源。

在很多情况下，由于系统配置的不可剥夺资源数量不能满足各进程运行需要，这些进程就会因争夺资源而陷入僵局，从而可能导致系统死锁。例如，系统中有三个进程 A、B、C，其对不可剥夺资源 D 的需求分别为 3、5、2，资源 D 的总数量为 6，当前已分别分配给 A、B、C 的资源数为 1、4、1，此时这三个进程都没有拿到足够数量的资源 D，但系统中也没有了空闲的此类资源，三个进程都要等待其他进程完成后释放资源 D 才能继续进行，同时又由于自身没有完成而不能推进并最终释放资源，显然此时三个进程相互等待，进入死锁状态。

(2) 各进程之间的推进顺序不当。进程在运行过程中，请求和释放资源的顺序不当，也可能会导致产生进程死锁。

资源竞争还可能出现在多个进程要求同时访问多种不同类型的不可剥夺资源时。例如，三个进程 A、B、C 均需要使用资源 D、E、F 才能顺利完成，且在系统中这三种资源都只有一个，若每个进程对资源的申请顺序不同，三个进程分别获取了三类资源中的一种，当其再去获取其他两类资源时均发现资源已被分配，则每个进程都不放弃自身已获得资源，同时等待其他进程先结束并释放资源，此时系统进入死锁状态。再如，系统中有两个进程 P1 和 P2，其任务都是将一个大文件由磁盘复制至打印机，因此都需要访问磁盘驱动器和打印机，而磁盘驱动器和打印机都是不可剥夺资源，它们一旦被某一进程使用就不再允许别的进程强占使用。如图 4-7 所示，系统中的打印机已经被分配给进程 P1，而磁盘机已分配给进程 P2，为了完成任务，进程 P1 需要继续申请磁盘机，进程 P2 则申请打印机，但它们均发现自己需要的资源已被对方获取，这样就陷入僵局，造成了死锁。

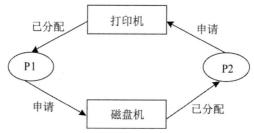

图 4-7　资源申请顺序不当造成的死锁

当然，系统资源不足时，也并不一定就会引起死锁。只要并发进程之间的推进顺序合理，也可能不会引起死锁。例如，假设某系统有两个进程 A、B，竞争资源 R 和 S，这两个资源都是不可剥夺资源，因此，必须在一段时间内独占使用。设进程对资源的使用模式为：申请、使用和释放，由于进程具有异步性特征，因此进程 A 和 B 的推进顺序可能有多种形式。按照这种使用资源的模式，进程 A、B 可能有以下几种执行路径，如图 4-8 所示。

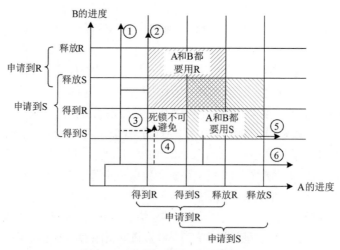

图 4-8　进程推进顺序对死锁的影响

① 进程 B 获得资源 S，然后又获得资源 R，后来释放 R 和 S。当进程 A 恢复执行时，其能够获得这两个资源，因此，A 和 B 都可以顺利执行下去。

② 进程 B 获得资源 S，然后又获得资源 R，接着进程 A 执行，因为未获得资源 R 而阻塞。接着进程 B 释放 R 和 S，当进程 A 恢复执行时，其能够获得这两个资源。

③ 进程 B 获得资源 S，进程 A 获得资源 R，此时，死锁不可避免，因为向下执行时，B 将在 R 上阻塞，A 将在 S 上阻塞。

④ 进程 A 获得资源 R，进程 B 获得资源 S，此时，死锁不可避免，因为向下执行时，B 将在 R 上阻塞，A 将在 S 上阻塞。

⑤ 进程 A 获得资源 R，然后又获得资源 S，接着进程 B 执行，因为未获得资源 S 而阻塞。接着进程 A 释放 R 和 S，当进程 B 恢复执行时，其能够获得这两个资源。

⑥ 进程 A 获得资源 R 和 S，然后释放 R 和 S。当进程 B 恢复执行时，其能够获得这两个资源，因此，A 和 B 都可以顺利执行下去。

可以看出，只有在满足特定条件的情况下，系统才可能会出现死锁。

2. 产生死锁的必要条件

通过上述分析，可以总结出产生死锁的 4 个必要条件。

(1) 互斥条件。在一段时间内，某个资源只能被一个进程使用，如果其他进程提出使用申请，那么后到进程只能等待该资源被当前进程释放后才能使用，即进程对已获取的资源进行排他性使用。

(2) 不剥夺条件。进程所获得的资源在未使用完毕前，其他进程不能强行剥夺，而只能等待使用该资源的进程完成任务后自行释放。

(3) 请求和保持条件。已经获取了一部分资源的若又提出新资源申请，且新资源已被别的进程占用时，该进程阻塞自身，并在保持已经获取到的资源的同时等待其他进程释放其他资源。

(4) 环路等待条件。在死锁发生时，必然存在一个进程—资源循环等待链，链中每一个进程已获得的资源都同时被下一个进程所请求。

当计算机系统同时满足上述 4 个必要条件时，就会发生死锁。也就是说，只要有一个必要条件不满足就可以避免死锁的发生。

4.5.3　死锁的描述——资源分配图

死锁问题可以用系统资源分配图精确地描述。系统资源分配图是一个有向图，由一个节点集合 V 和一个边集合 E 组成。节点集合 V 包含两种类型的节点子集，一个子集 P 由系统中所有的活动进程组成，另一个子集 R 由系统中的所有类别的资源组成。

从进程 Pi 到资源类型 rj 的有向边为 Pi→rj，其表示进程 Pi 申请了资源类型 rj 的一个实例，并正在等待资源；从资源类型 rj 到进程 Pi 的有向边记为 rj→Pi，其表示资源类型的一个实例 rj 已经分配给了进程 Pi。有向边 Pi→rj 称为申请边；有向边 rj→Pi 称为分配边。

在资源分配图中，通常用圆圈表示进程，用方框表示资源。由于同一类型资源可能有多个实例，因此在矩形中用圆点数来表示实例数。注意，申请边只指向表示资源的矩形，而分配边必须指向矩形内的某个圆点。

当进程 Pi 申请资源类型 rj 的一个实例时，就在资源分配图中加入一条申请边。当该申请可以得到满足时，申请边马上转换成分配边。当进程不再需要访问资源时，则释放该资源，分配边将被删除。图 4-9 所示是一个资源分配图，该图表明系统中有 4 个资源节点 r1、r2、r3、r4(其实例个数分别为 1、2、1、3)以及三个进程 P1、P2、P3，它们之间存在 4 个分配边和 2 个申请边。此外从图中可以看出，进程 P1 已获取了一个资源 r2 的实例，同时申请了资源 r1；进程 P2 已获取了资源 r1、r2，还要申请资源 r3；进程 P3 已获取了运行所需的全部资源，可以开始执行。

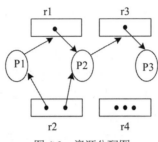

图 4-9　资源分配图

根据死锁和资源分配图的定义可以看出，如果资源分配图中没有环，那么系统中一定没有死锁；如果图中有环，那就有可能存在死锁。

需要注意的是，如果每类资源的实例都只有一个，那么图中出现环路就说明发生死锁了。在这种情况下，资源分配图中存在环路是死锁存在的充分必要条件。如果每类资源的实例不止一个，那么资源分配图中出现环路并不表示一定出现了死锁，这时，资源分配图中存在环路只是死锁存在的必要条件，但不是充分条件。

为了说明这个概念，分析如图 4-10 所示的资源分配图，该图中显然存在两个最小环：

P1→r1→P2→r3→P3→r2→P1　和　P2→r3→P3→r2→P2

因此，进程 P1、P2 和 P3 被死锁：进程 P2 等待资源 r3，而 r3 又被进程 P3 占有；进程 P3 等待进程 P1 或进程 P2 释放资源 r2；进程 P1 等待进程 P2 释放 r1。

再看如图 4-11 所示的资源分配图，这个图中也存在一个环路：

P1→r1→P3→r2→P1

然而，系统却没有死锁。因为进程 P4 可能释放资源类型 r2 的一个实例，这个资源可以分配给进程 P3，从而打破环路。

总之，如果资源分配图中没有环路，系统就不会陷入死锁状态。如果存在环路，系统就有可能出现死锁。在处理死锁问题时，这一点很重要。

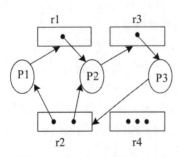

图 4-10　有死锁的资源分配图

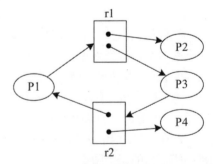

图 4-11　有环路但无死锁的资源分配图

4.5.4　处理死锁的方法

为了确保系统正常运行，需要采取适当措施来事先预防死锁的发生。当系统中已经出现死锁时，则应该能尽快检测到死锁的发生，并采取措施解除死锁。处理死锁的方法可以分为以下三种。

(1) 预防死锁。这是最为简单明了的一种方法，即采用事先预防策略，为系统和进程设置某些限定条件，从根本上破除产生死锁的 4 个必要条件中的一个或多个，以达到预防效果。这种方法实现简单，效果突出，但限定条件通常过于严格，很容易导致系统吞吐量和资源利用率的下降。

(2) 避免死锁。该方法也属于事先预防策略，但其无须在系统中设定严格的限定条件，而是允许系统运行，但在为进程分配资源前，先采用特殊算法检查并防止系统进入不安全状态，从而避免死锁产生。这种方法的限制度较低，虽然实现起来比预防死锁方法要烦琐，但其系统吞吐量和资源利用率较高，因此其应用也十分广泛。

(3) 检测和解除死锁。该方法事先不采取任何限定措施，在分配资源时也不检查是否会导致系统不安全，其允许系统产生死锁，但需要在系统中设置特定的检测机构，及时检测出死锁的发生，并精确地确定与死锁有关的进程和资源，以便及时采取措施将死锁状态解除。在解除死锁时，通常采用的方法是撤销或挂起一些死锁进程，然后将这些进程原本占用的资源回收后再分配给其他处于阻塞状态的死锁进程，使其转入就绪状态继续运行。该方法的系统资源利用率和吞吐量是这三种方法中最好的，但在实现上难度也比较大。在现在比较完善的系统中，通常采用的就是这种方法。

4.6　死锁的预防和避免

如前所述，预防死锁和避免死锁这两种方法实质上都是通过施加某些限制条件，以预防死锁的发生。两者的主要区别在于：预防死锁所施加的限制条件较为严格，这往往会影响进程的并发执行；避免死锁所施加的限制条件则较宽松，这给进程的运行提供了更便于并发的环境。

4.6.1　死锁的预防

死锁的预防是在系统运行之前就采取措施，即在系统设计时确定资源分配算法，通过破除死锁产生的 4 个必要条件中的一个或几个的方法来消除发生死锁的任何可能性。这种方法虽然比较保守、资源利用率低，但因简单明了并且安全可靠，仍被广泛采用。

在产生死锁的 4 个必要条件中，互斥条件由设备的固有特性所决定，不仅不能改变，相反还应加以保证，因此进行死锁预防时只能通过破除 4 个必要条件中的其他三个之一来避免发生死锁，实际上只有 3 种方法可以使用。

1. 摒弃"请求和保持条件"

为摒弃"请求和保持条件"，系统中需要使用静态资源分配法，该方法规定每一个进程在开始运行前都必须一次性地申请其在整个运行过程中所需的全部资源。此时，若系统有足够的资源，就把进程需要的全部资源一次性地分配给它；若不能全部满足进程的资源请求，则一个资源也不分给它，即使有部分资源处于空闲状态也不分配给该进程。这样，当一个进程申请某个资源时，其不能占有其他任何资源，在进程运行过程中也不会再提出资源请求。这种方法破坏了请求和保持条件，从而避免死锁的发生。

静态资源分配法的优缺点也很明显，优点是方法简单、安全，实现起来很容易；缺点主要有以下两个方面。

(1) 资源被严重浪费。因为一个进程必须一次获得其所需的全部资源并且独占，其中很可能有部分资源在本次运行过程中很少使用，而需要这些资源的进程又必须等待该进程完成才可以获取资源，得到运行，因此这种方法严重降低了资源利用率。

(2) 进程延迟运行。当且仅当进程获得其所需的全部资源后，才能开始运行，但有可能有些资源长期被其他进程占用，致使需要该资源的进程迟迟不能运行。或者部分资源要在进程运行的最后才会使用，而在静态资源分配法中，这些"最后"采用的资源在很长时间内都是空闲的，这就进一步降低了资源利用率。

2. 摒弃"不剥夺条件"

要摒弃"不剥夺条件"，可以使用如下策略：进程在需要资源时才提出请求，并且进程是逐个地申请所需资源，如果一个进程已经拥有了部分资源，然后又申请另一个资源而不可得时，其现有资源必须全部释放。也就是说这些资源都被剥夺了，被剥夺的资源将分配给该资源的阻塞队列的最初几个进程。在这种方法中，进程只能在获得其原有资源和所申请的新资源时才能继续执行。

这种预防死锁的方法实现起来比较复杂且付出的代价较大。因为一个进程在使用某资源一段时间后，被迫放弃了该资源，那么可能会造成前期工作失效。即使是采取了一定的防范和补偿措施，当进程重新获取到该资源再次运行时，进程前后两次运行的信息也很有可能不连续。例如，进程在运行过程中，已经用打印机输出信息，但中途又因为申请新资源未成功而必须释放打印机，后来进程又再次获取到打印机继续输出信息，在这两次信息输出中间，可能会有别的进程也使用打印机输出了信息，这样就会造成两次打印输出的信息不连续，打印结果无法使用。

另外，这种策略需要反复地申请和释放资源，延缓进程推进速度，延长了进程的周转时间，同时增加了系统开销，降低了系统的吞吐量。

3. 摒弃"环路等待条件"

为确保环路等待条件不成立，可以在系统中实行资源有序分配策略，即系统中的所有资源按类型被赋予一个唯一的编号，每个进程只能按编号的升序申请资源。即对同一个进程而言，其一旦申请了一个编号为 i 的资源，就不允许再申请编号比 i 小的资源。

资源有序分配策略的工作过程为：所有进程在自身的 PCB 中寻找资源清单，然后对照系统中确定的各类型资源的编号将自身所需资源按类型编号并排序，此时对资源的申请将严格按照序号递增的次序进行，即一个进程最初可以申请任何数量的 r_i 类资源实例，但随后再申请 r_j 类资源时，就必须满足 $F(r_j)>F(r_i)$ 条件时才可以获取指定数量的此类资源实例。如果需要同一资源类型的多个实例就必须一起申请。这种方法的好处是系统中总有一个进程已成功获取了编号较大的资源，且该进程在未来所申请的资源都是空闲的，因此该进程可以一直向前推进。

这种资源有序分配的策略成功破除了环路等待条件，具有安全有效的优点，且其资源利用率和系统吞吐量都要优于前两种策略。但需要注意的是其实现较困难，因为难以给出合适的资源编号，使其能符合所有进程对资源使用的内在顺序要求，同时该方法还不便于系统增添新设备，不便于用户编程，对于部分需要大量不同类型资源的进程而言，资源浪费现象仍然是存在的。

4.6.2　死锁的避免

死锁避免方法所设置的限定条件比较弱，可以使进程在宽松的环境中获得更好的系统性能。系统在运行过程中采取动态的资源分配策略，保证系统不进入可能导致系统陷入死锁的所谓不安全状态，以达到避免死锁发生的目的。

1. 系统的安全状态与不安全状态

若在某一时刻，系统能按照某种顺序来为每个进程 Pi 分配其所需的资源，直至满足每个进程对各类资源的最大需求，使得每个进程均可顺利完成，则称此时的系统状态为安全状态，而这种保障安全状态出现的进程推进序列(P1, P2, ..., Pn)则称为安全序列。实际上，安全序列具有一种特别的属性：每个进程对各类资源的当前需求数量 r_q(当前需求=总需求量-已获取资源量)要小于或等于出现在其前方的先发进程所拥有的相应类型的资源数量 r_d 与系统中这些资源的当前空闲数量 r_f 之和，即 $r_q \leq r_d + r_f$。在满足该条件的前提下，即便进程 Pi 所需要的资源不能立即获取，也可以等待其先发进程释放该类资源。当所有的先发进程执行完成时，Pi 可以获得所需要的所有资源，完成指定的任务，归还其所获取的所有资源并正常终止。当 Pi 终止时，P(i+1)就可以得到其所需要的资源，如此进行直到所有进程都正常终止。若在指定时刻，系统中找不到这样的进程顺序，那么就说该时刻的系统处于不安全状态。

安全状态不是死锁状态，死锁状态却是不安全状态，但是并非所有不安全状态都表示系统死锁，如图 4-12 所示。处于不安全状态的系统在当前时刻可能尚未出现死锁，但此时若有进程提出新的资源申请，处理不当就有可能出现死锁。但只要系统状态为安全，就一定能避免操作系统进入不安全和死锁状态。因此，避免死锁算法的实质就是在系统进行资源分配时如何使其保持安全状态。

图 4-12　安全、不安全和死锁的关系

例如，某系统有 3 个进程 P1、P2、P3，共有 12 台外部存储设备。进程 P1 总共需要使用 10 台存储设备，P2 和 P3 分别要求 4 台和 9 台。设在 T_0 时刻，进程 P1、P2 和 P3 分别已经获得 5 台、2 台和 2 台，还有 3 台空闲没有分配，如表 4-2 所示。

表 4-2　T_0 时刻进程和资源分配表

进程	最大需求量	已分配资源量	仍需申请的资源量	系统当前空闲资源量
P1	10	5	5	
P2	4	2	2	3
P3	9	2	7	

在 T_0 时刻，系统处于安全状态。因为此时可以找到一个安全序列(P2，P1，P3)，只要系统按照该顺序为各进程分配资源，系统中就总有一个进程能正确执行直至完成任务后终止。在这个例子中，系统当前空闲资源数量为 3，按照安全序列要求，系统先从空闲资源中选取两个交给进程 P2，此时 P2 获得了所有必要资源，可以顺利执行并终止。P2 终止后释放出其所占用的全部 4 台存储器，此时系统中的空闲资源数量变为 5 台。系统接下来查看安全序列，下一个可以获得资源的进程为 P1，此时系统中所有的 5 台存储器都交给进程 P1。P1 完成后立即释放所占用的全部 10 台存储器，系统再从中选取 7 台交给进程 P3，使其能够顺利完成。

可以看出，只要系统在分配资源时按照安全序列来响应进程申请，就可以保证所有进程都能正常结束。但若不按照安全序列进行资源分配，系统很有可能进入不安全状态，甚至产生死锁。例如在进程 P2 完成后，系统没有按照安全序列要求将所有 5 台空闲资源交给 P1，而是将其全部给了 P3，那么 P1 和 P3 都将因为资源不足而阻塞，即此时 P1 和 P3 成为死锁进程。更危险的情况是，若在 T0 时刻，系统满足了进程 P3 的资源申请，为其分配了一台存储器，则此时(T_1 时刻)系统资源分配状态如表 4-3 所示。该时刻找不到一个安全序列，系统进入死锁状态。由此可见，在 T_1 时刻，虽然系统中的空闲资源可以满足 P3 的资源申请，但为了保证分配后系统还处于安全状态，应让 P3 等待，直到 P1 和 P2 完成，系统有能力保证其资源要求时再获取资源。

表 4-3　T_1 时刻进程和资源分配表

进程	最大需求量	已分配资源量	仍需申请的资源量	系统当前空闲资源量
P1	10	5	5	
P2	4	2	2	2
P3	9	3	6	

有了安全状态的概念，即可定义死锁避免算法来保证系统不发生死锁。其实现思想是确保系统始终处于安全状态。此类算法开始时，系统应是安全的。当进程申请可用资源时，系统必须先检测此次请求能否保证系统处于安全状态。如果按照此资源申请分配，系统是安全的，就允许进程申请，否则，进程必须等待。

从上面的介绍，可以得出以下几点结论。

(1) 安全状态是非死锁状态，不安全状态并不一定是死锁状态，因此系统处于安全状态一定可以避免死锁，而系统处于不安全状态则仅仅是可能进入死锁状态。

(2) 如果某时刻一个进程的资源申请是可以满足的，但为其分配了资源后会导致系统进入不安全状态，则为了避免死锁，该进程必须等待，此时资源利用率会下降。

(3) 系统在某时刻的安全序列可能有多个，但这不影响对系统安全性的判断，只要有一个安全序列存在，就可以称该时刻处于安全状态。

2. 银行家算法

银行家算法(Banker's Algorithm)是最有代表性的死锁避免策略,该策略是借鉴银行系统借贷策略建立的模型,由 Dijkstra 于 1965 年提出。该模型描述了银行和借贷客户之间的互动情况:一个银行只有有限数目的资金——资源,可贷给不同的贷款人——进程,为了满足贷款人的请求,银行可能对客户设置信用底线,该底线就是所谓的贷款限额,即各客户可以贷出的最高数额。在没有达成新的协议前,客户都不会要求比贷款限额更多的资金,因此贷款限额就是客户(进程)对资源的最大需求。在此模型中,有一个很重要的默认设定,即若一个客户所贷金额达到贷款限额后,再申请新的资源时,必须先将以前所欠款项归还银行后才可以得到新的资金。因此在该模型中是不存在剥夺的。

一个客户提出新的贷款要求后,在满足其要求前,贷款部门首先查看已分配给客户的资金以及每个客户所请求的最大资金数目。然后计算将该客户要求的金额贷出后,系统中是否存在这样一个序列:按照这个序列进行最高限额资金分配时,能保证每个客户都能得到其贷款限额。若可以找到这个序列,才真正为提出申请的客户放贷;否则,银行家将拒绝满足客户借款要求,以确保自身资金安全。

在银行家算法模型中,银行总资金额相当于操作系统中的空闲资源总量,客户相当于进程,每个进程对资源都有一个最高要求,满足该要求后,进程才能顺利运行。按照现实生活中银行和客户间的关系,可以看出,银行家算法的实质就是:要设法保证系统动态分配资源后不会进入不安全状态,以避免可能发生的死锁。即每当进程提出资源请求且系统的资源能够满足该请求时,系统尝试着满足此次资源请求,然后检查分配后系统状态是否还处于安全。如果处于安全状态,才真正为该进程分配资源,否则不分配资源,申请资源的进程将阻塞,直到其他进程释放出足够的资源为止。因此,银行家算法的执行有个前提条件,即要求进程必须预先提出自己的最大资源请求数量,这一数量不能超过系统资源的总量。

(1) 银行家算法中的数据结构。

在银行家算法中需要设置几个重要的数据结构,这些数据结构用来描述系统资源分配的状态。设 n 为系统进程的个数,m 为资源类型的种类。银行家算法中用到的主要数据结构描述如下。

- 可用资源向量 Available:这是一个含有 m 个元素的数组,其中的每个元素表示一类可用资源的数目,其初值为系统中此类资源的总数量,且该值将随着此资源的分配和回收动态变化。如果 Available[j]=k,表示系统中现有 Rj 类资源 k 个。
- 最大需求矩阵 Max:这是一个 n×m 的矩阵,用来定义系统中 n 个进程对 m 类资源的最大需求量。如果 Max[i,j]=k,则表示进程 Pi 需要 Rj 类资源 k 个。
- 已分配资源矩阵 Allocation:这是一个 n×m 的矩阵,用来定义每个进程现在所获得的各类资源数量。如果 Allocation [i,j]=k,则表示进程 Pi 当前分配到 k 个 Rj 类资源。
- 需求矩阵 Need:这是一个 n×m 的矩阵,用来表示每个进程还需要的各类资源的数目。如果 Need [i,j]=k,则表示进程 Pi 尚需 k 个 Rj 类资源才能完成其任务。

显然,这些数据结构的大小和值会随着时间而改变,且上述三个矩阵存在如下关系:

Need[i,j]=Max[i,j] - Allocation[i,j]

(2) 银行家算法描述。

利用以上数据结构，可以将银行家算法描述如下。

设 $Request_i$ 是进程 Pi 的请求向量，若 $Request_i[j]=K$，表示进程 Pi 需要 K 个 Rj 类资源。当 Pi 发出资源请求后，系统将按下列步骤进行检查。

① 若 $Request_i[j] \leqslant Need[i,j]$，继续执行步骤②，否则表示进程 Pi 所申请的资源数量已超出其可获取的最大限额而无法满足，因此要拒绝申请并阻塞进程。

② 若 $Request_i[j] \leqslant Available[j]$，继续执行步骤③，否则表示系统中没有足够资源，$Pi$ 被阻塞。

③ 系统尝试着把指定类型、指定数量的资源交给进程 Pi，并对上述数据结构的值做如下修改：

> $Available[j]=Availabe[j]-Request_i[j]$；
> $Allocation[i,j]=Allocation[i,j]+Request_i[j]$；
> $Need[i,j]=Need[i,j]-Request_i[j]$；

④ 执行安全性算法，检查完成此次分配后，系统是否仍处于安全状态。若安全，才正式将资源分配给进程 Pi，否则本次尝试失败，将各数据结构恢复为尝试分配前的状态，最后阻塞进程 Pi。

(3) 安全性算法。

为了确定计算机系统是否处于安全状态，可以采用以下安全性检查算法。

① 设置两个 Work 和 Finish。

工作向量 Work 表示系统可提供给进程继续运行所需的各类资源数目，其含有 m 个元素，初始化为 $Work[i]= Available[i]$，$i=1, 2, ... , m$。

结束向量 Finish 表示系统中是否有足够的资源分配给进程，初始化为 $Finish[i]=false$，$i=1, 2, ..., n$。在分配过程中，若有足够资源分配给进程 Pi 时，令 $Finish[i]=true$。

② 在进程集合中搜索满足下列条件的进程：

$Finish[i]=false$，且 $Need[i,j] \leqslant Work[j]$。

若找到则继续执行下一个步骤，否则转向步骤④。

③ 进程 Pi 获得资源后，可以顺利执行，直至完成，并释放出分配给其的所有资源，因此应将各数据结构修改如下：

> $Work[j]=Work[j] + Allocation[i,j]$ //Pi 释放所占的全部资源
> $Finish[i]=true$ //将进程 Pi 标注为"可顺利完成"

修改后转向步骤②。

④ 若所有进程 $Finish[i] =true$ 都成立，即此时所有进程都可以顺利完成，系统处于安全状态；否则，系统处于不安全状态。

银行家算法从避免死锁的角度来说是非常有效的，但是在现实意义上而言，由于进程所需的最大资源不易确定，且进程数量和资源状态也是快速变化的，因此该算法实用价值不高，只有在一些特殊的系统中会使用银行家算法来避免死锁。

3. 银行家算法实例

假设系统中有 5 个进程{P1, P2, P3, P4, P5}和 4 种类型的资源{R1, R2, R3, R4}，资源的数量分别为 8、5、9、7，在 T_0 时刻的资源分配情况如表 4-4 所示。

表 4-4　T_0 时刻的资源分配情况

进程	资源															
	Allocation				Max				Need				Available			
	R1	R2	R3	R4	R1	R2	R3	R4	R1	R2	R3	R4	R1	R2	R3	R4
P1	2	0	1	1	3	2	1	4	1	2	0	3				
P2	0	1	2	1	0	2	5	2	0	1	3	1				
P3	4	0	0	3	5	1	0	5	1	1	0	2	1	2	2	2
P4	0	2	1	0	1	5	3	0	1	3	2	0				
P5	1	0	3	0	3	0	3	3	2	0	0	3				

(1) T_0 时刻是安全的。因为在 T_0 时刻存在一个安全序列{P3, P1, P2, P4, P5}，如表 4-5 所示。

表 4-5　T_0 时刻的安全序列

进程	资源																Finish
	Work				Need				Allocation				Work+Allocation				
	R1	R2	R3	R4	R1	R2	R3	R4	R1	R2	R3	R4	R1	R2	R3	R4	
P3	1	2	2	2	1	1	0	2	4	0	0	3	5	2	2	5	true
P1	5	2	2	5	1	2	0	3	2	0	1	1	7	2	3	6	true
P2	7	2	3	6	0	1	3	1	0	1	2	1	7	3	5	7	true
P4	7	3	5	7	1	3	2	0	0	2	1	0	7	5	6	7	true
P5	7	5	6	7	2	0	0	3	1	0	3	0	8	5	9	7	true

(2) T_1 时刻，进程 P3 提出资源请求 Request_3(1,0,0,1)，系统按银行家算法进行检查：

① Request_3(1,0,0,1)≤Need_3 (1,1,0,2)。

② Request_3(1,0,0,1)≤Available(1,2,2,2)。

③ 假设满足进程 P3 的要求，为其分配所申请的资源，并且修改 Available、Allocation_3 和 Need_3，得到如表 4-5 所示的资源分配表。

④ 利用安全性检查算法，检查此时的系统是否安全。得到如表 4-6 所示的安全序列，因此系统是安全的，此次 P3 要求的资源可以真正分配给它使用。

表 4-6　为进程 P3 分配资源后的资源分配情况

进程	资源															
	Allocation				Max				Need				Available			
	R1	R2	R3	R4	R1	R2	R3	R4	R1	R2	R3	R4	R1	R2	R3	R4
P1	2	0	1	1	3	2	1	4	1	2	0	3				
P2	0	1	2	1	0	2	5	2	0	1	3	1				
P3	5	0	0	4	5	1	0	5	0	1	0	1	0	2	2	1
P4	0	2	1	0	1	5	3	0	1	3	2	0				
P5	1	0	3	0	3	0	3	3	2	0	0	3				

实际上，在 T_1 时刻，安全序列并不唯一，除了如表 4-7 所示的{P3,P1,P2,P5,P4}外，还有{P3,P1,P2,P4,P5}也是一个有效的安全序列。

表 4-7　T_1 时刻的安全序列

进程	资源																Finish
	Work				Need				Allocation				Work+Allocation				
	R1	R2	R3	R4	R1	R2	R3	R4	R1	R2	R3	R4	R1	R2	R3	R4	
P3	0	2	2	1	0	1	0	1	5	0	0	4	5	2	2	5	true
P1	5	2	2	5	1	2	0	3	2	0	1	1	7	2	3	6	true
P2	7	2	3	6	0	1	3	1	0	1	2	1	7	3	5	7	true
P5	7	3	5	7	2	0	0	3	1	0	3	0	8	3	8	7	true
P4	8	3	8	7	1	3	2	0	0	2	1	0	8	5	9	7	true

(3) 完成上述资源分配后，若在其后的 T_2 时刻，进程 P1 提出资源申请 $Request_1(1,2,0,1)$，系统仍要使用银行家算法进行检查，从表 4-6 可以看出，可用资源 $Request_1(1,2,0,1)$ ＞ Available(0,2,2,1)，即系统不能满足进程 P1 的申请，因此要阻塞 P1。

从以上分析可以看出，银行家算法用于避免死锁是非常有效的，但是，从某种意义上说，其缺乏实用价值，因为很少有进程能够在运行前就知道其所需资源的最大值，而且进程数也不是固定的，往往在不断地变化(如新用户登录或退出)，且原本可用的资源也可能突然间变成不可用(如磁带机可能坏掉)。因此，在实际应用中，只有极少的系统使用银行家算法来避免死锁。

4.7　死锁的检测和解除

在操作系统中，通过预防和避免的方式来达到排除死锁的目的通常是非常困难的。这样不仅加大了系统开销，而且系统资源利用率也较低。一种应用更为广泛的、较简单的做法是在给进程分配资源时，不采取任何限制措施，而是由操作系统提供检测和解除死锁的手段，即系统能够及时发现死锁，并能采取一定的措施来解除死锁。

死锁的检测和解除技术是指定期启动一个软件来检测系统的状态，若发现出现了死锁，则采取措施解除死锁，使系统恢复到正常状态。

4.7.1　死锁的检测

1. 简化资源分配图

在操作系统中，通常利用简化资源分配图的方法来检测系统某一时刻的状态是否为死锁状态。资源分配图的简化方法如下。

(1) 在资源分配图中，找出一个既不阻塞又非独立的进程节点 Pi，在顺利的情况下，Pi 可以获得所需资源而继续运行，直至运行完毕，再释放其所占用的全部资源，这相当于消去 Pi 所有的请求边和分配边，使其成为孤立节点。例如，在图 4-13(a)中，将 P1 的两个分配边和一个请求边消去，便得到如图 4-13(b)所示的情况。

(2) 把相应的资源分配给一个等待该资源的进程，即将某进程的申请边变为分配边。例如，在图 4-13(b)中，P1 释放资源后，便可使 P2 获得资源而继续运行，直至 P2 完成后又释放出其所占有的全部资源，形成如图 4-13(c)所示的状态。

(3) 在进行一系列的简化后，如果能消去图中的所有边，使所有进程节点都成为孤立节点，则称该图是可完全简化的；若不能通过任何过程使该图完全简化，则称该图是不可完全简化的。

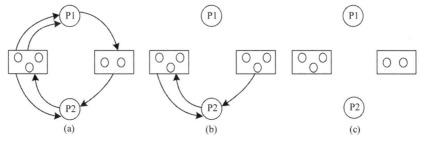

图 4-13　资源分配图的简化

对于较复杂的资源分配图，可能有多个既未阻塞又非孤立的进程节点，那么不同的简化顺序是否会得到不同的简化图？有关文献已经证明，所有的简化顺序都将得到相同的不可化简图。同样可以证明：S 状态为死锁状态的充分条件是当且仅当 S 状态的资源分配图是不可完全简化的。该充分条件被称为死锁定理。

死锁检测算法也需要使用一些类似于银行家算法中采用的能随时间变化的数据结构。

- 可利用资源向量 Available：表示各类资源的可用数目，设资源类别有 m 个。
- 资源分配矩阵 Allocation：这是一个 n×m 的矩阵，用于表示当前各进程的资源分配情况。
- 资源请求矩阵 Request：这也是一个 n×m 的矩阵，用于表示当前各进程的资源请求情况。Request[i,j]=k 表示 Pi 现在需要资源 Rj 的数量为 k 个。

2. 死锁检测算法的流程

死锁检测算法的工作流程具体介绍如下。

(1) 将 Work 和 Finish 分别初始化如下：

```
Work=Available；
```

如果 Allocation[i]≠0，则 Finish[i]=false；否则 Finish[i]=true，i=1, 2,…, n。

(2) 若能找到一个满足 Finish[i] = false 且 Request[i]≤Work 的进程 Pi，就继续执行；否则转向步骤(4)。

(3) 修改 Work 和 Finish 的值，令 Work = Work + Allocation[i]，且 Finish[i]=true，完成后返回步骤(2)。

(4) 若存在某些 i(1≤i≤n)，Finish[i] ==false，则系统处于死锁状态。此外，若 Finish[i] ==false，则进程 Pi 处于死锁环中。

在上面的算法中，一旦找到一个进程，如果其申请的资源可以被可用资源所满足，就假定该进程可以得到所需要的资源，并运行下去直到完成，然后释放所占有的全部资源，接着查找是否有另外的进程也满足这一条件。需要注意的是：这种算法并不能保证死锁不再出现。如果以后出现了死锁，那么调用该算法就能检测出死锁。

下面举例来说明这一算法，假设有这样一个系统，其有 5 个进程 P1、P2、P3、P4 和 P5，有 3 类资源 R1、R2 和 R3，每类资源的个数分别为 7、2、6。假定在 T_0 时刻，资源分配情况如表 4-8 所示。

表 4-8 T_0 时刻的资源分配情况

进程	资源情况								
	Allocation			Max			Available		
	R1	R2	R3	R1	R2	R3	R1	R2	R3
P1	0	1	0	0	0	0	0	0	0
P2	2	0	0	2	0	2			
P3	3	0	3	0	0	0			
P4	2	1	1	1	0	0			
P5	0	0	2	0	0	2			

系统在 T_0 时刻不处于死锁状态。如果执行检测算法，会找到这样一个序列{P1, P3, P4, P2, P5}，对于所有的 i 都有 Finish[i]==true。

现在假设进程 P3 又请求了资源类型 R3 的一个实例，则系统资源分配情况如表 4-9 所示。

表 4-9   P3 申请一个单位的 R3 资源后的资源分配情况

进程	资源情况								
	Allocation			Request			Available		
	R1	R2	R3	R1	R2	R3	R1	R2	R3
P1	0	1	0	0	0	0	0	0	0
P2	2	0	0	2	0	2			
P3	3	0	3	0	0	1			
P4	2	1	1	1	0	0			
P5	0	0	2	0	0	2			

那么系统处于死锁状态。虽然可以回收进程 P1 所占有的资源，但是现有资源并不足以满足其他进程的请求，因此，进程 P2、P3 和 P5 会一起死锁。

由于死锁检测算法需要进行很多操作，因而何时调用检测算法成为系统设计的关键。这取决于以下两个因素。

(1) 死锁可能发生的频率是多少？

(2) 当死锁发生时，有多少进程受影响？

由于分配给死锁进程的资源在死锁期间无法有效工作，因此若某系统中经常发生死锁，那么应该减小调用死锁检测算法的时间间隔，以及时发现死锁。另外，若不及时启动死锁检测算法，那么随着时间的不断推移，参与死锁循环的进程数量也可能会不断增加。

如果当某个进程提出请求且得不到满足时出现了死锁，那么这一请求可能是完成等待进程链的最后请求。在极端情况下，每次请求分配不能立即允许时，就调用死锁检测算法。在这种情况下，不仅能确定哪些进程死锁，而且也能确定哪个特定进程造成了死锁。当然，对每个请求都调用检测算法会占用相当的计算开销。另一个不太昂贵的方法是只在一个不频繁的时间间隔内调用检测算法，如每小时一次，或当 CPU 的使用频率低于 40%时。如果在不定的时间点调用检测算法，那么资源分配图会有许多环，通常不能确定死锁进程中哪些引起了死锁。

4.7.2　死锁的解除

当死锁检测算法发现死锁出现在系统中后，立即采取死锁解除措施使系统从死锁状态中恢复。解除死锁的方法有很多，常用的两种方式是资源剥夺法和进程撤销法。资源剥夺法是从其他进程处剥夺足够数量的资源给死锁进程，使获得资源的进程能继续运行直至完成。进程撤销法是将陷入死锁进程强制终止，此时可以选择将全部死锁进程强制终止，但会造成不必要的工作损失。另一种更为温和的方法是按照特定顺序将进程逐个撤销，直到被撤销进程所释放的资源可以保证其他死锁进程顺利进行即可，此时死锁状态也就消失了。

1. 资源剥夺法

使用资源剥夺法解除死锁时需考虑以下三个问题。

(1) 选择被剥夺进程：在剥夺进程的资源时应尽量使代价最小。

(2) 撤销被剥夺进程的工作：被剥夺了部分资源后，进程显然无法继续执行，但当前运行的中间结果又容易产生错误信息，因此在其被阻塞或挂起之前，应先将其部分工作撤销，使其回到某个安全状态，以便未来从该状态重新启动进程。

系统运行过程中的安全状态并不易确定，要将进程工作回溯到足够解除死锁的状态需要系统长期维护相关的全部进程状态信息，需要耗费大量的时空开销，代价极高。因此，比较容易实现的方法通常是完全撤销、终止进程并重新执行。

(3) 避免饥饿现象：在某些策略下，系统会出现这样一种情况，在可以预计的时间内，某个或某些进程永远得不到完成工作的机会，因为它们所需的资源总是被别的进程占有或抢占，这种状况称作"饥饿"。在采用资源抢占方式时，应确保不总是从同一个进程中剥夺资源，这样饥饿现象才不会发生。

2. 进程撤销法

死锁进程的撤销方法可以分为全部撤销和最小代价撤销两种。在撤销死锁进程时，系统会回收分配给该进程的所有资源。

全部撤销法虽然终止了死锁状态，但经过大量时间计算出的前期结果必须放弃，因此代价过大，所以该方法很少使用。而最小代价撤销法在终止死锁进程前，首先计算死锁进程的撤销代价，然后依次选择终止代价最小的进程，逐个地终止死锁进程并回收资源给其他进程，直至死锁不复存在。进程的撤销代价与许多因素有关，如进程优先级、进程已运行的时间、还需要多少时间才能完成、进程所获取的资源类型、进程所需的资源类型数、需终止进程数等，不同系统会根据自身需要选择合适的因素进行组合，以帮助系统完成被终止进程的选择。

4.8 小结

多道程序系统的若干个并发进程的执行速度相对独立，都以自己的速度向前推进，但由于它们相互合作共同完成一项任务，必然需要交流和共享资源，甚至产生相互等待和制约。这就引出了进程同步和互斥问题。在多道程序系统中，一个作业能否正确执行，除了算法和程序设计正确外，还与同存于内存中的其他进程的运行有密切的联系。因此，进程同步和互斥成为进程控制领域中一个重要和有趣的问题，吸引了很多学者对其进行研究。

解决进程同步和互斥的方法有很多，最基本和重要的一种方法就是信号量机制。本章介绍了整型信号量、记录型信号量、AND型信号量和信号量集这几个不同的信号量机制。整型信号量是最早的信号量机制，其结构简单，能有效解决小型的进程同步问题。但由于其执行顺序是随机的，在解决稍微复杂的问题时会出现进程僵持的死锁状态，因此后来一些学者又逐渐引入了其他几种不同的信号量机制。所有信号量机制的基本思想都是在进程的临界区前后加上资源锁和互斥锁，以保证进程的正确执行。这种思想被进一步引申后，又出现了管程机制。使用管程，可以更好地封装资源及完成对资源的操作，对用户而言操作更简单有效，因此其应用很广泛。

多进程合作时，常会出现进程相互等待的僵持现象，这种现象被称为死锁。死锁的产生原因通常是对临界资源的争抢或进程的推进次序不当。出现死锁的4个必要条件是互斥、请求保持、环路等待和不剥夺条件。只有同时满足了这4个条件，系统中才有可能出现死锁。而互斥性是多道程序系统的固有要求，不但不能破除，反而应确保其有效。因此，想要预防死锁，只需要在运行前破坏其他三个条件中的一个或几个即可。

死锁预防的策略虽然能保证不产生死锁，但对系统执行性能的影响极大。因此，一种新的预防方法——死锁避免被引入操作系统，其典型代表就是银行家算法。该算法的基本思想是，在运行前对进程不加限制，只有在进程对临界资源提出申请时，系统才根据现有空闲资源和申请进程的资源情况等考虑是否将其分配给申请进程。可分配的前提是分配之后系统仍能处于安全状态。这里所谓的安全状态指的是不会产生死锁的资源分配状态。因此，该算法可以保证进程获得一定的执行安全，相比死锁的预防方法有更好的响应效率。

最后一种应对死锁的方法是死锁检测与接触。该方法在系统运行时并不加以任何限制，但提供了死锁检测算法和解除死锁的方法。这种方法最大程度确保了系统并发特性，对资源利用率和系统吞吐量影响最小。

4.9 思考练习

1. 什么是进程同步？什么是进程互斥？
2. 进程执行时为什么要设置进入区和退出区？
3. 同步机构需要遵循的基本准则是什么？请简要说明。
4. 整型信号量是否能完全遵循同步机构的四条基本准则？为什么？
5. 在生产者—消费者问题中，若缺少了 V(full)或 V(empty)，对进程的执行有什么影响？

6. 在生产者—消费者问题中，若将 P(full)和 P(empty)交换位置，或将 V(full)或 V(empty)交换位置，对进程执行有什么影响？

7. 利用信号量写出不会出现死锁的哲学家进餐问题的算法。

8. 利用 AND 型信号量和管程解决生产者—消费者问题。

9. 进程的高级通信机制有哪些？请简要说明。

10. 什么是死锁？产生死锁的原因和必要条件是什么？

11. 死锁的预防策略有哪些？请简要说明。

12. 某系统中有 A、B、C、D 四类资源，且其总数量都是 8 个。某时刻系统中有 5 个进程，判断表 4-10 所示资源分配状态是否安全？若进程 P2 申请资源(1,1,1,1)，能否为其分配？

表 4-10 某时刻系统的资源分配状态

进程	仍需申请的资源量 A B C D				已分配的资源量 A B C D			
P0	0	0	4	3	0	0	2	2
P1	2	6	3	0	1	1	0	0
P2	3	2	1	5	2	1	0	3
P3	4	0	2	0	2	0	0	0
P4	0	5	5	4	0	2	2	2

13. 三个进程 P1、P2、P3 都需要 5 个同类资源才能正常执行直到终止，且这些进程只有在需要设备时才申请，则该系统中不会发生死锁的最小资源数量是多少？请说明理由。

14. 在解决死锁问题的几个方法中，哪种方法最易于实现，哪种方法使资源的利用率最高？

15. 考虑由 n 个进程共享的具有 m 个同类资源的系统，如果对于 $i=1,2,3,…,n$,有 Need[i]>0 并且所有进程的最大需求量之和小于 $m+n$，试证明系统不会产生死锁。

16. 某车站售票厅，在任何时刻最多可以容纳 20 名购票者进入，当售票厅中少于 20 名购票者时，厅外的购票者可立即进入，否则需要在外面等待。若把一个购票者看作一个进程，请回答以下问题：

(1) 用信号量管理这些并发进程时，应该怎样定义信号量，写出信号量的初值以及信号量的各取值的含义。

(2) 根据所定义的信号量，写出相应的程序来保证进程能够正确地并发执行。

(3) 如果购票者最多为 n 个人，试写出信号量取值的可能变化范围(最大值和最小值)。

17. 在测量控制系统中的数据采集任务时，把所采集的数据送往一单缓冲区，计算任务从该单缓冲区中取出数据并进行计算。试写出利用信号量机制实现两个任务共享单缓冲区的同步算法。

18. 桌上有一空盘，允许存放一个水果。爸爸可以向盘中放苹果，也可以向盘中放桔子，儿子专等着吃盘中的桔子，女儿专等着吃盘中的苹果。规定当盘空时一次只能放一个水果供吃者用，请用信号量实现爸爸、儿子和女儿 3 个并发进程的同步。

19. 设某系统中有 3 个进程 Get、Process 和 Put，共用两个缓冲区 buffer1 和 buffer2。假设 buffer1 中最多可以放 11 个信息，现在已经放入了两个信息；buffer2 最多可以放 5 个信息。Get

进程负责不断地将输入信息送入 buffer1 中，Process 进程负责从 buffer1 中取出信息进行处理，并将处理结果送到 buffer2 中，Put 进程负责从 buffer2 中读取结果并输出。试用信号量机制实现它们的同步与互斥。

20. 某寺庙有大、小和尚若干，另有一水缸。由小和尚挑水入缸供大和尚饮用。水缸可以容 10 桶水，水取自同一井。水井很窄，每次只能容一个水桶取水。水桶总数为 3。每次入、取缸水仅为 1 桶，且不可同时进行。试给出取水、入水的同步算法。

21. 在银行家算法中，若出现表 4-11 所示资源分配情况。

表 4-11　资源分配情况

进程	已分配的资源量				仍需申请的资源量				系统当前空闲资源量			
P0	0	0	3	2	0	0	1	2				
P1	1	0	0	0	1	7	5	0				
P2	1	3	5	4	2	3	5	6	1	6	2	2
P3	0	3	3	2	0	6	5	2				
P4	0	0	1	4	0	6	5	6				

试问：

(1) 该状态是否安全？

(2) 若进程 P2 提出请求 Request(1, 2, 2, 2) 后，系统能否将资源分配给它？

22. 设系统中仅有一类数量为 M 的独占型资源，系统中有 N 个进程竞争该类资源，其中各进程对该类资源的最大需求量为 W。当 M、N、W 分别取下列值时，试判断哪些情形可能会发生死锁，为什么？

(1) $M=2$，$N=2$，$W=1$；　　　(2) $M=3$，$N=2$，$W=2$；

(3) $M=3$，$N=2$，$W=3$；　　　(4) $M=5$，$N=3$，$W=2$。

∞ 第5章 ∞
存 储 管 理

本章学习目标
- 理解存储管理的任务、功能和方式
- 理解连续内存分配的概念，掌握动态分区分配算法和特点
- 理解内存不足时的管理，理解覆盖技术和交换技术的基本思想
- 理解和掌握分页存储管理的基本原理、地址映射及页表结构
- 理解和掌握分段存储管理的基本原理、地址映射以及分段和分页的区别，了解段的共享和保护问题
- 理解和掌握段页式存储管理的基本原理、段表和页表的作用以及动态地址转换过程

本章概述

存储管理是计算机系统的重要组成部分。计算机系统在执行程序时，这些程序及其要访问的数据往往是在内存中。在多道批处理系统中，计算机必须在内存中保留多个进程，即内存是共享资源。近年来，随着硬件技术和生产水平的提高，存储器的成本迅速下降，容量一直在不断地扩大，但仍然不能满足各种软件对存储空间急剧增长的需求，因此，存储器仍然是一种宝贵而紧俏的资源。如何对其进行有效的管理，不仅直接影响存储器的利用率，而且对系统性能也有重大影响。存储器管理的主要对象是内存。由于对外存的管理与对内存的管理相类似，只是它们的用途不同，即外存主要用来存放文件，所以把对外存的管理放在文件管理一章介绍。本章主要介绍操作系统中有关存储管理的基本概念和常见的存储管理方法，并分别介绍各种内存管理技术的基本原理和地址映射、共享与保护等内容。

5.1 存储管理概述

为了解决 CPU 和存储器之间速度上的不匹配，在现代计算机系统中，存储系统通常采用层次结构，存储层次可粗略分为三级：最高层为 CPU 寄存器；中间为主存；最底层是辅存。根据具体功能还可以细分为寄存器、高速缓冲存储器(简称高速缓存)、主存储器、磁盘缓存、辅存储设备(固定磁盘、可移动存储介质)5 层，如图 5-1 所示。其中，寄存器、高速缓存、主存储器和磁盘缓存属于操作系统存储管理的讨论范畴，掉电后其存储的信息不再存在。辅存储设备属于操作系统设备管理的讨论范畴，其存储的信息会长期保存。对于不同层次的存储介质，由操作系统进行统一管理。操作系统的存储管理负责对存储器空间的分配、回收以及提供存储层次间

数据移动的管理机制。例如，主存储器与磁盘缓存、高速缓存与主存储器间的数据移动等。

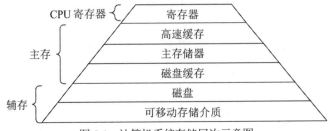

图 5-1　计算机系统存储层次示意图

5.1.1　多级存储结构

如图 5-1 所示，在多级存储结构中，存储层次中越往上，存储介质的访问速度越快，价格也越高，相对存储容量也越小。下面主要介绍寄存器、主存储器、高速缓存和磁盘缓存的相关内容。

1. 寄存器

寄存器是中央处理器(CPU)的组成部分。寄存器访问速度最快，完全能与 CPU 协调工作，价格昂贵，容量不大。寄存器可用来暂存指令、数据和地址。CPU 包含的寄存器可分为数据寄存器、地址寄存器、通用寄存器、浮点寄存器等，数目从几个到几十个，甚至上百个。寄存器的长度一般以字(word)为单位。寄存器可以加速对存储器的访问速度，用途包括：①暂存执行算术及逻辑运算的数据；②用于寻址，存于寄存器内的地址可用来指向内存的某个位置；③用来读写数据到计算机的外部设备。

2. 主存储器

主存储器(简称内存或主存)是计算机硬件的一个重要部件，用于保存当前进程运行时的程序和数据。对于当前的微机系统和大中型机，其容量已经从以前的数十 MB 增加到几 GB 甚至上百 GB，而且容量还在不断增加。CPU 能直接随机存取内存中的数据和程序，CPU 的控制部件从内存中读取数据并将它们装入寄存器中，或者从寄存器存入内存。CPU 与外部设备交换信息一般也借助于主存储地址空间。

如图 5-2 所示，CPU 和 I/O 设备都需要和内存进行交互。内存以字节为基本存储单位，每个存储单元分配一个唯一的地址，称为内存地址。对内存的访问是通过一系列对指定地址单元进行读写来实现的。CPU 根据程序计数器 PC 的值从内存中提取指令，这些指令可能会引起进一步的对特定内存地址单元的读取和写入。例如，一个典型的指令执行周期是：首先从内存中读取指令，接着该指令被解码，且可能需要从内存中读取操作数，在指令对操作数执行后，其执行结果又被写回到内存中。内存单元只能看到地址流，而不知道这些地址是如何产生的(如指令计数器、索引、间接寻址、实地址等)或它们是什么地址(如指令和数据)。

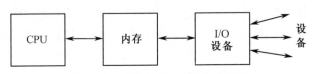

图 5-2　内存在计算机系统中的地位

由于主存储器的访问速度远低于 CPU 执行指令的速度，为缓和这一矛盾，在计算机系统中引入了寄存器和高速缓存。

3. 高速缓存

在计算机技术发展过程中，主存储器存取速度一直比中央处理器操作速度慢得多，使中央处理器的高速处理能力不能充分发挥，整个计算机系统的工作效率受到影响。有很多方法可用来缓和中央处理器和主存储器之间速度不匹配的矛盾，如采用多个通用寄存器、多存储体交叉存取等，在存储层次上采用高速缓冲存储器也是常用的方法之一。很多大、中型计算机以及一些小型机、微型机也都采用高速缓冲存储器。高速缓冲存储器是现代计算机结构中的一个重要部件，介于中央处理器和主存储器之间的高速小容量存储器，其容量大于寄存器而小于主存储器，访问速度要快于主存储器而低于寄存器。

高速缓冲存储器的工作原理为：根据程序局部性原理，正在使用的主存储器某一单元邻近的那些单元将被访问的可能性很大。因而，当中央处理器存取主存储器某一单元时，计算机硬件就自动地将包括该单元在内的那一组单元内容调入高速缓冲存储器，中央处理器即将访问的主存储器单元很可能就在刚刚调入高速缓冲存储器的那一组单元内。于是，中央处理器就可以直接对高速缓冲存储器进行访问。在整个处理过程中，如果中央处理器绝大多数访问主存储器的操作能被访问高速缓冲存储器所代替，计算机系统处理速度就能显著提高。由于高速缓存的速度越高价格也越贵，因此目前的计算机系统中多设置两级或多级高速缓存。两级缓存比一级缓存速度慢，但容量更大，主要用作一级缓存和内存之间数据临时交换的地方。缓存的出现使得 CPU 处理器的运行效率得到大幅度提升，缓存中存放的都是 CPU 频繁访问的数据，缓存越大处理器效率就越高，同时由于缓存的物理结构比内存复杂很多，所以其成本也很高。

4. 磁盘缓存

磁盘缓存是操作系统为缓解磁盘 I/O 与内存速度矛盾而在普通物理内存中分配的一块特殊区域。由于目前磁盘的 I/O 速度远低于主存的访问速度，因此根据程序局部性原理，将频繁访问的一部分磁盘数据和信息暂时存放在磁盘缓存中，可减少访问磁盘的次数，提高访问速度。

磁盘缓存分为读缓存和写缓存。读缓存是指操作系统为已读取的文件数据，在内存较空闲的情况下留在内存空间中(这个内存空间被称为"内存池")，当下次软件或用户再次读取同一文件时就不必重新从磁盘上读取，从而提高速度。写缓存实际上就是将要写入磁盘的数据先保存于系统为写缓存分配的内存空间中，当保存到内存池中的数据达到一定程度时，便将数据保存到硬盘中。这样可以减少实际的磁盘操作，有效地保护磁盘免于因重复的读写操作而导致损坏，也能减少写入所需的时间。

一个文件的数据可能出现在存储系统的不同层次中，例如，一个文件数据通常被存储在辅存中(如硬盘)，当其需要运行或被访问时，就必须调入主存，也可以暂时存放在主存的磁盘高速缓存中。大容量的辅存常使用磁盘，磁盘数据经常备份在可移动磁盘或者光盘上，以防止硬盘发生故障时丢失数据。

5.1.2　程序装入内存的过程

如果用户要解决某个特定任务，通常先对该问题进行数学抽象，确定相应的数据结构，然后用某种高级程序设计语言(如 C/C++，Java 等)编写源程序。在多道程序环境下，要使程序运行，必须先为之创建进程。而创建进程的第一件事，便是将程序和数据装入内存。如何将一个用户源程序变为一个可在内存中执行的程序，需要经过编辑、编译、链接、装入和运行等几个阶段，如图 5-3 所示。

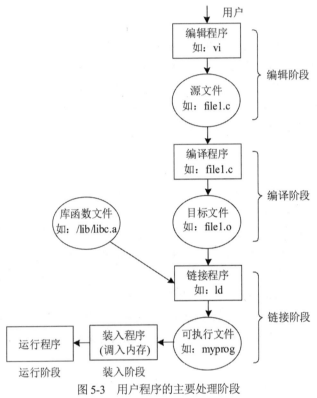

图 5-3　用户程序的主要处理阶段

1. 编辑阶段

在编辑阶段，使用某种编辑软件把程序代码输入计算机中，并以文件的形式保存到指定的磁盘上，形成用户的源程序文件，即源文件。

2. 编译阶段

计算机只能识别二进制语言，所以源程序文件不能直接在计算机上运行，必须经过编译软件的编译，形成相应的二进制目标代码后才能被计算机识别。也就是说，通常用户程序的执行需要经过编译阶段，由初始的文本文件(file1.c)变成 CPU 可以识别的一系列二进制代码文件(file1.o)。

3. 链接阶段

源程序经过编译后，可得到一组目标模块。在目标模块中，有些代码可能需要调用系统程序或函数库，而这些程序和函数库是事先编译好的，并保存在不同的地址空间内，用户程序并不知道这些系统函数或程序的具体位置，仅知道它们的名称，因此，这时的用户程序是分散的、无法寻址的模块集合，CPU 不能执行这些模块，必须把它们装配成一个统一的整体后，确定程序的外部访问地址。将编译或汇编后得到的一组目标模块以及它们所需的库函数装配成一个完整的装入模块的过程就是程序的链接阶段。根据链接时间的不同,链接可分为如下 3 种。

(1) 静态链接。在程序运行前,先将各目标模块及它们所需的库函数链接成一个完整的装配模块,以后不再拆开。静态链接一旦完成,便不能修改和更新,如果要修改或更新其中的某个目标模块,则要求重新打开装入模块,效率低。另外,在静态链接方式下,每个应用模块都必须含有其目标模块的备份,无法实现对目标模块的共享,并且占用大量的内存空间。

(2) 装入时动态链接。用户源程序编译后得到的一组目标模块,在装入内存时,采用边装入边链接的链接方式,即在装入一个目标模块时,若发生一个外部模块调用事件,将引起装入程序去找出相应的外部目标模块,并将其装入内存。装入时动态链接方式相比静态链接有如下优点:一是便于修改和更新。由于各目标模块是分开存放的,因此很方便修改或更新各目标模块。二是便于实现目标模块的共享,节省内存空间。系统可以将一个目标模块链接到几个应用模块上,实现多个应用程序对该模块的共享,从而节省空间。

(3) 运行时动态链接。对某些目标模块的链接,是在程序执行中需要该模块时才对其进行链接。运行时动态链接是装入时动态链接方式的一种改进,即在执行过程中,当发现一个被调用模块尚未装入内存时,立即由系统去找到该模块并将之装入内存,链接到调用模块上。凡在执行过程中未被用到的目标模块(如作为错误处理用的目标模块),都不会被调入内存和被链接到装入模块上,这样不仅可加快程序的装入过程,而且可节省大量的内存空间。

4. 装入阶段

CPU 在运行程序时,首先要把用户程序装入内存。然后,进程调度程序按照某种策略选中用户程序并执行。用户程序经编译之后的每个目标模块都以 0 为基地址进行顺序编址,这种地址称为相对地址或逻辑地址。内存中的各物理存储单元的地址是从统一的基地址开始顺序编址的,这种地址称为绝对地址或物理地址。因此,为了保证程序的正确执行,程序在装入内存时要进行重新定位,即将程序和数据捆绑到内存地址,以便 CPU 能够正确寻址。通常,程序装入内存的方式有以下 3 种。

(1) 绝对装入方式。在程序编译时如果知道进程在内存中的驻留地址,就可以生成绝对地址。装入模块可以把用户程序装入指定的位置,这时程序中用到的所有地址都是内存中的绝对地址。目标模块被装入内存后,由于程序中的逻辑地址与实际内存物理地址完全相同,故不需要对程序和数据的地址进行修改。在绝对装入方式下,程序中所使用的绝对地址,既可在编译或汇编时给出,也可由程序员直接赋予。但在由程序员直接给出绝对地址时,不仅要求程序员熟悉内存的使用情况,而且一旦程序或数据被修改后,可能要改变程序中的所有地址。绝对装入方式只能将目标模块装入内存中事先指定的位置,因此,其只适用于单道程序环境。

(2) 可重定位装入方式。在多道程序环境下,程序编译链接后的目标模块起始地址通常是从 0 开始的,程序中的其他地址也都是相对于起始地址计算的。此时采用可重定位装入方式,根据内存的当前情况,将目标模块装入内存的适当位置。用户程序中使用的地址是相对地址,地址的定位由装入程序在装入时完成。通常把在装入时对目标程序中指令和数据的修改过程称为重定位,又因为地址变换通常是在装入时一次完成的,以后不再改变,故称为静态重定位。

(3) 动态运行时装入方式。可重定位装入方式可将目标模块装入内存中任何允许的位置,但是一旦重定位装入完成后,在程序运行时,不允许其在内存中移动位置。在多道程序环境下,为了提高内存的利用率,系统可以根据内存的使用情况把用户程序从一个地址段移动到另外一个地址段，即用户程序在整个执行周期内可能处于不同位置，此时就应采用动态运行时装入的方式，即地址重定位被推迟到程序执行时完成。动态运行时的装入程序把目标模块装入内存后，并不立即把目标模块中的相对地址转换为绝对地址，而是把这种地址转换推迟到程序真正要执行时才进行。因此，装入内存后的所有地址仍是相对地址。为使地址转换不影响指令的执行速度，这种方式需要一个重定位寄存器的支持。

在这 3 种装入方式中，绝对装入方式最简单，但性能最差。目前绝大多数计算机采用动态运行时装入方式，其内存使用性能最佳，但需要特定的硬件支持。

5. 运行阶段

在运行阶段，进程调度程序按照某种策略选中用户程序，给其分配 CPU 使之运行，完成用户提交的任务。运行完毕后，系统释放其占有的内存空间。

5.1.3 存储管理的任务

任何程序和数据以及各种数据结构都必须占用一定的存储空间，因此，存储管理直接影响整个系统的性能。存储管理的任务主要包括以下几方面。

(1) 支持多道程序的并发执行，使多道程序能共享存储资源，在互不干扰的环境中并发执行。

(2) 方便用户，使用户减少甚至摆脱对存储器的管理，从存储器的分配、保护和共享等烦琐事务中解脱出来。

(3) 提高存储器的利用率和系统吞吐量。

(4) 从逻辑上扩充内存空间，支持大程序在小的内存空间运行或允许更多的进程并发执行。

5.1.4 存储管理的功能

为了完成上述任务，现代操作系统的存储管理应具有以下功能。

1. 存储空间的分配和回收

用户程序通常以文件的形式保存在计算机外存中，在运行时，用户程序必须全部或部分地装入内存，因此在内外存之间必须不断地交换数据。能否把外存中的数据和程序调入内存，取决于能否在内存中为其分配合适的区域。因此，存储管理模块需要为每一个并发执行的进程分配内存空间。另外，当进程执行结束后，存储管理模块要及时地回收该进程占用的所有内存资源，以便给其他进程使用。因此，存储空间分配和回收的主要任务包含：为每道程序分配内存空间，使它们"各得其所"；尽量提高存储器的利用率，以减少不可用的存储空间("碎片")；允许正在运行的程序申请附加内存空间，以适应程序或数据动态增长的需要。

为了合理有效地利用内存，在设计内存分配和回收方法时，必须考虑和确定以下几种策略和数据结构。

(1) 分配结构。分配结构是供分配程序使用的表格或链表，用于登记内存使用情况，如内存空闲区表和空闲区队列等。

(2) 放置策略。放置策略是用于选择内存空闲区的策略，确定调入内存的程序和数据在内存中的放置位置。

(3) 交换策略。在需要将某个程序段和数据调入内存时，如果内存中没有足够的空闲区，则由交换策略来确定把内存中的哪些程序段和数据段调出内存，以便释放出足够的空间。

(4) 调入策略。调入策略主要明确外存中的程序段和数据段在什么时间按什么样的方式进入内存，以保证用户程序的正确执行。

(5) 回收策略。当用户程序执行结束，完成自己的任务后，回收策略来确定如何回收分配给用户程序的存储空间。回收策略包括两点：一是回收的时机，二是对回收的内存空闲区和已存在的内存空闲区的调整。

2. 地址转换

在多道程序环境下，程序逻辑地址空间和内存物理地址空间是不一致的。用户程序的逻辑地址可以是一维线性或多维线性，而内存中的每一个存储单元都有相应的内存物理地址相对应，属于一维线性地址。在将用户程序部分或全部地装入内存空间时，要实现逻辑地址到物理地址的映射。这种把逻辑地址转换为物理地址的过程称作重定位或地址映射，实现地址重定位或地址映射的方法有两种：静态地址重定位和动态地址重定位。

1) 静态地址重定位

静态地址重定位是指在用户程序执行之前完成地址映射工作，即把程序的逻辑地址都转换为实际的内存物理地址。静态地址重定位的地址变换只是在装入时一次完成，而在程序运行期间不再变化。静态地址重定位的优点是不需要硬件支持，实现存储管理的软件算法简单。静态地址重定位主要有如下缺点。

- 要求给每个作业分配一个连续的存储空间，并且在作业执行期间不能再移动，从而也就不能实现重新分配内存。使用静态地址重定位方法进行地址变换无法实现虚拟存储器，因为虚拟存储器是一个在物理上只受内存和外存总容量限制的存储系统，这要求存储管理系统只把进程执行时频繁使用和立即需要的指令与数据存放在内存中，而把那些暂时不需要的部分放在外存中，待需要时再自动调入，以提高内存的利用率和并行执行的作业数。显然，这与静态地址重定位方法相矛盾，静态地址重定位方法一旦将程序装入内存后就不能再移动，并且必须在程序执行之前将所有相关部分全部装入内存。
- 静态地址重定位必须占用连续的内存空间，这就难以做到程序和数据的共享。
- 必须事先确定所需的存储量，若所需的存储量超过可用存储空间时，用户必须考虑覆盖结构。

2) 动态地址重定位

动态地址重定位是指在程序执行过程中，CPU 在访问内存之前，将要访问的程序或数据地址转换为内存地址。动态地址重定位依靠硬件地址变换机构才能完成。地址重定位机构需要一个(或多个)基地址寄存器 BR 和一个(或多个)程序逻辑地址寄存器 VR。指令或数据的内存地址 MA 与逻辑地址的关系如下：

$$MA=(BR)+(VR)$$

这里，(BR)与(VR)分别表示寄存器 BR 与 VR 中的内容。动态地址重定位的过程如图 5-4 所示。

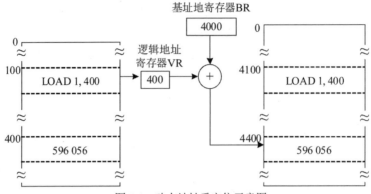

图 5-4　动态地址重定位示意图

(1) 初始化基地址寄存器 BR 和逻辑地址寄存器 VR。

(2) 将程序段装入内存，且将其占用的内存区首地址送到 BR 中，例如，在图 5-4 中，(BR)=4000。

(3) 在程序执行过程中，将所要访问的逻辑地址送入 VR 中，例如，在图 5-4 中执行 LOAD 1,400 语句时，将所要访问的逻辑地址 400 放入 VR 中。

(4) 地址变换机构把 VR 和 BR 的内容相加，得到实际访问的物理地址。

动态地址重定位的主要优点如下。

- 可以对内存进行非连续分配。对于同一进程的各程序段，只要把各程序段在内存中的首地址统一存放在不同的 BR 中，即可由地址变换机构得到正确的内存地址。

- 用户作业在执行过程中，可以动态申请存储空间和在主存中移动。动态地址重定位提供了实现虚拟存储器的基础。因为动态重定位不要求在作业执行前为所有程序分配内存，也就是说，可以部分地、动态地分配内存。从而可以在动态重定位的基础上，在执行期间采用请求方式为那些不在内存中的程序段分配内存，以达到内存扩充的目的。

- 有利于程序段的共享。

动态地址重定位的主要缺点如下。

- 需要附加的硬件支持。在进行逻辑地址与物理地址映射时，需要依靠硬件地址变换机构才能完成。

- 实现存储管理的软件算法比较复杂。

3. 主存空间的共享

主存储器空间的共享是为了提高主存空间的利用率，它有以下两方面的含义。

(1) 共享主存储器资源。采用多道程序设计技术使若干个程序同时进入主存储器，各自占用一定数量的存储空间，共同使用一个主存储器。

(2) 共享主存储器的某些区域。若干个作业有共同的程序段或数据时，可将这些共同的程序段或数据存放在某个存储区域，各作业执行时都可访问它们。

4. 主存空间的保护

主存储器中不仅有系统程序，而且有若干道用户程序。为了避免主存中的多道程序相互干扰，必须对主存中的程序和数据进行保护，该保护机制主要由硬件提供，软件配合实现。当要访问主存某一单元时，由硬件检查是否允许访问，若允许则执行，否则产生中断，由操作系统进行相应的处理。最基本的保护措施是规定各道程序只能访问属于它的那些区域或存取公共区域中的信息，不过对公共区域的访问应该加以限制，一般来说，一个程序执行时可能有下列三种情况：①对属于自己主存区域中的信息既可读又可写；②对公共区域中允许共享的信息或获得可使用的其他用户的信息，可读而不准修改；③对未获得授权使用的信息，既不可读又不可写。常用的内存信息保护方法有硬件法、软件法和软硬件结合法 3 种。使用软件法不仅会显著增加 CPU 开销，而且会大大降低进程的运行速度。

5. 主存储空间的扩充

主存储空间扩充的任务是从逻辑上来扩充内存容量，在计算机硬件的支撑下，通过软硬件协作，可把磁盘等辅助存储器作为主存储器的扩充部分来使用，使用户认为系统拥有的内存空间远比其实际空间大。其原理是根据程序执行时表现的局部性特征，即程序在执行过程中的一个较短时间内，所执行的指令地址或操作数地址分别局限于一定的存储区域中。这样，存储管理系统就把进程中那些不经常被访问的程序段和数据放入外存中，待需要访问时再将它们调入内存。为此，系统必须具有下述功能。

(1) 调入功能。在程序执行前，没有必要全部装入内存，允许仅装入一部分程序和数据即可启动运行，运行时一旦发现运行所需程序或数据不在内存时，通过请求调入功能，将所需部分调入内存。

(2) 置换功能。当内存中没有足够空间装入所需调入的部分时，系统能通过置换功能将内存中一部分暂时不用的内容调至外存。

现代计算机系统通常采用虚拟存储器来实现上述功能。虚拟存储器是存储管理的核心概念，虚拟存储器是指具有请求调入功能和置换功能，能从逻辑上对内存容量进行扩充的一种存储器系统。在虚拟存储器系统中，作业无须全部装入，只用装入一部分就可运行。

引入虚拟存储技术之后，可以提高内存利用率，程序不再受现有物理内存空间的限制，编程变得更容易，可以提高多道程序度，使更多的程序能够进入内存运行。虚拟存储器不考虑物理存储器的实际大小和信息存放的实际位置，而只规定每个进程中相互关联的信息的相对位置。虚拟存储器的容量由计算机的地址结构和寻址方式确定。例如，采用直接寻址时，如果 CPU 的有效地址长度为 16 位，则其寻址范围为 0~64KB。

6. 对换

对换的主要任务是实现在内存和外存之间的全部或部分进程的对换，即将内存中处于阻塞状态的进程调换到外存上，而将外存上处于就绪状态的进程换入内存。对换的目的主要是提高内存利用率，提高系统的吞吐量。

5.1.5 存储管理方式

存储管理方式随着操作系统的发展而发展，其主要目的有两个：一是提高存储器的利用率，这样由固定式分区存储分配方式演变为分页式存储管理方式。二是提高系统吞吐量，更好地满足用户需要，由此，产生了分段式存储管理方式和虚拟存储器。

常用的存储管理方式包括连续分配方式、离散分配方式和虚拟存储管理方式，下面对其分别展开介绍。

1. 连续分配方式

连续分配是指为一个系统或用户程序分配一个连续的内存空间，主要有以下两种方式。

(1) 单一连续分配方式。这是最简单的一种存储管理方式，该方式把内存分为系统区和用户区两部分，系统区仅供操作系统使用，用户区仅驻留一道程序，整个用户区为一用户独占。单一连续分配方式仅适用于单用户、单任务操作系统，不适用于多道程序环境。

(2) 分区式分配方式。分区式分配方式是满足多道程序设计的一种最简单的存储管理方法，其把内存划分为若干个大小不等的区域，除操作系统占用一个区域之外，其余区域由多道环境下的各并发进程共享。分区管理的基本原理是给内存中的每一个进程划分一块适当大小的存储区，以连续存储各个进程的程序和数据，使多个进程得以并发执行。分区式分配要求将一个用户程序分配到一个连续的内存空间中，因此可能产生多个不可利用的零头(也称"碎片")。按照分区的时机，分区管理可以分为固定分区、动态分区和可重定位分区。

① 固定分区式。这种方法把内存区域划分为若干个固定大小的区域，以连续存储各个进程的程序和数据。

② 动态分区式。动态分区又称为可变分区，是在作业的处理过程中，根据程序的大小，动态地对内存进行划分，因此各分区的大小是不定的，分区数目也是可变的。动态分区方式较之固定分区方式，改变了即使是小作业也要占据大分区的内存浪费现象，显著地提高了存储器的利用率。

③ 可重定位分区。可重定位分区分配与动态分区分配基本相同，差别仅在于前者增加了拼接功能。在可重定位分区分配中，若系统中存在满足作业空间要求的空闲分区，则按照与动态分区分配相同的方式分配内存；若系统中找不到满足作业要求的空闲分区，且系统中空闲分区容量总和大于作业要求，则进行拼接。

2. 离散分配方式

连续分配方式相对简单，但存在较为严重的碎片问题，导致内存利用率低。为解决该问题，操作系统引入离散分配方式。离散分配将用户程序离散地分配到内存的多个不相邻接的区域中。离散分配方式有以下三种。

(1) 分页存储管理。在该方式中，用户程序的地址空间被划分成若干个固定大小的区域，称为"页"。相应地，内存空间也以"页"大小为单位被划分为若干个物理块，这样可将用户程序的任一页放入内存的任一块中，实现离散分配。分页存储管理方式下，内存中的碎片大小不会超过一页。

(2) 分段存储管理。为了满足用户的需要，更好地实现共享和保护，现代操作系统引入分段存储技术。分段存储技术把用户程序的地址空间按内容或过程关系分成若干个大小不等的段。在进行存储分配时，以段为单位，这些段在内存中可以不相邻接，从而实现了离散分配。

(3) 段页式存储管理。段页式存储管理集成了分页和分段两种存储管理方式的优点，既提高了存储器的利用率，又能满足用户要求，更好地实现共享和保护，是目前用得较多的一种存储管理方式。

3. 虚拟存储管理方式

为了满足用户对内存的需求，进一步提高内存利用率，现代操作系统引入虚拟存储管理方式。虚拟存储管理能使一个大的用户程序在较小的内存空间内运行，实现在逻辑上扩充物理内存的容量。虚拟存储系统有以下三种。

(1) 请求分页系统。请求分页系统是在分页系统的基础上，增加请求调页功能、页面置换功能形成的页式虚拟存储系统。该系统允许只装入若干页的用户程序和数据，便可启动运行，以后再通过调页功能及页面置换功能，陆续地把即将要运行的页面调入内存，同时把暂不运行的页面换出到外存上，置换时以页面为单位。

(2) 请求分段系统。请求分段系统是在分段系统的基础上，增加请求调段功能、分段置换功能形成的段式虚拟存储系统。该系统允许只装入若干段的用户程序和数据，便可启动运行，以后再通过调段功能和置换功能将暂不运行的段调出，同时调入即将运行的段，置换时以段为单位。

(3) 请求段页式系统。请求段页式系统是在段页式系统的基础上，增加请求调页和页面置换功能形成的段页式虚拟存储系统。该系统是目前最好的，也是最为流行的一种存储管理方式。

5.2　连续内存分配

连续分配方式曾被广泛应用于早期(20 世纪 60 至 70 年代)的操作系统中。连续分配是后来其他存储管理方式发展的基础，至今在存储管理中仍有一席之地。连续分配有两种方式：单一连续分配和分区式分配，其中，分区式分配又分为固定分区分配、动态分区分配和可重定位分配。下面对这些分配方式展开详细介绍。

5.2.1　单一连续分配

单一连续分配是一种简单的存储分配方案，主要用于单用户单任务操作系统。其把内存分为两个区域：系统区和用户区。系统区是操作系统专用区，不允许用户程序直接访问，一般在内存低地址部分，剩余的内存区域为用户区。应用程序装入用户区，可使用用户区全部空间。通常，用户作业只占用所分配空间的一部分，剩下的一部分存储区域实际上浪费了。例如，一个容量为 256KB 的内存中，操作系统占用 32KB，剩下的 224KB 全部分配给用户作业，如果一个作业仅需要 64KB，那么就有 160KB 的存储空间没有被利用。

单一连续分配方案的优点是方法简单，只需要很少的软件和硬件支持，易于实现。缺点是仅适用于单道程序，内存中只能装入一道作业，对要求内存空间少的程序，造成内存浪费。而且其采用静态分配，即作业一旦进入内存，就要等到其执行结束后才能释放内存，程序全部装入后，很少使用的程序部分也占用内存。因此，单一连续分配不能使处理器和内存得到充分利用。

5.2.2 固定分区分配

固定分区分配把内存分为一些大小相等或不等的区域,一旦划分结束,则在整个执行过程中每个分区的长度和内存的总分区个数将保持不变。

1. 划分分区的方法

可用下述两种方法将内存划分为若干个固定大小的分区。

(1) 分区大小相等。该方法中所有的内存分区大小相等。这只适合于多个相同程序的并发执行,适用于一些控制多个同类对象的环境,处理多个类型相同的对象,各对象由一道存在于一个分区的进程控制。例如,炉温群控系统,就是利用一台计算机去控制多台相同的冶炼炉。但是对于程序规模差异较大的多道环境不太适合,因为大于分区大小的进程无法装入,而且小进程也会占用一个分区,造成内存碎片(即无法被利用的空闲存储空间)太大。

(2) 分区大小不等。为了克服分区大小相等而缺乏灵活性的缺点,可把内存区划分成含有多个小分区,适量的中等分区,少量的大分区。根据程序的大小,分配当前空闲的、适当大小的分区,这样可以有效地改善前一种方法的缺陷。

2. 内存分配与回收

为了便于内存的管理和控制,通常将内存分区根据其大小进行排队,并为之建立一张分区说明表,表中包含各分区的区号、大小、起始地址及状态(是否为空闲)等信息。内存的分配释放、存储保护以及地址变换等都通过分区说明表进行,图5-5所示为采用固定分区法的分区说明表和对应内存状态的例子。在图5-5中,操作系统占用低地址部分的22K空间,其余空间则被划分为4个分区,其中1、2、3号分区已分配,4号分区尚未分配。固定分区分配算法流程如图5-6所示。当用户程序要装入内存时,由内存分配程序检索分区说明表,从表中找出一个能满足要求的空闲分区分配给该程序,然后修改分区说明表中相应表项的状态信息;若找不到满足其大小要求的空闲分区,则拒绝为该程序分配内存。

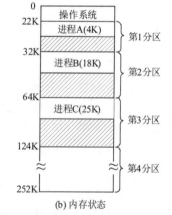

区号	大小(K)	起始地址(K)	状态
1	10	22	已分配
2	32	32	已分配
3	60	64	已分配
4	128	124	未分配

(a) 分区说明表   (b) 内存状态

图5-5 固定分区法的分区说明书和对应的内存状态

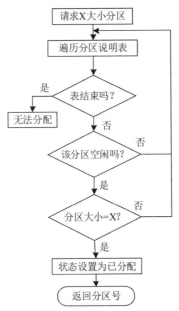

图 5-6 固定分区分配算法流程图

固定分区的回收比较简单,当程序执行完毕不再需要内存资源时,释放程序占用的内存分区空间,管理程序只需将对应分区的状态信息设置为未分配即可。由于作业的大小并不一定与某个分区大小相等,因此,在绝大多数已分配的分区中,都有一部分存储空间被浪费掉。由此可见,采用固定分区分配存储管理方法,内存不能得到充分利用。

5.2.3 动态分区分配

动态分区分配又称为可变分区分配,是根据作业运行的实际需要,动态地为之分配内存空间。动态分区法并不预先设置分区的数目和大小,而是在作业装入内存时,根据作业的大小动态建立分区,使分区大小正好满足作业的需要。因此系统中分区的大小是可变的,分区的数目也是可变的。动态分区改变了固定分区中那种即使是小作业也要占据大分区的内存浪费现象,从而提高内存的利用率。

1. 动态分区分配中的数据结构

为了实现动态分区分配,系统中必须配置相应的数据结构,用来描述空闲分区和已分配分区的情况,为内存分配提供依据。常用的数据结构有空闲分区表和空闲分区链两种。

(1) 空闲分区表。在空闲分区表中,内存中的每个空闲分区占用一个表项,每个表项包含分区号、分区起始地址、分区大小以及状态等信息。采用空闲分区表结构,管理过程比较简单,但表的大小难以确定,而且空闲分区表要占用一部分内存。

(2) 空闲分区链。空闲分区链使用链表指针将内存中的空闲分区链接起来,其利用每个内存空闲区的头几个单元存放本空闲区的大小及下个空闲区的起始地址,从而把所有的空闲区链接起来。然后,系统再设置一个空闲链首指针让其指向第一个空闲区,这样,管理程序就可以通过链首指针查到所有的空闲区。采用空闲分区链法管理空闲区,查找时要比空闲分区表困难,但由于空闲分区链指针是利用空闲区自身的单元,因此不必占用额外的内存区。无论是采用空闲分区表方式还是空闲分区链方式,空闲分区表或空闲分区链中的各项都要按照一定的规则排列以利于查找和回收。

2. 动态分区分配算法

在为新作业分配内存空间时,需按照一定的分配算法,从空闲分区表(链)中选出一个满足作业需求的分区分配给作业。动态分区分配主要解决两个问题:①按照作业要求的内存大小,从空闲分区表(链)中寻找出合适的空闲区分配给作业,如果这个空闲分区的容量比作业申请的空间容量要大,则将该分区一分为二,一部分分配给作业,剩下的一部分仍然留在空闲分区表(链)中;②分配空闲区之后,更新空闲分区表(链)。

目前常用的动态分区分配算法有最先适应算法(First Fit Algorithm)、循环首次适应算法(Next Fit Algorithm)、最佳适应算法(Best Fit Algorithm)和最坏适应算法(Worst Fit Algorithm)。这4种方法要求可用表或自由链按不同的方式进行排列。

(1) 最先适应算法。最先适应算法又称首次适应算法,该算法要求空闲分区表或空闲分区链按起始地址递增的次序排列。在进行内存分配时,从空闲分区表(链)首开始顺序查找,一旦找到大于或等于所要求内存长度的分区,则结束查找。然后,该算法从该分区中划出所要求的内存长度分配给请求者,余下的空闲分区仍留在空闲分区表(链)中,同时修改其相应的表(链)项。

该算法的特点是优先利用内存低地址部分的空闲分区,从而保留高地址部分的大空闲区,但由于低地址部分不断被划分,致使低地址端留下许多难以利用的小空闲分区,而每次查找又都是从低地址部分开始,增加了查找可用空闲分区的开销。

(2) 循环首次适应算法。循环首次适应算法又称下次适应算法,是由首次适应算法演变而来的。在为作业分配内存空间时,不再每次从空闲分区表(链)首开始查找,而是从上次找到的空闲分区的下一个空闲分区开始查找,直到找到第一个能满足其大小要求的空闲分区为止。然后,再按照作业大小,从该分区中划出一块内存空间分配给请求者,余下的空闲分区仍然留在空闲分区表(链)中。

该算法的特点是使存储空间的利用更加均衡,不至于使小的空闲分区集中在存储器的一端,减少了查找空闲分区的开销。但这会导致缺乏大的空闲分区。

(3) 最佳适应算法。最佳适应算法要求空闲分区按容量大小递增的次序排列。当用户作业申请一个空闲区时,存储管理程序从空闲分区表(链)首开始顺序查找,当找到第一个满足要求的空闲区时,停止查找。按这种方式为作业分配内存,就能把既满足作业要求又与作业大小最接近的空闲分区分配给作业。如果空闲分区大于作业的大小,则与最先适应算法相同,将减去作业请求长度后的剩余空闲区仍然留在空闲分区表(链)中。

最佳适应算法的特点是尽可能为作业选择大小一致的空闲分区,从而保留大的空闲分区。但空闲分区一般不可能正好和作业申请的内存空间大小相等,因而将其分割成两部分时,往往使剩下的空闲分区非常小,从而在存储器中留下许多难以利用的小空闲分区。

(4) 最坏适应算法。最坏适应算法要求空闲分区按其大小递减的顺序组成空闲分区表(链)。当用户作业申请一个空闲区时,先检查空闲分区表(链)的第一个空闲分区的大小是否大于或等于所要求的内存长度,若空闲分区表(链)的第一项长度小于所要求的大小,则分配失败,否则从该空闲分区中划出与作业大小相等的一块内存空间分配给作业,余下的空闲分区仍然留在空闲分区表(链)中。

最坏适应算法的特点是总是挑选满足作业要求的最大分区分配给作业,这样使分给作业后剩下的空闲分区也比较大,能装下其他作业。但由于最大的空闲分区总是因首先分配而划分,当有大作业到来时,其存储空间的申请往往得不到满足。

动态分区分配算法除了需要考虑空闲分区的查找速度和利用率外,还需要考虑回收后的空闲区释放速度,即回收后的空闲区需要插入按照一定顺序排列的空闲分区表(链)中。下面为上述 4 种算法在查找速度、释放速度及空闲区利用 3 个方面的比较。

- 查找速度。从查找速度上看,最先适应算法具有最佳性能,虽然最佳适应算法或最坏适应算法都能很快地找到一个最适合的或最大的空闲区。
- 释放速度。从回收区释放速度来看,最先适应算法是最佳的,因为使用最先适应算法时,无论被释放区是否与空闲区相邻,都不用改变该区在空闲分区表(链)的位置,只需修改其大小和起始地址即可。
- 空闲区利用。最先适应算法优先利用内存低地址部分的空闲分区,从而保证高地址有较大的空闲区来满足内存需求较大的作业。虽然最佳适应算法找到的空闲区是最佳的,但空闲分区一般不可能正好和作业申请的内存空间大小相等,因而将其分割成两部分时,往往使剩下的空闲分区非常小,从而在存储器中留下许多难以利用的小空闲分区。最坏适应算法是基于减少内存碎片这一出发点的,其选择最大的空闲区来满足用户要求,使分配后的剩余部分仍能进行再分配。

3. 动态分区分配与回收

动态分区存储管理的主要工作就是分配内存和回收内存。

1) 分配内存

在内存分配中,系统利用某种分配算法,为作业从空闲分区表(链)中找到所需大小的分区。设作业请求的分区大小为 u.size,表中每个空闲分区的大小可表示为 m.size。若 m.size−u.size≤size(size 是预先设定的不可再切割的剩余分区的大小),表明空闲区多余部分太小不可再切割,将整个分区分配给作业;否则(即多余部分大于 size)从该分区中按请求大小划出一块内存空间分配给作业,余下的部分仍留在空闲分区链(表)中。然后将分配区的首地址返回给调用者。

在动态分区模式下,系统启动后,除操作系统常驻内存的部分数据之外,内存只有一个空闲分区。随后,分配程序将该空闲区依次划分给调度选中的作业。图 5-7 所示为采用 FIFO 调度方式时的内存初始分配情况。在系统运行过程中,内存空间将进行一系列的分配和释放操作。如在某一时刻,进程 C 运行完成后释放内存,进程 E(设需内存 50K)和 F(设需内存 18K)被调入内存。如果分配的空闲区比所要求的大,则管理程序将该空闲区分成两个部分,其中一部分成为已分配区,而另一部分成为另一个新的小空闲区。图 5-8 给出了采用最先适应算法分配内存时,进程 E 和进程 F 得到内存以及进程 B 和进程 D 释放内存的内存分配变化过程。如图 5-8 所示,在管理程序回收内存时,如果被回收分区与空闲分区相邻,则要进行合并,下面将讨论内存的回收问题。

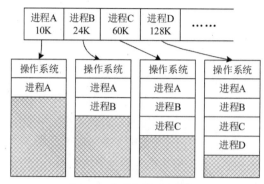

图 5-7　内存初始分配情况

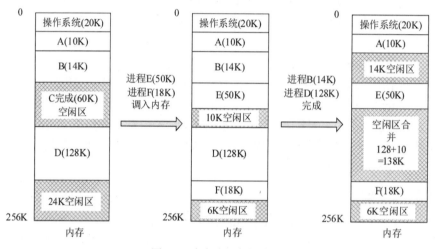

图 5-8　内存分配变化过程

2) 回收内存

当进程运行结束释放内存时，系统要回收已经使用完毕的空闲区，并将其插入空闲分区表(链)。在将回收的空闲区插入空闲分区表(链)时，要考虑剩余空闲区的合并问题，即把不连续的零散空闲区集中起来，此时可能出现以下四种情况之一。

① 回收区的上下两相邻分区都是空闲区，如图 5-9(a)所示，此时应将三个空闲区合并。新空闲区的起始地址为上空闲区的起始地址，大小为三个空闲区之和。空闲区合并后，取消空闲分区表(链)中下空闲区的表目或链指针，并修改上空闲区的对应项。

② 回收区的上相邻区是空闲区，如图 5-9(b)所示，此时应将回收区与上空闲区合并为一个空闲区，其起始地址为上空闲区的起始地址，大小为上空闲区与回收区之和。合并之后，修改上空闲区对应的空闲分区表的表目或空闲分区链指针。

③ 回收区的下相邻区是空闲区，如图 5-9(c)所示，此时应将回收区与下空闲区合并，并将回收区的起始地址作为合并后的起始地址，合并区的长度为回收区与下空闲区之和。合并之后，修改空闲分区表(或链)中相应的表目或链指针。

④ 回收区的上下两相邻区都不是空闲区，如图 5-9(d)所示，则将回收区作为一个新的空闲区插入空闲分区表(链)中。

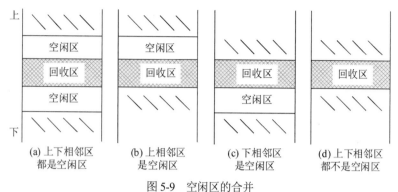

图 5-9　空闲区的合并

5.2.4　可重定位分区分配

在连续内存分配中，必须把一个系统程序或用户作业装入一个连续的内存空间。虽然动态分区比固定分区的内存利用率高，但由于各个进程申请和释放内存空间，因此在内存中经常会出现大量的分散的小空闲区。如果系统中有若干个小分区，其总容量大于要装入的作业，但由于它们不相邻接，致使作业不能装入内存。如图 5-10(a)所示，内存中有 4 个不相邻接的小分区，其容量分别为 25KB、20KB、15KB 和 30KB，其总容量为 90KB。如果现在有一个作业到达，要求分配 40KB 的内存空间，由于系统中所有空闲分区的容量均小于 40KB，故此作业无法装入内存。

1. 碎片和拼接技术

内存中容量太小、无法利用的小分区称作"碎片"或"零头"。在分区存储管理方式下，系统运行一段时间后，内存中的碎片会占据相当数量的空间。根据碎片出现的位置，可以分为内部碎片和外部碎片两种。在一个分区内部出现的碎片(即被浪费的空间)称作内部碎片，如固定分区法就会产生内部碎片；在所有分区之外新增的碎片称作外部碎片，如在动态分区法实施过程中出现的越来越多的小空闲块就是外部碎片，由于它们太小，无法装入一个进程，因而被浪费掉。

碎片不仅降低了装入内存中的进程个数，还浪费了内存空间，使得内存利用率低。如何有效地利用这些分散的、较小的碎片呢？最简单的方法就是定时或在分配内存时合并内存中的碎片为一个连续区。实现的方法是移动某些已分配区中的内容，使所有进程的分区紧挨在一起，而把空闲区留在另一端，如图 5-10(b)所示，这种通过移动把多个分散的小分区拼接成一个大分区的方法称为拼接技术。

在拼接过程中，进程需要在内存中移动，因此拼接的实现需要动态重定位技术的支持。另外，利用拼接技术消除碎片，需要对分区中的大量信息进行移动，这一工作要耗费大量的 CPU时间。为了减少信息移动的数量，可以根据拼接时需要移动进程的大小和个数，来确定空闲区究竟应该放在何处，即确定是应该放在内存的低地址端、中间、还是高地址端。另外，拼接技术的实现还存在一个拼接时机的问题，这个问题有两种解决方案：第一种方案是在某个分区回收时立即进行拼接，这样在内存中总是只有一个连续的空闲区，但该实现方案因拼接频率过高而使系统开销加大；第二种方案是当找不到足够大的空闲分区且空闲分区的总容量可以满足作业要求时进行拼接，该实现方案拼接的频率比上一种方案要小得多，但空闲分区的管理稍微复杂一些。

操作系统
作业1
25KB
作业2
20KB
15KB
作业3
30KB
作业4

(a) 拼接前

操作系统
作业1
作业2
作业3
作业4
90KB

(b) 拼接后

图 5-10　拼接示意图

2. 可重定位分区分配技术

可重定位分区分配算法与动态分区分配算法基本相同,差别仅在于前者增加了拼接功能。在可重定位分区分配算法中,若系统中存在满足作业空间要求的空闲分区,则按照与动态分区分配相同的方式分配内存;若系统中找不到满足作业要求的空闲分区,且系统中空闲分区容量总和大于作业要求,则进行拼接。图 5-11 所示为可重定位分区分配算法的流程图。

可重定位分区分配技术可以消除碎片,能够分配更多的分区,有助于多道程序设计及提高内存利用率,但由于拼接技术复杂,并且需要花费大量 CPU 时间。因此,目前解决外部碎片问题很少采用拼接技术,而是采用非连续内存分配技术,即允许物理空间为非连续的,这样只要有物理内存就可以分配给进程。这种方案有两种实现技术:分页和分段,也可以将两者结合起来使用。

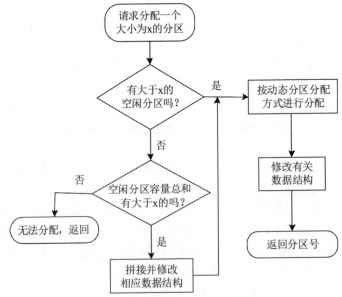

图 5-11　可重定位分区分配算法

5.3 处理内存不足的手段

近年来，随着硬件技术和生产水平的提高，计算机系统中的可用内存数量一直在稳定增加。然而，不论一个系统有多大的内存，总有不够用的情况。当出现内存不够用时，操作系统可以采取覆盖、交换、拼接的方法来解决这个问题。上节已对拼接技术进行介绍，此处主要围绕覆盖和交换技术展开说明。

5.3.1 覆盖

覆盖技术主要用在早期的操作系统中，因为在早期的单用户系统中内存的容量一般少于64KB，可用的存储空间受到限制，某些大作业不能一次全部装入内存中，这就发生了大作业和小内存的矛盾。为此，操作系统引入了覆盖技术。

覆盖技术的思想是：程序运行时并不需要把其全部指令和数据都装入内存。在单 CPU 系统中，每一时刻只能执行一条指令。因此，可以按照逻辑功能把程序划分为若干个相对独立的程序段，按照程序的逻辑结构让那些不会同时执行的程序段共享同一块内存区。通常，这些程序段都被保存在外存中，当一个程序的前期程序段执行结束后，再把后续程序段调入内存中，并覆盖前期装入的程序段。这种方式让用户感觉内存扩大了，从而达到逻辑上扩充内存的目的。

例如，某程序由 A、B、C、D、E 和 F 共 6 个程序段组成。它们之间的调用关系如图 5-12(a) 所示，程序段 A 调用程序段 B 和 C，程序段 B 又调用程序段 D 和 E，程序段 C 调用程序段 F。

如图 5-12(a)所示，程序段 B 和 C 相互之间不会调用。因此，程序段 B 和 C 无须同时装入内存，它们可以共享同一内存区。同理，程序段 D、E、F 也可以共享同一内存区，其覆盖结构如图 5-12(b)所示。在图 5-12(b)中，整个程序段被分为两部分：一部分是常驻内存部分，该部分与所有的被调用程序段有关，因而不能被覆盖，称为根程序，在程序段 A 就是根程序；另一部分是覆盖部分，图中被分为两个覆盖区，其中覆盖区 1 由程序段 B 和 C 共享，其大小为 B、C 中所要求容量的大者，覆盖区 2 为程序段 D、E、F 共享，两个覆盖区的大小分别为 40K 与 50K。这样，虽然该进程所要求的内存空间是 A(30K)+B(40K)+C(25K)+D(30K)+E(15K)+F(50K)=190K，但由于采用了覆盖技术，所以只需要 120K 的内存空间就可以开始执行。

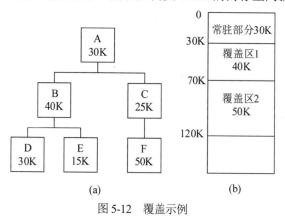

(a) (b)

图 5-12 覆盖示例

覆盖技术要求程序员既要熟悉程序所属进程的虚拟空间及各程序段所在虚拟空间的位置，

又要清楚系统和内存的内部结构与地址划分。这样，程序员才能把一个程序划分成不同的程序段，并规定好程序段的执行和覆盖顺序。因此，覆盖技术大多是对操作系统的虚拟空间和内部结构都比较熟悉的程序员才会使用。

5.3.2 交换

1. 交换的引入

在多道程序环境下，一方面，内存中的某些进程由于某事件尚未发生而处于阻塞状态，但其仍然占据着大量的内存空间，甚至有时会出现内存中所有进程都被阻塞，而迫使 CPU 停下来等待的情况；另一方面，由于无内存空间而不能进入，有不少作业还在外存上等待，显然这对系统资源是一种严重的浪费，且使系统吞吐量下降。为了解决这一问题，系统通常采用的方法之一就是交换。交换是把内存中暂不能运行的进程，或暂时不用的程序和数据换出到外存上，以便腾出足够的内存空间，把已具备运行条件的进程或进程所需的程序和数据，换入内存，并让其执行的一种内存扩充技术。

如果交换是以整个进程为单位，称之为"整体交换"或"进程交换"，这种交换广泛应用于分时系统中；如果交换是以"页"或"段"为单位，则分别称之为"页面交换"或"分段交换"，又称为"部分交换"，这种交换方法是实现请求分页及请求分段式虚拟存储器的基础。

与覆盖技术相比，交换不要求程序员给出程序段之间的覆盖结构。而且，交换主要是在进程或作业之间进行，而覆盖则主要在同一个作业或进程内部进行。

2. 交换的实现

在此只介绍进程交换，分页和分段交换将在虚拟存储器中介绍。为了实现进程交换，系统必须能实现下述三方面功能。

(1) 交换空间的管理。在具有交换功能的系统中，通常都把外存分为文件区和交换区两部分。前者用于存放文件，后者用于存放从内存中换出的进程。对文件区的管理是以提高文件存储空间的利用率为主要目标，而对交换区的管理则是把提高进程换入、换出的速度作为主要目标，因此为换入、换出的进程分配连续的交换空间，较少考虑碎片问题。至于交换空间的分配策略，可采用前面介绍的算法，如首次适应算法、最佳适应算法等。

(2) 进程的换出。每当发生内存空间不够用时，系统应将一些处于阻塞状态的进程换出。其过程是：系统首先选择处于阻塞状态且优先级最低的进程作为换出进程，然后启动磁盘，将该进程的程序和数据传送到磁盘交换区。若传送过程未出现错误，便可回收该进程所占用的内存空间，并对该进程的进程控制块做相应的修改。

(3) 进程的换入。系统定时地查看所有磁盘交换区进程的状态，从中找出"就绪"状态但已换出的进程，将其中换出时间(换出到磁盘上)最久的进程作为换入进程，将该进程换入。如果此时还有可换入的进程，则再执行上述的换入过程，将之换入，直至已无可换入的进程或无可换出的进程为止。

交换技术大多用在小型机或微机系统中，这些系统大部分采用固定分区或动态分区方式管理内存。

5.4　分页存储管理

虽然连续内存分配方式实现起来较为简单，但其会产生许多碎片，导致内存的利用率较低，尽管拼接技术可以解决碎片问题，但需为之付出巨大的 CPU 开销。为了解决连续内存分配存在的问题，人们提出了离散分配方式，即允许将一个进程直接分散地装入许多不相邻接的分区中。这种方式既不需要移动内存中的原有信息，又解决了外部碎片问题，从而提高内存利用率。如果离散分配的基本单位是页，则称为分页存储管理方式；如果离散分配的基本单位是段，则称为分段存储管理方式。本节讨论的分页存储管理要求把每个作业全部装入内存后方能运行，不具备页面交换功能，因此不具有支持实现虚拟存储器的功能。

5.4.1　分页存储管理的基本原理

1. 页面和物理块

在分页存储管理方式中，为了将一个进程分散地装入许多不相邻接的内存分区中，系统会把用户程序的地址空间划分成若干个大小相等的区域，每个区域称作一个页面或页。每个页都有一个编号，叫页号。页号一般从 0 开始，如 0，1，2，……类似地，内存空间也可划分成若干和页大小相同的物理块，这些物理块叫"帧"(frame)或内存。同样，每个物理块也有一个编号，块号也是从 0 开始依次顺序排列。

在分页系统中，为进程分配内存时，以块为单位将进程中的若干页分别装入多个可以不相邻接的块中。由于进程的最后一页经常装不满一块，而形成不可利用的碎片，称为"页内碎片"。因此，在分页系统中的页面大小应适中。页面若太小，一方面可使内存碎片小，减少内存碎片的总空间，有利于提高内存利用率；但另一方面，也会使每个进程要求较多的页面，从而引起页表过长，占用大量内存，此外，还会降低页面换进换出的效率。若选择较大的页面虽然可以减少页表长度，提高页面换进换出的效率，但又会使页内碎片增大。在分页系统中，页面的大小由硬件地址结构来决定。若机器确定，页面大小便确定。一般来说，页面的大小选择为 2 的若干次幂，根据计算机结构的不同，其大小从 512B 到 16MB 不等。例如，IBM AS/400 规定的页面大小为 512B，而 Intel 80386 的页面大小为 4KB(即 4096B)。所以，在不同机器中页面大小也不相同。

2. 地址结构

在分页系统中，每个逻辑地址分为两个部分：页号(p)和页内偏移(或称页内地址)(w)。通常，如果逻辑地址空间为 2^m，页的大小为 2^n 单元，那么逻辑地址的高 $m-n$ 位表示页号，而低 n 位表示页内偏移。图 5-13 所示地址长度为 32 位，其中 0~9 位为页内地址，每页的大小为 $1KB(2^{10})$，10~31 位为页号，地址空间最多可有 $4M(2^{22})$ 页。

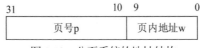

图 5-13　分页系统的地址结构

对于具体的机器来说，其地址结构是固定的。如果给定的逻辑地址是 A，页面大小为 L，则页号 p 和页内地址 w 可以按下式计算得到：

p=INT[A/L]，w=[A] MOD L

其中，INT 是向下整除的函数，MOD 是取余函数。例如，假设系统的页面大小为 1KB，A=5960，则 p=INT(5960/1024)=5，w= 5960 MOD 1024=840。

3. 页表

在分页存储管理方式中，系统将进程的各个页离散地存储到不同的内存块，即一个进程的页面可以离散地装入物理上不连续的内存块中。为保证在进程运行时，能在内存中找到每个页面所对应的物理块，系统为每个进程建立一张页面映射表，简称页表，每个页在页表中占一个页表项，其中记录了该页在内存中对应的物理块号，如图 5-14 所示。进程执行时，首先按照逻辑地址中的页号查找页表中对应的项，找到该页在内存中的物理块号。页表的作用就是实现页号到物理块号的地址映射。

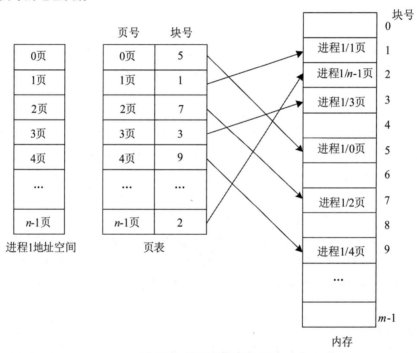

图 5-14　分页存储管理系统

当把一个进程装入内存时，首先检查其有多少页。如果有 n 页，则至少要有 n 个空闲块才能装入该进程。如果满足要求，则分配 n 个空闲块给它，同时在该进程的页表中记录下各页面对应的内存块号。从图 5-14 可以看出，进程 1 的页面是连续的，装入内存后，却被放在不相邻的块中，如 0 页放在 5#块，1 页放在 1#块等。

每个页在页表中都有一个表项,对于中、小型作业,其页表可完全放在内存中。但对于大型作业,由于其页表项非常多,例如,VAX 计算机允许进程的大小达 2GB,若每页为 512 字节,则页表项可达 2^{23},即 8M 个表项。如果全部装入内存,将占用几十兆字节,显然不可行,因此只能将一部分页表项放在内存,其余的页表项放在外存,此时页表本身也将含有若干个页。当一个进程运行时,先调入一部分页表到内存,包括当前执行页面的页表。如果进程所访问的页表项不在内存时,再从外存将其调入。对于大、中型作业的页表,可采取两级结构形式,这些在本章后面进行详细介绍。

4. 碎片问题

采用分页技术不会产生外部碎片,每一物理块都可以分配给进程页面。不过,分页技术可能产生页内碎片。由于分页系统的内存分配是以物理块为单位进行的,如果进程所要求的内存不是页的整数倍,那么最后一个物理块就可能用不完,从而导致页内碎片。例如,如果页的大小为 2048B,一个大小为 56596B 的进程需要 27 个页和 1300B。为了使该进程能够执行,系统需要给该进程分配 28 个物理块,这样就会产生 2048-1300=748 B 的页内碎片。在最坏的情况下,一个需要 n 页再加上 1 B 的进程,就需要给它分配 $n+1$ 个物理块。这样就几乎产生了一个物理块的页内碎片。

5.4.2 地址映射

系统通过地址变换机构来实现用户地址空间中的逻辑地址到内存空间中的物理地址的映射。由于页内地址和物理地址是一一对应的,例如,对于页面大小是 1KB 的页内地址是 0~1023,其相应的物理块内的地址也是 0~1023,无须再进行转换。因此,地址变换机构的任务实际上只是将逻辑地址中的页号转换为内存中的物理块号。在分页系统中,利用页表来实现用户程序地址和内存物理地址的转换。

1. 基本的地址映射

每个进程都有一个页表,通常,页表存放在内存中。在系统中设置一个页表寄存器,在其中存放页表在内存中的起始地址和页表的长度。进程未执行时,页表的起始地址和页表的长度存放在本进程的 PCB 中,当调度程序调度某进程时,才将这两个数据装入页表寄存器中。当进程要访问某个逻辑地址中的指令或数据时,分页系统的地址变换机构自动将有效地址分为页号和页内地址两部分,再以页号为索引去检索页表。整个查找过程将由硬件来执行。在执行检索前,先将页号和页表长度进行比较,如果页号大于或等于页表长度,则表示本次访问的地址已经超出进程的地址空间。于是,系统捕获这一错误并产生地址越界中断。如果没有出现地址越界错误,则从页表中得到该页的物理块号,将其装入物理地址寄存器中。同时,将页内地址直接送入物理寄存器的块内地址字段中。这样物理地址寄存器中的内容就是由二者拼接成的实际内存地址,从而完成逻辑地址到物理地址的转换。整个地址转换过程如图 5-15 所示。

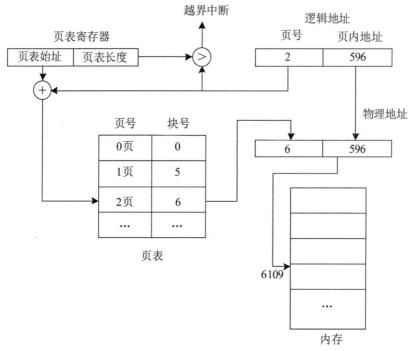

图 5-15 分页系统的地址转换过程

2. 具有快表的地址映射

由于页表存放在内存中，而取数据或指令必须经过页表变换才能得到实际的物理地址。因此，CPU 取一个数据或指令至少要访问内存两次。第一次是访问内存中的页表，确定所取数据或指令的物理地址；第二次是根据地址取数据或指令。因此，这种方式使计算机的处理速度慢了一倍。提高地址转换速度的一个最简单办法就是把页表放在寄存器中而不是放在内存中，但由于寄存器价格太贵，这样做是不可取的。另一种办法是在地址变换机构中增设一个具有并行查询能力的特殊高速缓冲寄存器，又称为高速联想存储器或快表。在快表中，保存那些当前执行进程中最常访问的页表项。此时的地址映射过程是：在 CPU 给出有效地址后，由地址变换机构自动将页号交给快表，并将此页号与快表中所有页号进行比较。如果找到该页号，该项中对应的值就是物理块号，从而迅速形成物理地址。这种查找方法非常快，但硬件成本也很高，因此，快表中的条目通常都很少，一般为 64~1024。如果页号不在快表中，就需要访问页表。当得到物理块号后，就可以用其来访问内存。同时，将页号和物理块号增加到快表中，这样下次再用时即可快速查到，如图 5-16 所示。如果快表中的条目已满，那么操作系统会选择其中一些进行替换，替换策略有很多种，如最近最少使用等。另外，有些快表还允许某些条目保持固定不变，也就是说它们不会从快表中被替换，通常系统内核的条目是固定不变的。

由于程序运行和数据访问往往具有局部性特征，据统计，从快表中能找到所需页表项的概率可达 90%以上。这样，由于增加了地址变换机构而造成的速度损失可减少到 10%以下，从而达到可接受的程度。

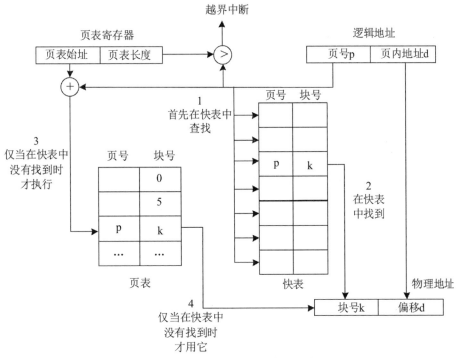

图 5-16　具有快表的地址变换机构

5.4.3　页表的结构

现代计算机系统都支持非常大的逻辑地址空间，如 2^{32}~2^{64}。在这种情况下，页表会变得非常大，要占用相当大的内存空间。例如，假设一个具有 32 位逻辑地址空间的计算机系统，如果系统的页面大小为 4KB(2^{12}B)，那么页表中的页表项可达一百万条目(2^{20})。假设每个条目有 4B，那么每个进程就需要 4MB 的内存空间来存放页表本身，而且还要求是连续空间。显然这是不现实的，可以采用下述两个方法来解决这一问题。

(1) 采用离散分配方式来解决难以找到一块连续大内存空间的问题。

(2) 只将当前需要的部分页表项调入内存，其余页表项保存在磁盘，需要时再调入。

1. 两级页表

对于采用离散分配方式来解决难以找到一块连续大内存空间的问题，可将页表进行再分页，并离散地将各个页面分别存放在不同物理块中的办法来加以解决，同样也要为离散分配的页表再建立一张页表，称为外层页表，在每个页表项中记录页表页面的物理块号。这种方法即两级页表。例如，一个 32 位逻辑地址空间，如果页面大小为 4KB(2^{12}B)，若采用一级页表结构，应具有 20 位的页号和 12 位的页内偏移，即页表项应有 1M 个。采用两级页表结构时，对页表进行再分页，将页号分为 10 位的页号和 10 位的页内偏移。这样，一个逻辑地址就被分为如图 5-17 所示的形式。

其中 p1 是用来访问外层页表的索引，外层页表的每一项是相应内层页表的起始地址，而 p2 则是外层页表的页偏移，是访问内层页表的索引，其中的表项是相应页面在内存中的物理块号。图 5-18 所示为两级页表的结构。

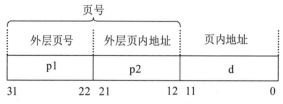

图 5-17　两级页表的地址结构

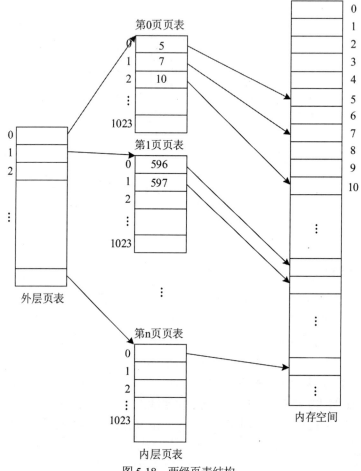

图 5-18　两级页表结构

　　在具有两级页表结构的系统中，地址变换机构同样需要增设一个外层页表寄存器，用于存放外层页表的始址。地址转换的方法如下：利用外层页号 p1 检索外层页表，从中找到相应的内层页表的基址 p2，再利用 p2 作为该内层页表的索引，找到该页面在内存的块号，用该块号和页内地址 d 拼接形成访问该块内存的物理地址。图 5-19 所示为两级页表的地址变换机构。

　　上述方法对页表实行离散分配，解决对大页表无须大片存储空间的问题，但并未解决用较少的内存空间去存放大页表的问题。这一问题的解决方法是把当前需要的一批页表项调入内存，其余页表项保存在磁盘上，以后再根据需要请求操作系统将所需页表分页调入内存。关于请求调页的详细情况，将在虚拟存储器一章中介绍。

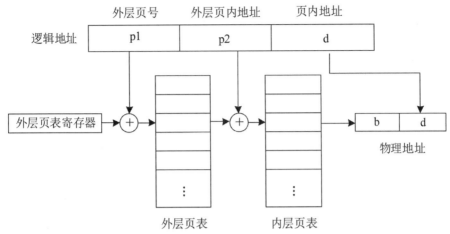

图 5-19   两级页表结构的地址变换机构

2. 多级页表

对于 32 位机器，采用两级页表结构是合适的。对于 64 位的逻辑地址，两级分页方案就不再适合了。为说明这个问题，假设系统的页面大小为 4KB(2^{12}B)，这时页表由 2^{52} 条目组成。如果采用两级页表，假定仍按物理块的大小(2^{12} 位)来划分页表，则将余下的 40 位用于外层页号。此时在外层页表中可能有 1024G 个页表项，假设每个条目有 4B，则要占用 4096GB 的连续内存空间。这样的结果显然不能令人接受，因此必须采用多级页表，将外层页表再进行分页。

对于 64 位计算机，共支持的物理存储空间规模达 2^{64}B(=1 844 744 TB)，如此大的存储空间规模，即使是采用三级页表结构也难以解决寻找连续的大内存空间保存页表的问题。而在当前的实际应用中，也不需要如此大的存储空间。因此，近两年推出的 64 位操作系统中，把可直接寻址的存储器空间减少为 45 位长度(即 2^{45})左右，这样就可以采用三级页表结构来实现分页存储管理。

5.4.4   页面的共享

分页技术实现了内存离散分配，解决了外部碎片问题，提高了内存的利用率。分页技术的另一个优点是可以在一定程度上实现程序代码的共享。例如，有一个多用户系统，可同时接纳 40 个用户，且都执行一个文本编辑器(Text Editor)。如果文本编辑器有 120KB 代码段和 30KB 数据段，那就需要 6000KB 来支持 40 个用户。然而，如果代码是可重入代码，那么就可以共享。可重入代码(或纯代码)是一种允许多个进程同时访问的代码，在其执行过程中不允许做任何修改。在内存中只需保存一份文本编辑程序的备份，每个用户的页表映射到编辑程序的同一物理备份，而数据页映射到不同的物理块上。因此，为了支持 40 个用户，只需要一个文本编辑程序备份(120KB)，再加上面 40 个用户空间 30KB，总共需求空间为 1320KB，而不是 6000KB，从而节省很多空间。假定每个页面的大小为 3KB，那么，120KB 的代码将占用 40 个页面，数据区占 10 个页面。为实现代码的共享，应在每个进程的页表中都建立 40 个页表项，其物理块号都是 31#~70#。在每个进程的页表中，还建立有数据区页表项，其的物理块号分别是 71#~80#、81#~90#、91#~100#，……图 5-20 所示为分页系统中共享文本编辑程序的示意图。

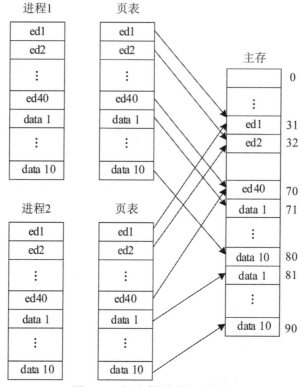

图 5-20　分页系统中的代码共享

　　分页技术的提出是出于系统管理的需要，而不是用户的需要。页的大小固定且由系统确定，是由机器硬件来实现的，因而一个系统只能有一种大小的页面。在实际应用中，会出现一个逻辑功能独立的程序模块包含多个页面，或者一个页面包含不同的逻辑功能模块。这样，就难以实现对某个程序模块实现共享和保护。因此，分页系统在页面共享和保护上具有一定的局限性，只能在一定程度上实现程序代码和数据的共享。为了能更好地满足用户需要，有效地实现信息的共享和保护，操作系统提出分段存储管理。

5.5　分段存储管理

　　固定分区分配、动态分区分配以及分页存储管理方式，主要目的都是解决内存碎片问题，提高内存利用率。但是，这些存储管理方式很少考虑用户在编程和使用上的需要，如方便用户编程，更好地实现信息共享和保护。为了解决这一问题，现代操作系统引入了分段存储技术。

5.5.1　分段存储管理方式的引入

　　现代操作系统引入分段存储管理技术，主要是为了满足用户下述的一系列需要。

1. 方便编程

用户程序通常由许多不同的功能模块和数据模块组成，其各有各的名字，实现不同的功能，大小也各不相同。如果将这些不同的程序段分别装入内存的一个连续区域中，从而使程序在内存中的位置和用户程序的逻辑结构相对应，则更有利于程序员进行编程。

2. 信息共享

分区式存储管理和分页式存储管理的进程地址空间结构都是线性的，这要求对源程序进行编译、链接时，把源程序中的主程序、子程序、数据区等都按线性空间的一维地址顺序进行排列。这使得不同作业或进程之间共享公用子程序和数据变得非常困难。如果系统不能把用户给定的程序名和数据块名与这些被共享的程序和数据在某个进程中的虚页对应起来，则不可能共享这些存放在内存页面中的程序和数据。

另外，在页式管理中，一个页面可能装有两个不同子程序段的指令代码，因此，通过页面共享来达到共享一个逻辑上完整的子程序或数据块是不可能的。由于信息共享是以信息的逻辑单位为基础的，而段是信息的逻辑单位，因此分段比分页更易于实现信息共享。

3. 信息保护

信息保护和信息共享一样，是对信息的逻辑单位进行保护。由于在页式管理中，页只是存放信息的物理单位，并无完整的意义，不便于实现共享和保护。因此，通过页面保护方式来保护一个逻辑上完整的子程序或数据块也是不可能的。段是信息的逻辑单位，能更有效和方便地实现信息保护功能。

5.5.2 分段存储管理的基本原理

1. 分段

在分段存储管理方式中，程序按内容或过程(函数)关系划分为若干个段，每个段定义一组逻辑信息，都有自己的名字。一个用户作业所包含的段对应一个二维线性虚拟空间，也就是一个二维虚拟存储器。段式管理程序以段为单位进行内存分配，然后通过地址映射机构把段式虚拟地址转换为实际的内存物理地址。

在段式管理方式下，进程的地址空间设计为二维结构，包括段号 s 与段内地址 w，如图 5-21 所示。在页式管理中，被划分的页号按照顺序编号递增排列，属于一维空间，而段式管理中的段号与段号之间没有顺序关系。另外，段的划分也不像页的划分那样具有相同的页长，段的长度是不固定的。每个段定义一组逻辑上完整的程序或数据。例如，一个进程中的程序和数据可以被划分为主程序段、子程序段、数据段和工作区段。每个段是一个首地址为 0、连续的一维线性空间。根据需要，段长可以动态增长。对段式地址空间的访问包括两个部分：段名和段内地址。如图 5-21 所示的地址结构，允许一个作业最长有 64K 个段，每个段的最大长度为 64KB。

段号s	段内地址w

31　　　　　　　16 15　　　　　　　0

图 5-21　分段式地址结构

2. 段表

在前面介绍的动态分区分配方式中，系统为整个进程分配一个连续的内存空间。在段式管理中，则以段为单位进行内存分配，每一段分配一个连续的内存区。由于各段的长度不等，所以这些存储区的大小不一。而且同一进程所包含的各段之间不要求连续。为使程序能正常运行，即能从物理内存中找出每个逻辑段所对应的位置，应像分页系统那样，在系统中为每个进程建立一张段映射表，简称段表。每个段在表中占有一个表项，其中记录该段在内存中的起始地址(又称基址)和段的长度。段表可以存放在一组寄存器中，这样有利于提高地址转换速度，但通常是将段表放在内存中。为方便找到运行进程的段表，系统还需要建立一个段表寄存器。段表寄存器由两部分组成：一部分指出该段表在内存的起始地址；另一部分指出该段表的长度。段表是用于实现从逻辑段到物理内存区的映射，执行中的进程可通过查找段表找到每个段所对应的内存区。

和动态分区分配方式相类似，在分段存储管理方式下，系统采用数据结构(空闲分区表和空闲分区链)来管理内存空闲区，以便对用户进程或作业的有关程序段进行内存分配和回收。系统可以采用和动态分区式管理相同的空闲区管理方法，即把内存的各个空闲区按物理地址从低到高的顺序排列或按空闲区大小从小到大或从大到小进行排列。与这几种空闲区排列相对应，分区式管理用到的以下分配算法：最先适应算法、最佳适应算法、最坏适应算法都可以用来进行空闲区分配。分区式管理用到的内存回收方法也可以在分段式管理中使用。

3. 地址转换

为了实现进程逻辑地址到物理地址的转换，在系统中设置了段表寄存器，用于存放段表起始地址和段表长度 TL。当进程要访问某个逻辑地址中的指令或数据时，地址变换机构自动将逻辑地址分为段号和段内地址两部分，系统根据段表寄存器的内容(保存段表的起始地址和段表长度)找到进程的段表，然后系统将逻辑地址中的段号 s 与段表长度 TL 进行比较。若 s>TL，表示段号太大，是访问越界，于是产生越界中断信号；若未越界，以段号为索引查找相应的表项，得出该段的长度 limit 以及该段在内存中的起始地址 base(基址)。然后，将段内地址 w 与段长 limit 进行比较。如果 w 不小于 limit，则表示地址越界，系统发出地址越界中断，终止程序的执行；如果 w 小于 limit，则表示地址合法，将段内地址 w 与该段的内存起始地址 base 相加，得到所要访问内存的物理地址。图 5-22 所示为分段系统的地址转换过程。

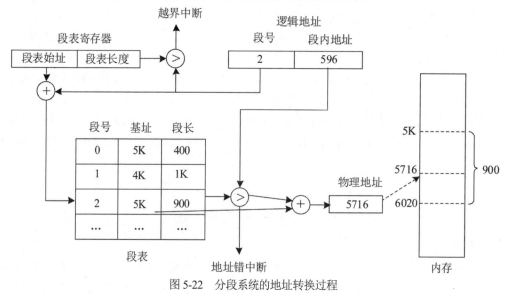

图 5-22　分段系统的地址转换过程

和分页系统一样，当段表放在内存中时，每访问一个数据，都需访问两次内存，从而大大地降低计算机的速度。解决的方法和分页系统类似，再增设一个联想存储器(即快表)，用于保存最近常用的段表项。由于一般情况下段比页大，因而段表项的数目比页表项的数目少，其所需的联想存储器也相对较小，可以显著地减少存取信息的时间。

4. 分页和分段的主要区别

分段和分页有许多相似之处，例如，二者在内存中都采用离散分配方式，而不是整体连续分配方式，而且都要通过地址映射机构来实现地址转换。但二者在概念上却完全不同，具体表现在下述三个方面。

(1) 页是信息的物理单位，段是信息的逻辑单位。分页是为了实现离散分配，减少内存碎片，提高内存利用率。或者说，分页是由于系统管理的需要，而不是用户的需要。段则是信息的逻辑单位，其含有一组意义相对完整的信息。段的长度不是固定的，取决于用户所编写的程序。分段的目的是能更好地满足用户的需要，更方便用户编程，更好地实现信息共享和保护。

(2) 页的大小由系统确定，由系统把逻辑地址划分为页号和页内地址两部分，整个系统只能有一种大小的页面。而段的长度却不固定，其取决于用户的程序，通常由编译程序在对源码进行编译时，根据程序的性质来划分。

(3) 分页的进程地址空间是一维的，即单一的线性空间。分段的进程地址空间是二维的，由段号和段内地址两部分组成。

5.5.3 段的共享和保护

虽然分页技术在一定程度上能实现信息共享和保护，但远不如分段系统方便和高效。段式存储管理可以方便地实现内存信息的共享和保护，这是因为段是按逻辑意义来划分的，可以按段名访问。

1. 段的共享

段是信息的逻辑单位，其含有一组意义相对完整的信息。因此，分段系统的一个突出优点，是易于实现段的共享，即允许多个进程共享一个或多个分段。以 5.4.4 节的文本编辑程序为例，只需在每个进程的段表中为文本编辑程序设置一个段表项。图 5-23 是分段系统中共享文本编辑程序的示意图。

如图 5-23 所示，如果用户进程需要共享内存中的某段程序或数据，只要使用相同的段名，即可在新的段表中填入已存在于内存中的段的起始地址，并设置适当的读写控制权，即可做到共享一个逻辑上完整的内存段信息。另外，在多道程序环境下，由于进程的并发执行，当一段程序为多个进程共享时，有可能出现多次同时重复执行该段程序的情况(即某个进程在未执行完该段程序前，其他并发进程又已经开始执行该段程序)。这就要求其在执行过程中，该段程序的指令和数据不能被修改。此外，与一个进程中的其他程序段一样，共享段有时也要被换出内存。这时，就要在段表中设置相应的共享位来判别该段是否正被某个进程调用。显然，一个正在被某个进程使用或即将被某个进程使用的共享段是不应该调出内存的。

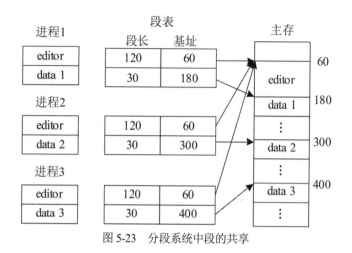

图 5-23　分段系统中段的共享

2. 段的保护

因为段是按逻辑意义来划分的，对段的保护简单易行。段式管理的保护主要有两种：一种是地址越界保护法；另一种是存取控制方式保护法。地址越界保护是利用段表中的段长项与虚拟地址中的段内相对地址比较进行的。若段内相对地址大于段长，系统就会产生保护中断。不过，在允许段动态增长的系统中，段内相对地址大于段长是允许的。为此，可以在段表中设置相应的增补位以指示该段是否允许该段动态增长。而存取控制方式保护是通过在段表中增加相应的访问权限位，用来记录对本段的存取控制方式，如可读、可写、可执行等。在程序执行时，存储映射硬件对段表中的保护信息进行检验，防止对信息进行非法存取，如对只读段进行写操作，或把只能执行的代码当作数据进行加工。当出现非法存取时，产生段保护中断。

5.6　段页式存储管理

前面介绍的分页和分段存储管理方式都各有优缺点。分页系统有效地克服了内存碎片，提高了内存利用率，但是不利于信息的共享和保护。从存储管理的目标来讲，分页系统主要是满足系统管理的需要和提高内存的利用率。分段式存储管理为用户提供一个二维的虚地址空间，反映程序的逻辑结构，有利于段的动态增长、共享以及内存保护等，这大大地方便了用户，但存在碎片问题。

把段式存储管理技术和页式存储管理技术结合起来各取所长，则可以将两者结合成一种新的存储管理系统。于是，段页式存储管理方式便应运而生。段页式存储管理既具有分段系统的易于实现、易于信息共享和保护等一系列优点，又能像分页系统那样很好地解决内存外部碎片问题，也有利于为各个分段离散分配内存。不过，段页式存储管理的开销会更大。因此，段页式存储管理方式一般只用在大型机系统中。近年来由于硬件发展迅速，段页式存储管理在工作站等机型上已开始普及。

1. 段页式存储管理的基本原理

段页式存储管理是分段和分页技术的结合，即先将用户程序按照逻辑功能分成若干个段，并为每一段赋予一个段名,这反映和继承了段式管理的特征;再把每个段分成若干个页,和页式系统一样,最后不足一页的部分仍占用一页,这反映了段页式存储管理中的页式特征。在段页式存储管理中,其地址结构由段号 s、段内页号 p 及页内相对地址 d 三部分组成,如图 5-24 所示。

图 5-24 段页式存储的地址结构

对于段页式地址结构,程序员可见的仍是段号 s 和段内相对地址 w。地址变换机构把 w 的高几位解释成页号 p,把剩余的低位解释为页内相对地址 d。

由于段页式地址结构的最小单位是页而不是段,因此内存空间也划分为大小与页相等的物理块,每段所拥有的程序和数据在内存中可以离散存放。分段的大小不受内存可用区的限制。

2. 段表和页表

段页式系统为每个进程建立一张段表,用来管理内存的分配与释放、缺段处理、存储保护和地址转换等。另外,每个段又被划分为若干页,每个段必须建立一张页表,把段中的虚页变换成内存中的物理块号。在段页式管理中,段表应该指出该段所对应页表的页表起始地址和页表长度。段页式管理中段表、页表以及内存的关系如图 5-25 所示。

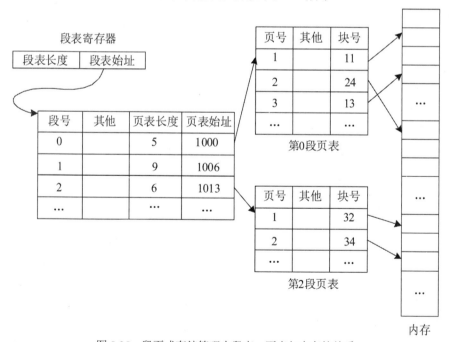

图 5-25 段页式存储管理中段表、页表与内存的关系

3. 动态地址转换过程

在段页式管理中,系统设置一个段表寄存器,其中存放段表起始地址和段表长度 TL。进行

地址转换时，首先将段号 s 与段表长 TL 进行比较。若 s<TL，表示未越界，于是利用段表起始地址和段号求出该段所对应的段表项在段表中的位置，从中得到该段的页表地址，并利用逻辑地址中的段内页号 p 来获得对应页的页表项位置，从中读出该页所在的物理块号 b，再利用块号 b 和页内地址 d 来构成物理地址。段页式管理的地址转换过程如图 5-26 所示。

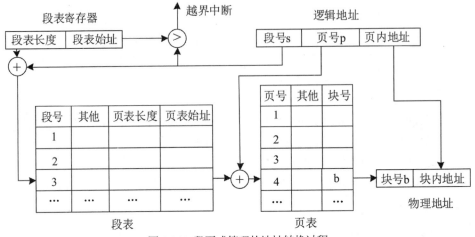

图 5-26　段页式管理的地址转换过程

在段页式存储管理系统中，一个进程的段表和页表都保存在内存中。因此，如果要对内存中的指令或数据进行一次存取的话，至少需要访问内存 3 次。第一次是由段表地址寄存器得到段表起始地址去访问段表，由此取出对应段的页表地址；第二次则是访问页表，从而得到所要访问的物理地址；只有在访问了段表和页表后，第三次才能访问真正需要的物理单元。显然，这将使 CPU 执行指令的速度大大降低。

为了提高地址转换速度，设置快速联想寄存器就显得更加必要。在快速联想寄存器中，存放当前最常用的段号 s、页号 p 和对应的内存页面与其他控制用栏目。当要访问内存空间的某一单元时，可以在通过段表、页表进行内存地址查找的同时，根据快速联想寄存器查找其段号和页号。如果要访问的段或页在快速联想寄存器中，则系统不再访问内存中的段表和页表，而是直接把快速联想寄存器中的值与页内相对地址 d 拼接起来得到物理地址。经验表明，一个在快速联想寄存器中装有 1/10 左右的段号、页号及页面的段页式存储管理系统，可以通过快速联想寄存器找到 90%以上所要访问的内存地址。

段页式存储管理方式是段式存储管理和页式存储管理方案相结合而成，所以其具有二者的优点。但反过来说，由于管理软件的增加，复杂性和开销也就随之增加。另外，需要的硬件以及占用的内存也有所增加。更重要的是，如果不采用联想寄存器的方式来提高 CPU 的访问速度，将会使执行速度大大下降。

5.7　Linux 的存储管理

拥有一个功能完备的内存管理系统和合理的物理内存管理方法，从而保持物理上连续分布、逻辑上统一的内存模式，对 Linux 性能影响很大。Linux 的存储管理分为两部分：物理内存管理和进程虚拟地址空间管理。其中，进程虚拟地址空间管理也称为虚拟存储器管理。

5.7.1 物理内存管理

所有的物理内存除了部分用来存储内核映像外，其余都由虚拟存储子系统管理，以应付不同的需求。核心内存管理必须能够快速响应请求，尽可能地在提高内存利用率的同时减少内存碎片。Linux 核心内存管理采用基于区域的伙伴系统及 slab 分配器。

1. 伙伴系统

1) 伙伴关系

由一个母实体分成的两个各方面属性一致的两个子实体，这两个子实体间即为伙伴关系。例如在操作系统分配内存的过程中，一个内存块常被分成两个大小相等的内存块，这两个大小相等的内存块间就是伙伴关系。它满足 3 个条件：两个块具有相同大小；物理地址是连续的；从同一个大块中拆分出来。

2) 伙伴系统算法的实现原理

为了便于页面的维护，将多个连续页面组成内存块，每个内存块都可装入 2^n 个页，整数 n 被称为阶。在操作内存时，经常将这些内存块分成大小相等的两个块，分成的两个内存块被称为伙伴块，采用一位二进制数来表示它们的伙伴关系。当这个位为 1，表示其中一块在使用；当这个位为 0，表示两个页面块都空闲或者都在使用。系统根据该位为 0 或者 1 来决定是否使用或者分配该页面块。系统每次分配和回收伙伴块时都要对它们的伙伴位跟 1 进行异或运算。所谓异或是指刚开始时，两个伙伴块都空闲，它们的伙伴位为 0，如果其中一块被使用，异或后得 1；如果另一块也被使用，异或后得 0；如果前面一块回收了异或后得 1；如果另一块也回收了异或后得 0。

3) 内存分配

Linux 内核为了尽量减少空间的浪费，减少申请释放内存的消耗时间，采用基于伙伴算法的存储分配机制。下面用例子来说明伙伴系统算法。伙伴系统算法把内存中的所有页框按照大小分成 10 组不同大小的页块，每块分别包含 1，2，4，8，…，512 个页框。每种不同的页块都通过一个 free-area-struct 结构体来管理。系统将 10 个 free-area-struct 结构体组成一个 free-area[] 数组。free-area-struct 中包含指向空闲页块链表的指针。此外，每个 free-area-struct 中还包含一个系统空闲页块位图(bitmap)，位图中的每一位都用来表示系统按照当前页块大小划分时每个页块的使用情况。系统在初始化时调用 free-area-init()函数来初始化每个 free-area-struct 中的位图结构。

4) 内存回收

当向内核请求分配一定数目的页框时，若所请求的页框数目不是 2 的幂次方，则按稍大于此数目的 2 的幂次方在页块链表中查找空闲页块，如果对应的页块链表中没有空闲页块，则在更大的页块链表中查找。当分配的页块中有多余的页框时，伙伴系统将根据多余的页框大小插入对应的空闲页块链表中。向伙伴系统释放页框时，伙伴系统会将页框插入对应的页框链表中，并且检查新插入的页框能否和原有的页块组合构成一个更大的页块，如果有两个块的大小相同且这两个块的物理地址连续，则合并成一个新页块并加入对应的页块链表中，并迭代此过程直到不能合并为止，这样可以极大限度地减少内存的外碎片。

伙伴系统提供了分配和释放页框的函数。get-zeroed-page()用于分配用 0 填充好的页框。和 get-zeroed-page()相似，-get-free-page()用来分配一个新的页框，但是没有被 0 填充，-get-free-pages() 用来分配指定数目的页框。通过调用-free-page()和-free-pages()可以向伙伴系统释放已申请的页框。alloc-pages-node()是伙伴系统分配页框的核心函数，它有两个变体：alloc-page()和 alloc-pages()。alloc-pages-node()函数在指定的节点中分配一定数目的页框。alloc-page()和 alloc-pages()分别在当前节点中分配一个或指定数目的页框。

2. Slab 分配器

通常情况下，内核需要频繁地申请和释放某一特定类型的对象，如果每次都从伙伴系统中按页框为单位分配和释放内存块，不仅造成大量的内碎片，而且严重影响系统的运行性能。为此，Linux 提供了从缓存中分配内存的机制，即 Slab 分配器。

Slab 分配器通过预先分配一块内存区域当作缓冲区，当要求分配对象时就直接从缓冲区中返回，释放对象时 Slab 分配器只是将对象归还到缓冲区以供下次分配时使用，这样就可以避免频繁地调用伙伴系统的申请和释放操作，从而加快申请和释放对象的时间。

Slab 分配器有 3 层基本结构：缓存(cache)、slab、对象(object)。Slab 分配器把对象分组放进高速缓存，每个高速缓存都是同种类型对象的一个集合。缓存通过 kmem-cache-t 结构体来描述，它由多个 slab 组成。下面着重介绍缓存和 slab。

1) 缓存

缓存分为通用和专用两种类型。通用缓存由 Slab 分配器自己使用；专用缓存由内核的其他部分使用。Linux 中通用缓存包括两种：一种用于分配高速缓存描述的缓存 cache-cache，此高速缓存在系统初始化时通过 kmem-cache-init()函数创建；另外一种是两组共 26 个包含几何分布的高速缓存，每组相关的存储区大小分别为 32，64，128，…，131072 字节，一组用于 DMA 分配，另一组用于普通分配。

它们的描述符保存在 cache-sizes[]数组中，在系统初始化时通过 keme-cache-sizes-init()创建。

从缓存中分配一个新的对象，可以调用 kmem-cache-alloc()函数，该函数用于在指定的缓存中申请一个对象。kmalloc()函数也可用于从高速缓存中分配一个指定大小的对象，Slab 分配器首先根据要求分配对象的大小在 cache-sizes[]数组描述的通用缓存选择一个通用高速缓存，然后通过 kmem-cache-alloc()从该缓存中分配一个对象实例。kmem-cache-free()用于释放从某个高速缓存中分配的对象。与 kmalloc()对应，kfree()用于释放从通用缓存中分配的对象。

通过调用 kmem-chache-create()函数，可以为一个特定对象创建一个专用高速缓存。此时，在新创建的缓存中还没有 slab。只有当第一次要求分配对象时，Slab 分配器才为此高速缓存创建一个新的 slab。

2) slab

slab 是 Slab 分配器的基本单位，每个 slab 由一个或多个连续的页框组成。slab 通过 slab-s 结构体来描述。每个 slab 中存放一定数量的已初始化的对象，当从指定缓存中申请一个对象时，Slab 分配器从缓存中找一个未满的 slab，并从中返回一个对象。如果缓存中所有的 slab 都已满，则 Slab 分配器通过调用 kmem-cache-grow()函数为此缓存添加一个新的 slab，并从新 slab 中返回一个对象。Slab 分配器一般不会主动释放 slab 的页框，即使某个缓存中有空的 slab，只有当伙伴系统无法满足页框分配请求时，Slab 分配器才会通过调用 kmem-cache-reap()函数从缓存中释放空的 slab。

slab 分配器根据对象的大小使用不同的技术来存放 slab 描述符。当对象比较小时(小于512KB)，slab-s 存放于 slab 首部。对比较大的对象，slab-s 位于 cache-sizes 指向的一个普通高速缓存中。每个对象都有一个类型为 kmem-bufctl-t 的描述符，依次存放在一个数组中，位于相应的 slab 结构之后，该数组中的描述符与 slab 中的对象一一对应。

5.7.2 进程虚拟地址空间管理

Linux 是为多用户多任务设计的操作系统，所以存储资源要被多个用户、多个进程有效共享，且由于程序规模的不断膨胀，要求的内存空间比以前大得多。因此，Linux 存储管理的设计充分利用了计算机系统所提供的虚拟存储技术，真正实现了虚拟存储器管理。

进程地址空间主要由 mm_struct 结构描述。该结构包含进程地址空间的两个重要组成部分，分别是进程的页目录及 vm_area_struct 结构的指针。

1. 进程的页表机制

页表机制与硬件密切相关。以 i386 体系结构为例，描述如何把进程地址空间的线性地址转换为物理地址。i386 系列既支持分段机制，也支持分页机制，Linux 主要采用了分页机制。一般页的粒度为 4KB，页面可以映射到任一物理页帧。i386 下进程的线性地址为 32 位，分为以下三个部分。

- 页目录段：置于高 10 位，记录在页目录中的索引。
- 页表段：占据中间的 10 位，记录在页表中的索引。
- 偏移段：占据低 12 位，表示在 4KB 的页帧中的偏移。

每个进程都有一个页目录，当进程运行时，寄存器 CR3 指向该页目录的基址。从线性地址到物理地址的映射过程如下。

(1) 从 CR3 取得页目录的基地址。页目录用一个物理页帧存储，保存页表的基址。每个页目录项占 4 字节，因而页目录有 1024 个页目录项。

(2) 以线性地址的页目录项为索引，在页目录中找到页表的基址。页表也用一个物理页帧存储，保存物理页帧号。

(3) 以线性地址的页表项为索引，在页表中找到相应的物理页帧号。

(4) 物理页帧号加上线性地址的偏移段即得到对应的物理地址。

采用两级页表的好处是节省存储空间。两级页表对于 32 位机器是合适的，对于 64 位机器，则采用级别更多的页表。Linux 采用的实际是四级页表模型，在页全局目录和页表之间还有页上级目录层和页中间目录层。

2. 虚拟地址空间

Linux 将进程地址空间的管理与物理存储空间的管理分离开来，对物理存储空间实现了页式存储管理机制，对进程逻辑地址空间实现了存储对象管理机制。这既能高效地利用内存资源，又能动态灵活地使用进程逻辑地址空间。

存储对象是 Linux 内核实现和使用的一种抽象对象。程序段、数据段、存储映射文件、共享存储区等都是存储对象。每个存储对象包含一组页面，可以映射到进程的逻辑地址空间中。

存储对象的映射过程是：Linux 内核为存储对象分配逻辑空间，为存储对象的页面建立相应的页表项。每个存储对象包含一组方法：映射存储对象时调用的 open 函数、删除映射调用时的 close 函数和处理存储对象的页例外时调用的 nopage 函数。

现代操作系统所实现的页模式，其虚地址不是紧密连续排列的，这样整个虚地址空间就由许多个连续虚地址区域构成，因此需要一个链表来描述这些区域的虚地址范围。在 Linux 中，这个链表是由多个 vm_area_sruct 链成的单向链，每个连续的虚地址区域对应一个 vm_area_struct 结构，按照这些区域的起止顺序构成链。vm_area_struct 结构包含以下信息。

- 逻辑空间起始地址和结束地址：分配给存储对象的逻辑区域。
- 访问许可权限：进程对存储对象的访问权限。
- 对象描述符指针：说明存储对象的数据来源，如文件描述符指针。
- 一组方法函数的指针。

进程页面必定属于某个 vm_area_struct 结构，但是属于 vm_area_struct 结构的页面不一定在页表中有数据项。因为在需要用到该页面时才会申请物理页面并填充相应的页表项。

3. 页面异常处理

通常情况下，导致页面异常的原因有以下几种情况。

(1) 编程错误。编程错误可分为内核程序错误和用户程序错误。常见的用户程序错误有访问错误的地址空间和传递给系统调用错误的参数等。

(2) 操作系统故意引发的异常。最常见的异常有缺页等。操作系统利用异常获得一个物理页帧后，再重新执行产生异常的指令。

页面异常的处理程序是 do_page_fault()函数。该函数有两个参数：一个是指针，指向异常发生时寄存器上下文的地址；另一个是错误码，由三位二进制信息组成，第 0 位表示访问的物理页帧是否存在，第 1 位表示是写错误还是读错误或执行错误，第 2 位表示程序运行在核心态还是用户态。do_page_fault()函数的执行过程如下。

① 首先得到导致异常发生的线性地址。

② 检查异常是否发生在核心空间，如果是，则进行出错处理，否则无法修正。

③ 检查该线性地址属于进程的某个 vm_area_struct 区间。

④ 根据错误码的值确定下一个步骤。如果错误码的值表示为写错误，则检查该区间是否允许写。若不允许，则进行出错处理；如果允许，就做"写时复制(Copy on Write)"处理。如果错误码的值表示该页面不存在，则作"按需分页(Demand Paging)"处理。

写时复制的处理过程如下所示。

① 改写对应页的访问标志位，表明其刚被访问过，以便在页面调度时，该页面不会被优先考虑。

② 如果该页帧目前只为一个进程单独使用，则只需把页表项置为可写。如果该页帧为多个进程共享，则申请一个新的物理页面并标记为可写，复制原来物理页面的内容，更改当前进程相应的页表项，同时原来物理页帧的共享计数减 1。

按需分页的处理过程如下所示。

① 确认产生页面不在物理内存的原因，主要存在两种情况。第一种情况，页面从未被进程访问，页表项的值为 0，转到②。第二种情况，该页面被进程访问过，但是目前已被写到交换

分区，页表项的存在标志位为 0，但其他位被用来记录该页面在交换分区中的信息，转到③。

　　② 区分该页面是否映射到一个文件。如果所属区间的 vm_opw->nopage 不为空，则表示该区间映射到一个文件且 vm_ops->nopage 指向装入页面的函数，调用该函数装入该页面。如果 vm_ops 或 vm_ops->nopage 为空，则调用 do_anonymous_page()申请一个页面。

　　③ 调用 do_swap_page()函数从交换分区调入该页面。

5.8 小结

　　存储空间是计算机系统的宝贵资源，虽然其容量在不断扩大，但是仍然不能满足软件发展的需求。对存储资源进行有效的管理，不仅关系到存储器的利用率，而且对整个操作系统的性能和效率也有很大的影响。

　　操作系统存储管理的基本功能包括存储分配和回收、地址转换、存储保护和共享、存储扩充和对换功能。存储分配和回收是指为装入内存运行的程序分配内存空间，当进程执行结束后，存储管理模块还要及时地回收该进程占用的所有内存资源，以便供其他进程使用。地址转换是把用户程序空间的逻辑地址映射到内存的物理地址，以保证用户程序的执行。存储保护是指内存中的各道程序只能访问自己的存储区域，不能互相干扰，以免其他程序受到有意或无意的破坏；存储共享是指主存中的某些数据和程序可以供不同用户进程使用；存储扩充是指通过一定的软件技术从逻辑上来扩展计算机的物理内存，以便能够在主存中存放尽量多的进程，使得用户程序不受物理内存大小的限制，从而提高内存的利用率。对换的主要任务是实现在内存和外存之间的全部或部分进程的对换，即将内存中处于阻塞状态的进程调换到外存上，将外存上处于就绪状态的进程换入内存。对换的目的主要是提高内存利用率，提高系统吞吐量。

　　内存分配技术有连续分配和离散分配两种。连续分配方式是把程序装入一个连续的内存空间，连续分配技术主要采用分区分配技术，把整个内存空间分成大小相等或不等的区，内存分配以区为单位，根据分区大小是否可变又可分为固定分区和可变分区两种方式，采用分区分配技术容易产生内存碎片，内存利用率不高。离散内存分配技术可以把用户程序离散地存放在主存的不同区域，提高内存的利用率，常用的离散分配方式有分页存储管理、分段存储管理和段页式存储技术。分页技术是把用户程序分成大小相等的页，相应的物理内存也被分成和页大小相等的物理块，以块为单位进行内存分配。分段技术则是将用户程序分成若干个逻辑上独立的程序段，然后把不同的程序段装入内存的不同区域。段页式存储管理技术则结合了分段和分页的优点。上述存储器管理方式都要求将一个作业全部装入内存之后才能运行，从而会导致一些大作业无法运行，而且系统并发运行的进程数有限，系统吞吐率低。

5.9 思考练习

　　1. 存储管理的任务和功能是什么？

　　2. 为什么要配置层次式存储器？

　　3. 什么是逻辑地址？什么是物理地址？为什么要进行二者的转换工作？

4. 地址重定位、静态地址重定位和动态地址重定位有什么区别？

5. 什么是内部碎片和外部碎片？

6. 什么是分页存储技术和分段存储技术，两者有何区别？

7. 如果内存划分为 100KB、500KB、200 KB、300 KB 和 600 KB(按顺序)，那么，首次适应、最佳适应和最差适应算法各自将如何放置大小分别为 215 KB、414 KB、110 KB 和 430 KB(按顺序)的进程，哪一种算法的内存利用率高？

8. 某操作系统采用分区存储管理技术。操作系统占用了低地址端的 100KB 的空间，用户区从 100KB 处开始共占用 512KB，初始时，用户区全部空闲，分配时截取空闲区的低地址部分作为一个分配区。在执行了如下的申请、释放操作序列后：

作业 1 申请 300KB、作业 2 申请 100KB、作业 1 释放 300KB、作业 3 申请 150KB、作业 4 申请 50KB、作业 5 申请 90KB。

(1) 分别画出采用首次适应算法、最佳适应算法进行内存分配后的内存分配图和空闲区队列。

(2) 若随后又申请 80KB，针对上述两种情况会产生什么后果？

9. 假设一个有 8 个 1024 字节页面的逻辑地址空间，映射到一个有 32 帧的物理内存：

(1) 逻辑地址有多少位？

(2) 物理地址有多少位？

10. 某虚拟内存的用户编程空间共 32 页，每页的大小为 1KB，内存为 16KB，假设某时刻系统为用户的第 0、1、2、3 页分配的物理块为 5、10、4、7，而该用户作业的长度为 6 页，试将 16 进制的虚拟地址 0A5C、103C、1A5C 转换成物理地址。

11. 覆盖技术和虚拟存储技术有何区别？交换技术和虚拟存储器中使用的调入和调出技术有何区别和联系？

12. 在虚拟页式存储系统中引入了缺页中断，说明引入缺页中断的原因，并给出其实现的方法。

13. 试述缺页中断与一般中断的主要区别。

14. 假设有如表 5-1 所示的段表：
请回答下面逻辑地址的物理地址分别是多少？
① [0，430]； ② [1，10]； ③ [2，500]； ④ [3，400]； ⑤ [4，122]。

表 5-1　表段信息

段	基址	长度
0	219	600
1	2300	14
2	90	100
3	1327	580
4	1952	96

15. 考虑下面存储访问序列，该程序的大小为 460 字(以下数字均为十进制数字)：

10、11、104、170、73、309、185、245、246、434、458、364

该页面的大小为 100 字，该程序的基本可用内存为 200 字，计算采用 FIFO、LRU 和 OPT 置换算法的缺页率。

16. 有一个矩阵 int a[100][100]以行为先进行存储。有一虚拟存储系统，物理内存共有 3 块，其中 1 块用于存放程序，其余 2 块用于存放数据。假设程序已经在内存中占用 1 块，其余 2 块空闲。

程序 A:
for (i=0;i<100;i++)
　for (j=0;j<100;j++)
　　a[i][j]=0;
	程序 B:
	for (j=0;i<100;j++)
	　for (i=0;i<100;i++)
	　　a[i][j]=0;

若每页可存放 200 个整数，则程序 A 和程序 B 在执行过程中各会发生多少次缺页？

17. 什么是进程在某时刻 t 的工作集？工作集与页面的调入和淘汰策略有什么关系？

18. 什么是抖动？产生抖动的原因是什么？

19. 伙伴系统有什么不足之处？

20. 什么是写时复制？

21. 描述按需分页的处理过程。

❀ 第6章 ❀

虚拟存储器

本章学习目标
- 理解和掌握虚拟存储器的概念和实现方法
- 理解和掌握请求分页存储管理的基本原理
- 理解和掌握页面置换算法
- 理解抖动问题出现的原因，并掌握工作集理论

本章概述

本章所介绍的主要内容是针对各种存储器管理方式中的虚拟存储功能。在原有存储管理方式的基础上，当需要将一个作业全部装入内存，出现了下面两种情况。情况之一：有的作业很大，其所要求的内存空间超过了内存总容量，作业不能全部被装入内存，致使该作业无法运行；情况之二：有大量作业要求运行，但由于内存容量不足以容纳所有这些作业，只能将少量的作业装入内存，让它们先运行，再将其他大量的作业留在外存上等待。当出现上述两种情况时，解决方法之一就是从物理上增加内存容量，但这往往会受到机器自身的限制，而且无疑要增加系统成本，因此这种方法会受到一定的限制，不是本章要阐述的问题。另一种方法是从逻辑上扩充内存容量，该功能并非从物理上实际地扩大内存的容量，让用户感觉到的内存容量比实际内存容量大很多。于是便可以让比内存空间更大的程序运行，或者让更多的用户程序并发运行。这样既满足了用户的需要，又改善了系统的性能。本章将对虚拟存储的有关概念和技术做较详细的阐述。

6.1 虚拟存储器的引入

6.1.1 传统存储管理方式的特征

传统存储管理方式主要有以下特征。

(1) 一次性。传统存储管理方式有一个共同的特点，都要求将作业全部装入内存之后才能运行，即作业在运行前需要一次性地全部装入内存。另外，许多作业在每次运行时，并非要用到全部程序和数据，因此一次性地装入全部程序和数据，对内存空间是一种极大的浪费。

(2) 驻留性。作业装入内存直到运行结束，便一直驻留在内存中。尽管进程在运行中会因I/O 等原因而长期处于阻塞状态，或有的程序模块在运行过一次后就不再需要，但它们都仍将继续占用宝贵的内存资源。

由此可见，由于上述的一次性及驻留性特征，许多在运行中不用或暂不用的程序和数据占据了大量的内存空间，使一些需要运行的作业无法装入内存运行。

6.1.2 局部性原理

早在 1968 年，Denning. P 就曾指出：程序的执行表现出局部性特征，即程序在执行过程中的一个时间段内，程序的执行仅局限于某个部分。相应地，其所执行的指令地址或操作数地址也局限于一定的存储区域中。

1. 产生局部性的原因

出现这种现象的主要原因有以下几点。

(1) 程序执行时，只有少量分支转移过程被调用，在大部分情况下仍是顺序执行的指令。

(2) 程序中包含许多循环结构，由相对较少的指令组成，但是它们将多次执行。在循环过程中，计算被限制在程序中很小的相邻部分中。

(3) 程序中过程调用的深度限制在小范围内，很少出现连续的过程调用，大多数情况下都不超过 5。一段时间内，指令引用被局限在很少几个过程中。

(4) 对于连续访问数组之类的数据结构，往往是对存储区域中相邻位置的数据进行操作。

(5) 程序中有些部分是彼此互斥的，不是每次运行时都用到，如出错处理程序。

2. 局部性的类别

局部性主要体现在时间和空间两个方面。

(1) 时间局部性。如果程序中的某条指令正在执行，则不久后，该指令可能会再次执行。同样，如果某数据被访问过，则不久后，该数据可能会被再次访问。时间局部性的产生原因是在程序中存在着大量的循环操作。

(2) 空间局部性。程序在运行过程中，一旦访问了某个内存单元，则在不久后，其邻近的存储单元也将可能被访问，即程序在一段时间内所访问的内存地址，可能集中在一定的范围之内。空间局部性的产生原因是程序的顺序执行。

6.1.3 虚拟存储器的概念

根据程序的局部性原理，应用程序在执行前没有必要全部装入内存，只需要将那些当前要运行的部分页或段先装入内存即可运行，其余部分仍然留在外存。程序在执行时，如果其所访问的页(段)已经调入内存，便可继续执行下去。但如果程序所要访问的页(段)不在内存中(称为缺页或缺段)，此时程序可以利用操作系统提供的请求调页(段)功能，将它们调入内存，以便程序能够继续执行下去。如果内存已满，无法装入新调入的页(段)，则必须利用页(段)置换功能，将内存中暂时不用的页(段)换到外存中，以腾出足够的空间来存放新调入的页(段)，从而保证程序的顺利执行。这样，一个大的程序就可以在较小的内存空间中执行。从用户的角度来看，该系统所具有的内存容量比实际内存容量大了很多。但实际上，用户所看到的大容量存储器是不存在的，只是虚拟的，故把这样的存储器称为虚拟存储器。

由上述可知，虚拟存储器是指在具有层次结构存储器的计算机系统中，具有请求调入和交换功能，为用户提供一个比实际物理内存容量大得多的可寻址的一种存储器系统，其能从逻辑上对内存容量进行扩充。虚拟存储器的逻辑容量由内存容量和外存容量之和决定，其运行速度接近于内存速度，而每位的成本却又接近于外存。虚拟存储器的容量主要受到以下两方面的限制。

(1) 指令中表示地址的字长。一个虚拟存储器的最大容量是由计算机的地址结构确定的。例如：若 CPU 的有效地址长度为 32 位，则程序可以寻址的范围就是 $0\sim2^{32}-1$，即虚存容量为 4GB。

(2) 外存的容量。虚拟存储器的容量与主存的实际大小没有直接关系，而是由主存与辅存的容量之和确定。

虚拟存储技术是一种性能非常优越的存储器管理技术，已被广泛应用于大、中、小型机器和微型机中。

6.2　虚拟存储器的实现方法

在虚拟存储器中，允许将一个作业分多次调入内存。如果采用连续分配方式时，要求必须将作业装入一个连续的内存区域中，则必须事先为作业一次性地申请一个足以容纳整个作业的内存空间，以便能将该作业分先后地多次装入内存。这不仅会使相当一部分内存空间都处于暂时或"永久"的空闲状态，造成内存资源的严重浪费，而且无法、也无意义再从逻辑上扩大内存容量。所以，虚拟存储器的实现，都毫无例外地建立在离散分配存储管理方式的基础上。虚拟存储器主要通过以下方式实现的。

6.2.1　请求分页系统

请求分页系统是在分页系统的基础上，增加了请求调页功能和页面置换功能所形成的页式虚拟存储系统。它允许用户程序只装入少数页面的程序(及数据)即可启动运行，以后再通过调页功能及页面置换功能陆续地把即将运行的页面调入内存，同时把暂不运行的页面换出到外存上，置换时以页面为单位。为了能实现请求调页和页面置换功能，系统必须提供必要的硬件支持和实现请求分页的软件。

1. 硬件支持

硬件支持机构主要有以下几种。

(1) 请求分页的页表机制。它是在基本分页的页表机制上增加若干项而形成的，作为请求分页的数据结构。

(2) 缺页中断机构。每当用户程序要访问的页面尚未调入内存时，便产生一次缺页中断，以请求 OS 将所缺的页调入内存。

(3) 地址变换机构。它同样是在基本分页地址变换机构的基础上发展形成的。

关于请求分页系统的硬件支持将在 6.4.1 节展开详细介绍。

2. 实现请求分页的软件

实现请求分页的软件主要包括用于实现请求调页的软件和实现页面置换的软件。它们在硬件的支持下，将程序正在运行时所需的页面(尚未在内存中的)调入内存，再将内存中暂时不用的页面从内存置换到磁盘上。

6.2.2　请求分段系统

请求分段系统是在基本分段系统的基础上，增加了请求调段及分段置换功能后所形成的段式虚拟存储系统。它允许用户程序只要装入少数段(而非所有的段)的程序和数据即可启动运行，运行过程中发生缺段现象时，只需通过调段功能和段的置换功能将暂不运行的段调出，再调入缺失的段即可。这里的置换是以段为单位进行的。为了实现请求分段，系统同样应设置必要的硬件和软件支持。

1. 硬件支持

硬件支持机构主要有以下几种。

(1) 请求分段的段表机制。它是在基本分段的段表机制上增加若干项而形成的，作为请求分段的数据结构。

(2) 缺段中断机构。每当用户程序要访问的段尚未调入内存时，便产生一次缺段中断，以请求 OS 将所缺的段调入内存。

(3) 地址变换机构。它同样是在基本分段地址变换机构的基础上发展形成的。

关于请求分段系统的硬件支持将在 6.9.1 节展开详细介绍。

2. 软件支持

软件支持包括用于实现请求调段的软件和实现段置换的软件。它们在硬件的支持下，先将内存中暂时不用的段从内存置换到磁盘上，再将程序正在运行时所需的段(尚未在内存中的)调入内存。因为请求分页系统换进和换出的基本单位都是固定大小的页面，所以在实现上要容易些。而请求分段系统换进换出的基本单位是段，其长度是可变的，分段的分配类似于动态分区方式，它在内存分配和回收上都比较复杂。

目前，有不少虚拟存储器是建立在段页式系统基础上的，通过增加请求调页和页面置换功能形成了段页式虚拟存储器系统，而且把实现虚拟存储器所需支持的硬件集成在处理器芯片上。例如，早在 20 世纪 80 年代中期，Intel 80386 处理器芯片便已具备了支持段页式虚拟存储器的功能，以后推出的 80486、80586 以及 P2、P3、P4 等芯片中，都无一例外地具有支持段页式虚拟存储器的功能。

6.3　虚拟存储器的特征

通过上述介绍可知，虚拟存储器是能从逻辑上对内存容量加以扩充的一种存储技术，其具有以下特征。

1. 虚拟性

虚拟内存不是扩大实际的物理内存，而是从逻辑上扩充内存的容量，也就是通过一定的软硬件技术，给程序员提供一个远大于计算机物理内存的编程空间，使用户看到的内存容量远大于实际内存容量，方便程序员编程。

2. 多次性

多次性是指一个作业可被分成多次调入内存运行，即在作业运行时没有必要将其全部装入，只需将当前要运行的那部分程序和数据装入内存即可，以后每当要运行尚未调入的那部分程序时，再将其调入。多次性是虚拟存储器最重要的特征，任何其他的存储管理方式都不具有这一特性。

3. 对换性

对换性是指允许在作业运行过程中进行换进和换出，即在进程运行期间，允许将那些暂不使用的程序和数据，从内存调至外存的对换区(换出)，待以后需要时再将它们从外存调至内存(换进)，甚至还允许将暂时不运行的进程调至外存，待它们重又具备运行条件时再调入内存。换进和换出可以有效地提高内存利用率。

值得注意的是，虚拟性是以多次性和交换性为基础的。而多次性和对换性又必须建立在离散分配的基础上。只有系统允许作业分多次调入内存，并能将内存中暂时不运行的程序和数据交换到外存，系统才可能实现虚拟存储器。

6.4 请求分页存储管理

请求分页存储管理也称为页式虚拟存储管理，是建立在基本分页基础上的，为了能支持虚拟存储器功能而增加了请求调页功能和页面置换功能。其基本思想是：在进程开始运行前，不是装入全部页面，而是装入部分页面，之后根据进程运行的需要，动态装入其他页面。当内存空间已满，又需要装入新的页面时，根据某种算法淘汰某个页面，以便装入新的页面。

6.4.1 请求分页存储管理的硬件支持

为了实现页式虚拟存储管理，系统需要解决下面三个问题：第一，系统如何获知进程当前所需页面不在主存；第二，当发现缺页时，如何把所缺页面调入主存；第三，当主存中没有空闲区时，为了装入一个新页，需要淘汰某个页面，根据什么策略选择淘汰的页面。

1. 页表机制

上述第一个问题可以通过扩充页表的页描述来解决。在请求分页系统中，页表的基本作用是将用户地址空间中的逻辑地址变换为内存空间中的物理地址。由于请求分页系统只将应用程序的一部分调入内存，其他部分留在外存上，因此需要在页表中再扩充若干项，供程序(数据)在换进、换出时参考。扩充后的页表结构如图 6-1 所示。

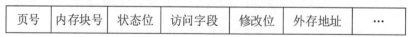

页号	内存块号	状态位	访问字段	修改位	外存地址	…

图 6-1 扩展后的页表结构

(1) 内存块号：这是最重要的数据，地址映射的目的就是要找到内存块号。

(2) 状态位：用于指示该页是否已调入内存。

(3) 访问字段：用于记录本页在一段时间内被访问的次数，或记录本页最近已有多长时间未被访问，供选择换出页面时参考。

(4) 修改位：表示该页在调入内存后是否被修改过，供置换页面时参考。由于内存中的每个页面都在外存上保留一份副本，因此，如果未被修改，在置换该页时就不需要将该页写回到外存上，以减少系统开销和启动磁盘的次数；如果已被修改，则必须将该页重写到外存上，以保证外存中所保留的始终是最新副本。

(5) 外存地址：用于指出该页在外存上的地址，供调入该页时参考。

2. 缺页中断机构

对于上述第二问题，可以采用缺页中断技术来解决。程序在执行时，当访问的页面不在内存时，便产生缺页中断，请求操作系统将所缺页调入内存。中断处理程序将把控制转向缺页中断子程序。然后系统执行此子程序，把所缺页面装入主存中。接着处理器将重新执行缺页时打断的指令。

缺页中断是一种特殊的中断，也就是说，缺页中断同样需要经历如保护 CPU 环境、分析中断原因、转入缺页中断处理程序进行处理、恢复 CPU 环境等几个步骤，但与一般的中断相比，其又具有以下不同点。

(1) 一般中断是一条指令完成后中断，而缺页中断是在一条指令执行时中断。通常，CPU 都是在一条指令执行完后，才检查是否有中断请求到达。如果有，便去响应中断，否则，继续执行下一条指令。然而，缺页中断则是在指令执行期间，发现所访问的指令或数据不在内存时所产生和处理的。

(2) 一条指令执行时可能产生多个缺页中断。如指令可能访问多个内存地址，这些地址在不同的页中。例如，CPU 执行指令 Copy A To B(其中指令本身跨两个页面，A 和 B 又分别是一个数据块，也都跨了两个页面)时，系统就有可能产生 6 次中断。

3. 地址变换机构

请求分页系统中的地址变换机构，是在分页系统地址变换机构的基础上，为实现虚拟存储器而增加了某些功能而形成的，这些功能包括产生和处理缺页中断，以及从内存中换出一页的功能(此功能可解决上述第三个问题)等。图 6-2 所示为请求分页系统的地址转换过程。

在进行地址转换时，首先检索快表，如果找到所要访问的页，便修改页表项中的访问字段。对于写指令，还需将修改位置为 1，然后利用页表项中给出的物理块号和页内地址形成物理地址，从而访问内存，完成该指令的运行。

如果在快表中未找到该页的页表项时，应到内存中去查找页表，再根据页表项中的状态位，来了解该页是否已调入内存。若该页已调入内存，这时应将此页的页表项写入快表，当快表已满时，应按某种算法先调出一些页的页表项，然后再写入该页的页表项。若该页尚未调入内存，这时系统产生缺页中断，相应的中断处理程序将把控制转向缺页中断子程序。然后系统执行此子程序，把所缺页面装入主存中。接着 CPU 将重新执行缺页时打断的指令。

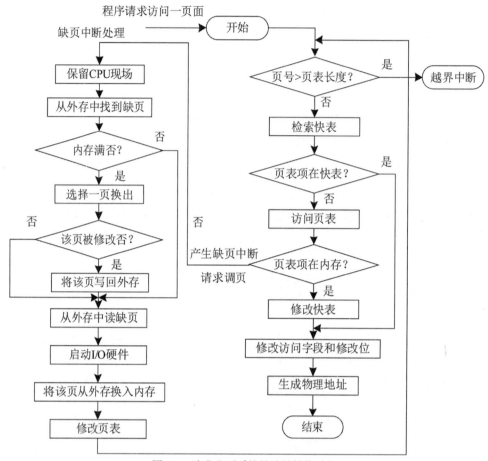

图 6-2　请求分页系统的地址转换过程

6.4.2　请求分页存储管理的内存分配

在为进程分配内存时，将涉及三个问题：第一，为保证进程能正常运行，所需要的最小物理块数的确定；第二，在为每个进程分配物理块时，应采取什么样的分配策略，即所分配的物理块是固定的，还是可变的；第三，为不同进程所分配的物理块数，是采取平均分配算法，还是根据进程的大小按比例分配。

1. 最小物理块数的确定

一个显而易见的事实是，随着为每个进程所分配的物理块的减少，将使进程在执行中的缺页率上升，从而会降低进程的执行速度。为使进程能有效地工作，应为它分配一定数目的物理块，但这并不是最小物理块数的概念。

最小物理块数是指能保证进程正常运行所需的最小物理块数，当系统为进程分配的物理块数少于此值时，进程将无法运行。进程应获得的最少物理块数，与计算机的硬件结构有关，取决于指令的格式、功能和寻址方式。对于某些简单的机器，若是单地址指令，且采用直接寻址方式，则所需的最少物理块数为 2。其中，一块是用于存放指令的页面，另一块则是用于存放数据的页面。如果该机器允许间接寻址，则至少要求有三个物理块。对于某些功能较强的机器，其指令长度可能是两个或多于两个字节，因而其指令本身有可能跨两个页面，且源地址和目标地址所涉及的区域也都可能跨两个页面。正如前面所介绍的在缺页中断机构中要发生 6 次中断的情况一样，对于这种机器，至少要为每个进程分配 6 个物理块，以装入 6 个页面。

2. 内存分配策略

在请求分页系统中，根据进程运行期间是否可以改变占用的内存块数，可采取两种内存分配策略，即固定和可变分配策略。在进行置换时，也根据可选换出页面的范围，可采取两种策略，即全局置换和局部置换。于是可组合出以下三种适用的策略。

(1) 固定分配局部置换(Fixed Allocation，Local Replacement)。

所谓固定分配，是指为每个进程分配一组固定数目的物理块，在进程运行期间不再改变。所谓局部置换，是指如果进程在运行中发现缺页，则只能从分配给该进程的 n 个页面中选一页换出，然后再调入所需页，以保证分配给该进程的内存空间不变。采用该策略时，为每个进程分配多少物理块是根据进程类型(交互型或批处理型等)或程序员的建议来确定的。实现这种策略的困难在于：应为每个进程分配多少个物理块难以确定。若太少，会频繁地出现缺页中断，降低了系统的吞吐量。若太多，又必然使内存中驻留的进程数目减少，进而可能造成 CPU 空闲或其他资源空闲的情况，而且在实现进程对换时，会花费更多的时间。

(2) 可变分配全局置换(Variable Allocation，Global Replacement)。

所谓可变分配，是指先为每个进程分配一定数目的物理块，在进程运行期间，可根据情况做适当的增加或减少。所谓全局置换，是指如果进程在运行中发现缺页，则将 OS 所保留的空闲物理块(一般组织为一个空闲物理块队列)取出一块分配给该进程，或者以所有进程的全部物理块为标的，选择一块换出，然后将所缺之页调入。这样，分配给该进程的内存空间就随之增加。可变分配全局置换是最易于实现的一种物理块分配和置换策略，已用于若干个 OS 中。在采用这种策略时，凡产生缺页(中断)的进程，都将获得新的物理块，仅当空闲物理块队列中的物理块用完时，OS 才能从内存中选择一页调出。被选择调出的页可能是系统中任何一个进程中的页，因此这个被选中的进程拥有的物理块会减少，这将导致其缺页率增加。

(3) 可变分配局部置换(Variable Allocation，Local Replacement)。

该策略同样是基于进程的类型或根据程序员的要求，为每个进程分配一定数目的物理块，但当某进程发现缺页时，只允许从该进程在内存的页面中选择一页换出，这样就不会影响其他进程的运行。如果进程在运行中频繁地发生缺页中断，则系统须再为该进程分配若干附加的物理块，直至该进程的缺页率减少到适当程度为止。反之，若一个进程在运行过程中的缺页率特别低，则此时可适当减少分配给该进程的物理块数，但不应引起其缺页率的明显增加。

3. 物理块分配算法

在采用固定分配策略将系统中可供分配的所有物理块分配给各个进程时，可采用下述几种算法。

(1) 平均分配算法，即将系统中所有可供分配的物理块平均分配给各个进程。例如，当系统中有 100 个物理块，有 5 个进程在运行时，每个进程可分得 20 个物理块。这种方式貌似公平，但由于未考虑到各进程本身的大小，会造成实际上的不公平。假设系统平均分配给每个进程 20 个物理块，若一个进程只有 10 页，则闲置了 10 个物理块，而另外一个进程有 200 页，也仅被分配了 20 个物理块，显然，后者必然会有很高的缺页率。

(2) 按比例分配算法，即根据进程的大小按比例分配物理块。如果系统中共有 n 个进程，每个进程的页面数为 S，则系统中各进程页面数的总和为

$$S = \sum_{i=1}^{n} S_i$$

又假定系统中可用的物理块总数为 m，则每个进程所能分到的物理块数为 b_i 可由下式计算得出：

$$b_i = \frac{S_i}{S} \times m$$

这里，b_i 应该取整，它必须大于最小物理块数。

(3) 考虑优先权的分配算法。在实际应用中，为了照顾到重要的、紧迫的作业能尽快地完成，应为它分配较多的内存空间。通常采取的方法是把内存中可供分配的所有物理块分成两部分：一部分按比例地分配给各进程；另一部分则根据各进程的优先权进行分配，为高优先进程适当地增加其相应份额。在有的系统中，如重要的实时控制系统，则可能是完全按优先权为各进程分配其物理块的。

6.4.3 页面调入策略

为使进程能够正常运行，必须事先将要执行的那部分程序和数据所在的页面调入内存。这涉及三个问题：第一，系统应在何时调入所需页面；第二，系统应从何处调入这些页面；第三，如何进行调入。

1. 何时调入页面

为了确定系统将进程运行时所缺的页面调入内存的时机，可采取预调页策略或请求调页策略。

(1) 预调页策略。如果进程的许多页是存放在外存的一个连续区域中，一次调入若干个相邻的页会比一次调入一页更高效些。但如果调入的一批页面中的大多数都未被访问，则又是低效的。于是便考虑采用一种以预测为基础的预调页策略，将那些预计在不久之后便会被访问的页面预先调入内存。如果预测较准确，那么这种策略显然是很有吸引力的。但遗憾的是，目前预调页的成功率仅约 50%。

但预调页策略又因其特有的长处取得了很好的效果。首先可用于在第一次将进程调入内存时，此时可将程序员指出的那些页先调入内存。其次，在采用工作集的系统中，每个进程都具有一张表，表中记录有运行时的工作集，每当程序被调度运行时，将工作集中的所有页调入内存。关于工作集的概念将在 6.8 节中介绍。

(2) 请求调页策略。当进程在运行中需要访问某部分程序和数据时，若发现其所在的页面不在内存，便立即提出请求，由 OS 将其所需页面调入内存。由请求调页策略所确定调入的页是一定会被访问的，再加之请求调页策略比较易于实现，故在目前的虚拟存储器中，大多采用此策略。但这种策略每次仅调入一页，故须花费较大的系统开销，增加了磁盘 I/O 的启动频率。

2. 从何处调入页面

将请求分页系统中的外存分为两部分:用于存放文件的文件区和用于存放对换页面的对换区。通常,由于对换区采用连续分配方式,而文件区采用离散分配方式,因此对换区的数据存取(磁盘 I/O)速度比文件区高。这样,每当发生缺页请求时,系统应从何处将缺页调入内存,可分成如下三种情况进行。

(1) 系统拥有足够的对换区空间,这时可以全部从对换区调入所需页面,以提高调页速度。为此,在进程运行前,便须将与该进程有关的文件从文件区复制到对换区。

(2) 系统缺少足够的对换区空间,这时凡是不会被修改的文件,都直接从文件区调入;而当换出这些页面时,由于它们未被修改,则不必再将它们重写到磁盘(换出),以后再调入时,仍从文件区直接调入。但对于那些可能被修改的部分,在将它们换出时便须调到对换区,以后需要时再从对换区调入。

(3) UNIX 方式。由于与进程有关的文件都放在文件区,故凡是未运行过的页面,都应从文件区调入。而对于曾经运行过但又被换出的页面,由于是被放在对换区,因此在下次调入时应从对换区调入。由于 UNIX 系统允许页面共享,因此,某进程所请求的页面有可能已被其他进程调入内存,此时也就无须再从对换区调入。

3. 页面调入过程

每当程序所要访问的页面未在内存时(存在位为 0),便向 CPU 发出一缺页中断,中断处理程序首先保留 CPU 环境,分析中断原因后转入缺页中断处理程序。该程序通过查找页表得到该页在外存的物理块后,如果此时内存能容纳新页,则启动磁盘 I/O,将所缺之页调入内存,然后修改页表。如果内存已满,则须先按照某种置换算法,从内存中选出一页准备换出。如果该页未被修改过(修改位为 0),可不必将该页写回磁盘;但如果此页已被修改(修改位为 1),则必须将它写回磁盘,然后再把所缺的页调入内存,并修改页表中的相应表项,置其存在位为 1,并将此页表项写入快表中。在缺页调入内存后,利用修改后的页表形成所要访问数据的物理地址,再去访问内存数据。整个页面的调入过程对用户是透明的。

4. 缺页率

假设一个进程的逻辑空间为 n 页,系统为其分配的内存物理块数为 $m(m \leqslant n)$。如果在进程的运行过程中,访问页面成功(即所访问页面在内存中)的次数为 S,访问页面失败(即所访问页面不在内存中,需要从外存调入)的次数为 F,则该进程总的页面访问次数为 $A=S+F$,那么该进程在其运行过程中的缺页率为

$$f = \frac{F}{A}$$

通常,缺页率受到以下几个因素的影响。

(1) 页面大小。页面划分较大,则缺页率较低;反之,缺页率较高。

(2) 进程所分配物理块的数目。所分配的物理块数目越多,缺页率越低;反之则越高。

(3) 页面置换算法。算法的优劣决定了进程执行过程中缺页中断的次数,因此缺页率是衡量页面置换算法的重要指标。

(4) 程序固有特性。程序本身的编制方法对缺页中断次数有影响，根据程序执行的局部性原理，程序编制的局部化程度越高，相应执行时的缺页程度越低。

事实上，在缺页中断处理时，当由于空间不足，需要置换部分页面到外存时，选择被置换页面还需要考虑到置换的代价，如页面是否被修改过。没有修改过的页面可以直接放弃，而修改过的页面则必须进行保存，所以处理这两种情况时的时间也是不同的。假设被置换的页面被修改的概率是 β，其缺页中断处理时间为 t_a，被置换页面没有被修改的缺页中断时间为 t_b，那么，缺页中断处理时间的计算公式为

$$t = \beta \cdot t_a + (1 - \beta) \cdot t_b$$

6.5　页面置换算法

在请求分页存储管理中，如果所访问的页面不在内存而需要把该页从外存调入内存，但内存已无空闲空间时，操作系统必须采取一定的策略，从内存中挑选一个或多个页面送到磁盘的对换区中，以腾出足够的空间装入新的页面。通常把选择换出页面的算法称为页面置换算法。

页面置换是请求分页系统的基础，好的页面置换算法应具有较低的页面更换频率和较高的页面命中率。从理论上讲，应将那些以后不会再访问的页面或在较长时间内不会再访问的页面换出。由于磁盘 I/O 操作非常费时，因此如何选择一个合适的页面置换算法是请求分页系统设计的关键。目前，常用的置换算法有最佳置换算法、先进先出置换算法、最近最久未使用置换算法、最少使用置换算法等。

6.5.1　最佳置换算法

最佳(Optimal)置换算法是由 Belady 于 1966 年提出的一种理论上的算法。该计算所选择的被淘汰页面将是以后永不使用的，或是在最长(未来)时间内不再被访问的页面。采用最佳置换算法，通常可以保证获得最低的缺页率。但由于目前还无法预知一个进程在内存的若干个页面中，哪一个页面是未来最长时间内不再被访问的，因而该算法是无法实现的，但可以用该算法来评价其他算法。现举例说明如下。

假定系统为某进程分配了 3 个物理块，并考虑有以下的页面号引用串：

7, 0, 1, 2, 0, 3, 0, 4, 2, 3, 0, 3, 2, 1, 2, 0, 1, 7, 0, 1

进程运行时，依次将 7、0、1 三个页面装入内存，此时系统为进程分配的空间尚有空余，因此只装入而不置换。而当进程要访问页面 2 时，将会产生缺页中断。此时，OS 根据最佳置换算法，将选择页面 7 予以淘汰。这是因为页面 0 是第 5 个被访问的页面，页面 1 是第 14 个被访问的页面，而页面 7 则是在第 18 次页面访问时才需调入，按照最佳置换算法的原理，选择在未来最长时间内不再被访问的页面 7。下次访问页面 0 时，因为其已在内存中而不必产生缺页中断。当进程访问页面 3 时，又将引起页面 1 被淘汰，因为其在现有的 1、2、0 三个页面中，将是最晚才被访问的。图 6-3 给出了利用最佳置换算法时的置换图，系统共发生了 6 次页面置换。

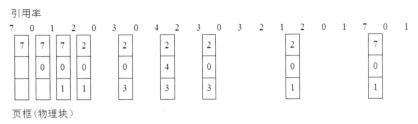

图 6-3　利用最佳置换算法时的置换图

6.5.2　先进先出置换算法

先进先出(First In First Out，FIFO)置换算法是最早出现的页面置换算法。该算法总是淘汰最先进入内存的页面，即选择在内存中驻留时间最久的页面予以淘汰。该算法实现简单，只需把一个进程已调入内存的页面，按先后次序链接成一个队列，并设置一个指针，称为替换指针，使它总是指向最老的页面。但该算法性能并不是很好，因为在进程中，有些页面被频繁访问，例如，含有全局变量、常用函数、例程等的页面，往往在内存停留时间最长，FIFO 算法并不能保证这些页面不被淘汰。

仍然使用上面的例子，图 6-4 所示为采用 FIFO 置换算法的页面置换过程。当进程第一次访问页面 2 时，将把页面 7 置换出去，因为其是最先被调入内存的。在第一次访问页面 3 时，又将页面 0 换出，因为其在现有的 2、0、1 三个页面中是最早进入内存的页。从图 6-4 中可以看出，利用 FIFO 置换算法总共进行了 12 次页面置换，比最佳置换算法正好多一倍。

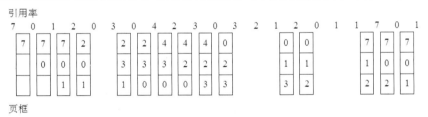

图 6-4　利用 FIFO 置换算法时的置换图

为了说明 FIFO 置换算法相关的问题，考虑以下引用串：1，2，3，4，1，2，5，1，2，3，4，5。图 6-5 显示了缺页数和可用内存块的曲线，可以看到 4 个可用内存块的缺页次数(10)比 3 个内存块的缺页次数(9)还要大。这种反常情况被称为 Belady 异常现象，即缺页次数随内存块增加而增加，而不是降低。导致这种异常的页面引用串实际上是很罕见的。

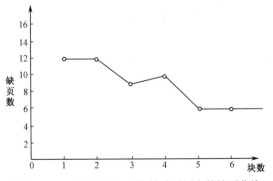

图 6-5　一个采用 FIFO 置换算法引用串的缺页曲线

6.5.3 最近最久未使用置换算法

FIFO 算法所依据的条件是各个页面调入内存的时间，而页面调入内存的先后并不能反映出页面的使用情况。最近最久未使用(Least Recently Used，LRU)置换算法，是根据页面调入内存后的使用情况来进行置换决策的。LRU 算法利用"最近的过去"作为"不久的将来"的近似，选择最近一段时间内最久没有使用的页面淘汰掉，这也正体现出程序运行中所表现出的时间局部性特征。其实质是：当需要置换一页时，选择在最近一段时间内最久没有使用过的页面予以淘汰。图 6-6 给出了采用该算法进行页面置换的过程，可以看出采用 LRU 算法产生了 12 次缺页，其中前 5 次缺页情况和最佳置换算法一样。但这并不是必然的结果，最佳置换算法是从"向后看"的观点出发的，即它是依据以后各页的使用情况；LRU 算法则是"向前看"的，即根据各页以前的使用情况来判断。因此，当访问到第 4 块时，LRU 算法查看内存的三个页：从当前时刻向前看过去，第 0 页刚用过，第 2 页很久未使用，所以第 2 页被淘汰出去，不管将来是否要用它。从图 6-6 可以看出，LRU 算法产生了 9 次页面置换，比最佳置换算法的 6 次页面置换性能略差，但又比 FIFO 算法的 12 次置换性能好。

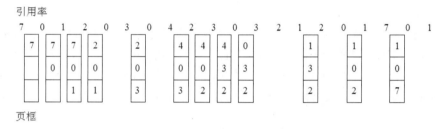

图 6-6　利用 LRU 置换算法时的置换图

LRU 算法是一种性能较优的页面置换算法，被普遍使用。LRU 算法与每个页面最后一次被调用的时间有关，其需要特定的硬件支持，以便快速地确定哪一页是最近最久未使用的页面。LRU 算法赋予每个页面一个访问字段，用来记录该页面自上一次被访问以来所经历的时间 t，当需要置换一个页面时，LRU 算法选择现有页面中 t 值最大的那个页面。在具体的实现中，常采用以下两种方法。

(1) 计数器。最简单的方法是在每个页表项中增设一个访问时间字段，并给 CPU 增加一个逻辑时钟或计时器，每进行一次存储访问，该时钟都加 1。每当访问一个页面时，时钟寄存器的内容就被复制到相应页表项的访问时间段中。这样，可以始终保留每个页面最后被访问的"时间"。淘汰页面时，选择该时间值最小的页面。为了确定淘汰哪个页面，这种方式需要查询页表，而且每次存储访问时，都要修改页表的访问时间字段。另外，当页表改变时，必须维护这个页表中的时间，而且还要考虑时钟溢出问题。由上述可知，该方法相对复杂。

(2) 栈。用一个栈保留页号。每当访问一个页面时，就将其从栈中取出，放在栈顶上。这样，栈顶总存放最近使用的页面，栈底则存放着最近最久未使用的页面。假设现在有一进程所访问的页面号序列如下所示：

4, 7, 0, 7, 1, 0, 1, 2, 1, 2, 6

随着进程的访问，栈中页号的变化情况如图 6-7 所示。在访问页面 6 时发生缺页，此时页面 4 是最近最久未访问的页，应该将其置换出去。

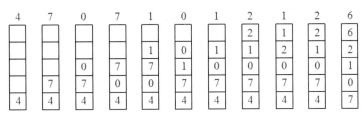

图 6-7　用栈保存当前使用页面时栈的变化情况

6.5.4　最少使用置换算法

最少使用(Least Frequently Used，LFU)置换算法的原理是：为内存中的每个页面设置一个计数器，用来记录该页面被访问的次数。当系统对每一页面访问一次后，就使其相应的计算器增加 1。过一定时间 t 后，将所有计数器一律清零。当需要淘汰一页面时，计数值最小的计数器所对应的页面便是淘汰对象。

此外还有许多其他的页面置换算法，如最不经常使用页置换算法、最常使用页置换算法、页缓冲算法等。由于这些算法都不常用，这里就不一一介绍。

6.5.5　Clock 置换算法

虽然 LRU 算法是一种较好的算法，但由于它要求有较多的硬件支持，使得其实现所需的成本较高，故在实际应用中，大多采用 LRU 算法的近似算法。Clock 置换算法就是用得较多的一种 LRU 近似算法。

1. 简单的 Clock 置换算法

当利用简单 Clock 置换算法时，只需为每页设置一位访问位，再将内存中的所有页面都通过链接指针链接成一个循环队列。当某页被访问时，其访问位被置 1。置换算法在选择一页淘汰时，只需检查页的访问位。如果是 0，就选择该页换出；若为 1，则重新将它置 0，暂不换出，给予该页第二次驻留内存的机会，再按照 FIFO 算法检查下一个页面。当检查到队列中的最后一个页面时，若其访问位仍为 1，则再返回到队首去检查第一个页面。图 6-8 示出了该算法的流程和示例。由于该算法是循环地检查各页面的使用情况，故称为 Clock 置换算法。但因该算法只有一位访问位，只能用它表示该页是否已经使用过，而置换时是将未使用过的页面换出去，故又把该算法称为最近未用(Not Recently Used，NRU)算法。

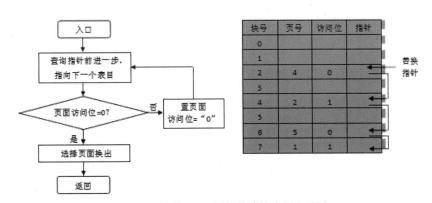

图 6-8　简单 Clock 置换算法的流程和示例

2. 改进型 Clock 置换算法

在将一个页面换出时，如果该页已被修改过，便须将该页重新写回到磁盘上：但如果该页未被修改过，则不必将它复制到磁盘。换而言之，对于修改过的页面，在换出时所付出的开销比未修改过的页面大，即置换代价大。在改进型 Clock 算法中，除须考虑页面的使用情况外，还须再增加一个因素——置换代价。这样，选择页面换出时，既要是未使用过的页面，又要是未被修改过的页面。把同时满足这两个条件的页面作为首选淘汰的页面。由访问位 A 和修改位 M 可以组合成下面 4 种类型的页面：

- 1 类(A=0, M=0)：表示该页最近既未被访问，又未被修改，是最佳淘汰页。
- 2 类(A=0, M=1)：表示该页最近未被访问，但已被修改，并不是很好的淘汰页。
- 3 类(A=1, M=0)：表示最近已被访问，但未被修改，该页有可能再被访问。
- 4 类(A=1, M=1)：表示最近已被访问且被修改，该页可能再被访问。

在内存中的每个页，都必定是这四类页面之一。在进行页面置换时，可采用与简单 Clock 置换算法相类似的算法，其差别在于该算法须同时检查访问位与修改位，以确定该页是四类页面中的哪一种。其执行过程可分成以下三步。

(1) 从指针所指示的当前位置开始，扫描循环队列，寻找 A=0 且 M=0 的第一类页面，将所遇到的第一个页面作为所选中的淘汰页。在第一次扫描期间不改变访问位 A。

(2) 如果第一步失败，即查找一轮后未遇到第一类页面，则开始第二轮扫描，寻找 A=0 且 M=1 的第二类页面，将所遇到的第一个这类页面作为淘汰页。在第二轮扫描期间，将所有扫描过的页面的访问位都置 0。

(3) 如果第二步也失败，即未找到第二类页面，则将指针返回到开始的位置，并将所有的访问位复 0。然后重复第一步，即寻找 A=0 且 M=0 的第一类页面，如果仍失败，必要时再重复第二步，寻找 A=0 且 M=1 的第二类页面，此时就一定能找到被淘汰的页。

该算法与简单 Clock 置换算法比较，可减少磁盘的 I/O 操作次数。但为了找到一个可置换的页，可能须经过几轮扫描。换言之，实现该算法本身的开销将有所增加。

6.6 页面缓冲算法

在请求分页系统中，由于进程在运行时经常会发生页面换进换出的情况，因此存在一个十分明显的事实，即页面换进换出所付出的开销将对系统性能产生重大的影响。在此，我们首先对影响页面换进换出效率的若干因素进行分析。

6.6.1 影响页面换进换出效率的因素

影响页面换进换出效率的因素有许多，其中包括：页面置换算法，将已修改页面写回磁盘的频率，以及将磁盘内容读入内存的频率。

(1) 页面置换算法。页面置换算法影响页面换进换出效率最重要的因素。因为一个好的页面置换算法，可使进程在运行过程中具有较低的缺页率，从而可以减少页面换进换出的开销。正因如此，才会有许多学者去研究页面置换算法，相应地也就出现了大量的页面置换算法，其中主要的算法前面已对它做了介绍，此处不再赘述。

(2) 写回磁盘的频率。对于已经被修改过的页面，在将其换出时应当写回磁盘，如果是采取每当有一个页面要被换出时就将它写回磁盘的策略，这意味着每换出一个页面，便需要启动一次磁盘。但如果在系统中已建立了一个已修改换出页面的链表，则对每一个要被换出的页面(已修改)，系统可暂不把它们写回磁盘，而是将它们挂在已修改换出页面的链表上，仅当被换出页面数目达到一定值时，例如 64 个页面，再将它们一起写回到磁盘上，这样就显著地减少了磁盘 I/O 的操作次数，也减少了已修改页面换出的开销。

(3) 读入内存的频率。在设置了已修改换出页面链表后，在该链表上就暂时有一批装有数据的页面，如果有进程在这批数据还未写回磁盘时需要再次访问这些页面时，就不需要从外存上调入，而直接从已修改换出页面链表中获取，这样也可以减少将页面从磁盘读入内存的频率，减少页面换进的开销，即只需花费很小的开销便可使这些页面又回到该进程的驻留集中。

6.6.2 页面缓冲算法概述

1. 页面缓冲算法的特点

页面缓冲算法(Page Buffering Algorithm，PBA)的主要特点如下。

(1) 显著地降低了页面换进、换出的频率，使磁盘 I/O 的操作次数大为减少，因而减少了页面换进换出的开销。

(2) 正是由于换入换出的开销大幅度减小，才能使其采用一种较简单的置换策略，如先进先出(FIFO)算法，它不需要特殊硬件的支持，实现起来非常简单。

2. VAX/VMS 操作系统中的页面缓冲算法

页面缓冲算法已在不少系统中采用，下面我们介绍 VAX/VMS 操作系统中所使用的页面缓冲算法。在该系统中，内存分配策略上采用了可变分配和局部置换方式，系统为每个进程分配一定数目的物理块，系统自己保留一部分空闲物理块。为了能显著地降低页面换进换出的频率，在内存中设置了如下两个链表。

(1) 空闲页面链表。实际上该链表是一个空闲物理块链表，是系统掌握的空闲物理块，用于分配给频繁发生缺页的进程，以降低该进程的缺页率。当这样的进程需要读入一个页面时，便可利用空闲物理块链表中的第一个物理块来装入该页。当有一个未被修改的页要换出时，实际上并不将它换出到外存，而是把它们所在的物理块挂在空闲链表的末尾。应当注意，这些挂在空闲链表上的未被修改的页面中是有数据的，如果以后某进程需要这些页面中的数据时，便可从空闲链表上将它们取下，免除了从磁盘读入数据的操作，减少了页面换进的开销。

(2) 修改页面链表。它是由已修改的页面所形成的链表。设置该链表的目的是减少已修改页面换出的次数。当进程需要将一个已修改的页面换出时，系统并不立即把它换出到外存上，而是将它所在的物理块挂在修改页面链表的末尾。这样做的目的是降低将已修改页面写回磁盘的频率，降低将磁盘内容读入内存的频率。

6.7　访问内存的有效时间

与基本分页存储管理方式不同，在请求分页管理方式中，内存有效访问时间不仅要考虑访问页表和访问实际物理地址数据的时间，还必须考虑缺页中断的处理时间。这样，在具有快表机制的请求分页管理方式中，存在下面三种方式的内存访问操作，其有效访问时间的计算公式也有所不同。

(1) 被访问页在内存中，且其对应的页表项在快表中。此时不存在缺页中断情况，内存的有效访问时间(EAT)分为查找快表的时间(λ)和访问实际物理地址所需的时间(t)，其计算公式如下：

$$EAT = \lambda + t$$

(2) 被访问页在内存中，且其对应的页表项不在快表中。此时也不存在缺页中断情况，但需要两次访问内存，一次读取页表，一次读取数据，另外还需要更新快表。所以，这种情况内存的有效访问时间可分为查找快表的时间、查找页表的时间、修改快表的时间和访问实际物理地址的时间，其计算公式如下：

$$EAT = \lambda + t + \lambda + t = 2 \cdot (\lambda + t)$$

(3) 被访问页不在内存中。因为被访问页不在内存中，需要进行缺页中断处理，所以这种情况的内存的有效访问时间可分为查找快表的时间、查找页表的时间、处理缺页中断的时间、更新快表的时间和访问实际物理地址的时间。

假设缺页中断处理时间为 ε，则

$$EAT = \lambda + t + \varepsilon + \lambda + t = \varepsilon + 2 \cdot (\lambda + t)$$

上面的几种讨论没有考虑快表的命中率和缺页率等因素，因此，加入这两个因素后，内存的有效访问时间的计算公式应为

$$EAT = \lambda + a \cdot t + (1-a) \cdot [t + f \cdot (\varepsilon + \lambda + t) + (1-f) \cdot (\lambda + t)]$$

式中，a 表示命中率，f 表示缺页率。

如果不考虑命中率，仅考虑缺页率，即上式中的 $\lambda = 0$ 和 $a = 0$，设缺页中断处理时间为 Φ，由此可得

$$EAT = t + fx(\Phi + t) + (1-f) \cdot t$$

6.8　工作集理论和抖动问题

由于请求分页式虚拟存储器系统的性能优越，在正常运行情况下，它能有效地减少内存碎片，提高处理机的利用率和吞吐量，故是目前最常用的一种系统。但如果在系统中运行的进程

太多，进程在运行中会频繁地发生缺页情况，这又会对系统的性能产生很大的影响，故还需对请求分页系统的性能做简单的分析。

6.8.1　多道程序度与"抖动"

1. 多道程序度与处理机的利用率

由于虚拟存储器系统能从逻辑上扩大内存，只需装入一个进程的部分程序和数据便可开始运行，故人们希望在系统中能运行更多的进程，即增加多道程序度，以提高处理机的利用率。但处理机的实际利用率却如图 6-9 中的实线所示。其中横轴表示多道程序的数量(N)，纵轴表示相应的处理机的利用率。在横轴的开始部分，随着进程数目的增加，处理机的利用率急剧增加；但到达 N_1 时，其增速就明显地减慢了，当到达 N_{max} 时，处理机的利用率达到最大，以后先开始缓慢下降，当到达 N_2 点时，若再继续增加进程数，利用率将加速下降而趋于 0，见图 6-9 中的 N_3 点。之所以会发生在后面阶段利用率趋于 0 的情况，是因为在系统中已发生了"抖动"。

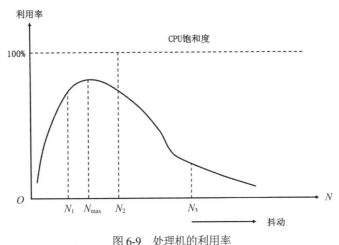

图 6-9　处理机的利用率

2. 发生"抖动"的原因

发生"抖动"的根本原因是，同时在系统中运行的进程太多，由此分配给每一个进程的物理块太少，不能满足进程正常运行的基本要求，致使每个进程在运行时频繁地出现缺页，必须请求系统将所缺之页调入内存。这会使得在系统中排队等待页面调进/调出的进程数目增加，对磁盘的有效访问时间也随之急剧增加，造成每个进程的大部分时间都用于页面的换进/换出，而几乎不能再去做任何有效的工作，从而导致发生处理机的利用率急剧下降并趋于 0 的情况。我们称此时的进程是处于"抖动"状态。

"抖动"是在进程运行中出现的严重问题，必须采取相应的措施来解决它。为此有不少学者对它进行了深入的研究，提出了许多非常有效的解决方法。由于"抖动"的发生与系统为进程分配物理块的多少有关，于是有人提出了关于进程"工作集"的概念。

6.8.2 工作集

1. 工作集的基本概念

进程发生缺页率的时间间隔与进程所获得的物理块数有关。图 6-10 显示了缺页率与物理块数之间的关系。从图中可以看出，缺页率随着所分配物理块数的增加明显地减少，当物理块数超过某个数目(下限值所对应的物理块数)时，再为进程增加一物理块，对缺页率的改善已不明显。可见，此时已无必要再为它分配更多的物理块。反之，当为某进程所分配的物理块数低于某个数目(上限值所对应的物理块数)时，每减少一块，对缺页率的影响都变得十分明显，此时又应为该进程分配更多的物理块。为了能清楚地说明形成图 6-10 所示曲线的原因，首先介绍关于"工作集"的概念。

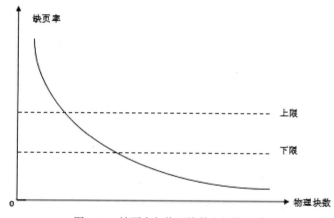

图 6-10　缺页率与物理块数之间的关系

关于工作集的理论是 1968 年由 Denning 提出并推广的。Denning 认为，基于程序运行时的局部性原理得知，程序在运行期间对页面的访问是不均匀的，在一段时间内仅局限于较少的页面，在另一段时间内，又可能仅局限于对另一些较少的页面进行访问。这些页面被称为活跃页面。如果能够预知程序在某段时间间隔内要访问哪些页面，并将它们调入内存，将会大大降低缺页率，从而可显著地提高处理机的利用率。

2. 工作集的定义

所谓工作集，是指在某段时间间隔 Δ 里，进程实际所要访问页面的集合。Denning 指出，虽然程序只需要少量的几页在内存便可运行，但为了较少地产生缺页，应将程序的全部工作集装入内存中。然而我们无法事先预知程序在不同时刻将访问哪些页面，故仍只有像置换算法那样，用程序的过去某段时间内的行为作为程序在将来某段时间内行为的近似。具体地说，是把某进程在时间 t 的工作集记为 $w(t, \Delta)$，其中的变量 Δ 称为工作集的"窗口尺寸"(Windows Size)。图 6-11 示出了某进程访问页面的序列和窗口大小分别为 3、4、5 时的工作集。由此可将工作集定义为进程在时间间隔$(t-\Delta, t)$中引用页面的集合。

	窗口为3	窗口为4	窗口为5
24	24	24	24
15	15 24	15 24	15 24
18	18 15 24	18 15 24	18 15 24
23	23 18 15	23 18 15 24	23 18 15 24
24	24 23 18	—	—
17	17 24 23	17 24 23 18	17 24 23 18 15
18	18 17 24	—	—
24	—	—	—
18	—	—	—
17	—	—	—
17	—	—	—
15	15 17 18	15 17 18 24	—
24	24 15 17	—	—
17	—	—	—
24	—	—	—
18	18 24 27	—	—

图 6-11 窗口为 3、4、5 时进程的工作集

工作集 $w(t, \Delta)$ 是二元函数，即在不同时间 t 的工作集大小不同，所含的页面数也不同。工作集与窗口尺寸 Δ 有关，是窗口尺寸 Δ 的非降函数(nondecreasing function)，从图 6-11 也可看出这点，即

$$w(t, \Delta) \subseteq w(t, \Delta+1)$$

6.8.3 "抖动"的预防方法

为了保证系统具有较大的吞吐量，必须防止"抖动"的发生。目前已有许多防止"抖动"发生的方法，这些方法大多都是采用调节多道程序度来控制"抖动"发生的。下面介绍几个较常用的预防"抖动"发生的方法。

1. 采取局部置换策略

在页面分配和置换策略中，如果采取的是可变分配方式，则为了预防发生"抖动"，可采取局部置换策略。根据这种策略，当某进程发生缺页时，只能在分配给自己的内存空间内进行置换，不允许从其他进程去获得新的物理块。这样，即使该进程发生了"抖动"，也不会对其他进程产生影响，这样可把该进程"抖动"所造成的影响限制在较小的范围内。该方法虽然简单易行，但效果不是很好，因为在某进程发生"抖动"后，它还会长期处在磁盘 I/O 的等待队列中，使队列的长度增加，这会延长其他进程缺页中断的处理时间，也就是延长了其他进程对磁盘的访问时间。

2. 把工作集算法融入处理机调度中

当调度程序发现处理机利用率低下时，它将试图从外存调入一个新作业进入内存，来改善处理机的利用率。如果在调度中融入了工作集算法，则在调度程序从外存调入作业之前，必须先检查每个进程在内存的驻留页面是否足够多。如果都已足够多，此时便可以从外存调入新的

作业，不会因新作业的调入而导致缺页率的增加；反之，如果有些进程的内存页面不足，则应首先为那些缺页率居高的作业增加新的物理块，此时将不再调入新的作业。

3. 利用"L=S"准则调节缺页率

Denning 于 1980 年提出了"L=S"的准则来调节多道程序度，其中 L 是缺页之间的平均时间，S 是平均缺页服务时间，即用于置换一个页面所需的时间。如果是 L 远比 S 大，说明很少发生缺页，磁盘的能力尚未得到充分的利用；反之，如果是 L 比 S 小，则说明频繁发生缺页，缺页的速度已超过磁盘的处理能力。只有当 L 与 S 接近时，磁盘和处理机都可达到它们的最大利用率。理论和实践都已证明，利用"L=S"准则，对于调节缺页率是十分有效的。

4. 选择暂停的进程

当多道程序度偏高时，已影响到处理机的利用率，为了防止发生"抖动"，系统必须减少多道程序的数目。此时应基于某种原则选择暂停某些当前活动的进程，将它们调出到磁盘上，以便把腾出的内存空间分配给缺页率发生偏高的进程。系统通常都是采取与调度程序一致的策略，即首先选择暂停优先级最低的进程，若需要，再选择优先级较低的进程。当内存还显拥挤时，还可进一步选择暂停一个并不十分重要、但却较大的进程，以便能释放出较多的物理块，或者暂停剩余执行时间最多的进程等。

6.9 请求分段存储管理

在分页基础上建立的请求分页式虚拟存储器系统，是以页面为单位进行换入、换出的。而在分段基础上所建立的请求分段式虚拟存储器系统，则是以分段为单位进行换入、换出的。它们在实现原理以及所需要的硬件支持上都是十分相似的。在请求分段系统中，程序运行之前，只需先调入少数几个分段(不必调入所有的分段)便可启动运行。当所访问的段不在内存中时，可请求 OS 将所缺的段调入内存。像请求分页系统一样，为实现请求分段存储管理方式，同样需要一定的硬件支持和相应的软件。

6.9.1 请求分段存储管理的硬件支持

为了实现请求分段式存储管理，应在系统中配置多种硬件机构，以支持快速地完成请求分段功能。与请求分页系统相似，在请求分段系统中所需的硬件支持有请求段表机制、缺段中断机构，以及地址变换机构。

1. 请求段表机制

在请求分段式管理中所需的主要数据结构是请求段表。在该表中除了具有请求分页机制中有的访问字段 A、修改位 M、存在位 P 和外存始址四个字段外，还增加了存取方式字段和增补位字段。这些字段供程序在调进、调出时参考。下面给出请求分段的段表项。

段名	段长	段基址	存取方式	访问字段 A	修改位 M	存在位 P	增补位	外存始址

在段表项中，除了段名(号)、段长、段在内存中的起始地址(段基址)外，下面主要对其他段表项进行说明。

(1) 存取方式。由于应用程序中的段是信息的逻辑单位，可根据该信息的属性对它实施保护，故在段表中增加存取方式字段。如果该字段为两位，则存取属性是只执行、只读，此时将不允许读/写。

(2) 访问字段 A。其含义与请求分页的相应字段相同，用于记录该段被访问的频繁程度。提供给置换算法选择换出页面时参考。

(3) 修改位 M。该字段用于表示该页在进入内存后是否已被修改过，供置换页面时参考。

(4) 存在位 P。该字段用于指示本段是否已调入内存，供程序访问时参考。

(5) 增补位。这是请求分段式管理中所特有的字段，用于表示本段在运行过程中是否做过动态增长。

(6) 外存始址。其指示本段在外存中的起始地址，即起始盘块号。

2. 缺段中断机构

在请求分段系统中采用的是请求调段策略。每当发现运行进程所要访问的段尚未调入内存时，便由缺段中断机构产生一缺段中断信号，进入 OS 后，由缺段中断处理程序将所需的段调入内存。与缺页中断机构类似，缺段中断机构同样需要在一条指令的执行期间产生和处理中断，以及在一条指令执行期间，可能产生多次缺段中断。但由于分段是信息的逻辑单位，因而不可能出现一条指令被分割在两个分段中，以及一组信息被分割在两个分段中的情况。缺段中断的处理过程如图 6-12 所示。由于段不是定长的，这使对缺段中断的处理要比对缺页中断的处理复杂。

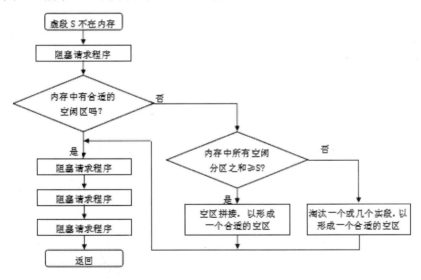

图 6-12　请求分段系统缺段中断处理过程

3. 地址变换机构

请求分段系统中的地址变换机构是在分段系统地址变换机构的基础上形成的。因为被访问的段并非全在内存，所以在地址变换时，若发现所要访问的段不在内存，必须先将所缺的段调入内存，并修改段表，然后才能利用段表进行地址变换。为此，在地址变换机构中又增加了某些功能，如缺段中断的请求及处理等。图 6-13 给出了请求分段系统的地址变换过程。

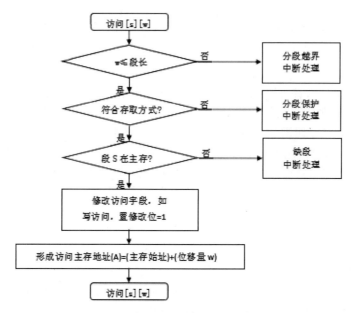

图 6-13　请求分段系统的地址变换过程

6.9.2　分段的共享与保护

本章前面曾介绍过分段存储管理方式的优点是便于实现分段的共享与保护，也扼要地介绍了实现分段共享的方法。本小节将进一步介绍为了实现分段共享，还应配置相应的数据结构——共享段表，以及对共享段进行操作的过程。

1. 共享段表

为了实现分段共享，可在系统中配置一张共享段表，所有各共享段都在共享段表中占有一个表项。表项上记录了共享段的段号、段长、内存始址、状态(存在)位、外存始址以及共享计数等信息。共享段表还记录了共享此分段的每个进程的情况。共享段表如图 6-14 所示，其中各项说明如下。

(1) 共享进程计数 count。非共享段仅为一个进程所需要。当进程不再需要该段时，可立即释放该段，并由系统回收该段所占用的空间。而共享段是为多个进程所需要的，为记录有多少进程正在共享该分段，须设置共享进程计数 count。当某进程不再需要而释放它时，系统并不立即回收该段所占内存区，而是检查 count 是否为 0，若不是 0，则表示还有进程需要它，仅当所有共享该段的进程全都不再需要它时，此时 count 为 0，才由系统回收该段所占内存区。

(2) 存取控制字段。对于一个共享段，应为不同的进程赋予不同的存取权限。例如，对于文件主，通常允许读和写；而对其他进程，则可能只允许读，甚至只允许执行。

(3) 段号。对于一个共享段，在不同的进程中可以具有不同的段号，每个进程可用自己进程的段号去访问该共享段。

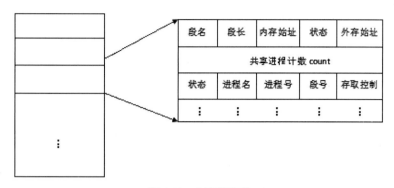

图 6-14　共享段表项

2. 共享段的分配与回收

1) 共享段的分配

由于共享段是供多个进程所共享的，因此，对共享段的内存分配方法，与非共享段的内存分配方法有所不同。在为共享段分配内存时，对第一个请求使用该共享段的进程，由系统为该共享段分配一物理区，再把共享段调入该区，同时将该区的始址填入请求进程的段表的相应项中，还需在共享段表中增加一表项，填写请求使用该共享段的进程名、段号和存取控制等有关数据，把 count 置为 1。当又有其他进程需要调用该共享段时，由于该共享段已被调入内存，故此时无须再为该段分配内存，而只需在调用进程的段表中增加一表项，填写该共享段的物理地址。在共享段的段表中增加一个表项，填上调用进程的进程名、该共享段在本进程中的段号、存取控制等，再执行 count=count+1 操作，以表明有两个进程共享该段。以后，凡有进程需要访问此共享段的，都按上述方式在共享段的段表中增加一个表项。

2) 共享段的回收

当共享此段的某进程不再需要该段时，应将该段释放，包括撤销在该进程段表中共享段所对应的表项，以及执行 count=count-1 操作。若结果为 0，则须由系统回收该共享段的物理内存，以及取消在共享段表中该段所对应的表项，表明此时已没有进程使用该段；否则(减 1 结果不为 0)，只是取消调用者进程在共享段表中的有关记录。

3. 分段保护

在分段系统中，由于每个分段在逻辑上是相对独立的，因而比较容易实现信息保护。目前，常采用以下几种措施来确保信息的安全。

1) 越界检查

越界检查是利用地址变换机构来完成的。为此，在地址变换机构中设置了段表寄存器，用于存放段表始址和段表长度信息。在进行地址变换时，首先将逻辑地址空间的段号与段表长度进行比较，如果段号等于或大于段表长度，将发出地址越界中断信号。此外，还在段表中为每个段设置有段长字段，在进行地址变换时，还要检查段内地址是否等于或大于段长，若大于段长，将产生地址越界中断信号，从而保证了每个进程只能在自己的地址空间内运行。

2) 存取控制检查

存取控制检查是以段为基本单位进行的。为此，在段表的每个表项中都设置了一个"存取控制"字段，用于规定对该段的访问方式。通常的访问方式有以下几种。

(1) 只读，即只允许进程对该段中的程序或数据进行读访问。

(2) 只执行，即只允许进程调用该段去执行，但不准读该段的内容，更不允许对该段执行写操作。

(3) 读/写，即允许进程对该段进行读/写访问。

对于共享段而言，存取控制就显得尤为重要，因而对不同的进程应赋予不同的读写权限。这时，既要保证信息的安全性，又要满足运行需要。例如，对于一个企业的财务账目，应该只允许会计人员进行读或写，允许领导及有关人员去读。而对于一般人员，则既不准读，更不能写。值得一提的是，这里所介绍的存取控制检查是基于硬件实现的，它能较好地保证信息的安全，因为攻击者很难对存取控制字段进行修改。

3) 环保护机构

环保护机构是一种功能较完善的保护机制。在该机制中规定：低编号的环具有高优先权；OS 核心处于 0 号环内；某些重要的实用程序和操作系统服务占据中间环；而一般的应用程序，则被安排在外环上。在环系统中，程序的访问和调用应遵循以下规则。

(1) 一个程序可以访问驻留在相同环或较低特权环(外环)中的数据。

(2) 一个程序可以调用驻留在相同环或较高特权环(内环)中的服务。

图 6-15 所示的环保护机构中体现了调用程序和数据访问的关系。

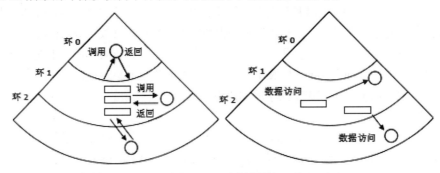

图 6-15　环保护机构

6.10　小结

虚拟存储技术是基于程序的局部性原理而提出的一种从逻辑上扩充内存容量的技术，其把计算机的两级存储设备统一起来进行管理，采用自动实现部分装入、请求调入和交换功能，为用户提供一个比实际物理主存容量大得多的可寻址的一种存储器系统，其逻辑容量由内存容量和外存容量之和决定，其运行速度接近于内存速度，而每位的成本却又接近于外存。虚拟存储器给用户提供远远大于实际物理内存的编程空间，极大地方便了用户编程。请求分页技术是一种典型的虚拟存储技术，它是在基本分页存储管理的基础上，引入请求调页功能和页面置换功能来实现内存的逻辑扩展，另外请求分段和请求段页式存储也是实现虚拟存储器的技术。

所谓工作集是指在某段时间间隔 Δ 内，进程实际访问的页面集合。正确选择工作集窗口尺寸，对存储器的有效利用和系统吞吐率的提高，都将产生重要影响。在请求分页存储管理系统中，内存中只存放那些经常访问的页面，而其他不常访问的部分则存放在外存中。当进程运行需要的内容不在内存时，便启动磁盘读操作将所需内容调入内存，若内存中没有空闲内存块，还需要将内存中的某页面置换出去。也就是说，系统需要不断地在内外存之间交换信息。抖动现象是指系统把大部分时间用在了页面的调入调出上，而几乎不能完成任何有效的工作。

6.11　思考练习

1. 常规存储器管理方式具有哪两大特征？它对系统性能有何影响？
2. 什么是程序运行时的时间局限性和空间局限性？
3. 虚拟存储器有哪些特征？其中最本质的特征是什么？
4. 实现虚拟存储器需要哪些硬件支持？
5. 实现虚拟存储器需要哪几个关键技术？
6. 在请求分页系统中，页表应包括哪些数据项？每项的作用是什么？
7. 试比较缺页中断机构与一般的中断，它们之间有何明显的区别？
8. 试说明在请求分页系统中的地址变换过程。
9. 何谓固定分配局部置换和可变分配全局置换的内存分配策略？
10. 在请求分页系统中，应从何处将所需页面调入内存？
11. 试说明在请求分页系统中页面的调入过程。
12. 在请求分页系统中，常采用哪几种页面置换算法？
13. 实现 LRU 算法所需要的硬件支持是什么？
14. 试着说明改进型 Clock 置换算法的基本原理。
15. 影响页面换进换出效率的若干因素是什么？
16. 页面缓冲算法的主要特点是什么？它是如何降低页面换进、换出的频率的？
17. 在请求分页系统中，产生"抖动"的原因是什么？
18. 何谓工作集？它是基于什么原理确定的？
19. 什么是虚拟存储器？列举采用虚拟存储器的必要性和可能性。
20. 一个计算机系统的虚拟存储器，其最大容量和实际容量分别由什么决定？

∽ 第 7 章 ∞

文 件 管 理

本章学习目标
- 了解文件和文件目录的概念以及文件和目录的基本操作
- 理解和掌握文件的逻辑结构和物理结构
- 熟练掌握文件存储空间的分配和管理
- 理解文件系统的基本概念、结构和实现
- 了解文件的共享和保护技术

本章概述

现代计算机系统要处理大量信息,其中许多信息需要长期保存,由于内存容量有限,且不能长期保存,因此总是将其以文件的形式存放在外存中,需要时再随时调入内存。如何方便系统管理和用户使用外存上的文件?如何保持数据在多用户环境下的安全性和一致性?这都是操作系统需要解决的问题。现代操作系统提供了文件管理功能,即构成一个文件系统,负责管理外存上的文件,并为用户提供文件存取、共享和保护的手段。这不仅方便了用户、保证了文件的安全性,还有效地提高了系统资源的利用率。本章将介绍文件系统中有关文件管理的基本概念、文件的逻辑结构和物理结构、文件存储空间的管理、文件的共享和保护等内容。

7.1 文件的概念

在现代操作系统中,通常使用文件系统来组织和管理计算机中保存的大量程序和数据。文件系统的管理功能,就是通过把计算机保存的程序和数据组织成一系列文件的方法来实现的。

7.1.1 文件及其分类

1. 文件的定义

文件是计算机系统中信息存放的一种组织形式,是在逻辑上具有完整意义的信息集合,并以一个唯一的名字作为标识。构成文件的基本单位可以是字符流,也可以是记录。因此,文件有两种代表性定义。

(1) 文件是具有标识符的相关字符流的集合。

(2) 文件是具有标识符的相关记录(一个有意义的信息单位)的集合。

这两种定义将文件分为两种形式:前者说明文件由字节组成,这是一种无结构的文件,称为流式文件，目前 UNIX 操作系统、MS-DOS 系统均采用这种文件形式。无结构的文件由于采用字符流方式，与源程序、目标代码等在形式上是一致的，因此该方式适用于源程序、目标代码等文件。后者说明文件是由记录组成的，这是一种有结构的文件。记录是由一组相关信息项组成的。例如，每个学生的档案表可以视为一个记录，其包括学生姓名、出生年月、性别、籍贯等信息项，所有学生档案表组成一个学生文件。记录式文件主要用于信息管理。

现代计算机操作系统把设备也作为文件来进行统一管理，这是因为这些设备传输的信息均可看作一组顺序出现的字符序列。严格说来，这些设备传输的信息可看作一个顺序组织的文件。在 UNIX 系统中，每个设备有一个像文件名一样的名字，作为设备特殊文件来处理。从某种意义上说，这拓宽了文件的含义。引入文件后，用户即可用统一的方式去处理保存在各种存储介质上的信息。例如，可以用虚拟 I/O 指令(即文件命令)在打印机上打印一行字符，在磁盘、光盘上存取某个文件的一个记录等，而不用去考虑保存其文件的设备差异。

2. 文件的命名

文件名是文件存在的标识，操作系统根据文件名来对其进行控制和管理。通常，一个文件是一组逻辑上具有完整意义的信息集合，并被赋予一个唯一的文件名。文件名由创建者给定，是由字母或数字组成的一个字符串，用来标识该文件。用户利用文件名来访问文件。不同的系统对文件命名有不同的要求。例如，有些系统规定文件名必须以字母开头且允许一些其他符号出现在文件名的非起始位部分；有些系统区分文件名中的大小写字母，如 UNIX 和 Linux 系统；有些系统则不区分文件名中的大小写，如 MS-DOS 系统。名字的长度因系统不同而异，如有的系统规定文件名字长度不超过 8 个字符，而在其他一些系统中则可用 14 个字符。

文件名由文件主名和扩展名两部分组成，中间用"."隔开，如 program.c。它们都是由字母或数字组成的字母数字串。扩展名也称文件后缀，利用扩展名可以区分文件的属性。表 7-1 给出了常见的文件扩展名及其含义。

表 7-1　常见的文件扩展名及其含义

扩展名	文件类型	含义
exe，com，bin	可执行文件	可以运行的机器语言程序
obj，o	目标文件	编译过的、尚未链接的机器语言程序
c，cc，java，pas，asm，a	程序源文件	用各种语言编写的源代码
bat，sh	批处理文件	由命令解释程序处理的命令
txt，doc	文本文件	文本数据、文档
wp，tex，rtf，doc	字处理文档文件	各种字处理器格式的文件
lib，aso，dll	库文件	供程序员使用的例程库
arc，zip，tar	存档文件	相关文件组成一个文件(有时压缩)进行存档或存储
ps，pdf，jpg	打印或视图文件	用于打印或视图的 ASCII 码文件或二进制文件
mpeg，mov，rm	多媒体文件	包含音频或音视频信息的二进制文件

3. 文件的分类

为了便于管理和控制文件，通常把文件分成若干种类型。由于不同系统对文件的管理方式不同，因而对文件的分类方法也有很大的差异。在许多操作系统中都使用扩展名来标识文件的类型。下面介绍几种常用的文件分类方法。

(1) 按文件的用途分类。根据文件的性质和用途不同，可以将文件分为系统文件、库文件和用户文件。

- 系统文件：指由操作系统及其他系统程序和数据组成的文件。这种文件不对用户开放，仅供系统使用，用户只能通过操作系统提供的系统调用来使用它们，用户没有读权限和修改权限。
- 库文件：指系统为用户提供的各种标准函数、标准过程和实用程序等。用户只能使用这些文件，不允许对其进行修改。
- 用户文件：指由用户的源代码、目标文件、可执行文件或数据等所构成的文件。这种文件的使用和修改权均属于用户。

(2) 按文件的操作权限分类。根据文件的操作权限不同，可以将文件分为只读文件、读写文件和只执行文件。

- 只读文件：只允许进行读操作，不能进行写操作的文件。
- 读写文件：允许文件属主和授权用户对其进行读或写操作的文件。
- 只执行文件：该类文件只允许授权的用户调用执行，而不允许其修改或读出文件的内容。

(3) 按文件的组织形式和系统对其处理方式分类。根据文件的组织形式和系统对其处理方式，可以将文件分为普通文件、目录文件和特殊文件。UNIX 操作系统就是把文件分成普通文件、目录文件和特殊文件。

- 普通文件：指一般的用户文件和系统文件，例如一般用户建立的源程序文件、数据文件、目标代码文件及操作系统自身代码文件、库文件、实用程序文件等都是普通文件。普通文件通常分为 ASCII 文件和二进制文件，一般存放在外存储设备上。
- 目录文件：由文件目录项组成，用来管理和实现文件系统功能的系统文件，通过目录文件可以对其他文件的信息进行检索。对目录文件可以进行与普通文件一样的各种文件操作。
- 特殊文件：指系统中的各类 I/O 设备。为了方便统一管理，系统将所有的 I/O 设备都视为文件，以文件方式提供给用户使用。根据设备数据交换单位的不同，又可将特殊文件分为块设备文件和字符设备文件。前者用于磁盘、光盘等块设备的 I/O 操作，后者用于终端、打印机等字符设备的 I/O 操作。

(4) 按文件中数据的形式分类。按照文件中数据的形式分类，可将文件分为源文件、目标文件和可执行文件。

- 源文件：指由源程序和数据构成的文件。通常由终端或输入设备输入的源程序和数据所形成的文件都属于源文件。其通常由 ASCII 码或汉字组成。
- 目标文件：指把源程序经过相应语言的编译程序编译过，但尚未经过链接程序链接的目标代码所构成的文件。其属于二进制文件。通常，目标文件使用的后缀名是.obj。
- 可执行文件：指把编译后产生的目标代码再经过链接程序链接后所形成的文件。

7.1.2　文件的属性

为了对文件进行控制和管理，大多数操作系统都用一组信息来声明文件的类型、操作特性和存取保护等，这组信息称为文件的属性。文件的属性虽然不是文件的信息内容，但对于文件的管理和控制是十分重要的。文件的属性通常包括以下几种。

- 文件的基本属性：如文件的名称、文件的所有者、文件的授权者、文件的长度等。
- 文件的类型属性：如普通文件、目录文件、系统文件、隐含文件、设备文件等。也可以按文件信息分为 ASCII 码文件、二进制码文件等。
- 文件的保护属性：如可读、可写、可执行、可更新、可删除等，可改变保护以及档案属性。
- 文件的管理属性：如文件的建立时间、最后存取时间、最后修改时间等。
- 文件的控制属性：逻辑记录长度、文件的大小、文件的最大长度以及允许的存取方式标志、关键字的位置、关键字长度等。

所有文件的信息都保存在目录结构中，而目录结构保存在外存中。通常，目录条目包括文件名称及其唯一标识符，而这些标识符又定位其他属性信息。一个文件的属性信息大概需要1KB。

7.2　文件目录的概念

计算机系统要存储大量的文件，为了能对众多的文件进行有效的控制和管理，必须对其进行妥善组织。这主要通过文件目录来实现，文件目录是一种数据结构，用来标识文件系统中的文件及其物理地址，供检索时使用。对文件目录管理的功能要求如下。

(1) 实现按名存取。用户只需向系统提供所要访问文件的名字，便能快速准确地找到指定文件在外存上的存储位置。这是文件目录应向用户提供的最基本功能。

(2) 提高对目录的检索速度。合理地组织目录结构，可加快对目录的检索速度，从而提高对文件的存取速度。这是设计一个大、中型文件系统时所追求的主要目标。

(3) 文件共享。在多用户系统中，应支持多个用户共享一个文件，即在外存只保留一份文件的副本，供多个用户共享使用，以节省大量的存储空间，并方便用户使用和提高文件利用率。

(4) 允许文件重名。系统应允许不同用户对不同文件采用相同的名字，以便于用户按照自己的习惯给文件命名和使用文件。

7.2.1　文件控制块和文件目录

通常，一个文件包括两部分：文件说明和文件体。文件体是指文件本身的信息，其可以是记录式文件或字符流文件。文件说明也叫文件控制块(File Control Block，FCB)，它是操作系统为管理文件设置的数据结构，存放管理文件所需的所有有关信息(文件属性)，文件控制块是文件存在的标志。文件管理程序可借助于文件控制块中的信息，对文件进行各种操作。

1. 文件控制块

文件控制块通常包含三类信息，即基本信息、存取控制信息和使用信息。

(1) 基本信息。文件控制块的基本信息主要包括以下几方面。

● 文件名：用于标识一个文件的符号名。在每个系统中，每个文件都必须有唯一的名字，用户利用该名字进行访问。

● 文件类型：指明文件属性。用户通过文件类型信息可判断该文件是普通文件，还是目录文件或特殊文件，是系统文件还是用户文件等。

● 文件物理位置：指文件在外存上的存储位置，如存放文件的设备名、文件在外存的起始盘块号、文件占用的盘块数或字节数。

● 文件大小：当前文件的大小(以字节、字或块为单位)和允许的最大长度。

(2) 存取控制信息。存取控制信息包括文件属主的存取权限、组群用户的存取权限以及其他用户的存取权限。

(3) 使用信息。文件控制块的使用信息包括以下几方面。

● 时间和日期：反映文件创建或最后被修改与访问的日期和时间。

● 最后使用情况：包括文件是否被其他进程锁住、文件在内存中是否已被修改但尚未复制到盘上等。这些信息可用于对文件实施保护和监控等。

● 使用计数：表示当前有多少个进程正在使用或打开该文件。

2. 文件目录

为了对众多的文件进行有效的管理，提高文件检索的效率，现代操作系统往往将文件的文件控制块集中在一起进行管理。文件与文件控制块一一对应，文件控制块的有序集合称为文件目录，一个文件控制块就是一个文件目录项。为了实现对文件目录的管理，通常将文件目录以文件的形式保存在外存上，这个文件就叫目录文件。

操作系统通过文件控制块对文件进行各种管理。例如，按文件名访问文件时，系统首先找到该文件的控制块，然后验证访问权限，只有当访问请求合法时，才能取得保存文件信息的盘块地址，进而完成对文件的访问操作。不同系统的文件目录的组织也不完全相同。在 MS-DOS 系统中，一个目录项(文件控制块)有 32 字节，其中包括文件名、扩展名、属性、时间和日期、首块号以及文件大小。文件控制块的长度为 32 字节，对于 360KB 的软盘，可以包含 112 个文件控制块，共占用 4KB 的存储空间，图 7-1 所示为 MS-DOS 系统目录项示意图。

字节	8	3	1	2	2	2	2	4
	文件名	扩展名	属性	保留	时间	日期	首块号	文件大小

图 7-1　MS-DOS 系统目录项示意图

3. 索引节点

文件目录通常保存在磁盘上，当文件很多时，文件目录要占用大量的盘块。在查找目录的过程中，先将存放目录文件的第一个盘块中的目录调入内存，然后把用户给定的文件名与目录项中的文件名逐一比较。若未能找到指定文件，便再将下一个盘块中的目录项调入内存。假设目录文件所占用的盘块数为 N，按此方法查找，则找到一个目录项平均需要调入盘块 $(N+1)/2$ 次。如果一个文件目录项(FCB)为 64B，盘块大小为 1KB，则每个盘块中只能存放 16 个文件目录项；若一个文件目录中共有 640 个文件目录项，需要占用 40 个盘块，因此平均查找一个文件需要访问磁盘 20 次。

经过分析发现，在检索目录文件的过程中，只用到了文件名，仅当找到一个目录项时，才需要从该目录项中读出该文件的物理地址。而其他一些文件描述信息在检索目录时一概不用。显然，这些信息在检索目录时不需要调入内存。因此，为了减少检索文件的时间，在有的系统中，如 UNIX/Linux 系统，采用把文件名和文件描述信息分开的方法，使文件描述信息单独形成一个定长的数据结构，称为索引节点，简称为 i 节点。这样，在文件目录中的每个目录项仅由文件名和指向该文件对应的 i 节点的指针所构成。在 UNIX 系统中一个目录仅占 16 字节，其中 14 字节是文件名，2 字节为 i 节点指针。在 1KB 的盘块中可保存 64 个目录项，这样，为找到一个文件，可使平均启动磁盘次数减少到原来的 1/4，大大节省了系统开销。图 7-2 所示是 UNIX 系统的文件目录项示意图。

文件名	索引节点编号
文件名1	
文件名2	
文件名3	
...	...

0   13 14   15

图 7-2　UNIX 系统的文件目录项示意图

7.2.2　文件目录结构

为了方便用户使用，提高文件系统的效率，保证文件的共享性和安全性，必须对系统内的所有文件目录进行组织。因此，设计好文件的目录结构，是文件系统的重要环节。现代操作系统常用的目录结构有单级目录、两级目录和多级目录。

1. 单级目录

单级目录是最简单的目录结构。在整个文件系统中只建立一张目录表，每个文件占一个目录项，目录项中包含文件名、文件扩展名、文件类型、文件长度、文件物理地址以及其他文件属性。单级目录如图 7-3 所示。

文件名	文件扩展名	文件长度	物理地址	...	保护权限
文件名1				...	
文件名2				...	
...				...	

图 7-3　单级目录结构

每当要建立一个新文件时，首先要检索所有的目录项，以保证新文件名在目录中的唯一性。然后从目录表中找出一个空白目录项，填入新文件的文件名及其他说明信息。删除文件时，先从目录中找到该文件的目录项，回收该文件所占用的存储空间，然后再清除该目录项。单级目录的优点是简单、易于实现，实现了目录管理的基本功能——按名存取，但存在以下缺点。

（1）查找速度慢。当系统中存在大量文件或众多用户同时使用文件时，由于每个文件占用一个目录项，单级目录中会拥有数量可观的目录项。如果要从目录中查找一个文件，就需要花费相当长的时间才能找到。对于一个具有 N 个目录项的单级目录，为检索出一个目录项，平均需要找 $N/2$ 个目录项。

（2）不允许重名。因为所有的文件都在同一目录中，因此每个文件必须有不同的文件名。然而，重名问题在现代操作系统中是难以避免的。即使在单用户环境下，随着文件数量的增加，让用户记住所有的文件名也是不可能的。

（3）不便于文件的共享。通常每个用户都有自己的名字空间和命名习惯，应当允许不同用户使用不同的文件名来访问同一文件。然而，单级目录却要求所有用户用同一个名字来访问同一文件。

2. 两级目录

为了克服单级目录存在的缺点，改变单级目录中文件的命名冲突，并提高对目录文件的检索速度，可以为每个用户建立一个单独的用户文件目录(User File Directory，UFD)。这些文件目录具有相似的结构，由所有文件的文件控制块组成。另外，系统再建立一个主文件目录(Master File Directory，MFD)。在主文件目录中，每个用户目录文件都占有一个目录项，其目录项中包括用户名和指向该用户目录文件的指针。如图7-4所示，图中的主目录包含三个用户名，即Zhao、Qian和Sun。

在两级目录结构中，当用户访问特定的文件时，系统只需搜索其自己的 UFD 即可。在此结构中，不同用户可以拥有相同名字的文件，只要每个 UFD 内的所有文件名字唯一即可。当用户创建文件时，操作系统也只需搜索该用户的UFD，以确定相同名字的文件是否存在。当删除文件时，操作系统只在局部 UFD 中对其进行搜索，因此并不会删除其他用户的具有相同名称的文件。

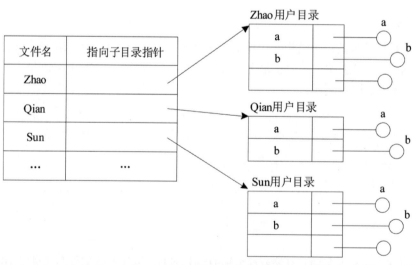

图7-4 两级目录结构

两级目录结构基本克服了单级目录的缺点，具有以下优点。

（1）解决文件名冲突。在不同的用户目录中，可以使用相同的文件名。只要在用户自己的

UFD 中，每一个文件名都是唯一的。例如，用户 Zhao 可以用 a 来命名自己的一个文件；而用户 Qian 则可用 a 来命名自己的一个并不同于 Zhao 的 a 文件。

(2) 提高目录检索速度。如果在主目录中有 n 个子目录，每个用户目录最多为 m 个目录项，则为查找一指定的目录项，最多只需检索 $n+m$ 个目录项。但如果是采用单级目录结构，则最多需检索 $n×m$ 个目录项。

(3) 不同用户可使用不同的文件名来访问系统中的同一个共享文件。

但是，两级目录仍然存在一些问题。这种结构能有效地对用户加以隔离，这种隔离在各用户之间完全无关时是优点，但是当用户需要在某个任务上进行合作，且一用户又需要访问其他用户的文件时，这种隔离就是缺点，因为有的系统不允许本地用户文件被其他用户访问。如果允许访问，那么一个用户必须能够指定另一个用户目录内的文件。为了唯一指定位于两层目录内的特定文件，必须给出用户名和文件名。

3. 多级目录

在大型文件系统中，通常采用三级或三级以上的目录结构，以提高对目录的检索速度和文件系统的性能。多级目录结构又称为树形目录结构，如图 7-5 所示。多级目录结构是一棵倒向的有根树，树根是根目录；从根向下，每一个树枝是一个子目录，树叶则是文件。树形目录有许多优点：较好地反映了现实世界中具有层次关系的数据集合，较确切地反映系统内部文件的分支结构；不同的文件可以重名，只要不位于同一子目录中即可；易于规定不同层次或子树中文件的不同存取权限，便于文件的保护、保密和共享等。

在树形目录结构中，文件的全名包括从根目录开始到文件为止的所有子目录路径。各个子目录名之间用正斜线/或反斜线\隔开，其中，子目录名组成的部分又称为路径名。系统内的每个文件都有唯一的路径名，路径名是从根经过所有子目录再到指定文件的路径。

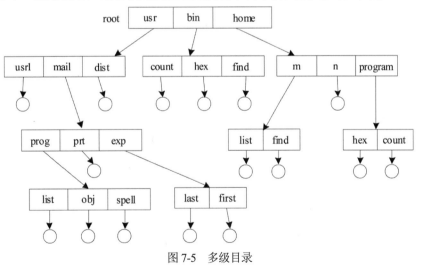

图 7-5　多级目录

通常情况下，每个用户都有一个当前目录。当前目录是用户正在使用的目录，其中包括用户当前感兴趣的绝大多数文件。当需要引用一个文件时，则搜索当前目录。如果所需文件不在当前目录中，用户必须指定路径名或改变当前目录为包括所需文件的目录。要改变目录，可使用系统调用重新定义当前目录，该系统调用需要有一个目录名作为参数。用户的初始当前目录是在用户进程开始或用户登录时指定的。

路径名有两种形式：绝对路径名和相对路径名。绝对路径名从根目录开始并依次给出路径上的各级目录名直到指定的文件，相对路径名则从当前目录开始定义一个路径。如图 7-5 所示的树形目录，如果当前目录为/root/usr/mail，那么相对路径名 exp/first 和绝对路径名 /root/usr/mail/exp/first 将指向相同的文件。

对于多级目录结构，用户除能访问自己的文件之外，还能访问其他用户的文件。例如，用户 B 可以通过指定路径名(绝对路径或相对路径)来访问用户 A 的文件。另外，用户 B 也可以改变自己的当前目录为用户 A 的目录，从而可以直接使用文件名来访问用户 A 的文件。有些系统还允许用户定义自己的搜索路径，以提高文件检索的速度。例如，在 MS-DOS 系统中，可以通过修改环境变量 path 的值来指定文件的搜索路径。

在多级目录中查找一个文件，需要按路径名逐级访问中间节点，这就增加了磁盘访问次数，无疑将影响查询速度。目前，大多数操作系统如 UNIX、Linux 和 Windows 系列都采用多级目录结构。

7.2.3 目录的实现方式

当用户要访问一个已存在文件时，系统要按照文件名对文件目录进行查询，找出该文件的文件控制块或索引节点，进而找到文件的物理地址，对其进行相应的读写操作。因此，目录分配和管理算法的选择对文件系统的效率、性能和可靠性影响很大。目录的实现方式主要有两种：线性列表和哈希表。

1. 线性列表

线性列表是最简单的目录实现方法。目录文件是由目录项构成的一个线性表，每个目录项包括文件名和指向数据块的指针。当需要创建一个新文件时，系统必须首先搜索目录文件以确定有没有同名的文件存在，然后把新文件的目录项添加到目录末尾。当删除一个文件时，系统根据给定的文件名来搜索文件目录，找到该文件所在目录项后，释放分配给该文件的磁盘空间，并将相应的目录项删除。

采用线性表来实现文件目录时，程序的编写很简单，但是运行非常费时。因此，为了改善线性列表的性能，提高线性搜索的效率，必须选择恰当的数据结构来存取线性表。现实中，许多操作系统都采用软件缓存来存储最近访问过的目录信息。如果缓存命中，就避免了反复从磁盘上读入目录信息。另外，采用排序列表并使用二分搜索，可以减少平均搜索时间。但列表始终需要排序的要求会使文件的创建和删除复杂化，因为这样可能需要许多目录信息来保持目录的排序。此外，可以选择较复杂的数据结构，如 B-树，使目录表排序更为简单。很显然，采用已排序列表不需要排序步骤就可以生成降序目录信息，从而提高目录的插入效率。

2. 哈希表

哈希表是实现文件目录的另一种数据结构。采用这种方法时，除使用线性列表来存放目录项以外，还使用了哈希表。哈希表将根据文件名计算出一个哈希值，并返回一个指向线性列表中元素的指针。因此，它大大降低了目录搜索时间，插入和删除也很方便，不过需要一些措施来避免冲突(如两个不同的文件名具有相同的哈希值)。哈希表的最大困难在于其大小通常是固定的，而且哈希函数也依赖于哈希表的大小。

例如，假设使用线性哈希表来存储 64 个条目。哈希函数可以将文件名转换为 0～63 的整数(如把文件名中各字符的值加起来，其和除以 64 的余数)。如果要从目录中检索一个文件，则利用该文件对应的哈希值去查哈希表，然后根据相应的表项中的指针找到对应目录文件中的对应表项。由于不必进行线性检索，从而大大减少了目录查询时间。但是，如果要再创建第 65 个文件，就必须扩大哈希表，例如，增加到 128 个条目，这时就需要一个新的哈希函数来将文件名映射到 0～127 的整数，而且必须重新组织现有目录条目以得到新的哈希函数值。

每个哈希表的条目可以是一个链表而不是单个值，可以向链表中增加一项来解决前面提到的冲突问题。由于查找一个名称可能需要搜索冲突条目组成的链表，因而查找速度可能变慢，但是这比线性搜索整个目录还是要快很多。

7.3 文件操作和目录操作

7.3.1 文件操作

用户通过文件系统提供的系统调用对文件进行操作。最基本的文件操作有：创建文件、删除文件、读文件、写文件、文件定位和截短文件等。为了方便用户，实际的操作系统往往提供更多的文件操作，如打开和关闭一个文件，以及改变文件属性等。

1. 基本的文件操作

(1) 创建文件。系统创建文件必须要做两项工作：第一，系统为新文件分配必要的外存空间；第二，在目录文件中为新文件创建一个目录项，该目录项记录文件名称、文件在外存的物理位置等属性。

(2) 删除文件。在删除一个不再需要的文件时，系统应先从目录中找到要删除文件的目录项，使之成为空项，然后回收该文件占用的存储空间。

(3) 读文件。当使用系统调用读文件时，需要指明文件的名称和要读入文件块在内存的位置。这时，系统就会搜索目录以查找相应的文件。找到后，启动磁盘进行文件的输入操作。为了确定当前读入数据的位置，系统也需要为该文件维护一个读指针。每完成一次读操作，必须更新指针，以保证下一次能从正确的位置读出信息。通常，一个进程只对一个文件进行读或写，所以当前操作位置可以作为每个进程当前文件的指针。由于读和写操作都使用同一指针，既节省了空间也降低了系统复杂度。

(4) 写文件。执行系统调用写文件时，需要指明文件名称和要写入文件的内容。对于给定的文件名称，系统会搜索目录以查找文件的位置。为了确定写入数据的位置，系统必须为该文件维护一个写位置的指针。每当写操作发生时，系统会更新指针的位置，以保证数据写入的正确性。

(5) 文件定位。对于随机读取文件，需要指定读取数据的位置，通常通过执行系统调用来搜索文件目录，将当前文件的位置设置为给定值。文件的定位不需要真正读写文件，该操作也称为文件寻址。

(6) 截短文件。当用户只需要删除文件内容而保留其属性时，系统一般不强制用户删除文件后再创建同名的文件，而是允许用户将文件的长度设置为 0 并释放其占用的磁盘空间，文件的其他属性保持不变，这个操作称为截短文件。

2. 文件的"打开"和"关闭"操作

当前操作系统提供的大多数文件操作，其过程大致都包括：第一步通过检索文件目录来找到指定文件的属性及其在外存上的位置；第二步是对文件实施相应的操作，如读文件或写文件等。当用户要求对一个文件实施多次读/写或其他操作时，每次都要从检索目录开始。为了避免多次重复地检索目录，大多数操作系统都引入"打开(open)"这一文件系统调用，当用户第一次请求对某文件进行操作时，先利用 open 系统调用显式地将该文件打开。操作系统维护一个包含所有打开文件的信息表(即打开文件表)。当需要进行一个文件操作时，可以通过打开文件表的一个索引来指定文件，而不需要搜索整个文件目录。当文件不再使用时，进程可以关闭(close)它，操作系统随即从打开文件表中删除这一条目。

有的系统在首次使用文件时，会隐式地打开它，而在打开文件的作业或程序终止时会自动关闭。然而，绝大多数操作系统都要求程序员在使用文件之前，显式地打开它。系统调用 open 将根据文件名搜索目录，并将目录项目复制到打开文件表中。系统调用 open 也可以接收访问模式参数，如创建、只读、读写、添加等。该模式可以根据文件许可位进行检查，如果请求模式获得允许，进程即可打开文件。如果系统调用 open 成功，通常会返回一个指向打开文件表中一个条目的指针。通过使用该指针，而不是真实的文件名称进行所有 I/O 操作，可以避免进一步搜索和简化系统调用接口。

对于多用户环境，如 UNIX 等，操作 open 和 close 的实现更为复杂。在这些系统中，多个用户可以同时打开一个文件。通常，操作系统采用两级内部表：单个进程的打开文件表和整个系统的打开文件表。单个进程的打开文件表记录单个进程打开的所有文件，表内保存的是该进程使用的所有文件信息。例如，每个文件的当前指针就保存在这里，以便确定下一个文件读或写的位置，另外，还包括文件访问权限和记账信息等。单个进程的打开文件表的每一个条目相应地指向整个系统的打开文件表。整个系统的打开文件表包含与进程无关的信息，如文件在磁盘上的位置、访问日期和文件大小等。一旦一个进程打开一个文件，另一个进程再执行 open 操作时，其结果只不过是简单地在其进程文件打开表中增加一个条目，并指向整个系统打开文件表的相应条目。通常，系统打开文件表的每个文件还有一个文件打开计数器 count，以记录打开该文件的进程数。每个 close 操作都会递减 count，当打开计数器为 0 时，表示该文件不再被使用，相应的文件条目可以从系统表中删除。

7.3.2 目录操作

与文件操作类似，文件系统也提供一组系统调用来管理目录。这里主要介绍相关目录操作的实现过程。

1. 创建目录

新创建的目录中通常只包含表示该目录本身的目录项"."和表示父目录的目录项".."。这两个目录项是系统自动添加在目录中的，用以实现树形目录的层次化管理。创建目录时，系统首先根据调用者提供的路径名进行目录检索。如果存在同名的目录文件，则返回出错信息，创建失败；否则，为新目录分配磁盘空间和控制结构，并进行初始化，同时将新目录文件对应的目录项添加到父目录中。

2. 删除目录

删除目录时，系统首先进行目录检索，在父目录中找到该目录的目录项，然后验证用户的操作权限，如果具有删除权限，就执行相应的删除操作。在删除目录时，不同的系统有不同的限制。有的系统限制只能删除空目录，因此，当被删除目录下有子目录或文件时，将不能删除目录，如 MS-DOS 就是采用这种目录删除方式。另外有些系统则提供一些手段允许用户删除非空目录，但在删除前会询问用户是否执行此操作，仅当用户选择确认时才会删除所有内容。采用这种方式删除文件目录，虽然提高了删除速度，但操作不当可能会造成不必要的损失，因此应慎重使用。当前在 Windows 系列操作系统、UNIX/Linux 系统中都提供这种操作方式。

3. 检索目录

检索目录是根据用户给定的文件路径名，从高层到底层顺序地查找各级文件目录，寻找指定文件的相关信息。若检索完该目录文件的所有磁盘块仍没有找到匹配目录项，则认为无此文件。

目录的操作还有很多，例如，查看用户的工作目录、修改目录名等。这些操作的基础都是目录文件的检索，因此，目录操作的关键是目录检索算法的设计和实现。

7.4 文件的逻辑结构

为了使用户能够用统一的观点和方式去访问保存在各种设备介质上的信息，操作系统引入文件的概念，并提供各种文件读写操作。对于文件组织形式的研究有两种不同的观点，即用户观点和实现观点。用户观点的目的是研究用户"思维"中的抽象文件，也称逻辑文件。用户观点研究的侧重点是为用户提供一种逻辑结构清晰、使用简便的逻辑文件形式。用户按照这种形式去存储和访问有关文件中的信息。实现观点的目的是研究保存在设备介质中的实际文件，也称物理文件。实现观点研究的侧重点是如何选择工作性能良好、设备利用率高的物理文件形式，系统按照这种形式和外部设备交互、控制信息的传输。文件系统的重要作用之一就是在用户的逻辑文件和相应设备的物理文件之间建立映像关系，实现二者之间的相互转换。

对应于用户观点的逻辑文件和实现观点的物理文件，任何一个文件都存在两种形式的结构：逻辑结构和物理结构。

(1) 文件的逻辑结构。这是从用户观点出发所观察到的文件组织形式，是用户可以直接处理的数据及结构，其独立于文件的物理特性。

(2) 文件的物理结构。文件的物理结构又称为文件的存储结构，是指文件在外存上的存储组织形式。这不仅与存储介质的存储性能有关，而且与所采用的外存分配方式有关。

无论是文件的逻辑结构，还是文件的物理结构，都会影响文件的检索速度。本节只介绍文件的逻辑结构。操作系统对文件逻辑结构提出的基本要求包含以下三个方面。

- 高检索速度。在将大批记录组成文件时，应有利于提高检索记录的速度和效率。
- 便于修改。要便于在文件中增加、删除和修改一个或多个记录。

- 低存储费用。减少文件占用的存储空间，不要求大片的连续存储空间。

7.4.1　文件逻辑结构的类型

文件的逻辑结构可分为两大类：有结构文件和无结构文件。

1. 有结构文件

有结构文件又称记录式文件，在逻辑上可以看成是一组连续记录的集合，即文件由若干条相关记录组成，且对每个记录编上号码，依次为记录 1、记录 2、……、记录 n。每个记录是一组相关的数据集合，用于描述一个对象的某个方面的属性，如年龄、姓名、职务、工资等。通常数据结构和数据库都是采用有结构的文件形式。

有结构文件按照记录长度是否相同，又可分为定长记录文件和变长记录文件两种。

(1) 定长记录文件。定长记录文件中所有记录的长度相等。定长记录文件的长度可以由记录个数与记录长度的积来表示。定长记录处理方便，开销小，被广泛用于数据处理中。

(2) 变长记录文件。变长记录文件中的记录长度不相等。由于变长记录文件的每个记录长度不同，因此，在处理之前，每个记录的长度是已知的，整个变长记录文件长度为所有记录长度的总和。产生变长记录的原因，可能是由于一个记录中所包含的数据项数目并不相同，如书的著作者、论文中的关键词等；也可能是数据项本身的长度不定，例如，病历记录中的病因、病史，科技情报记录中的摘要等。

为了方便使用和系统管理，可采用多种方式来组织这些记录，形成以下几种文件。

- 顺序文件。顺序文件是由一系列记录按某种顺序排列形成的文件。其中的记录通常是定长记录，能用较快的速度查找文件中的记录。
- 索引文件。索引文件主要针对变长记录的文件，为之建立一张索引表，每个记录占用一个表项，以加快对记录检索的速度。
- 索引顺序文件。这是上述两种文件构成方式的组合。

关于这三种文件的介绍在后面章节展开详细说明，此处不进行过多说明。

2. 无结构文件

无结构文件是由一组相关信息组成的有序字符流，即流式文件，其长度按字节量计算。源程序文件、可执行程序、库函数等均采用无结构的文件形式。在 UNIX 和 Windows 系统中，所有的文件都被看成是流式文件，即使是有结构文件，也被视为流式文件，系统不对文件进行格式处理。事实上，操作系统不知道或不关心文件中存放的内容是什么，其所见到的都是一个一个的字节。文件中的任何信息的含义都由用户级程序解释。

把文件看作字节流，为操作系统带来了很大的灵活性。用户可以根据需要在文件中加入任何内容，而不用操作系统提供任何额外帮助。

由于记录式文件的使用很不方便，尤其是变长记录文件，另外在文件中还要有说明记录长度的信息，这就浪费了一部分存储空间。因此，许多现代计算机操作系统，如 UNIX 操作系统等都取消了记录式文件。

7.4.2 顺序文件

1. 文件记录的排序

顺序文件是一系列记录按某种顺序排列形成的文件。文件记录的排序结构通常可归纳为以下两种情况。

(1) 时间顺序结构。各记录之间的顺序与关键字无关，记录按存入时间的先后顺序排列。

(2) 关键字顺序结构。各记录按关键字(词)排列，可以按关键字(词)的长短从小到大或从大到小排列，或按其英文字母顺序排序。

对时间顺序结构文件，每次检索文件时都必须从头开始，逐个记录查找，直至找到指定的记录，或查完所有的记录为止；对关键字顺序结构文件，可采用一些有效的查找算法，如折半查找法、插值查找法、跳步查找法等来提高检索效率。

2. 顺序文件的读/写操作

对于定长记录的顺序文件，如果已知当前记录的逻辑地址，可很容易确定下一个记录的逻辑地址。在读/写一个文件时，可设置一个读/写指针 Rptr/Wptr，令其指向下一个记录的首地址，每当读/写完一个记录时，便执行下式：

$$\text{Rptr/Wptr}:=\text{Rptr/Wptr} + L$$

使其指向下一个记录的首地址，其中的 L 为记录长度。

对于变长记录的顺序文件，在顺序读/写时与定长记录顺序文件相似，不同的是在每次读/写完一个记录后，需将读/写指针加上 L_i，L_i 是刚读/写完的记录的长度。

3. 顺序文件的优缺点

当对记录文件进行批量存取操作时，即每次要读写一大批记录时，对顺序文件的存取效率是所有逻辑文件中最高的。

在交互应用场合，用户(程序)需要查找或修改单个记录，为此系统需要逐个查找各记录。这时，顺序文件表现出来的性能很差，当文件较大时，情况更为严重。例如，一个含有 10^4 个记录的顺序文件，如果对其采用顺序查找去查找一个指定的记录，则平均需要查找 5×10^3 个记录。如果是可变长记录的顺序文件，则为查找一个记录所需付出的开销将更大。顺序文件的另一个缺点是增加或删除一个记录比较困难。

7.4.3 索引文件

对于定长记录文件，如果要查找第 i 个记录，可直接根据下式计算来获得第 i 个记录相对于第一个记录首址的地址：

$$A_i = iL$$

对于变长记录文件，要查找第 i 个记录时，首先要计算出该记录的首地址。因此，需要顺序地查找每个记录，从中获得相应记录的长度 L_i，然后按下式计算出第 i 个记录的首址。

$$A_i = \sum_{i=0}^{i-1} L_i$$

由此可见，对于定长记录，不仅可以方便地实现顺序存取外，还可较方便地实现直接存取。然而，对于变长记录则较难实现直接存取，因为计算变长记录文件中一个记录的初始地址是很麻烦费时的。为了解决这一问题，在变长记录文件中引入索引表，即为变长记录文件建立一张索引表，对主文件中的每个记录，在索引表中建立一个对应的表项，记录该文件记录的长度 L 及指向该记录的指针(该记录在逻辑地址空间的首址)。由于索引表是按记录键排序的，因此，索引表本身是一个定长记录的顺序文件，从而可以方便地实现直接存取。图 7-6 所示为索引文件的组织形式。

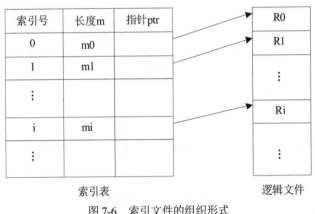

图 7-6　索引文件的组织形式

在对索引文件进行检索时，首先根据用户(程序)提供的关键字，并利用折半查找法去检索索引表，从中找到对应的表项，再利用该表项中给出的指向记录的指针值，去访问所需的记录。

7.4.4　索引顺序文件

索引顺序文件是顺序文件和索引文件相结合的产物，是最常见的一种逻辑文件形式。索引顺序文件将顺序文件中的所有记录分为若干个组，为顺序文件建立一张索引表，在索引表中为每组的第一个记录建立一个索引项，其中含有该记录的键值和指向该记录的指针。

在对索引顺序文件进行检索时，首先利用用户(程序)提供的关键字以及某种查找算法去检索索引表，找到该记录所在记录组中第一个记录的表项，从中得到该记录组第一个记录在主文件中的位置；然后利用顺序查找法去查找主文件，从中找到所要访问的记录。

如果在一个顺序文件中包含的记录数为 N，则为检索到具有指定关键字的记录，平均需查找 $N/2$ 个记录；但对于索引顺序文件，则为能检索到具有指定关键字的记录，平均只要查找 $\sqrt{N}$ 个记录数。

7.5　文件的物理结构

文件的物理结构指文件在外存上的存储组织形式，表示一个文件在外存上的安置、链接和编目的方法。文件的物理结构和文件的逻辑结构以及外存设备的特性等都有密切的关系。因此，在确定一个文件的物理结构时，必须考虑文件的大小、记录是否定长、访问的频繁程度和存取方法等。

大多数字符设备和早期的磁带系统传输的信息都被作为连续文件看待。这种文件的信息是按线性为序存取的，是比较简单的文件结构。磁盘存储设备具有较为复杂的文件组织。在磁盘表面按径向缩减的一组同心圆称为磁道(track)，每一个磁道又可进一步分为扇区(sector)。在磁盘系统中被转换的最小信息单位通常是一个扇区(或块)。

磁盘的结构允许文件管理系统按以下三种不同的方式组织文件：连续文件、链接文件、随机文件。

7.5.1　连续文件

连续文件结构是由一组分配在磁盘连续区域的物理块组成的。文件中的每一个记录有一个序号，序号为 $i+1$ 的记录的物理位置一定紧跟在 i 号记录后。图 7-7 所示为一个连续文件结构 F，其由三个记录组成，这些记录被分配到物理块号为 596、597、598 的相邻物理块中，这里假定文件的逻辑记录和物理块的大小是相等的(当然也可以是一个物理块包括几个逻辑记录或一个逻辑记录占有几个物理块)。

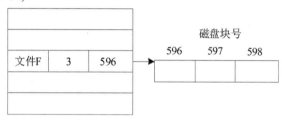

图 7-7　连续文件结构

连续文件结构主要有以下优点。

(1) 存取简单。对于连续文件结构，存取块中的一个记录非常简单。若给定记录号为 r，记录长度为 l，物理块大小为 size，则相对块号计算如下：

$$b = \frac{l \cdot r}{\text{size}}$$

(2) 存取速度较快。如果文件中第 n 个记录刚被存取过，而下一个要存取的是第 $n+1$ 个记录，则这个存取操作会很快完成。当连续文件在顺序存取设备(或称单一存储设备，如磁带)上时，这一优点尤为明显。

连续文件结构的缺点是：如果是直接存取设备(或称多路存储设备，如磁盘)，在多道程序情况下，由于其他用户可能驱使磁头移向其他柱面，因而就会降低连续文件的优越性。所以，对于磁盘可以采用连续结构，也可采用非连续结构(后者更为好些)。连续文件结构对于变化少、可以作为一个整体处理的大量数据段较为方便，而对那些变化频繁的少量记录不宜采用。对于连续文件结构来说，其文件长度一经固定便不易改变，因而不利于文件的增长和扩充。

7.5.2　链接文件

链接文件结构是按顺序由串联的块组成的，即文件的信息按存储介质的物理特性存于若干块中，一块中可包含一个逻辑记录或多个逻辑记录，或者一个逻辑记录占有多个物理块。每个物理块的最末一个字(或第一个字)作为链接字,其指向后继块的物理地址。文件最后一块的链接字为结束标记(如∧),表示文件到本块结束。如图 7-8 所示,一个文件 F 有三个记录,分别分配到 56、596、110 号物理块中,其第一个物理块号由文件目录中的该文件目录项指出。

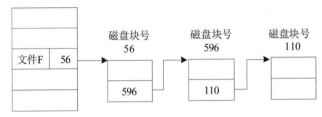

图 7-8 链接文件结构

链接文件采用的是一种非连续的存储结构,文件的逻辑记录可以存放到不连续的物理块中,能较好地利用外存空间。另外,还易于对文件进行扩充,即只要修改链接字就可以将记录插入文件中间或从文件中删除若干记录。对于链接文件而言,为了找到一个记录,文件必须从文件头开始一块一块查找,直到所需的记录被找到。

链接文件可以是单链结构,也可以是双链结构。在双链结构中,在每个相应的物理块中增加一个后向指针,令其指向上一个记录所在的物理块,链接文件能反向顺序存取。

链接文件虽易于修改,但由于存放链指针,因此需要消耗一定的存储空间。链接文件只适用于顺序存取方式,不适用于直接存取方式。

7.5.3 随机文件

随机文件结构是实现非连续分配的另一种方式。在随机文件结构中,文件的数据记录存放在直接存取型存储设备上,数据记录的关键字和其地址之间建立某种对应关系,并利用这种关系进行存取。通常有三种形式的随机文件结构:直接地址结构、索引结构和散列结构。

1. 直接地址结构

如果知道某个记录的地址时,可直接使用这个地址进行存取。这就意味着,用户必须知道每个记录的具体地址,这是很不方便的。因此,直接地址结构并不常用。直接地址结构的存取效率最高,因为不需要进行任何查找。

2. 索引结构

索引结构将逻辑文件顺序地划分成长度与物理存储块长度相同的逻辑块,然后为每个文件分别建立逻辑块号与物理块号的映射表,这张表称为该文件的索引表。用这种方法构造的文件称为索引文件。索引文件的索引项按文件逻辑块号顺序排列。例如,某文件 F 有四个逻辑块,分别存放在物理块 20、09、01、06 中,该文件的索引结构如图 7-9 所示。

索引文件在存储区中占两个区:索引区和数据区。索引区存放索引表,数据区存放数据文件本身。访问索引文件需要两步操作:第一步是查文件索引,由逻辑块号查得物理块号;第二步是由此物理块号获得所要求的信息。因此,需要两次访问文件存储器。如果文件索引表已经预先调入主存,则只需访问一次。

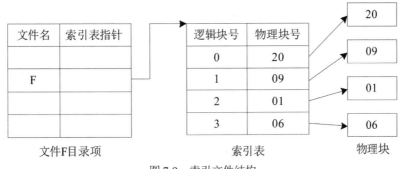

图 7-9　索引文件结构

索引文件的优点是可以直接访问任意记录，而且便于文件的增删。当增加或删除记录时，需要对索引表及时加以修改。由于每次存取都涉及索引表的查找，因此，所采用的查找策略对文件系统的效率有很大的影响。通常采用的查找策略有两种：二分查找和顺序查找。

3. 散列结构

在散列结构中，文件中记录的关键字经过散列计算处理，转换成相应的物理块地址，并进行访问，利用这种散列关系实现记录存取的文件称为散列文件。由于通常地址的总数比可能的关键字值的总数要小得多，即不会是一对一的关系，因此不同的关键字在散列计算后，可能会得出相同的地址，称为"冲突"。一种散列算法是否成功的一个重要标志，是看其将不同的关键字映射到同一地址的概率有多大，概率越小，则该散列算法的性能就越好，即"冲突"产生的概率越小越好。

散列算法的基本思想是根据关键字来计算相应记录的地址，所以必须解决好如下两个问题。

(1) 寻找一个散列函数 h(k) 实现关键字到地址的转换。

(2) 确定解决冲突的方法。

7.5.4　连续文件、链接文件与随机文件的比较

文件的物理结构和存取方法与系统的用途和物理设备特性密切相关。例如，磁带和慢速字符设备上的文件应组织为连续文件，故应采用顺序存取方法。

连续文件的优点是不需要额外的空间开销，只要在目录中指出起始块号和文件长度，即可对文件进行访问，且一次可以读出整个文件。对于固定不变且要长期使用的文件(如系统文件)，这是一种较为节省的方法。但它存在如下缺点。

(1) 不能动态增长。因为在其后面如果已经记录了别的文件，所以这一文件增长就可能破坏后边的文件。如果后移下一个文件，则系统开销太大，甚至不可能。

(2) 一开始就提出文件长度要求，而要用户预先知道文件长度并不容易。

(3) 一次要求比较大的连续存储空间也并不容易。如果外存上只有许多小的自由空间，虽然其总容量大于文件的要求，但由于不连续，这些空间可能被浪费。

链接文件可以克服连续文件的上述缺点，然而也存在如下缺点。

(1) 由于在处理文件的一部分时必须顺序访问，因而访问速度较慢，比较浪费时间。

(2) 对块链接而言，每个块中都要有链接字，这会占用一定的存储空间。

相比之下，随机文件是一种比较好的结构，便于直接存取。但问题是，对于索引文件应考

虑如何有效地存储和访问索引表，对于散列文件应寻找一个较好的散列算法和确定解决冲突的办法。

7.6 文件存储空间的分配

磁盘具有随机访问的特性，因此利用磁盘来存放文件时，具有很大的灵活性。在为文件分配外存空间时需要考虑的主要问题是：如何才能有效地提高外存空间利用率和加快文件访问速度？目前常用的外存分配方法有连续分配、链接分配和索引分配三种，每种方法都有其优缺点。有的系统对三种方法都支持，但通常在一个系统中，仅采用其中的一种方法来为文件分配外存空间。

综上所述，文件的物理结构与外存分配方式有紧密关系。在采用不同的分配方式时，将形成不同的文件物理结构。例如，采用连续分配方式时的文件物理结构，将是连续式的文件结构；链接分配方式将形成链接式文件结构；索引分配方式则形成索引式文件结构。

7.6.1 连续分配

连续分配方法要求每个文件在磁盘上占用一组连续的块。文件的连续分配可以用第一块的磁盘地址和连续块的数量来定义。如果文件有 n 块，并从位置 b 开始，那么该文件将占有块 b、$b+1$、$b+2$、…、$b+n-1$。通常，它们都位于一条磁道上，在进行读/写时，不必移动磁头，仅当访问到一条磁道的最后一个盘块后，才需要移动到下一条磁道。采用连续分配方法可以把逻辑文件中的信息顺序地存放到一组邻接的物理盘块中，这样形成的物理文件称为连续文件(或顺序文件)。这种分配方式保证了逻辑文件中的记录顺序与存储器中文件占用盘块的顺序的一致性。为使系统能找到文件存放的地址，一个文件目录项包括开始块的地址和该文件分配的区域的长度，如图 7-10 所示，文件 File1 的起始地址为盘块 1，长度为 3，其占用了盘块 1、2 和 3。文件 File2 的起始地址为盘块 7，长度为 5，其占用的连续块为 7、8、9、10 和 11。

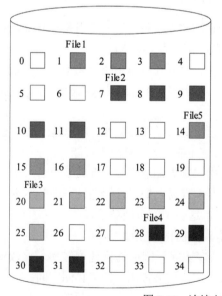

文件名	起始块	长度
File 1	1	3
File 2	7	5
File 3	20	6
File 4	28	4
File 5	14	3

文件分配表

图 7-10　连续文件分配

连续分配的主要问题就是从一个空闲块列表中寻找一个满足请求要求的连续空闲区域。最常用的策略是首次适应法和最佳适应法。这两种算法在空间使用上相差不大，但首次适应法通常执行得更快。

1. 连续分配的优点

连续分配主要有以下优点。

(1) 顺序访问速度快。这是因为连续分配文件所占用的盘块通常位于一条或几条相邻的磁道上，访问时磁头的移动距离最短，因此连续分配方式的顺序访问速度是几种存储空间管理方式中最高的。该方法常用于存放系统文件，访问此类文件时经常需要获取全部数据。

(2) 支持直接访问。连续分配方式下，文件占用连续的物理空间，所以很容易直接存取文件中的任意一块。例如要访问从 b 块开始的第 i 块，可以直接从 $b+i$ 块开始读取。因此，连续分配方式除支持顺序访问外，也能实现直接访问。

2. 连续分配的缺点

连续分配主要有以下缺点。

(1) 占用连续存储空间。每一个文件要求占用一段连续的存储空间。如同内存的动态分区分配一样，随着创建文件时空间的分配和删除文件时空间的回收，磁盘空间将被分割成许多小块，这些较小的连续区难以用来存储文件，便会产生出许多外部碎片，严重地降低外存的利用率。可以定期地利用紧凑方法，将盘上所有文件紧靠在一起，把所有碎片拼接成一大片连续的存储空间。但是需要花费大量的机器时间，由于外存空间的容量巨大，每次紧凑操作所花费的时间远比将内存紧凑一次所花费的时间多。

(2) 预估的文件长度不精确。要将一个文件装入一个连续的存储区中，必须事先知道文件的大小，然后根据其大小在存储空间中找出一片适合其大小的存储区，将文件装入。在有些情况下，知道文件的大小很容易，如复制一个已存在的文件时。但有时却无法准确预知，只能靠估算，如果估计的文件大小比实际文件小，就会因为存储空间不足而中止文件的装入。这就促使用户往往将文件长度估得比实际要大，这会严重地浪费外存空间。

(3) 不便于文件的动态扩充。在实际应用中，文件的内容随着执行过程而不断地增加。当该文件需要扩大空间但文件两端的空间已经被使用时，文件无法在原地扩展。这时可以采取两种方法：第一，终止用户程序，并给出错误提示，用户必须分配更多的空间并再次运行程序；第二，找一个足够大的空间，复制文件内容，释放以前的空间，这种文件的搬移很浪费时间。

为了弥补这些缺点，有的操作系统使用修正的连续分配方案，该方案开始分配一块连续的空间，当空间不够时，另一块被称为扩展的连续空间会添加到原来的分配中。这样，文件块的位置就成为开始地址、块数加上一个指向下一个扩展块的指针。有的系统中，用户可以自己设置扩展的大小，但是，如果设置不当将会影响系统的效率。如果设置太大，可能出现外部碎片，导致磁盘空间的浪费。

7.6.2 链接分配

连续分配的问题存在的根源在于必须为一个文件分配连续的磁盘空间。而如果将一个逻辑文件分散装到多个离散的物理盘块中，而不是为整个文件寻找一块连续的空间，即可消除连续分配的上述缺点。链接分配正是基于此思想。采用链接分配时，一个文件被离散地分配到多个非连续的物理盘块上，这些非连续的物理块可分布在磁盘的任何地方，它们之间并没有顺序关系，其中每个物理块都设有一个指针，指向其后续连接的另一个物理块，从而使得存放同一文件的物理块链接成一个串联队列。采用链接分配形成的物理文件称为链接文件或串联文件。

链接分配采用离散分配方式，消除了外部碎片，提高了外存空间的利用率。另外，链接分配根据文件的当前需要，为其分配必需的盘块，当文件动态增长时，可动态地再为其分配盘块，因此无须提前知道文件的大小。链接分配对文件的增、删、改十分方便。

链接方式可分为隐式链接和显式链接两种形式。

1. 隐式链接

在隐式链接分配方式下，文件目录的每个目录项中都含有指向链接文件第一个盘块和最后一个盘块的指针。图 7-11 为链接分配的示意图，文件 File2 从块 7 开始，然后是块 13、块 27、块 16，最后是块 5。每块都有一个指向下一块的指针。用户不能使用这些指针。因此，如果每块有 512B，磁盘地址为 4B，那么用户可以使用的是 508B。

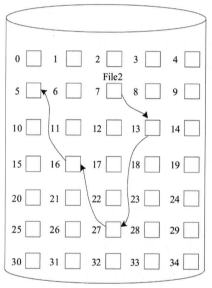

文件名	起始块	最后块
...	...	...
File2	7	5
...	...	...

文件分配表

图 7-11　链接文件分配

隐式链接分配方式存在以下问题：①它只适合顺序访问，不适合随机访问。如果要访问文件所在的第 i 个盘块，则必须先读出文件的第一个盘块，然后顺序地查找直至第 i 块。②隐式链接分配的可靠性差，由于文件物理块是通过指针链接的，而指针是分布在整个磁盘上，操作系统软件的 bug 或磁盘硬件的故障可能会导致程序获得一个错误指针。一个不彻底的解决方案是使用双向链表或在每个块中存上文件名和相对块数。不过这些方案的使用为每个文件增加了额外开销。③指针也需要空间。如果指针需要 512 字节中的 4 字节，那么 0.78% 的磁盘空间将会用于指针，而不是其他信息，因而每个文件将需要比实际容量更多的空间。

对隐式链接分配存在问题的解决方法是将多个块组成簇(cluster)，并按簇而不是按块进行分配。例如，文件系统可能定义一个簇为 4 块，并以簇为单位来操作。这样，指针占用的磁盘空间就会更少，也会成倍地减小查找指定块的时间。但这种方法增加了内部碎片。

2. 显式链接

显式链接分配使用文件分配表(File Allocation Table，FAT)。这一简单而有效的磁盘空间分配用于 MS-DOS 和 OS/2 操作系统。每个磁盘分区的开始部分用于存储 FAT。磁盘上的每个块都在该表中登记，并占用一个表项，FAT 可以通过块的编号来索引，FAT 的每个表项含有文件的下一块的块号，这样 FAT 就可以像链表一样使用。系统首先根据目录文件中的第一块的块号去检索 FAT，从中得到文件的下一个盘块号，以此类推，直到该文件的最后一块，该块对应 FAT 的值为文件结束标志。在 FAT 中，未使用的块用 0 表示，因此，当一个文件需要分配新的存储空间时，就在 FAT 中查找第一个标志为 0 的块，用新分配块的块号替换该条目的值，并把该块链接到文件的尾部。例如，一个由块 56、596 和 113 组成的文件的 FAT 结构如图 7-12 所示。

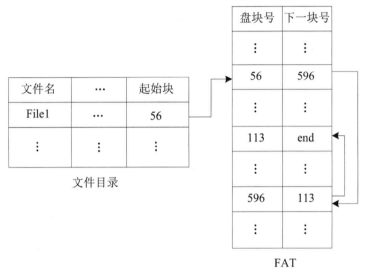

图 7-12　文件分配表(FAT)

很显然，采用 FAT 分配方案可能导致大量的磁头寻道时间，因为磁头必须移到分区的开始位置以便读入 FAT，寻找所需块的位置，接着再移到块本身的位置。在最坏的情况下，每块都需要两次移动。但是，通过读入 FAT 的信息，磁头能找到任何块的位置，所以，FAT 分配方案改善了随机访问时间。把 FAT 装入内存，不仅显著地提高检索速度，而且大大减少访问磁盘的次数和磁头的寻道时间，但相应地减少了可用内存的数量。

3. FAT 和 NTFS 技术

在微软早期的 MS-DOS 中，使用的是 12 位的 FAT12 文件系统，后来为 16 位的 FAT16 文件系统；在 Windows 95 和 Windows 98 操作系统中升级为 32 位的 FAT32；Windows NT、Windows 2000 和 Windows XP 操作系统又进一步发展为新技术文件系统 NTFS(New Technology File System)。上述几种文件系统采用的文件分配方式基本上都类似于上节介绍的显式链接分配方法。

在早期 MS-DOS 的 FAT 文件系统中，引入了"分区"(也称为"卷")的概念，可以支持将一个物理磁盘分成 4 个逻辑磁盘，每个逻辑磁盘就是一个分区。每个分区都是一个能够被单独格式化和使用的逻辑单元，供文件系统分配空间时使用。每个分区都专门有一个单独区域来存放自己的目录和 FAT,以及自己的逻辑驱动器字母。由于硬盘仅仅为分区表保留了 64 字节的存储空间,而每个分区的参数占据 16 字节,故主引导扇区中总计只能存储 4 个分区的数据。也就是说,一块物理硬盘只能划分为 4 个逻辑磁盘。在具体的应用中,4 个逻辑磁盘往往不能满足实际需求。为了建立更多的逻辑磁盘供操作系统使用,开始引入了扩展分区和逻辑分区,并把原来的分区类型称为主分区。

1) FAT12

早期 MS-DOS 操作系统使用的是 FAT12 文件系统,主要用于软盘驱动器。FAT12 采用 12 位文件分配表,并因此而得名。整个系统有一张文件分配表(FAT),在 FAT 的每个表项中存放下一个盘块号,它实际上是用于盘块之间的链接指针,可以将一个文件的所有盘块链接起来,将文件的第一个盘块号存放在文件的 FCB 中。

由于每个 FAT 表项为 12 位,因此在 FAT 中最多允许有 4096 个表项,如果采用以盘块为基本分配单位,每个盘块(也称为扇区)的大小一般是 512 字节,那么每个磁盘分区的容量为 2MB(4096×512B)。同时,一个物理磁盘支持 4 个逻辑磁盘分区,所以相应的磁盘最大容量仅为 8MB。

为了适应磁盘容量的不断增大,在进行盘块分配时,不再以盘块而是以簇(cluster)为基本单位。簇是一组连续的扇区,在 FAT 中把簇作为一个虚拟扇区,簇的大小一般是 2^n(n 为整数)个盘块。在 MS-DOS 的实际运用中,簇的容量可以仅有一个扇区(512B)、两个扇区(1KB)、四个扇区(2KB)、八个扇区(4KB)等。一个簇所包含扇区的数量与磁盘容量的大小直接相关。例如,当一个簇仅有一个扇区时,磁盘的最大容量为 8MB;当一个簇包含两个扇区时,磁盘的最大容量可达 16MB;当一个簇包含八个扇区时,磁盘的最大容量可达 64MB。

综上所述,以簇作为基本分配单位可以减少 FAT 中的项数(在相同的磁盘容量下,FAT 的项数与簇的大小成反比),这一方面会减少 FAT 占用的存储空间,减少访问 FAT 的存取开销,提高文件系统的效率;另一方面能适应磁盘容量的不断增大。但这也会造成更大的簇内零头,其与存储器管理中的页内零头相似。

FAT12 对所允许的磁盘容量存在着严重的限制,虽然可以通过增加簇的大小来提高所允许的最大磁盘容量,但随着支持的硬盘容量的增加,相应的簇内碎片也将随之成倍地增加。此外,FAT12 只支持 8.3 格式的文件名。

2) FAT16

在 DOS 3.0 中,微软推出了新的文件系统 FAT16。除了采用 16 位字长的分区表外,FAT16 和 FAT12 在其他方面都非常相似。随着 FAT16 字长增加 4 位,可以使用的簇总数增加到了 65 536,此时便能将一个磁盘分区分为 65 536(2^{16})个簇。在 FAT16 的每个簇中可以有的盘块数为 4、8、16、32、64,由此可计算出 FAT16 可以管理的最大分区空间为 $2^{16}×64×512=2048MB$。

FAT16 只支持 8.3 格式的文件名,也不支持长文件名。Windows 95 以后的系统对 FAT16 进行了扩展,通过一个长文件名占用多个目录项的方法,使得文件名的长度可以达到 255 个字符,这种扩展的 FAT16 称为 VFAT。

FAT16 分区格式存在严重的缺点:大容量磁盘利用效率低。在微软的 DOS 和 Windows 系列中,磁盘文件的分配以簇为单位,一个簇只分配给一个文件使用,不管这个文件占用整个簇容量的多少。这样,即使一个很小的文件也要占用一个簇,剩余的簇空间便全部闲置,从而造成磁盘空间的浪费。由于分区表容量的限制,FAT16 分区创建得越大,磁盘上每个簇的容量也越大，从而造成的浪费也越大。为了解决这个问题，微软推出一种全新的磁盘分区格式 FAT32。

3) FAT32

FAT32 文件系统是 FAT 系列文件系统的最后一个产品。它采用 32 位的文件分配表，FAT32 可以表示 4 294 967 296(2^{32})项，FAT32 允许管理比 FAT16 更多的簇，这样就允许 FAT32 采用较小的簇，从而可以减少簇内零头，提高磁盘利用率。FAT32 的每个簇都固定为 4KB，即每簇用 8 个盘块代替 FAT16 的 64 个盘块，每个盘块仍为 512 字节，FAT32 分区格式可以管理的单个最大磁盘空间可达到 $4KB×2^{32}=2TB$。

FAT32 比 FAT16 支持更小的簇和更大的磁盘容量，这大大减少了磁盘空间的浪费，使得 FAT32 分区的空间分配更有效率。例如，两个磁盘容量都为 2GB，一个磁盘采用 FAT16 文件系统，另一个磁盘采用 FAT32 文件系统，采用 FAT16 磁盘的簇大小为 32KB，而 FAT32 磁盘簇只有 4KB 的大小，这样，FAT32 磁盘碎片减少，比 FAT16 的磁盘利用率要高得多，通常情况下可以提高 15%。FAT32 主要应用于 Windows 98 及后续 Windows 系统。FAT32 支持长文件名。

FAT32 仍然存在以下几方面的不足。

- 由于文件分配表的扩大，运行速度比 FAT16 格式要慢。
- FAT32 存在最小管理空间的限制，FAT32 分区必须至少有 65 537 个簇，所以 FAT32 不支持容量小于 512MB 的分区，因此对于小分区，则仍然需要使用 FAT16 或 FAT12。
- FAT32 的单个文件的长度不能大于 4GB。
- FAT32 最大的限制在于兼容性方面，FAT32 不能保持向下兼容。

4) NTFS

NTFS(New Technology File System)是一个专门为 Windows NT 开发的、全新的文件系统，并适用于 Windows 2000/XP/2003 等。NTFS 具有许多新的特性：第一，使用 64 位磁盘地址，理论上可以支持 2^{64} 字节的磁盘分区；第二，在 NTFS 中可以很好地支持长文件名，单个文件名限制在 255 个字符以内，全路径名为 32 767 个字符；第三，具有系统容错功能，即在系统出现故障或差错时，仍能保证系统正常运行；第四，提供了数据的一致性、文件加密、文件压缩等功能。

NTFS 的不足之处在于，它只能被 Windows NT 识别。NTFS 文件系统可以存取 FAT 等文件系统的文件，但 NTFS 文件却不能被 FAT 等文件系统所存取，缺乏兼容性。Windows 95/98/98SE 和 Windows Me 版本都不能识别 NTFS 文件系统。

7.6.3 索引分配

1. 单级索引分配

链接分配解决了连续分配的外部碎片和大小声明问题，但是，链接分配又出现了如下两个问题。

(1) 不能有效地支持直接访问。这是因为块指针与块一起分布在整个磁盘上，且必须按顺序读出。

(2) FAT 需占用较大的内存空间。由于一个文件占用盘块的盘块号是随机地分布在 FAT 中的，因而只有将整个 FAT 调入内存，才能保证在 FAT 中找到一个文件的所有盘块号。当磁盘容量较大时，FAT 可能要占用数兆字节以上的内存空间，这令人难以接受。

实际上，在打开某个文件时，只需要把该文件占用的盘块的编号调入内存即可，完全没有必要将整个 FAT 调入内存。索引分配则解决了这个问题，索引分配要求系统为每个文件建立一张索引表，表中的每一栏目指出文件信息所在的逻辑块号和与之对应的物理块号。索引表的物理地址则由文件目录对应的表项给出，如图 7-13 所示，这种物理结构形式的文件称为索引文件。

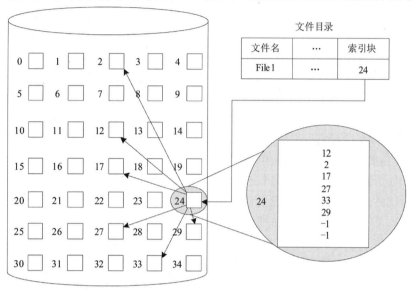

图 7-13　索引文件分配

这种分配方式类似于存储管理中的分页方式。当创建一个文件时，系统为其建立一个索引表，其中所有的盘块号设置为 null。首次写入第 i 块时，先从空闲盘块中取出一块，然后将其地址(即物理块号)写入索引表的第 i 项中。

索引文件既可以满足文件动态增长的要求，又可以较为方便和迅速地实现随机存取。因为有关逻辑块号和物理块号的信息全部存放在一个集中的索引表中，而不是像链接文件那样分散在各个物理块中。如果要读取文件的第 i 块，就检索文件的索引表，从索引表的第 i 项找到所需的盘块号，然后启动磁盘完成文件 I/O 操作。此外，索引分配方式不会产生外部碎片。当文件较大时，索引分配方式无疑要优于链接分配方式。

但是，索引表也需要额外的磁盘空间，每当建立一个文件时，便需为之分配一个索引块，将分配给该文件的所有盘块号记录于其中。一般情况下，总是中、小型文件居多，有的文件只需 1~2 个盘块，这时如果采用链接分配方式，只需设置 1~2 个指针。如果采用索引分配方式，则仍需为之分配一个索引块。通常是采用一个专门的盘块作为索引块，但是，对于小文件采用索引分配方式时，其索引块的利用率将是极低的。

索引结构既适用于顺序存取，也适用于随机存取。索引结构的缺点是由于使用索引表而增加了存储空间的开销。另外，在存取文件时需要访问存储器两次以上。其中，一次是访问索引表；另一次是根据索引表提供的物理块号访问文件信息。由于文件在存储设备时的访问速度较慢，因此，如果把索引表放在存储设备上，势必大大降低文件的存取速度。改进的方法是：在对某个文件进行操作前，系统预先把索引表放入内存。这样文件的存取即可直接在内存中通过索引表确定物理地址块号，从而只需要访问一次磁盘。

2. 多重索引分配

在很多情况下,有的文件很大,文件索引表也就较大。如果索引表的大小超过一个物理块,那么必须像处理其他文件的存放那样决定索引表的物理存放方式,但这不利于索引表的动态增加;索引表也可以按链接方式存放,但这增加了存放索引表的时间开销。显然,当文件太大,其索引块太多时,这种方法是低效的。较好的解决办法是采用间接索引(多重索引),也就是在索引表所指的物理块中存放的不是文件信息,而是装有这些信息的物理块地址。这样,如果一个物理块可以装下 n 个物理块地址的话,则经过一级间接索引,可寻址的文件长度将变为 $n×n$ 块。如果文件长度还大于 $n×n$ 块的话,还可以进行类似的扩充,即二级间接索引,其原理如图 7-14 所示。

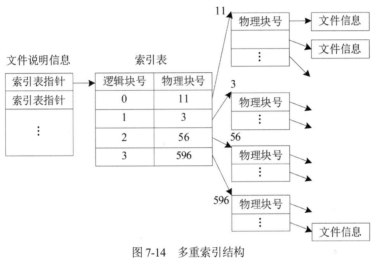

图 7-14 多重索引结构

3. 混合索引分配方式

为了提高文件的存取速度,在实际系统中,通常采用混合索引分配方式,即将多种索引分配方式相结合而形成的一种分配方式。混合索引分配方式把索引表的头几项设计成直接寻址方式,也就是在这几项所指的物理块中存放的是文件信息;索引表的后几项则设计成多重索引,也就是间接寻址方式。在文件较短时,可利用直接寻址方式找到物理块号而节省存取时间。而文件较长时,使用此方法也能够完成大空间的正确管理。UNIX 操作系统采用的是这种索引文件结构。

7.7 文件存储空间的管理

文件存储空间的有效分配是所有文件系统要解决的一个重要问题。其分配方法与内存分配有许多相似之处,即同样可采取连续分配方式或离散分配方式。前者具有较高的文件访问速度,但可能产生较多的外存零头;后者能有效地利用外存空间,但访问速度较慢。

为了实现存储空间的分配,必须首先了解文件存储空间的使用情况。例如,对于一个磁盘,其使用情况如何?哪些物理块是空闲的?哪些已分配出去?已分配的区域为哪些文件所占有?

为此，系统应为分配存储空间设置相应的数据结构。上述后面两个问题由文件目录来解决，因为文件目录登记了系统中建立的所有文件的有关信息，包括文件占用的辅存地址。此外，系统应提供对存储空间进行分配和回收的手段。

由于文件存储空间通常是分成若干个大小相等的物理块，并以块为单位进行信息交换的，因此，文件存储空间的管理实质上是一个空闲块的组织和管理问题，包括空闲块组织、空闲块分配与空闲块回收等几个问题。空闲块管理有以下三种方法：空闲文件目录、空闲链表法和位示图。下面分别介绍这三种方法。

7.7.1 空闲文件目录

空闲文件目录属于连续分配方式，它与内存的动态分配方式相似，为每个文件分配一块连续的存储空间。系统为外存上的所有空闲区域建立一个空闲文件目录，其中空闲文件目录的每个表项对应一个由多个空闲块构成的空闲区，其包括空闲块个数、空闲块号和第一个空闲块号等，如图 7-15 所示。

序号	第一个空闲块号	空闲块个数	空闲块号
1	4	3	4，5，6
2	11	4	11，12，13，14
3	56	7	56，57，58，59，60，61，62
…	…	…	…

图 7-15　空闲文件目录

空闲盘区的分配与内存的动态分配类似，同样是采用首次适应算法、最佳适应算法等。例如，在系统为某个文件分配空闲块时，首先扫描空闲文件目录项，如果找到合适的空闲区项，就分配给申请者，并把该项从空白文件目录中删掉；如果一个空闲区项不能满足申请者的要求，则把目录中的另一项分配给申请者(连续文件结构除外)；如果一个空闲区项所含块数超过申请者要求，则为申请者分配所要的物理块后，再修改该表项。当一个文件被删除，释放存储物理块时，系统将把被释放的块号、长度以及第一个空闲块号置入空白目录文件的新表项中。同样，系统也采取类似于内存回收的方法，即要考虑回收区是否与空闲目录中插入点的前区和后区相邻接，对相邻接者应予以合并。

内存管理的空闲连续区的分配和释放算法，稍加修改即可用于空闲文件项的分配和回收。

虽然在内存分配上很少采用连续分配方式，然而在外存的管理中，由于这种分配方式具有较高的分配速度，可减少访问磁盘的 I/O 频率，故空闲文件目录方法在很多分配方式中占有一席之地。

7.7.2 空闲链表法

空闲链表法是一种较常用的空闲块管理方法，其把文件存储设备上的所有空闲块链接在一起。根据构成链所用基本元素的不同，可把链表分成两种形式：空闲盘块链和空闲盘区链。

1. 空闲盘块链

空闲盘块链是将磁盘上的所有空闲空间以盘块为单位链接起来。当申请者需要空闲块时，分配程序从链头开始分配所需的空闲块，然后调整链首指针。反之，当回收空闲块时，把释放的空闲块逐个插入链尾。这种方法的优点是用于分配和回收一个盘块的过程非常简单，但在为一个文件分配盘块时，可能要重复操作多次。

2. 空闲盘区链

空闲盘区链是将磁盘上的所有空闲盘区(每个盘区可包含若干个盘块)串成一条链。在每个盘区上除含有用于指示下一个空闲盘区的指针外，还应指明本盘区的大小(盘块数)信息。分配盘区的方法与内存动态分区分配类似，通常采用首次适应算法。在回收盘区时，同样也要将回收区与相邻接的空闲盘区合并。空闲盘区链的链接方法因系统而异，常用的链接方法有：按空闲区大小顺序链接的方法、按释放先后顺序链接的方法以及成组链接法。其中，成组链接法可被看作空闲块链的链接法扩展。按空闲区大小顺序链接和按释放先后顺序链接的空闲块管理，在增加或移动空闲块时需要对空闲块链做较大的调整，因而需要消耗一定的系统开销；而成组链接法在空闲块的分配和回收方面要优于上述两种链接法。

成组链接法

空闲文件目录法和空闲链表法都不适用于大型文件系统，因为这会使空闲文件目录或空间链表太长。在 UNIX 系统中采用的是成组链接法，这是将上述两种方法相结合而形成的一种空闲盘块管理方法,其兼备上述两种方法的优点而克服了两种方法均有的目录或链表太长的缺点。

成组链接法首先把文件存储设备中的所有空闲块按 50 块划分为一组。组的划分方式为从后往前顺次划分，如图 7-16 所示。其中每组的第一块用来存放前一组中各块的块号和总块数。由于第一组的前面已无其他组存在，因此，第一组的块数为 49 块。不过因为存储设备的空间块不一定正好是 50 的整倍数，所以最后一组将不足 50 块，且因为该组后面已无另外的空闲块组，所以该组的物理块号与总块数只能放在管理文件存储设备用的文件资源表中。

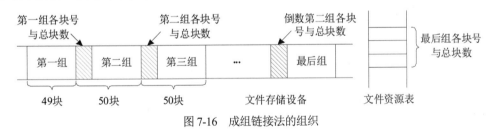

图 7-16 成组链接法的组织

在使用成组链接法对文件设备进行上述分组后，系统根据申请者的要求进行空闲块分配，并在释放文件时回收空闲块。下面详细介绍成组链接法的分配和释放过程。

首先，系统在初启时把文件资源表复制到内存中，使文件资源表中存放有最后一组空闲块块号与总块数的堆栈进入内存，并使得空闲块的分配与释放可以在内存中进行，从而减少启动 I/O 设备的压力。

与空闲块块号及总块数相对应，用于空闲块分配与回收的堆栈有栈指针 Ptr，且 Ptr 的初值等于该组空闲块的总块数。当申请者提出的空闲块要求为 n 时，按照后进先出的原则，分配程序在取走 Ptr 所指的块号后，再进行 Ptr←Ptr-1 的操作。这个过程一直持续到所要求的 n 块分配完毕或者堆栈中只剩下最后一个空闲块的块号。当堆栈中只剩下最后一个空闲块号时，系统将启动设备管理程序，在该块中存放的下一组的块号与总块数读入内存之后，将该块分配给申请者。然后系统重新设置 Ptr 指针，并继续为申请者进程分配空闲块。文件存储设备的最后一个空闲块中设置有尾部标识，以指示空闲块分配完毕。

如果用户进程不再使用有关文件并删除这些文件时，回收程序将回收装有这些文件的物理块。成组链接法的回收过程仍然是利用文件管理堆栈进行的。在回收时，回收程序先进行 Ptr←Ptr+1 操作，然后把回收的物理块号放入当前指针 Ptr 所指的位置。如果 Ptr 等于 50，则表示该组已经回收结束。此时，如果还有新的物理块需要回收的话，则回收该块并启动 I/O 设备管理程序，把回收的 50 个块号与块数写入新回收的块中。然后，将 Ptr 重新置 1 另起一个新组。显然，对空闲块的分配和释放必须互斥进行，否则将会发生数据混乱。

7.7.3　位示图

空闲文件目录和空闲链表法在分配和回收空闲块时，都需在文件存储设备上查找空闲文件目录项或链接块号，这必须经过设备管理程序启动外设才能完成。为了提高空闲块的分配和回收速度，可以使用位示图进行管理。

系统为每个文件存储设备建立一张位示图，这张位示图反映每个文件存储设备的使用情况。在位示图中，每个文件存储设备的物理块都对应一个比特位。如果该位为 1，则表示对应的块是空闲块；如果该位为 0，则表示对应的块已被分配出去。例如，假设有一磁盘，其上的块 2、3、4、5、8、9、10、11、12、13、17、18、25、26 和 27 为空闲，其他块已分配，那么空闲空间的位示图如下所示：

0011110011111100011000000011100000…

利用位示图进行空闲块分配时，只需查找位于图中的 1 位，并将其置为 0 位即可；反之，利用位示图回收空闲块时，只需把相应的比特位由 0 改为 1 即可。

位示图对空间分配情况的描述能力强，一个二进制位即描述一个物理块的状态。另外，位示图占用空间较小，因此可以复制到内存，使查找既方便又快速。位示图适用于各种文件物理结构的文件系统。使用位示图能够简单有效地在盘上找到 N 个连续的空闲块。

7.8　文件系统

文件系统是操作系统中负责管理和存取文件信息的软件机构，它由管理文件所需的数据结构(如目录表、文件控制块、存储分配表)和相应的管理软件以及访问文件的一组操作组成。

从系统角度看，文件系统要对文件存储器的存储空间进行组织、分配，并负责文件的存储、保护和检索。从用户角度看，文件系统要实现"按名存取"，即当用户需要保存一个已命名的文件时，文件系统可以根据一定的格式把文件存放到文件存储器的适当位置，当用户访问文件时，文件系统根据用户提供的文件名，能够从文件存储器中找到该文件。

7.8.1 文件系统概述

1. 管理对象

文件系统管理的对象有以下几种。

(1) 文件。文件是文件管理的直接对象,用于实现对外存上的数据和程序的有效管理。

(2) 目录。为了方便用户对文件的存取和检索,在文件系统中必须配置目录。每个目录项中,必须含有文件名及该文件的物理地址。对目录的组织和管理是方便用户和提高文件存取速度的关键。

(3) 文件存储空间。文件和目录必定占用存储空间,对存储空间的有效管理,不仅能提高外存的利用率,而且能提高文件的存取速度。

2. 文件系统的功能

文件系统的功能主要如下。

(1) 为了合理地存放文件,必须对文件存储空间进行有效管理。在创建新文件时为其分配空闲区;在删除或修改某个文件时,回收或调整存储区。

(2) 提供有效的组织数据方式,即为了便于存放和加工信息,文件在存储设备上应该按一定的顺序存放。这种存放方式称为文件的物理结构。

(3) 实现按名存取,这实质上是实现逻辑特性到物理特性的转换。用户需要有一个可见的文件逻辑结构,可以按照文件逻辑结构给定的方式进行信息存取和加工。这种逻辑结构独立于物理存储设备。

(4) 提供合适的存取方法,以适应各种不同的应用,完成对存放在存储设备上的文件信息的查找。系统应提供顺序存取和直接存取方法。例如,用户不仅可以顺序地对文件进行操作,而且可以任意地对文件中的记录进行操作。

(5) 提供能处理数据以及执行相关操作的服务,包括创建文件、撤销文件、组织文件、读文件、写文件、传输文件和控制文件的访问权限等。

(6) 提供文件共享和保护功能。文件系统允许多个用户共享一个文件副本,在辅存上只保留一个单一的程序和数据的副本,从而提高设备利用率。这时,文件保护非常重要,系统必须提供文件的保护措施。

3. 文件系统的接口

为方便用户的使用,文件系统提供两种类型的接口。

(1) 命令接口。命令接口是指作为用户与文件系统交互的接口。用户可通过键盘终端输入命令或图形化界面的操作,获得文件系统的服务。

(2) 程序接口。程序接口是指作为程序与文件系统的接口。用户程序可通过系统调用来获得文件系统的服务。

7.8.2 文件系统的实现

数据和程序等信息以文件的形式保存在计算机磁盘上,磁盘和内存之间以块为单位进行数据 I/O 转移。每块为一个或多个扇区,扇区的大小通常为 512B。因此,实现文件系统需要使用磁盘和内存结构。尽管这些结构因操作系统和文件系统而异，但还是有一些通用规律。在磁盘上，文件系统包括如下信息：如何启动存储的操作系统、磁盘的总块数、空闲块的数目和位置、目录结构以及各个具体的文件。内存信息则用于文件系统管理和通过缓存来提高性能，这些结构包括内存分区表、内存目录结构、系统打开文件表和单个进程打开文件表等。

文件系统在使用前必须进行安装。安装操作通常比较简单，操作系统需要知道磁盘设备的名称以及在哪里安装文件系统。通常，一个磁盘设备可以分为不同的分区，每个分区上可以安装不同的操作系统(如一个分区安装 Windows 系统，另一个分区安装 Linux 系统)。每个分区的格式在不同的操作系统下有很大的差别，一般由引导块、管理块和数据块三部分组成。

微软公司的 Window 操作系统用驱动器字母表示设备和分区。当系统启动时能够自动发现所有的设备并安装所有文件系统，因而用户在使用之前不需要运行文件系统的安装。有的系统却不一样，如 UNIX 和 Linux 系统，每个文件系统需要经过安装后才能使用。因此，其系统配置文件包括一系列设备和安装点(mount point)，以便在启动时自动安装。用户也可以根据需要手动地进行其他安装。通常，安装点为空目录，以便安装文件系统。例如，在 UNIX 或 Linux 中，包括用户主目录的文件系统可以安装在/home 目录，这样访问该文件系统的目录结构时，只需要在目录名前加上/home 即可，如/home/jane。

现代操作系统必须同时支持多个文件系统类型，如何才能把多个文件系统整合成一个目录结构呢？用户如何在访问文件系统空间时，可以无缝地在文件系统类型之间移动？实现多个文件系统的一个明显的但不是很令人满意的方法是，为每个类型编写一个目录和文件程序。现在绝大多数操作系统都采用面向对象技术来简化、组织和模块化实现过程。使用面向对象技术允许不同文件系统类型可以通过同样的结构来实现，包括网络文件类型(如 NFS)。用户可以访问本地磁盘上的多个文件系统，甚至位于网络上的文件系统。

7.9　文件的共享和保护

现代操作系统都支持多用户、多任务操作，因此，必须提供文件的共享和保护机制，以减少存储空间的浪费，从而提高系统的使用效率，保证文件系统的安全性。

7.9.1　文件的共享

文件系统的一个重要任务就是为用户提供共享文件信息的手段。这是因为对于某一个公用文件来说，如果每个用户都在文件系统内保留一份该文件的副本，这将极大地浪费存储空间。如果系统提供了共享文件信息的手段，则在文件存储设备上只需要存储一个文件副本，共享该文件的用户以自己的文件名去访问该文件的副本即可。

从系统管理的角度来看，有 3 种方法可以实现文件的共享，即绕道法、链接法和基本文件目录表。

1. 绕道法

绕道法要求每个用户处在当前目录下工作，对所有文件的访问都是相对于当前目录进行的。用户文件的固有名由当前目录到信息文件通路上所有各级目录的目录名加上该信息文件的符号名组成。为了访问某个文件而必须访问的各个目录和文件的目录名与文件名的顺序连接称为固有名。使用绕道法进行文件共享时，用户从当前目录出发向上返回到与共享文件所在路径的交叉点，再顺序向下访问到共享文件。绕道法需要用户指定所要共享的文件的逻辑位置或到达被共享文件的路径，其原理如图 7-17 所示。

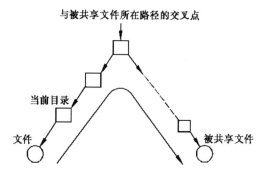

图 7-17　绕道法原理

2. 链接法

绕道法要花很多的时间去访问多级目录，所以搜索效率不高。为了提高共享其他目录中文件的速度，可采用链接技术，即在相应的目录表目之间进行链接，即将一个目录中的链指针直接指向被共享文件所在的目录。链接实际上是另一个文件或目录的指针。例如，链接可以用绝对路径或相对路径的名称来实现。当需要访问一个文件时，则搜索目录。如果目录条目标记为链接，那么可以通过路径名获得真正文件(或目录)的名称。链接可以通过目录条目格式或通过特殊类型来加以标识，其实际上是具有名称的间接指针。在遍历目录树时，操作系统将忽略这些链接以维护系统的无环结构。显然，链接法仍然需要用户指定被共享的文件和被链接的目录。

3. 基本文件目录表

实现文件共享的一种有效方法是采用基本文件目录表。该方法把所有文件目录的内容分成两部分：一部分包括文件的结构信息、物理块号、存取控制和管理信息等，并由系统赋予一个唯一的内部标识符来标识；另一部分则由用户给出的符号名和系统赋予文件说明信息的内部标识符组成。这两部分分别称为符号文件目录表(Symbolic File Directory，SFD)和基本文件目录表(Basic File Directory，BFD)，SFD 存放文件名和文件内部标识符；BFD 则存放除了文件名外的文件说明信息和文件的内部标识符，这样组成的多级目录结构如图 7-18 所示。

为了简单起见，图 7-18 中未在 BFD 表项中列出结构信息、存取控制信息和管理控制信息等。另外，在文件系统中，系统通常预先规定赋予基本文件目录、空白文件目录、主目录(MFD)的符号文件目录的固定不变的唯一标识符，在图中其分别为 0、1、2。

采用基本文件目录方式可以较方便地实现文件共享。如果要共享某个文件，则只需给出被共享的文件名，系统就会自动在 SDF 的有关文件处生成与被共享文件相同的内部标识符 id，例如，在图 7-18 中，用户 Wang 和 Zhang 共享标识符为 6 的文件，对于系统来说，标识符 6 指向同一个文件；对于 Wang 和 Zhang 两个用户来说，则对应于不同的两个文件名 b.c 和 f.c。

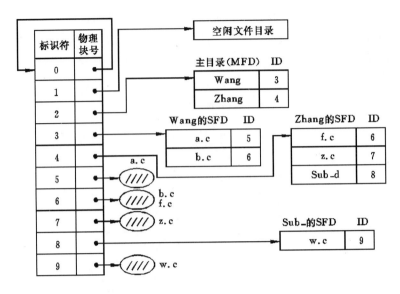

图 7-18　采用基本文件目录的多级目录结构

7.9.2　文件的保护

文件的保护是指文件本身不得被未经文件主授权的任何用户进行存取,对授权用户也只能在允许的存取权限内使用文件。其涉及文件使用权限和对用户存取权限的验证。所谓存取权限的验证,是指用户存取文件之前,需要检查用户的存取权限是否符合规定,符合则允许其使用,否则将拒绝使用。

为了保证文件系统的安全性,一个文件保护系统应该具有以下 4 个方面的内容:①被保护的目标,例如,保护一个目标文件;②被允许的存取类型;③标识谁能独立地存取文件;④实现文件保护的过程,即存取权限验证。

1. 访问类型

一个文件系统可以定义多种不同的访问类型,下面介绍几种通用的访问类型。

- 读(R):从文件中读信息。
- 写(W):对文件内容进行写或重写。
- 执行(E):用户可以将文件装入内存并执行。
- 添加(A):将信息添加到文件末尾。
- 删除(D):删除文件,释放其占用的空间。

文件主通常拥有所有的访问权限,不具有相应权限的用户是不能访问文件的。如果文件主允许某个用户共享该文件,则应给该用户分配相应的访问权限。例如:文件 program.java 的文件主只允许用户具有读(R)的权限,那么用户将只能读出该文件的内容,不能进行其他操作。

2. 访问控制

文件保护最常用的方法是根据用户的身份进行控制。不同的用户可能对同一个文件或目录需要不同类型的访问。实现基于身份访问的最普通的方法是为每个文件和目录增加一个访问控制表(Access Control List,ACL),以给定每个用户名及其所允许的访问类型,如图 7-19 所示。

当用户请求访问一个特定文件时,操作系统先检查该文件的访问控制表,如果具有相应的访问权限,就允许其访问,否则,将出现保护违约,拒绝用户访问。

存　　　用　户 取 数 文件名	Wang	lee	Zhang	…	…
A. C	RWE	E	RWE		
B. C	RW	R	RWE		
D. C	R	W	WE		
E. C	R	W	RW		

图 7-19　访问控制表

访问控制表的优点是可以使用复杂的访问方法,但其长度是一个难题。如果允许每个用户都能读文件,那么必须列出所有访问权限的用户和文件(目录)。因此,访问控制技术存在以下缺点。

(1) 创建这样的列表比较麻烦而且可能没有用处,因为事先并不知道系统用户的列表。

(2) 原来固定大小的目录条目,现在必须随着用户的增加、删除、文件或目录的改变而动态地变动,这会增加磁盘空间管理的复杂性。

为了解决这些问题,可以对访问控制表进行精简。为了精简访问控制表,许多系统都为每个文件设置了 3 种用户类型。

- 文件主:创建文件的用户,通常对文件具有较高的管理权限。
- 组用户:一组需要共享文件且具有相似访问的用户形成的组或工作组。
- 其他用户:系统内除文件主和组用户外的所有其他合法用户。

文件系统可根据用户类型和文件的访问关系,对访问控制表加以分解,形成更小的、更有用的访问控制表。通常有两种分解访问控制表的方式:一是按列来分解访问控制表,形成每个文件的存取控制表,其中存放每个用户或组对某一文件或目录的访问权限;另一种方式是按行来划分访问控制表,从而形成每个用户的权限表,用于存取每个用户有访问权限的文件或目录信息。

此外还有其他的文件保护方法,如加密、采用密码和口令等,这些方法将在操作系统的安全性中做详细介绍。

7.9.3　文件系统的可靠性

在现代计算机系统中,文件及文件系统被保存在内存和磁盘中,由于环境变化或者其他原因可能导致这些信息丢失,从而造成重大的损失。为此,必须采取一定的措施来确保文件系统的可靠性。

常见的确保文件系统可靠性的方法主要有采取磁盘容错技术和后备系统来保证系统的安全性。磁盘容错技术是通过增加冗余的磁盘驱动器、磁盘控制器等方法,来提高磁盘系统可靠性的一种技术。即当磁盘系统的某部分出现缺陷或故障时,磁盘仍然能够正常工作,且不造成数据的丢失或错误。目前,不论是在中、小型机系统,还是在 LAN 中都广泛采用磁盘容错技术来改善磁盘系统的可靠性,从而构成实际的稳定存储系统。

由于磁盘有时会出错，因此必须注意数据不能永远丢失。为此，可以利用系统程序将磁盘数据备份到另一存储设备上，如软盘、磁带或光盘等。恢复单个文件或整个磁盘时，只需要通过备份加以恢复即可。备份可以采用完全备份和增量备份两种方式。完全备份是把磁盘上的所有数据都备份到其他介质，增量备份则只备份自上次备份以来改变过的数据。

7.10 Linux 的文件系统

Linux 为了支持多种不同的文件系统，引入纯软件中间层——虚拟文件系统(Virtual File System，VFS)，该中间层可使文件子系统的可扩展性、可维护性变得更好。本节先介绍 VFS 的运行原理，然后介绍物理文件系统 EXT2。

7.10.1 虚拟文件系统

虚拟文件系统(VFS)是物理文件系统与服务之间的一个接口。该系统对 Linux 实时运行时所支持的每一个物理文件系统进行抽象，使得不同的文件系统在 Linux 内核以及系统中运行的其他进程看来都是相同的。

1. 虚拟文件系统的功能

虚拟文件系统的功能主要包括以下几方面。

(1) 记录可用的文件系统类型。

(2) 将设备同对应的文件系统联系起来。

(3) 处理一些面向文件的通用操作。

(4) 涉及针对文件系统的操作时，虚拟文件系统把它们映射到与控制文件、目录以及索引节点相关的物理文件系统上。

Linux 将各种不同文件系统的操作和管理纳入一个统一的框架中，即让内核中的文件系统界面成为一条文件系统"总线"，使得用户程序可以通过各种不同的文件系统(以及文件)进行操作。这样即可对用户程序隐去各种不同文件系统的实现细节，为用户程序提供一个统一、抽象、虚拟的文件系统界面。用户程序可以把所有的文件都看作一致、抽象的"VFS 文件"，通过这些系统调用对文件进行操作，而无须关心具体的文件属于什么文件系统以及具体文件系统的设计和实现。VFS 并不是一种物理的文件系统，其仅是一套转换机制，在系统启动时建立，在系统关闭时消失，并且仅存在于内存空间。所以，VFS 并不具有一般物理文件系统的实体。在 VFS 提供的接口中包含向各种物理文件系统转换用的一系列数据结构，如 VFS 超级块、VFS 的 inode 等，同时还包含对不同物理文件系统进行处理的各种操作函数的转换入口。

2. 虚拟文件系统的工作原理

Linux 虚拟文件系统的工作原理如图 7-20 所示。在用户进程对文件系统提出操作请求后，VFS 将内存的数据结构与具体文件系统的数据结构相关联起来，同时调用具体的文件系统的操作函数，启动设备的输入/输出操作，实现设备上文件的读取、写回、查找、更改、更新等操作。虚拟文件系统利用内存节点缓冲区、内存目录项缓冲区和数据块缓冲区提供操作节点、目录以

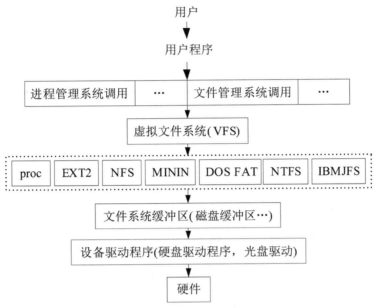

及数据块的方法，实现文件系统尽量在内存中处理文件，减少读取外设的操作次数。在操作之后，文件系统在适当的时机将调用虚拟文件系统的更新程序，将改变的数据从内存中全部写回外部设备。

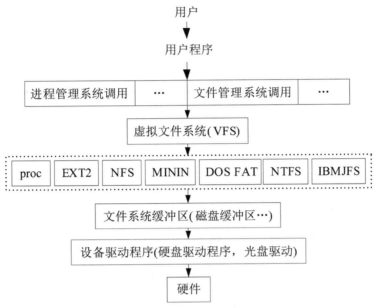

图 7-20　Linux 虚拟文件系统的工作原理

当进程发布一个面向文件的系统调用时，Linux 内核将调用虚拟文件系统中相应的函数，该函数处理一些与物理结构无关的操作，并将其重定向为真实文件系统中相应的函数调用，后者则用来处理那些与物理结构相关的操作。

3. 虚拟文件系统的对象

虚拟文件系统主要有以下 4 个对象。

(1) VFS 超级块。每一个安装的文件系统都有一个 VFS 超级块，存储对具体某个文件系统的描述信息。VFS 超级块包含以下主要信息。

- 设备标识符。此处是指存储文件系统的物理块设备的设备标识符。
- 索引节点指针。该指针包括以下两种：安装索引节点指针指向被安装的子文件系统的第一个索引节点；覆盖索引节点指针指向安装文件系统目录(安装点)的索引节点。
- 数据块大小。
- 超级块操作集。
- 文件系统类型。
- 文件系统的特殊信息。

(2) VFS 索引节点。在 VFS 中每个文件和目录都有且只有一个 VFS 索引节点，也称 inode 对象，用于存储具体某个文件的描述信息。VFS 索引节点仅在系统需要时才保存在系统内核的内存以及 VFS 索引节点缓存中。VFS 索引节点描述的主要内容有设备标识符、索引节点号码、模式(所代表对象的类型及存取权限)、用户标识符、数据块大小、索引节点操作集等信息。

（3）目录项。目录项对象用于存储具体某个目录的描述信息，描述目录项及其关联的 inode 信息。该对象包含的主要信息有父目录、文件名及附属信息，以及该目录对象所属的 inode。

（4）文件对象。文件对象用于存储具体某个已打开文件的描述信息，文件对象表即"打开文件表"。文件对象存储一个打开的文件和一个进程的关联信息。只要文件一打开，这个对象就一直存在。文件对象包含的主要信息有指向与文件对象关联的目录项对象的指针、文件对象的操作集合、进程访问模式、引用计数。

7.10.2　EXT2 文件系统

Linux 最初使用的是 Minux 文件系统，后来有了专为 Linux 设计的 EXT(Extended File System) 文件系统。EXT2 作为 Linux 的第二代可扩展文件系统，是 Linux 界中设计最成功的文件系统，其目标是为 Linux 提供一个强大的可扩展文件系统。

1. EXT2 在磁盘上的物理布局

EXT2 文件卷的结构如图 7-21 所示。文件卷的第一块是引导块，是为分区的启动扇区所保留的。文件卷的其余部分划分成大小相等的 n 个块组，在组描述符中记录每个块组的位置和布局。超级块和组描述符的多个副本保存在各块组的头部，以防止磁盘受到损坏时丢失这些重要信息。EXT2 采用多级索引表结构组织文件的数据块，采用位图方式管理空闲存储块。

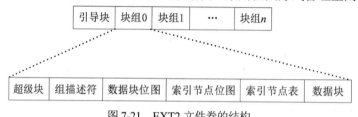

图 7-21　EXT2 文件卷的结构

2. 块组的构造

每个块组都重复保存一些有关整个文件系统的关键信息，以及真正的文件和目录的数据块。每个块组中包含超级块、组描述符、数据块位图、索引节点位图、索引节点表和数据块等。

（1）超级块。超级块包含文件系统本身的大小和形式的基本信息，因此超级块是文件系统的核心。安装文件系统时，系统只读取数据块组 1 中的超级块，将其放入内存。其他块组的超级块作为备份存在。超级块主要包含以下信息。

- Magic Number：文件系统安装软件用它来检验是否是一个真正的 EXT2 文件系统超块。EXT2 版本中这个字段的值为 0xEF53。
- Revision Level：即主从修订版本号，让安装代码能判断此文件系统是否支持只存在于某个特定版本文件系统中的属性。同时，它还是特性兼容标志，以帮助安装代码判断此文件系统的新特性是否可以安全使用。
- Mount Count and Maximum Mount Count：系统使用它们来决定是否应对此文件系统进行全面检查。每次文件系统安装时此安装计数将递增，当其等于最大安装计数时系统将显示一条警告信息 maxumal mount count reached, running e2fsck is recommended。
- Block Group Number：块组的数目。

- Block Size：以字节计数的文件系统块的大小，如 1024 字节。
- Blocks per Group：每个组中的块数目。当文件系统创建时此块大小被固定下来。
- Free Blocks：文件系统中的空闲块数。
- Free Inodes：文件系统中的空闲 inode 数。
- First Inode：文件系统中的第一个 inode 号。EXT2 根文件系统中第一个 inode 指向根目录(/)的入口。

(2) 组描述符。每个块组都有一个组描述符，用于给出这个块组的管理信息，即块组描述结构，其中主要包含以下信息。

- 盘块位示图所在块的块号——bg_block_bitmap。
- 索引节点位示图的块号——bg_inode_bitmap。
- 索引节点表第一块的块号——bg_inode_table。
- 块组中空闲块数的个数——bg_free_blocks_count。
- 块组中空闲索引节点的个数——bg_free_inodes_count。
- 块组中目录的个数——bg_used_dirs_count。

块组描述符记录的都是涉及该块组的一些重要信息。当新建一个文件时，首先应从 bg_free_blocks_count 和 bg_free_inodes_count 里获知有没有空闲的磁盘块，以及有没有空闲的索引节点。如果有，才可以从 bg_block_bitmap、bg_inode_bitmap 和 bg_inode_table 里得到空闲的索引节点与空闲的磁盘块，才能满足存储的要求。

(3) 数据块位图。数据块位图用来管理块组中数据区的数据块。在块组中，数据块位图占据一个数据块。数据块位图中的某位为 0，表示数据区中的相应数据块为空闲；为 1，表示数据区中的相应数据块已经分配给某个文件使用或者被占用。数据块位图的数目决定块组中数据块的个数，也就是该块组中能够有多少数据块用来存放文件的内容。

(4) 索引节点位图。索引节点位图用来管理数据块中的索引节点，其占据一个数据块。同数据块位图类似，其中某位为 1 或者 0 分别表示是否为文件使用。索引节点位图中位的数目决定索引节点表中索引节点的个数，即该数据块中能够容纳的文件个数。

(5) 索引节点表。索引节点就是除文件名之外的文件相关信息，也称为文件控制块，因此索引节点表就是文件控制块的集合，即索引节点的集合。

3. 磁盘空间管理

文件碎片是所有文件系统都会遇到的一个问题。文件内的数据特别分散地存放在盘上各处，导致磁头移动急剧增多、访问盘的速度大幅下降。这个问题发生后的处理方案只能是定期运行"碎片合并"程序。而发生前的预防措施则更为重要，EXT2 采用两个算法来限制文件碎片。

(1) 面向目标的分配。该算法总是在目标块区域内为新数据块寻找空间。如果目标块本身空闲就分配，否则就在目标块的临近 32 块范围内寻找空闲块。如果仍找不到，则在其他块组中寻找空闲块。

(2) 预分配。每当分配一个空闲块时，其后的 8 块若空闲即被保留。当文件关闭时，之前保留的块被同时释放。这保证了尽可能多的数据盘块被集中在一簇，提高了文件检索效率。

7.11 小结

文件是计算机系统中信息存放的一种组织形式。文件系统是操作系统中负责管理和存取文件信息的软件机构，它由管理文件所需的数据结构和相应的管理软件，以及访问文件的一组操作组成。系统通过文件名对文件进行控制和管理，不同的系统对文件的命名也有不同的限制，通常文件名由文件主名和扩展名两部分组成，系统根据扩展名来区分不同类型的文件，选择关联程序。从用户使用文件的角度来看，文件可以分为记录文件和流式文件两种。

每个文件都由文件控制块和内容两部分组成，所有文件控制块的集合构成一个新的文件——目录文件。设计好文件的目录结构，是文件系统的重要环节。目录文件一般采用层次结构，现代操作系统常用的目录结构有单级目录、两级目录和多级目录。多级目录结构很好地解决了文件的按名存取、文件的共享和保护等。目录的实现方式主要有线性表和哈希表两种。

对于文件组织形式的研究有两种不同的观点，即用户观点和实现观点。用户观点的目的是研究用户"思维"中的抽象文件，也称逻辑文件。该观点研究的侧重点是为用户提供一种逻辑结构清晰、使用简便的逻辑文件形式。用户按照这种形式去存储和访问有关文件中的信息。实现观点的目的是研究驻留在设备介质中的实际文件，也称物理文件。该观点研究的侧重点是如何选择工作性能良好、设备利用率高的物理文件形式。系统按照这种形式和外部设备交互，控制信息的传输。文件系统的重要作用之一是在用户的逻辑文件和相应设备的物理文件之间建立映像关系，实现二者之间的相互转换。

文件系统是一个复杂的系统，其保存在磁盘上。文件系统一般采用层次结构。为了提高文件系统的效率，必须在磁盘和内存中保存相关的数据结构。磁盘空间的分配以物理块为单位，因此，在给文件分配存储空间时，可以采用连续分配、链接分配和索引分配3种方式，从而形成3种不同物理结构的文件：连续文件、链接文件和索引文件。这3种结构的文件各有优缺点，不同系统可能支持其中的一种或多种结构。为了建立文件，系统必须找到相应的空闲块，因此，系统必须采用一定的数据结构来保存磁盘空闲块。常用的方法有空闲目录文件法、空闲链表法和位示图。

现代计算机系统必须提供文件共享和保护技术来提高存储空间的利用率、保证系统的安全性和可靠性。文件共享可以采用绕道法、链接法和基于基本目录表的多级目录；文件保护可以采用访问控制技术；采用磁盘容错技术和备份可以保证文件系统的可靠性，从而形成一个可靠的文件系统。

7.12 思考练习

1. 什么是文件？文件包含哪些内容及其特点是什么？
2. 文件系统要解决哪些问题？
3. 什么是逻辑文件？什么是物理文件？
4. 文件的物理组织方式有哪些，各有什么优缺点？
5. 什么是文件目录？常用的文件目录结构有哪些，各有什么特点？

6. 使用文件系统时，为什么要显式地使用 open 和 close 命令来打开和关闭文件？

7. 文件系统提供系统调用 rename 来实现文件重命名，同样也可以通过把文件复制到新文件并删除原文件来实现文件的重命名，这两种方法有什么不同？

8. Hash 检索法有何优点？有何局限性？

9. 采用单级目录能否满足对目录管理的主要要求？为什么？

10. 什么是文件的共享，实现文件共享的方式有哪些？

11. 文件目录和目录文件各起什么作用？

12. 某操作系统的磁盘文件空间共有 500 块，若用字长为 32 位的位示图管理磁盘空间，试问：①位示图占用多少磁盘空间？②第 i 字第 j 位对应的磁盘块号是多少？

13. 试说明对索引文件和索引顺序文件的检索方法。

14. 目前广泛采用的目录结构形式是哪一种？其有什么优点？

15. 基本的文件访问类型有哪些？什么是访问控制表？

16. 什么是索引文件？为什么要引入多级索引？

17. VFS 主要由哪几种类型的对象组成，描述它们之间的关系。

∽ 第 8 章 ∼

设 备 管 理

本章学习目标
- 了解设备管理的概念和设备的分类，熟悉设备管理的任务和功能以及 I/O 系统结构
- 理解和掌握 I/O 控制方式
- 理解和掌握中断技术和缓冲技术
- 理解设备分配的概念，掌握 SPOOLing 系统的原理和应用
- 理解 I/O 软件管理
- 了解磁盘结构，理解和掌握磁盘调度算法，理解廉价磁盘冗余阵列

本章概述

设备管理是现代操作系统的一个重要功能，其负责管理和协调计算机的各种设备来为用户提供服务。设备管理是操作系统中最复杂和琐碎的部分，主要是因为计算机设备不仅种类繁多，而且它们的特性和操作方式相差甚大。如何屏蔽设备之间的差异，给用户提供一个透明的访问接口，提高设备的利用率，是设备管理应该解决的问题。为此，操作系统采取多种技术来解决设备管理中存在的问题，如中断、缓冲、设备分配等。本章将主要讨论设备管理的基本概念、I/O 控制方式、中断技术、缓冲技术、设备分配和 I/O 软件管理、磁盘调度和管理等内容。

8.1 设备管理的概念

在计算机系统中，除 CPU 和内存之外，其他大部分硬件设备都称为外部设备。外部设备包括常用的输入输出设备、外存设备以及终端设备、网络设备等。本节先从系统管理的角度将各种设备进行简单的分类，然后分别介绍设备管理的任务与功能以及 I/O 系统的结构。

8.1.1 设备的分类

早期的计算机系统由于其速度慢、应用面窄，外部设备主要以纸带、卡片等作为输入输出介质，相应的设备管理程序也比较简单。进入 20 世纪 80 年代以后，由于个人计算机、工作站以及计算机网络技术的飞速发展，外部设备开始走向多样化、复杂化和智能化。例如，有的网卡中就装有自己的 CPU，以处理网络上数据的输入和输出。再者，除了硬件设备外，以某种硬件设备为基础的虚拟设备和仿真设备技术也得到广泛应用，如虚拟终端技术和仿真终端技术等。近年来最为流行的窗口系统中的 X-WINDOW 等，都是作为一种设备和操作系统相连的。这一切都使得设备管理变得越来越复杂化。

在现代计算机系统中，外部设备的种类繁多，特性各异。从操作系统观点看，这些设备的性能指标有设备使用特性、数据传输速率、信息交换单位、设备共享属性、设备从属关系等。为了便于管理，可以从不同角度对这些设备进行分类。

1. 按设备的使用特性分类

按设备的使用特性可以把设备分为以下两类。

(1) 存储设备。存储设备也称外存或辅助存储器，是计算机系统用来存储信息的主要设备。该类设备存取速度较内存慢，但容量比内存大得多，价格也便宜。

(2) 输入输出设备。输入输出设备又可具体分为输入设备、输出设备和交互式设备。输入设备用来接收外部信息，如键盘、鼠标、扫描仪、视频摄像、各类传感器等。输出设备用于将计算机加工处理后的信息送向外部设备，如打印机、绘图仪、显示器、数字视频显示设备、音响输出设备等。交互式设备则是集成上述两类设备，利用输入设备接收用户命令信息，并通过输出设备同步显示用户命令以及命令执行的结果。

2. 按数据传输速率分类

按数据传输速率的高低可将设备分为三类。

(1) 低速设备。低速设备是指其传输速率仅为每秒钟几字节至数百字节的一类设备。典型的低速设备有键盘、鼠标等。

(2) 中速设备。中速设备是指其传输速率在每秒钟数千字节至数十万字节的一类设备。典型的中速设备有行式打印机、激光打印机等。

(3) 高速设备。高速设备是指其传输速率在数百字节至千兆字节的一类设备。典型的高速设备有磁带机、磁盘机、光盘机等。

3. 按信息交换的单位分类

按信息交换的单位可将设备分为两类。

(1) 块设备。块设备用于存储信息。由于信息的存取总是以数据块为单位，故而得名。块设备属于有结构设备。典型的块设备是磁盘，每个盘块的大小为 512B~4KB。磁盘设备的基本特性是其传输速率较高，通常每秒钟为几兆位；另一特征是可寻址，即可随机地读/写任一块；此外，磁盘设备的 I/O 常采用 DMA 方式。

(2) 字符设备。字符设备常用于数据的输入和输出。它的基本单位是字符，故称为字符设备。字符设备属于无结构类型。字符设备的种类繁多，如交互式终端、打印机等。字符设备的基本特征是其传输速率较低，通常为几字节至数千字节；另一特征是不可寻址，即输入/输出时不能指定数据的输入源地址及输出的目标地址；此外，字符设备在输入/输出时，常采用中断驱动方式。

4. 按设备的共享属性分类

按设备的共享属性可将设备分为三类。

(1) 独占设备。独占设备是指在一段时间内只允许一个用户(进程)访问的设备，属于临界资源。因此，对多个并发进程而言，应互斥地访问这类设备。系统一旦把这类设备分配给某进程后，便由该进程独占，直到使用完释放。需要注意的是，独占设备的分配有可能引起进程死锁。

(2) 共享设备。共享设备是指在一段时间内允许多个用户(进程)同时访问的设备。当然，在每一时刻，该类设备仍然只允许一个进程访问。共享设备必须是可寻址的和可随机访问的设备。典型的共享设备是磁盘。共享设备不仅可获得良好的设备利用率，而且是实现文件系统和数据库系统的物质基础。

(3) 虚拟设备。虚拟设备是指通过虚拟技术将一台独占设备变换为若干台逻辑设备，供多个用户(进程)同时使用。

5. 按设备的从属关系分类

按设备的从属关系可以把设备划分为两类。

(1) 系统设备。系统设备是指那些在操作系统生成时就已经配置好的各种标准设备，如键盘、打印机和文件存储设备等。

(2) 用户设备。用户设备是指那些在系统生成时没有配置，而是由用户自己安装配置后由操作系统统一管理的设备。例如，网络系统的各种网卡、实时系统的 A/D 和 D/A 转换器、图像处理系统的图像设备等都属于用户设备。

对设备分类的目的在于简化设备管理程序。由于设备管理程序是和硬件有关的，因此，不同的硬件设备对应不同的设备管理程序。不过，对于同类设备来说，由于设备的硬件特性十分相似，从而可以利用相同的管理程序或只需做很少的修改即可。

8.1.2　设备管理的任务和功能

1. 设备管理的任务

设备管理是研究在多道程序环境中如何在多个用户进程间合理地分配设备，以充分发挥设备的作用，其任务主要包括以下几点。

(1) 响应用户进程提出的 I/O 请求，选择和分配 I/O 设备进行数据传输操作。

(2) 控制 I/O 设备和 CPU(或内存)之间进行数据交换，提高设备和设备之间、CPU 和设备之间以及进程和进程之间的并行操作度，提高 CPU 与 I/O 设备的利用率，提高 I/O 设备的速度。

(3) 方便用户使用设备，为用户提供友好的透明接口，把用户和设备硬件特性分开，使得用户在编写应用程序时不必涉及具体的设备，系统按照用户的要求控制设备工作。另外，这个接口还为新增加的用户设备提供一个和系统核心相连接的入口，以便用户开发新的设备管理程序。

2. 设备管理的功能

为了完成上述任务，设备管理应具有下述功能。

(1) 设备分配。计算机系统中的设备不允许用户直接使用，而是由操作系统统一分配和控制。设备分配的基本任务是根据用户进程的 I/O 请求及系统当前的 I/O 资源情况，按照某种设备分配算法为用户进程分配所需的设备。为此，系统应设置相应的数据结构来记录设备的使用状态。设备使用完后，系统应立即回收，以分给其他进程使用，提高设备的利用率。

(2) 缓冲管理。为缓和 CPU 和 I/O 设备间速度不匹配的矛盾，提高 CPU 与 I/O 设备之间以及各设备之间的并行性，现代操作系统都引入了缓冲技术。通常在内存中开辟若干区域作为用户进程与外部设备间数据传输的缓冲区，用于缓存输入/输出的数据。系统要合理组织这些缓冲区，提供获得和释放缓冲区的手段。

(3) 设备驱动。设备驱动是指对物理设备进行控制，实现真正的 I/O 操作。设备驱动的基本任务是实现 CPU 与设备控制器之间的通信，即接收由 CPU 发来的 I/O 命令，如读/写命令，转换为具体要求后，传给设备控制器，启动设备去执行；同时也将由设备控制器发来的信号传送给 CPU，如设备是否完好、是否准备就绪、I/O 操作是否已完成等，并进行相应的处理。

8.1.3 I/O 系统的结构

I/O 系统是实现数据输入、输出以及数据存储的系统。在 I/O 系统中，除了包含直接用于 I/O 操作和信息存储的设备外，还包含相应的设备控制器、总线和管理软件。通常把 I/O 设备及其接口线路、控制部件、通道和管理软件称为 I/O 系统。不同的计算机系统，其 I/O 系统结构差异很大，大多数计算机系统都采用基于总线的 I/O 结构。典型的 PC 总线结构如图 8-1 所示。

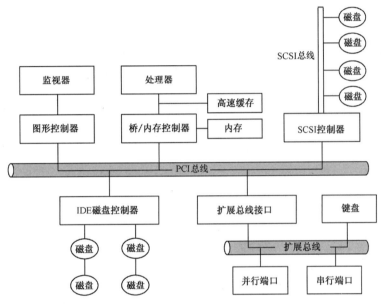

图 8-1　典型的 PC 总线结构

总线(Bus)是用于多个部件相互连接、传递信息的公共通道，物理上就是一组共用导线。从图 8-1 可以看出，计算机系统的各个部件通过总线相互连接，其信息发送和接收也通过总线来实现。目前，PC 机上常用的公共系统总线是 PCI (Peripheral Component Interconnect，外部设备互联)总线结构，其把处理器、内存与高速设备连接起来。而扩展总线(Expansion Bus)则用于连接串行、并行端口和相对较慢的设备，如键盘。在图 8-1 中，四块磁盘一起连接到与 SCSI 控制器相连的 SCSI 总线。

8.2　设备控制器

设备控制器是计算机中的一个实体，其主要职责是控制一个或多个 I/O 设备，以实现 I/O 设备和计算机之间的数据交换。通常，I/O 设备并不是直接与 CPU 进行通信，而是与设备控制器通信。设备控制器是 CPU 和 I/O 设备之间的接口，其接收从 CPU 发来的命令，然后去控制 I/O 设备工作，从而使得 CPU 从繁杂的设备控制事务中解脱出来，提高 CPU 与 I/O 设备的并行工作能力。

设备控制器是一个可编址的设备,当它仅控制一个设备时,只有一个唯一的设备地址;若设备控制器连接多个设备时,则应该含有多个设备地址,并使每一个设备地址对应一个设备。设备控制器有两个方向的接口:一个是与主机之间的系统接口;另一个是与设备驱动电路之间的低层次接口,用于根据由主机发来的命令控制设备动作。设备控制器和设备之间的接口是一个标准接口,其符合 ANSI、IEEE 或 ISO 这样的国际标准。

I/O 设备一般由机械和电子两部分组成。为了达到模块化和通用性的要求,设计时往往将这两部分分开处理。电子部分称作设备控制器或适配器,在小型和微型机中,设备控制器常以印刷电路板的形式插入主机的主板插槽中,它可以管理端口、总线或设备,实现设备主体(机械部分)与主机间的连接与通信。

8.2.1 设备控制器的基本功能

设备控制器具有以下基本功能。

(1) 接收和识别命令。设备控制器应能接收并识别 CPU 向其发送的多种不同的命令。因此,在控制器中应具有相应的控制寄存器,用来存放接收的命令和参数,并对它们进行译码。例如,磁盘控制器可以接收 CPU 发来的 Read、Write、Format 等多个不同的命令,而且这些命令多带有参数;相应地,在磁盘控制器中有多个寄存器和命令译码器等。

(2) 地址识别。设备控制器能够实现主机和设备之间的通信控制,进行端口地址译码。就像内存中的每一个单元都有一个地址一样,系统中的每一个设备也都有一个地址,设备控制器必须能够识别其所控制的每个设备的地址。

(3) 数据交换和转换。这是指实现 CPU 与控制器之间、控制器与设备之间的数据交换和转换。CPU 与控制器之间的数据交换和转换是通过数据总线,由 CPU 并行地把数据写入控制器,或从控制器中并行地读出数据。控制器与设备之间的数据交换和转换是设备将数据输入控制器,或从控制器传送给设备。另外,在传送数据的同时,要把计算机的数字信号和机器能够识别的模拟信号相互转换。

(4) 数据缓冲。由于 I/O 设备的速率较低而 CPU 和内存的速率却很高,因此设备控制器必须设置有数据缓冲器。在输出时,缓冲器先暂存由内存高速传来的数据,然后以 I/O 设备具有的速率将数据传送给 I/O 设备;在输入时,缓冲器先暂存从 I/O 设备传送的数据,待接收到一批数据后,再将数据高速地传送给内存。

(5) 标识和报告设备的状态。设备控制器应可以记录设备的状态以供 CPU 了解。例如,只有当该设备处于发送就绪状态时,CPU 才能启动控制器从该设备读出数据。为此,在设备控制器中应设置一个状态寄存器,用来记录反映设备的状态。

(6) 差错控制。设备控制器还应具有对由 I/O 设备传送来的数据进行差错检测的功能。若发现传送中出现错误便向 CPU 报告,CPU 将本次传送来的数据作废,并重新进行一次传送,保证数据输入的正确性。

8.2.2 设备控制器的组成

设备控制器位于 CPU 与设备之间,既要与 CPU 通信,又要与设备通信,还应具有按照 CPU

所发来的命令去控制设备工作的功能。因此，现有的大多数控制器是由以下几个部分组成。

(1) 设备控制器与处理器的接口。该接口用于实现 CPU 与设备控制器之间的通信。该接口可连接三类信号线：数据线、地址线和控制线。数据线通常与三类寄存器相连接：第一类是数据寄存器，在控制器中可以有一个或多个数据寄存器，用于存放从设备送来的数据或从 CPU 和内存送来的数据；第二类是控制寄存器，用于存放从 CPU 送来的控制信息；第三类是状态寄存器，用于存放设备的状态信息。

(2) 设备控制器与设备的接口。一个设备控制器可以连接一个或多个设备，所以在控制器中便有一个或多个设备接口，一个接口连接一台设备。每个接口中都存在数据、控制和状态三种类型的信号。控制器中的 I/O 逻辑根据处理器发来的地址信号去选择相应的设备接口。

(3) I/O 逻辑。设备控制器中的 I/O 逻辑用于实现对设备的控制。控制器通过一组控制线与处理器交互，I/O 逻辑接收处理器发送的控制命令并对其进行译码。当 CPU 要启动一个设备时，一方面将启动命令发送给控制器；另一方面又同时通过地址线把地址发送给控制器，由 I/O 逻辑对收到的地址进行译码，再根据所译出的命令对所选择设备进行控制。

(4) 寄存器。为了实现与 CPU 通信，每个控制器都要有几个寄存器，即控制寄存器、状态寄存器和数据寄存器。控制寄存器可以被主机用来向设备发送命令或改变设备状态，例如，串口控制寄存器中的一位用于选择全双工通信还是半双工通信，另一位则用于控制是否奇偶校验检查，第三位设置字长为 7 位或 8 位，其他位用于选择串口通信所支持的速度；状态寄存器包含一些主机可以读取的位信息，这些位信息指示各种状态，如当前任务是否完成、数据输入寄存器是否有数据可读、是否出现设备故障等；数据寄存器保存当前输入或输出的数据。

8.2.3　CPU 与控制器的通信方式

CPU 与控制寄存器的通信方式主要有以下两种。

(1) 为每个控制寄存器分配一个 I/O 端口号(8 位或 16 位整数)，使用专门的 I/O 指令，CPU 可以读写控制寄存器，分配给系统中所有端口的地址空间是完全独立的，与内存的地址空间没有关系。

(2) 把所有控制寄存器都映像到存储器空间，这种模式称为存储器映像 I/O(Memory_Mapped I/O)。在该方式中，分配给系统的所有端口的地址空间与内存的地址空间统一编址，主机把 I/O 端口看作一个存储单元，对 I/O 的读写操作等同于对存储器的操作。

此外，CPU 与控制器的通信方式还有混合方式，它既有存储器映像 I/O，又采用单独的 I/O 端口。例如，个人计算机使用 I/O 指令来控制一些设备，使用内存映像 I/O 指令来控制其他设备。图形控制器不但有 I/O 端口来完成基本的操作，而且有一个较大的内存映射区域来支持屏幕内容，图形控制器可以根据图形内存内容来生成屏幕图像，从而提高了图形的处理速度。

8.3　I/O 控制方式

随着计算机技术的发展，I/O 控制方式也在不断地更新。从早期的程序直接控制方式、中断控制方式到现在的 DMA 方式和通道控制方式，I/O 控制方式的发展始终贯穿着这样一个宗旨，即提高 CPU 和外部设备之间的并行工作能力，尽量减少 CPU 对 I/O 控制的干预，把 CPU

从繁杂的 I/O 控制事务中解脱出来，以便更多地去执行数据处理任务。

8.3.1 程序直接控制方式

在早期的计算机系统中，由于无中断机构，CPU 对 I/O 设备的控制采取程序直接控制方式，又称轮询方式，就是由用户进程来直接控制内存或 CPU 和外部设备之间的信息传送。当用户进程需要数据时，其通过 CPU 发出启动设备并准备数据的启动命令 Start，此时用户进程进入测试等待状态。而在等待期内，CPU 不断地用一条测试指令检查描述外部设备工作状态的控制状态寄存器。外部设备将数据传送的准备工作做好后立即将该寄存器置为完成状态，CPU 在下一次检测时将会发现控制状态寄存器为完成状态。也就是该寄存器发出 Done 信号之后，设备开始往内存或 CPU 传送数据。反之，当用户进程需要向设备输出数据时，也必须同样发出启动命令启动设备，等待设备准备好之后才能输出数据。

除控制状态寄存器之外，在 I/O 控制器中还有一类称为数据缓冲器的寄存器。在 CPU 与外部设备之间传送数据时，输入设备每进行一次输入操作时，首先把所输入的数据送入该寄存器，然后 CPU 再把其中的数据取走。反之，当 CPU 输出数据时，也是先把数据输出到该寄存器之后，再由输出设备将其取走。只有数据装入该寄存器之后，控制状态寄存器的值才会发生变化。程序直接控制方式的控制流程如图 8-2 所示。

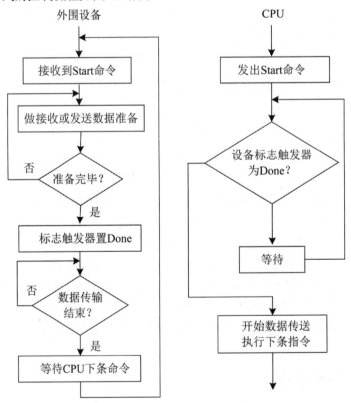

图 8-2 程序直接控制方式的控制流程

程序直接控制方式易于实现，不需要多少硬件支持，但这种方式存在如下缺点。

(1) CPU 和外部设备只能串行工作。由于 CPU 的处理速度远高于外部设备的数据传送和处理速度，所以，CPU 的大量时间都处于等待和空闲状态。这使得 CPU 的利用率大大降低。

(2) CPU 在一段时间内只能和一台外部设备交换数据信息，从而不能实现设备之间的并行工作。

(3) 由于程序直接控制方式依靠测试设备标志触发器的状态位来控制数据传送，因此无法发现和处理由于设备或其他硬件产生的错误。所以，程序直接控制方式只适用于那些 CPU 执行速度较慢，而且外部设备较少的系统。

8.3.2　中断控制方式

为了减少程序直接控制方式中 CPU 的等待时间，提高系统的并行工作程度，中断控制方式被用来控制外部设备和内存与 CPU 之间的数据传送。数据的输入可以按如下步骤进行。

(1) 进程需要数据时，通过 CPU 发出 Start 命令启动外围设备准备数据。该指令同时还将控制状态寄存器中的中断允许位打开，以便在需要时，中断程序可以被调用执行。

(2) 在进程发出指令启动设备后，该进程放弃 CPU，等待输入完成。从而，进程调度程序调度其他就绪的进程占用 CPU。

(3) 当数据进入数据缓冲寄存器，I/O 控制器向 CPU 发出中断信号。CPU 在接收到中断信号后，转向预先设计好的中断处理程序，从数据缓冲寄存器中取出数据并送入内存。

(4) 中断处理程序完成后，CPU 继续执行被中断进程。如果数据传送没有完成，设备继续向数据缓冲寄存器传送数据，缓冲寄存器满之后，再向 CPU 发出中断处理请求。

中断控制方式的数据输入处理过程如图 8-3 所示。

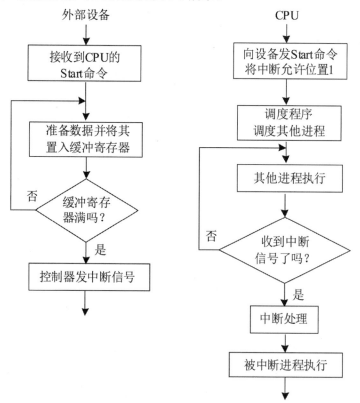

图 8-3　中断控制方式的数据输入处理过程

从图 8-3 中可以看出，当 CPU 发出启动设备和允许中断指令后，它没有像程序直接控制方式那样循环地测试状态控制寄存器的状态是否已处于 Done。反之，CPU 已被调度程序分配给其他进程在另外的进程上下文中执行。当设备将数据送入缓冲寄存器并发出中断信号之后，CPU 接收中断信号并进行中断处理。显然，当 CPU 在另外的进程上下文中执行时，也可以发出启动不同设备的启动指令和允许中断指令，从而做到设备与设备之间的并行操作以及设备和 CPU 之间的并行操作。

尽管中断控制方式使 CPU 的利用率大大提高而且能支持多道程序和设备的并行操作，但仍然存在许多问题。首先，在 I/O 控制器的数据缓冲寄存器装满数据之后将会发生中断，而且数据缓冲寄存器通常较小，因此，在一次数据传送过程中，发生中断次数较多，这将耗去大量的 CPU 处理时间。另外，现代计算机系统通常配置有各种各样的外部设备。如果这些设备通过中断处理方式进行并行操作，则由于中断次数的急剧增加将造成 CPU 无法响应中断和出现数据丢失现象。而且，在中断控制方式下，都是假设外部设备的速度非常低，而 CPU 处理速度非常高，例如字符设备的 I/O 控制方式至今仍采用中断控制方式。但当外部设备的速度也非常高时，这种方式可能导致数据缓冲寄存器的数据由于 CPU 来不及取走而丢失。

8.3.3 DMA 方式

DMA(Direct Memory Access)方式又称直接存储器访问存取方式，其基本思想是在外部设备和内存之间开辟直接的数据交换通路。在 DMA 方式中，DMA 控制器中除了控制状态寄存器和数据缓冲寄存器外，还包括传送字节计数器、内存地址寄存器等。因为 DMA 方式窃取或挪用 CPU 的一个工作周期，把数据缓冲寄存器中的数据直接送到内存地址寄存器所指向的内存区域，从而，DMA 控制器可以用来代替 CPU 控制内存和设备之间进行成批的数据交换。批量数据(即数据块)的传送由计数器逐个计数，并由内存地址寄存器确定其内存地址。除了在数据块传送开始时需要 CPU 的启动指令和在整个数据块传送结束时需要发出中断通知 CPU 进行中断处理外，不再像中断控制方式时那样需要 CPU 的频繁干涉。DMA 存取方式的传送结构如图 8-4 所示。

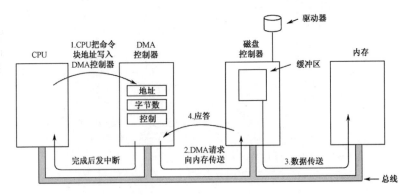

图 8-4　DMA 方式的传送结构

DMA 方式的数据输入处理过程如下所示。

(1) 当进程要求设备输入数据时，CPU 把准备存放输入数据的内存起始地址以及要传送的字节数分别送入 DMA 控制器的内存地址寄存器和传送字节计数器中；另外，还把控制状态寄存器中的中断允许位和启动位置 1，从而启动设备开始进行数据输入。

(2) 发出数据要求的进程进入等待状态，进程调度程序调度其他进程占据 CPU。

(3) 输入设备不断地挪用 CPU 工作周期，将数据缓冲寄存器中的数据源源不断地写入内存，直到所要求的字节全部传送完毕。

(4) DMA 控制器在传送字节数完成时，通过中断请求线发出中断信号，CPU 在接收到中断信号后，转去中断处理程序进行善后处理。

(5) 中断处理结束后，CPU 返回被中断进程处执行或被调度到新的进程上下文环境中执行。

DMA 方式的处理过程如图 8-5 所示。

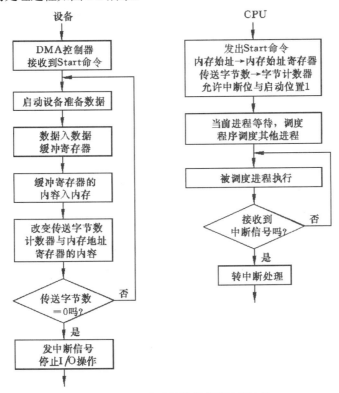

图 8-5　DMA 方式的数据传送处理过程

从图 8-5 中可以看出，DMA 方式与中断控制方式的一个主要区别是：中断控制方式是在数据缓冲寄存器满之后发出中断，要求 CPU 进行中断处理；而 DMA 方式则是在所要求传送的数据块全部传送结束时，要求 CPU 进行中断处理，这大大减少了 CPU 进行中断处理的次数。另一个主要区别是：中断控制方式的数据传送是在中断处理时由 CPU 控制完成的；而 DMA 方式是在 DMA 控制器的控制下不经过 CPU 控制完成的，这就排除了因并行操作设备过多时 CPU 来不及处理或因速度不匹配而造成的数据丢失等现象。

但 DMA 方式仍然存在一定的局限性。首先，DMA 方式对外部设备的管理和某些操作仍然由 CPU 控制。在大中型计算机系统中，系统所配置的外设种类越来越多，数量也越来越大，因此对外部设备的管理和控制也越来越复杂。多个 DMA 控制器的同时使用显然会引起内存地址的冲突，并使得控制过程进一步复杂化。同时，多个 DMA 控制器的同时使用也是不经济的。因此，在大中型计算机系统中(近年来甚至在那些要求 I/O 能力强的微机系统中)，除了设置 DMA

器件外，还设置了专门的硬件装置——通道。

8.3.4 通道控制方式

1. 通道的定义

通道控制方式与 DMA 方式类似，也是一种以内存为中心，实现设备和内存直接交换数据的控制方式。通道是一个专门管理输入输出操作控制的硬件，是一个独立于 CPU 的专管输入输出控制的处理机。通道控制设备与内存之间直接进行数据交换，有自己的通道指令，这些通道指令受 CPU 启动，并在操作结束时向 CPU 发出中断信号。

在 DMA 方式中，数据的传送方向、存放数据的内存始址以及传送的数据块长度等都由 CPU 控制。而在通道方式中，这些都是由专管输入输出的硬件——通道来进行控制的。另外，与在 DMA 方式中要求每台设备至少一个 DMA 控制器相比，通道控制方式可以做到一个通道控制多台设备与内存进行数据交换。通道控制方式进一步减轻了 CPU 的工作负担，增加了计算机系统的并行工作程度。

在通道控制方式中，I/O 控制器中没有传送字节计数器和内存地址寄存器，但增加了通道设备控制器和指令执行机构。在通道控制方式下，CPU 只需发出启动指令，指出通道相应的操作和 I/O 设备，该指令即可启动通道并使该通道从内存中调出相应的通道指令去执行。

2. 通道程序

通道通过执行通道程序，并与设备控制器共同实现对 I/O 设备的控制。通道程序是由一系列通道指令构成。通道指令与一般的机器指令不同，在其每条指令中都包含下列信息。

(1) 操作码。操作码规定指令所执行的操作，如读、写、控制等操作。

(2) 内存地址。内存地址标明字符送入内存(读操作)和从内存取出(写操作)时的内存首地址。

(3) 计数。该信息表示本条指令所要读(或写)数据的字节数。

(4) 通道程序结束位 P。该位用于表示通道程序是否结束。P=1 表示本条指令是通道程序的最后一条指令。

(5) 记录结束标志 R。R=0 表示本通道指令与下一条指令所处理的数据同属于一个记录；R=1 表示这是处理某记录的最后一条指令。

通道指令在进程要求数据时由系统自动生成，如表 8-1 所示。

表 8-1　通道指令

操作	P	R	计数	内存地址
Write	0	0	250	1850
Write	1	1	250	720

这两条指令是把一个记录的 500 个字符分别写入从内存地址 1850 开始的 250 个单元和从内存地址 720 开始的 250 个单元中。

3. 通道的分类

一个通道可以按分时方式同时执行几个通道指令程序。按照信息交换方式不同，一个系统中可以设立 3 种类型的通道：字节多路通道、数组多路通道和选择通道。由这 3 种通道组成的数据传送控制结构如图 8-6 所示。

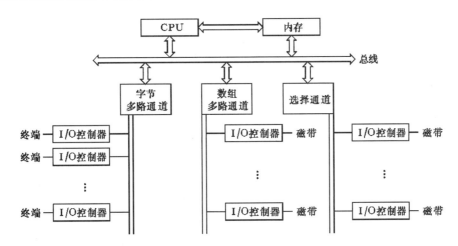

图 8-6 通道方式的数据传送控制结构

字节多路通道以字节为单位进行传送数据，其主要用来连接大量的低速设备，如终端、打印机等。

数组多路通道以块为单位进行传送数据，其具有传送速率高和能分时操作不同的设备等优点。数组多路通道主要用于连接中速块设备，如磁带机等。

数组多路通道和字节多路通道都可以分时执行不同的通道指令程序。但是选择通道一次只能执行一个通道指令程序。所以，选择通道一次只能控制一台设备进行 I/O 操作。不过选择通道具有传送速度高的优点，因而其被用来连接高速外部设备，并以块为单位成批传送数据。

通道控制方式的数据输入处理过程可以描述如下。

(1) 当进程要求设备输入数据时，CPU 发 Start 命令指明 I/O 操作、设备号和对应的通道。

(2) 对应通道接收到 CPU 发来的启动命令 Start 之后，把存放在内存中的通道指令程序读出，设置对应设备的 I/O 控制器中的控制状态寄存器。

(3) 设备根据通道指令的要求，把数据送往内存中的指定区域。

(4) 如果数据传送结束，则 I/O 控制器通过中断请求线发中断信号请求 CPU 做中断处理。

(5) 与 DMA 方式相同，中断处理结束后 CPU 返回被中断进程处继续执行。

在步骤(1)中要求数据的进程只有在调度程序选中它后，才能对所得到的数据进行加工处理。在许多情况下，可以从 CPU 执行的角度描述中断控制方式、DMA 方式或通道控制方式的控制处理过程。

8.4 中断技术

中断是操作系统实现的基础和保障，是实现多道程序的必要条件。在计算机系统中存在着多种活动，如设备输入输出、进程执行管理、电源掉电、程序出错等，要使这些活动协调工作，系统应具有中断能力。

8.4.1 中断的基本概念

中断是指计算机在执行期间，系统内发生任何非寻常的或非预期的急需处理事件，使得 CPU 暂时中断当前正在执行的程序而转去执行相应的事件处理程序，待处理完中断程序之后又返回源程序被中断处继续执行或调度新进程的过程。

中断由硬件和软件协作完成。首先由硬件的中断装置发现产生中断的事件，然后中断装置暂停现行程序的执行，转向处理该事件的程序来处理。计算机系统不仅可以处理由于硬件或软件错误而产生的中断事件，而且可以处理某种预定处理的伪事件。例如，外部设备工作结束时，也发出中断请求，向系统报告其已完成任务，系统根据具体情况做出相应处理。引发中断的事件称为中断源，中断源向 CPU 发出的请求中断处理信号称为中断请求，而 CPU 收到中断请求后转去相应的事件处理程序称为中断响应。在某些情况下，尽管产生了中断源而且发出了中断请求，但 CPU 内部的处理机状态字(Processor Status Word，PSW)的中断允许位已被清除，从而不允许 CPU 响应中断，这种情况称为禁止中断。CPU 被禁止中断后只有等到 PSW 的中断允许位被重新设置后才能接收中断。禁止中断也称为关中断，相应地，PSW 的中断允许位的设置也被称为开中断。中断请求、关中断、开中断等都由硬件实现。开中断和关中断的目的是保证程序执行的原子性。

中断屏蔽是指在中断请求产生后，系统用软件方式有选择地封锁部分中断而允许其余部分的中断仍能得到响应。中断屏蔽是通过为每一类中断源设置一个中断屏蔽触发器来屏蔽它们的中断请求而实现的。有些中断请求是不能屏蔽甚至不能禁止的，这些中断具有最高优先级。不管 CPU 是否关中断，只要这些中断请求发出，CPU 就必须立即响应。例如，电源掉电事件所引起的中断就是不可禁止和屏蔽中断的。

8.4.2 中断的作用

中断是实现多道程序的必要条件。中断技术有效地提高了操作系统管理效率和计算机资源利用率。总体上讲，中断有如下作用。

(1) CPU 与 I/O 设备并行工作。除了程序直接控制方式外，无论是中断控制方式、DMA 方式还是通道控制方式，都需要在设备和 CPU 之间进行通信，设备向 CPU 发出中断信号后，CPU 接收相应的中断信号进行处理。

(2) 硬件故障处理。当计算机硬件出现故障时，硬件向 CPU 发出中断信号，进行相应的故障处理。

(3) 实现人机交互。中断技术可以很好地实现人机交互，用户可以干预机器运行、了解机器状态、下达临时命令等。

(4) 实现多道程序和分时系统。在多道程序和分时系统中，CPU 资源被分为许多时间片，各进程被分配不同的时间片。通过中断技术，实现不同进程的切换，从而使各进程轮流使用 CPU 资源。

(5) 实现实时处理。以中断方式传送实时信号，保证 CPU 能实时处理各种事件。

(6) 实现应用程序与操作系统的联系。

(7) 实现多处理机间的联系。以中断方式实现多处理机间的信息交流和任务切换。

8.4.3 中断的分类与优先级

1. 中断的分类

根据中断源产生中断的条件，中断可分为外中断和内中断。

(1) 外中断。外中断是指来自处理机和内存外部的中断，包括 I/O 设备发出的 I/O 中断、外部信号中断、各种定时器引起的时钟中断，以及调试程序中设置的断点等引起的调试中断等。外中断在狭义上一般称为中断。

(2) 内中断。内中断是指在处理机和内存内部产生的中断。内中断一般称为陷阱(trap)或异常。内中断包括由程序运算引起的各种错误，如非法地址、校验错误、页面失效、存取访问控制错误、算术操作溢出、非法数据格式、除数为零、非法指令、用户程序执行特权指令、分时系统中的时间片中断以及从用户态到核心态的切换等。

2. 中断和陷阱的区别

中断和陷阱的主要区别如下所示。

(1) 陷阱通常由处理机正在执行的现行指令引起；中断则是由与现行指令无关的中断源引起。

(2) 陷阱处理程序提供的服务为当前进程所用；中断处理程序提供的服务则不是为了当前进程。

(3) CPU 在执行完一条指令后，在下一条指令开始之前响应中断，而在一条指令执行中也可以响应陷阱。

(4) 在有的系统中，陷阱处理程序规定在各自的进程上下文中执行；中断处理程序则在系统上下文中执行。

3. 中断的优先级

为了按中断源的轻重缓急处理响应中断，操作系统对不同的中断赋予不同的优先级。为了禁止中断或屏蔽中断，CPU 的处理机状态字(PSW)中也设置有相应的优先级。如果中断源的优先级高于 PSW 的优先级，则 CPU 响应该中断源的中断请求，反之，CPU 屏蔽该中断源的中断请求。

各中断源的优先级在系统设计时给定，在系统运行时是固定的。处理机的优先级则根据执行情况由系统程序动态设定。

8.4.4 软中断

中断和陷阱都可以看作硬中断，因为这些中断和陷阱都需要通过硬件来产生相应的中断请求。软中断则是通信进程之间用来模拟硬中断的一种信号通信方式。软中断与硬中断相同的地方是：中断源发出中断请求或软中断信号后，CPU 或接收进程在适当的时机自动进行中断处理，或完成软中断信号所对应的功能；不同的是：接收软中断信号的进程不一定正好在接收时占有处理机，而相应的处理必须等到该接收进程得到处理机之后才能进行，如果该接收进程正好占有处理机，那么与中断处理相同，该接收进程在接收到软中断信号后将立即转去执行该软中断信号所对应的功能。

在有些系统中，大部分的陷阱转化为软中断处理。由于陷阱主要与当前执行进程有关，如果当前执行指令产生陷阱的话，则向当前执行进程自身发出一个软中断信号从而立即进入陷阱处理程序。

8.4.5　中断处理过程

中断处理的过程具体如下。

(1) CPU 检查响应中断的条件是否满足。CPU 响应中断的条件是：①有来自中断源的中断请求；②CPU 允许中断。如果中断响应条件不满足，则中断处理无法进行。

(2) 如果 CPU 响应中断，则 CPU 关中断，使其进入不可再次响应中断的状态。

(3) 保存被中断进程的现场。为了在中断处理结束后能使进程正确地返回到中断点，系统必须保存当前处理机状态字(PSW)和程序计数器(PC)等的值。这些值一般保存在特定堆栈或硬件寄存器中。

(4) 分析中断原因，调用中断处理子程序。在多个中断请求同时发生时，处理优先级最高的中断。

(5) 执行中断处理子程序。对陷阱来说，有些系统是通过陷阱指令向当前执行进程发出软中断信号后调用相应的处理子程序。

(6) 退出中断，恢复被中断进程的现场或调度新进程占据处理机。

(7) 开中断，CPU 继续执行。

中断的整个处理过程如图 8-7 所示。

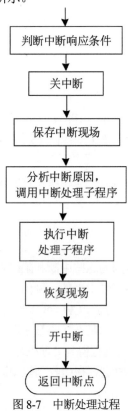

图 8-7　中断处理过程

8.5 缓冲技术

虽然中断、DMA 和通道控制技术使得系统中的设备与设备、设备与 CPU 等得以并行工作，但是 I/O 设备和 CPU 的处理速度不匹配的问题仍然是客观存在的。为了缓解 CPU 和 I/O 设备速度不匹配的矛盾，提高 CPU 和 I/O 设备的并行性，现代操作系统几乎在 I/O 设备与处理机交换数据时都引入了缓冲技术。缓冲管理的主要职责是组织好这些缓冲区，并提供获得和释放缓冲区的手段。

8.5.1 缓冲技术的引入

在设备管理中，引入缓冲技术的主要原因可归纳为以下几点。

1. 缓解 CPU 和 I/O 设备速度不匹配的矛盾

I/O 设备和 CPU 处理速度的不匹配问题，不仅限制了和处理机连接的 I/O 设备数目，而且在中断方式时容易造成数据丢失。所以，I/O 设备和 CPU 处理速度不匹配的问题，极大地制约计算机系统性能的进一步提高，同时限制系统的应用范围。例如，当计算进程阵发性地把大批量数据输出到打印机上打印时，由于 CPU 输出数据的速度大大高于打印机的打印速度，因此，CPU 只好停下来等待。反之，在计算进程进行计算时，打印机又因无数据输出而空闲无事。一种解决 I/O 设备与处理机速度不匹配问题的有效方法就是采用设置缓冲区(器)技术。

2. 减少对 CPU 的中断频率

从减少中断次数的角度来看，也存在着引入缓冲区的必要性。在中断方式时，如果在 I/O 控制器中增加一个 100 个字符的缓冲器，则相比采用单个字符的缓冲器，I/O 控制器对处理机的中断次数将降低 100 倍，即等到能存放 100 个字符的字符缓冲区装满之后才向处理机发出一次中断，这将大大减少处理机的中断处理时间。即使是使用 DMA 方式或通道方式控制数据传送时，如果不划分专用的内存区或专用缓冲器来存放数据的话，也会因为要求数据的进程所拥有的内存区不够或存放数据的内存始址计算困难等原因而造成某个进程长期占有通道或 DMA 控制器及设备，从而产生所谓的瓶颈问题。

3. 提高 CPU 和 I/O 设备之间的并行性

缓冲技术的引入可显著地提高 CPU 和 I/O 设备间的并行操作程度，提高系统的吞吐率和设备的利用率。例如，在 CPU 和打印机之间设置缓冲区后，便可使 CPU 与打印机并行工作。

根据 I/O 控制方式，缓冲的实现方法有两种：一种是采用专用硬件缓冲器，如 I/O 控制器中的数据缓冲寄存器；另一种方法是在内存中划出一个具有 n 个单元的专用缓冲区，以便存放输入输出数据，其中内存缓冲区又称为软件缓冲。

8.5.2 缓冲的种类

根据系统设置的缓冲器个数，可以把缓冲技术分为单缓冲、双缓冲、多缓冲和缓冲池。

1. 单缓冲

单缓冲是在设备和处理机之间设置一个缓冲器。设备和处理机交换数据时，先把被交换的数据写入缓冲器，然后由需要数据的设备或处理机从缓冲器中取走数据。由于缓冲器属于临界资源，即不允许多个进程同时对一个缓冲器进行操作，因此，设备和设备之间不能通过单缓冲达到并行操作。

2. 双缓冲

为了加快 CPU 和 I/O 设备之间交换数据的速度，提高设备利用率，可引入双缓冲区机制。在设备输入时，先将数据送入第一个缓冲区，装满之后便转向第二个缓冲区，此时处理机可以从第一个缓冲区中移出数据，进行处理，从而提高 CPU 和 I/O 设备工作的并行性。

设置双缓冲区还可以实现两台机器之间的同时双向数据传送。例如，在两台机器中都设置两个缓冲区，一个用作发送缓冲区，另一个用作接收缓冲区。

另外，设置双缓冲器(区)也可以解决两台外设、打印机和终端之间的并行操作问题。有了两个缓冲器(区)后，CPU 可以把输出到打印机的数据放入其中一个缓冲器(区)，让打印机慢慢打印，同时可以从另一个为终端设置的缓冲器(区)中读取所需的输入数据。

双缓冲是一种实现设备和设备、CPU 和设备并行操作的简单模型，在现代操作系统中并不适用。这是因为计算机系统中的外部设备较多，另外，双缓冲也很难匹配设备和处理机的处理速度。因此，现代计算机系统一般都使用多缓冲或者缓冲池结构。

3. 多缓冲和缓冲池

多缓冲是把多个缓冲区连接起来组成两部分，一部分专门用于输入，另一部分专门用于输出的缓冲结构。缓冲池则是把多个缓冲区连接起来统一管理，既可用于输入又可用于输出的缓冲结构。

无论是多缓冲，还是缓冲池，由于缓冲器是临界资源，在使用缓冲区时都有一个申请、释放和互斥的问题。下面以缓冲池为例，介绍缓冲的管理。

8.5.3 缓冲池的管理

为了提高缓冲区的利用率，目前广泛使用公用缓冲池，在池中设置多个可供若干个进程共享的缓冲区。

1. 缓冲池的结构

缓冲池由多个缓冲区组成。每个缓冲区又由两部分组成：一部分是用来标识该缓冲区和管理的缓冲首部；另一部分是用于存放数据的缓冲体。这两部分有一一对应的映射关系。对于既可用于输入又可用于输出的公用缓冲池，其中至少应包含以下三种类型的缓冲区：①空闲缓冲区；②装满输入数据的缓冲区；③装满输出数据的缓冲区。

为了方便管理，系统把相同类型的缓冲区链接成一个队列，于是可形成以下三种队列。

(1) 空闲缓冲队列 emq。这是由空闲缓冲区链接成的队列。其队首指针为 F(emq)，队尾指针为 L(emq)。

(2) 装满输入数据的输入缓冲队列 inq。这是由装满输入数据的缓冲区链接成的队列。其队首指针为 F(inq)，队尾指针为 L(inq)。

(3) 装满输出数据的输出缓冲队列 outq。这是由装满输出数据的缓冲区链接成的队列。其队首指针为 F(outq)，队尾指针为 L(outq)。

缓冲区队列构成如图 8-8 所示。

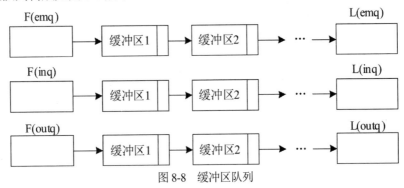

图 8-8 缓冲区队列

系统(或用户进程)从上述 3 种队列中申请和获得缓冲区，并用得到的缓冲区进行存数据、取数据操作，在存数据、取数据操作结束后，再将缓冲区放入相应的队列中。这些缓冲区被称为工作缓冲区。在缓冲池中，有以下 4 种工作缓冲区。

(1) 用于收容设备输入数据的收容输入缓冲区 hin。

(2) 用于提取设备输入数据的提取输入缓冲区 sin。

(3) 用于收容 CPU 输出数据的收容输出缓冲区 hout。

(4) 用于提取 CPU 输出数据的提取输出缓冲区 sout。

缓冲池的工作缓冲区如图 8-9 所示。

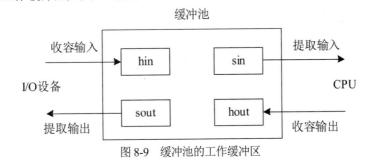

图 8-9 缓冲池的工作缓冲区

2. 缓冲池管理

对缓冲池的管理由如下几个操作组成。

(1) 按一定的规则从 3 种缓冲区队列中取出一个缓冲区的过程 take_buf(type)。

(2) 按一定的规则把缓冲区插入相应的缓冲区队列的过程 add_buf(type, number)。

(3) 供进程申请缓冲区使用的过程 get_buf(type,number)。

(4) 供进程将缓冲区放入相应缓冲区队列的过程 put_buf(type,work_buf)。

其中，参数 type 表示缓冲队列类型；number 为缓冲区号；work_buf 则表示工作缓冲区类型。

缓冲区可以工作在收容输入、提取输入、收容输出和提取输出 4 种工作方式下，如图 8-9 所示。

(1) 收容输入。在输入进程需要输入数据时，便调用 get_buf(emq,number)过程，从空闲缓冲区队列 emq 中取出一个缓冲号为 number 的空闲缓冲区，将其作为收容输入缓冲区 hin，然后把数据输入其中，当 hin 中装满数据后，系统调用过程 put_buf(inq,hin)将该缓冲区插入输入缓冲区队列 inq 中。

（2）提取输入。当计算进程需要输入数据时，调用 get_buf(inq,number)过程，从输入缓冲队列 inq 中取出一个装满输入数据的缓冲区 number 作为输入缓冲区 sin，当 CPU 从中提取完所需数据后，系统调用过程 put_buf (emq, sin)将该缓冲区释放并插入空闲缓冲队列 emq 中。

（3）收容输出。当进程需要输出数据时，输出进程调用过程 get_buf(emq,number)，从空闲缓冲区队列 emq 中取出一个缓冲号为 number 的空闲缓冲区作为收容输出缓冲区 hout，待 hout 中装满输出数据后，系统再调用过程 put_buf (outq,hout)将该缓冲区插入输出缓冲区队列 outq 中。

（4）提取输出。由输出进程调用 get_buf(outq,number)过程，从输出缓冲队列 outq 中取出一个装满输出数据的缓冲区 number 作为输入缓冲区 sout，在数据提取完后，系统调用过程 put_buf (emq, sout)将该缓冲区释放并插入空闲缓冲队列 emq 中。

对各缓冲队列中缓冲区的排列以及每次取出和插入缓冲区队列的顺序，都应该有一定的规则。最简单的方法是 FIFO，即先进先出。采用 FIFO 方法，过程 put_buf 每次把缓冲区插入相应缓冲队列的队尾，而过程 get_buf 则取出相应缓冲队列的第一个缓冲区，从而 get_buf 中的第二个参数 number 可以省略。采用 FIFO 方法也省略了对缓冲队列的搜索时间。

过程 add_buf(type, number)和 take_buf(type, number)分别用于把缓冲区 number 插入 type 队列和从 type 队列中取出缓冲区 number。它们分别被过程 get_buf 和 put_buf 调用，其中，take_buf 返回所取缓冲区 number 的指针，add_buf 则将给定缓冲区 number 的指针插入相应的缓冲队列中。下面给出过程 get_buf 和 put_buf 的描述。设互斥信号量 S(type)，其初值为 1，设描述资源数目的信号量 RS(type)，其初值为 n(n 为 type 队列长度)。

```
get_buf(type,number):
    begin
        P(RS(type))
        P(S(type))
        Pointer of buffer(number) = take_buf(type,number)
        V(S(type))
    end

put_buf(type,number):
    begin
        P(S(type))
        add_buf(type,number)
        V(S(type))
        V(RS(type))
    end
```

8.6 设备分配

在多道程序环境下，系统中的设备供所有进程共享。为防止各进程对系统设备资源的无序竞争，操作系统规定设备不允许用户自行使用，必须由系统统一分配。每当进程向系统提出资源申请时,由设备分配程序根据一定的分配策略为进程分配资源。为了实现设备分配,必须在系统中设置相应的数据结构。本节将进一步讨论设备分配的数据结构、分配原则以及 SPOOLing 技术等。

8.6.1 设备分配的数据结构

在进行设备分配时,设备分配程序必须了解整个系统的设备信息,因此,系统提供一些表格来记录设备的详细信息,以利于设备的分配和管理。在进行设备分配时所需的数据结构有设备控制表、系统设备表、控制器控制表和通道控制表。

1. 设备控制表(Device Control Table,DCT)

系统为每一个设备都配置一张设备控制表,用于记录本设备的情况。设备控制表(DCT)反映了设备的特性、设备和 I/O 控制器的连接情况,包括设备标识、使用状态和等待使用该设备的进程队列等。系统中的每个设备都必须有一张 DCT,该表在系统生成时或在该设备和系统连接时创建,但表中的内容则根据系统的执行情况而被动态地修改。DCT 包括以下内容。

(1) 设备标识符。设备标识符用于标识设备。

(2) 设备类型。设备类型反映设备的特性,如是终端设备、块设备或是字符设备等。

(3) 设备地址或设备号。每个设备都有一个相应的地址或设备号。这个地址既可以是和内存统一编址的,也可以是单独编址的。

(4) 设备状态。设备状态指设备是在工作状态还是空闲状态。

(5) 等待队列指针。该指针等待使用该设备的进程组成等待队列,其队首和队尾指针存放在 DCT 中。

(6) I/O 控制器指针。该指针指向设备相连接的 I/O 控制器。

2. 系统设备表(System Device Table,SDT)

系统设备表(SDT)在整个系统中只有一张,其记录已被连接到系统中的所有物理设备的信息,并为每个物理设备设置一表项。SDT 的每个表项包括如下内容。

(1) DCT 指针,该指针指向有关设备的设备控制表。

(2) 正在使用设备的进程标识。

(3) 设备类型和设备标识符,该项的意义与 DCT 中的相同。

SDT 的主要意义在于反映系统中设备资源的状态,即系统中有多少设备,有多少是空闲的,又有多少已经分配给了哪些进程。

3. 控制器控制表(COntroler Control Table,COCT)

每个控制器都有一张控制器控制表(COCT),其反映 I/O 控制器的使用状态以及和通道的连接情况等。而 DMA 方式中没有控制器控制表。

4. 通道控制表(CHannel Control Table,CHCT)

通道控制表只在通道控制方式的系统中存在,每个通道都有一张 CHCT。CHCT 包括通道标识符、通道忙/闲标识、等待获得该通道的进程等待队列的队首指针与队尾指针等。

SDT、DCT、COCT 和 CHCT 分别如图 8-10 所示。一个进程只有获得了通道、控制器和所需设备三者后，才具备进行 I/O 操作的物理条件。

图 8-10　设备分配数据结构表

8.6.2　设备分配的原则

设备分配的原则由设备特性、用户要求和系统配置情况决定。设备分配的宗旨是既要充分发挥设备的使用效率，尽可能地让设备忙，又要避免由于不合理的分配造成进程死锁；另外，还要做到把用户程序和具体的物理设备隔离开来，即用户程序面对的是逻辑设备，而分配程序在系统把逻辑设备转换为物理设备后，再根据所要求的物理设备号进行分配。为了使系统有条不紊地工作，系统在进行设备分配时，应考虑以下原则：设备的共享属性、设备分配策略以及设备分配的安全性。

1. 设备的共享属性

在设备分配时，首先应考虑设备的共享属性。设备的共享属性可分为三种：第一种是独占性，是指这种设备在一段时间内只允许一个进程独占，属于"临界资源"；第二种是共享性，是指这种设备允许多个进程同时共享；第三种是虚拟性，是指设备本身是独占设备，但经过虚拟技术可以将其变为虚拟设备。对上述的独占、共享、虚拟三种设备，系统采取不同的分配策略。

(1) 独占设备。对于独占设备，应采用独享分配策略，即将一个设备分配给某进程后，便由该进程独占，直至进程完成或释放该设备。上述过程完成后，系统才能再将该设备分配给其他进程使用。这种分配策略的缺点是，设备不能得到充分的利用，有可能引起死锁。

(2) 共享设备。对于共享设备，可同时分配给多个进程使用。此时需要对多个进程访问设备的先后次序进行合理的调度。

(3) 虚拟设备。通过对一台独占设备采用虚拟技术后，可变成多台逻辑上的虚拟设备，因此，一台虚拟设备是可共享的设备，可以将其同时分配给多个进程使用，并对访问该设备的多个进程进行先后次序控制。

2. 设备分配策略

类似于进程调度，设备分配也要基于一定的分配策略。设备分配通常采用以下两种分配策略。

(1) 先请求先分配。当有多个进程对同一设备提出 I/O 请求时，或者是在同一设备上进行多次 I/O 操作时，系统将按提出 I/O 请求的先后顺序，将进程发出的 I/O 请求命令排成队列，其队首指向被请求设备的 DCT。当该设备空闲时，系统从该设备的请求队列队首取出一个 I/O 请求消息，将设备分配给发出这个请求的进程。

(2) 优先级高者先分配。这种策略和进程调度的优先算法是一致的，即进程的优先级高，其 I/O 请求也将优先予以满足。对于相同优先级的进程来说，则按照先请求先分配策略进行分配。因此，优先级高者先分配策略将把请求某设备的 I/O 请求命令按进程的优先级组成队列，从而保证在该设备空闲时，系统能从 I/O 请求队列队首取出一个具有最高优先级进程发出的 I/O 请求命令，并将设备分配给发出该命令的进程。

3. 设备分配的安全性

为了避免进程运行中的死锁，提高进程运行的安全性，应确保设备分配的安全性。设备分配有以下两种方式，都应重视其安全性。

(1) 安全分配方式。在这种分配下，每当进程发出 I/O 请求后，便进入阻塞状态，直到其 I/O 操作完成时才被唤醒。采用这种分配方式时，一旦进程已经获得某种设备(资源)后便阻塞，使该进程不能再请求任何资源，并且在其运行期间也不保持任何资源。这种分配方式摒弃了造成死锁的四个必要条件之一的"请求和保持"条件，从而使设备分配是安全的。其缺点是进程进展缓慢，即 CPU 和 I/O 设备是串行工作。

(2) 不安全分配方式。在这种分配方式中，进程在发出 I/O 请求后仍继续运行，需要时则可以发出第二个、第三个 I/O 请求等。仅当进程所请求的设备已被另一个进程占用时，请求进程才进入阻塞状态。这种分配方式的优点是，一个进程可同时使用多个设备，使进程推进迅速。其缺点是分配不安全，因为其可能具备"请求和保持"条件，从而可能造成死锁。因此，在设备分配时，还应对本次的设备分配是否会发生死锁进行安全性检查，仅当分配是安全的情况下才可以进行设备分配。

8.6.3　SPOOLing 系统

虚拟性是操作系统的重要特征之一。在多道程序出现后，可以利用多道技术将一台物理 CPU 虚拟为多个逻辑 CPU，从而允许多个用户共享一台主机。同样，SPOOLing 技术可将一台物理 I/O 设备虚拟为多台逻辑 I/O 设备，从而允许多个用户共享一台物理 I/O 设备。

1. 什么是 SPOOLing

为了缓和 CPU 和 I/O 设备间的速度不匹配问题而引入了脱机输入、脱机输出技术，该技术是利用专门的外围控制机，将低速 I/O 设备上的数据传送到高速磁盘上。在多道程序下，完全可以利用其中的一道程序，来模拟脱机输入时的外围控制机功能，把低速 I/O 设备上的数据传送到高速磁盘上；再利用另一道程序来模拟脱机输出时外部控制机的功能，把数据从磁盘传送到低速输出设备上。这样便可在主机的控制下，实现脱机输入、输出功能。此时，外部设备操作与 CPU 对数据的处理可以同时进行。这种在联机情况下实现的同时外部操作被称为 SPOOLing(Simultaneaus Periphernal Operating On-Line)，也被称为假脱机操作。

2. SPOOLing 系统的组成

SPOOLing 技术是对脱机输入、输出系统的模拟，因此，它必须建立在具有多道程序功能的操作系统上，而且还应该有高速随机存取外存的支持，通常采用磁盘存储技术完成这项要求。

SPOOLing 系统通常由以下 3 部分组成。

(1) 输入井和输出井。这是在磁盘上开辟的两个大存储空间。输入井是模拟脱机输入时的磁盘设备，用于暂存 I/O 设备输入的数据；输出井是模拟脱机输出的磁盘，用于暂存用户程序的输出数据。

(2) 输入缓冲区和输出缓冲区。为了缓和 CPU 和磁盘之间速度不匹配的矛盾，在内存中开辟两个缓冲区：输入缓冲区和输出缓冲区。输入缓冲区用于暂存由输入设备送来的数据，以后再传送到输入井；输出缓冲区则用于暂存从输出井送来的数据，以后再传送给输出设备。

(3) 输入进程和输出进程。SPOOLing 利用两个进程来模拟脱机 I/O 时的外围控制机。其中，输入进程模拟脱机输入时的外围控制机，将用户要求的数据从输入机通过输入缓冲区再送到输入井，当 CPU 需要输入数据时，直接从输入井中读到内存；输出进程模拟脱机输出时的外围控制机，把用户要求输出的数据先从内存送到输出井，待输出设备空闲时，再将输出井中的数据经过输出缓冲区送到输出设备上。图 8-11 所示为 SPOOLing 的系统结构图。

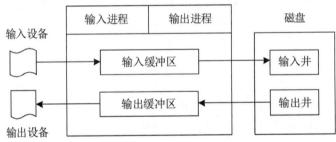

图 8-11　SPOOLing 的系统结构图

3. SPOOLing 系统的特点

SPOOLing 系统实现了对作业输入、组织调度和输出的统一管理，使外设在 CPU 的直接控制下与 CPU 并行工作。SPOOLing 系统具有以下特点。

(1) 提高 I/O 速度。SPOOLing 技术引入输入井和输出井，可以使输入进程、用户进程和输出进程同时工作。对数据所进行的 I/O 操作，已从对低速 I/O 设备进行的 I/O 操作，演变为对输入井或输出井中数据的存取，从而提高 I/O 速度，缓解 CPU 与低速 I/O 设备之间速度不匹配的矛盾。

(2) 将独占设备改造为共享设备。在 SPOOLing 系统中，实际上并没有为任何进程分配设备，只是在输入井或输出井中为进程分配一个存储区和建立一张 I/O 请求表，而输入井和输出井在磁盘上为共享设备。这样 SPOOLing 技术就把打印机等独占设备改造为共享设备。

(3) 实现虚拟设备功能。宏观上，虽然是多个进程在同时使用一台独占设备，对于每一个进程而言，都会认为自己独占了一个设备。当然，该设备只是逻辑上的设备。SPOOLing 系统实现了将独占设备变换为若干台对应的逻辑设备的功能。

8.6.4 虚拟设备——共享打印机

打印机是常用的输出设备，属于独占设备。利用 SPOOLing 技术，可将之改造为一台可供多个用户共享的虚拟设备，从而提高设备的利用率，方便用户使用。共享打印机技术已被广泛地用于多用户系统和局域网络中。当用户进程请求打印输出时，SPOOLing 系统同意为其打印输出，但并不真正立即把打印机分配给用户进程，而是做两件事：①由输出进程在输出井中为之申请一个空闲磁盘区，并将要打印的数据送入其中；②输出进程再为用户进程申请一张空白的用户请求打印表，并将用户的打印要求填入其中，再将该表挂到请求打印队列上。如果还有进程要求打印输出，系统仍可接收该请求，也同样为该进程做上述两件事。

如果打印机空闲，输出进程将从请求打印队列队首取出一张请求打印表，根据表中的要求将要打印的数据从输出井传送到内存缓冲区，再由打印机进行打印。打印完成后，输出进程再查看请求打印队列中是否还有等待打印的请求表。若有，继续取出队列中的第一张表，并根据表中的要求进行打印。如此下去，直至请求打印队列为空，输出进程才将自己阻塞起来，当再有打印请求时，输出进程才被唤醒。

8.7 I/O 软件管理

操作系统的设备管理包括对硬件设备和 I/O 软件的管理。I/O 软件管理的目标是提高设备的高效性和通用性。一方面要保证 I/O 设备与 CPU 的并发性，以提高资源的利用率；另一方面则尽可能地向用户提供简单抽象、清晰而统一的接口，采用统一标准的方法来管理所有设备以及所需的 I/O 操作。I/O 软件的基本思想是采用层次结构，底层软件用于实现与硬件相关的操作，并可屏蔽硬件的具体细节，高层软件则主要向用户提供一个简洁、友好和规范的接口。每一层具有一个要执行的、定义明确的功能和一个与邻近层次定义明确的接口，各层的功能与接口随系统的不同而异。

8.7.1 I/O 软件设计的注意事项

I/O 软件的设计目标是高效率和通用性。为了达到这一目标，通常把软件组织为层次结构，底层软件用来屏蔽硬件的具体细节，高层软件则主要向用户提供一个简洁、规范的界面。I/O 软件设计时主要考虑以下几个问题。

(1) 设备无关性。对于 I/O 系统中许多种类不同的设备，程序员只需要知道如何使用这些资源来完成所需要的操作，而无须了解设备的有关具体实现细节。例如，应用程序访问文件时，不必考虑其是存储在硬盘、软盘，还是 CD-ROM 上。对于管理软件，也无须因为 I/O 设备变化而重新编写涉及设备管理的程序。

(2) 统一命名。要实现设备的无关性，其中一项重要的工作就是如何给 I/O 设备命名。不同的操作系统有不同的命名规则，一般而言，命名是在系统中对各类设备采取预先设计的、统一的逻辑名称，所有软件都以逻辑名称访问设备。这种统一命名与具体设备无关，即同一逻辑设备的名称在不同的情况下可能对应于不同的物理设备。

(3) 出错处理。错误多数是与设备紧密相关的，因此对于错误的处理，应该在尽可能靠近硬件的地方处理，在底层软件能够解决的错误就不要让高层软件感知，只有底层软件解决不了的错误才通知高层软件解决。

(4) 缓冲技术。由于 CPU 与 I/O 设备之间存在速度差异，故需要使用缓冲技术。对于不同类型的设备，其缓冲区的大小是不一样的，块设备的缓冲是以数据块为单位，字符设备的缓冲则以字节为单位。因此，I/O 软件应能屏蔽这种差异，向高层软件提供统一大小的数据块或字符单元，使得高层软件能够只与逻辑块大小一致的抽象设备进行交互。

(5) 设备的分配和释放。系统中的共享设备，如磁盘等，可以同时为多个用户服务。对于共享设备，应该允许多个进程同时对其提出 I/O 请求。对于独占设备，如键盘和打印机等，在某一段时间只能供一个用户使用，对其分配和释放不当，将引起混乱，甚至死锁。对于独占设备和共享设备带来的许多问题，I/O 软件必须能够同时进行妥善解决。

(6) I/O 控制方式。针对具有不同传输速率的设备，应综合系统效率和系统代价等因素，合理选择 I/O 控制方式，例如，像打印机等低速设备应采用中断驱动方式，而对磁盘等高速设备则采用 DMA 控制方式等，以提高系统的利用率。为方便用户，I/O 软件应能屏蔽这种差异，向高层软件提供统一的操作接口。

综上所述，I/O 软件涉及面非常宽，往下与硬件有着密切的关系，往上与用户直接交互，其与进程管理、存储器、文件管理等存在着一定的联系。为使复杂的 I/O 软件具有清晰的结构，具有更好的可移植性和适应性，目前在 I/O 软件中普遍采用层次式结构，将系统中的设备操作和管理软件分为若干个层次，每一层都利用其下层提供的服务，完成输入、输出功能中的某些子功能，并屏蔽这些功能实现的细节，向高层提供服务。

在层次式结构的 I/O 软件中，只要层次间的接口不变，对每个层次中的软件进行的修改都不会引起其下层或高层代码的变更，仅最底层才会涉及硬件的具体特性。操作系统通常把 I/O 软件组织成如下 4 个层次。

- I/O 中断处理程序：用于保存被中断进程的 CPU 环境，转入相应的中断处理程序进行处理，处理完后再恢复被中断进程的现场，然后返回到被中断进程。
- 设备驱动程序：与硬件直接相关，负责具体实现系统对设备发出的操作指令，驱动 I/O 设备工作。
- 设备无关软件：负责实现与设备驱动器的统一接口、设备命名、设备的保护以及设备的分配与释放等，同时为设备管理和数据传送提供必要的存储空间。
- 用户层 I/O 软件：实现与用户交互的接口，可直接调用在用户层提供的、与 I/O 操作有关的库函数，对设备进行操作。

下面各节将对者 4 个层次进行详细的介绍。

8.7.2 I/O 中断处理程序

中断是应该尽量加以屏蔽的概念，通常放在操作系统的底层进行处理，系统的其他部分应尽可能少地与之发生联系。当一个进程请求 I/O 操作时,该进程将被挂起,直到 I/O 操作完成,并向 CPU 发出中断信号。当 CPU 接收到 I/O 设备发来的中断信号后,立即响应中断,将控制权交给中断处理总控程序。中断处理总控程序分析中断产生的原因,调用相应的中断处理程序进行处理,并解除相应进程的阻塞状态(有关中断处理的详细内容,可参考 8.4 节中的内容)。

8.7.3 设备驱动程序

设备驱动程序是 I/O 进程与设备控制器之间的通信程序,其主要任务是接收上层软件发来的抽象 I/O 请求,如 read 或 write 命令,在将其转换为具体要求后,发送给设备控制器,启动设备去执行。设备驱动程序将由设备控制器发来的信号传送给上层软件。设备驱动程序与硬件密切相关,通常每一类设备应配置一种驱动程序,但有时也可为非常类似的两类设备配置一个驱动程序。例如,打印机和显示器需要不同的驱动程序,但 SCSI 磁盘驱动程序通常可以处理不同大小和不同速度的多个 SCSI 磁盘。

1. 设备驱动程序的功能

设备驱动程序是用来控制设备上数据传输的核心模块,通常应该具有以下功能。

(1) 接收由 I/O 进程发来的命令和参数,并将命令中的抽象要求转换为具体要求,例如,将磁盘块号转换为磁盘的柱面号、磁道号及扇区号。

(2) 检查用户 I/O 请求的合法性,了解 I/O 设备的状态,传递有关参数,设置设备的工作方式。

(3) 发出 I/O 命令,如果设备空闲,便立即启动 I/O 设备去完成指定的 I/O 操作;如果设备处于忙碌状态,则将请求者的请求块挂在设备队列中等待。

(4) 及时响应由控制器或通道发来的中断请求,并根据其中断类型调用相应的中断处理程序进行处理。

(5) 对于设置有通道的计算机系统,驱动程序能够根据用户的 I/O 请求,自动地构成通道程序。

2. 设备驱动程序的特点

设备驱动程序属于低层的系统例程,其与一般应用程序及系统程序之间有明显的区别。

(1) 驱动程序主要是指在请求 I/O 的进程与设备控制器之间的一个通信和转换程序。它将进程的 I/O 请求经过转换后,传送给控制器,又把控制器中所记录的设备状态和 I/O 操作完成情况及时地反映给 I/O 请求进程。

(2) 驱动程序与设备控制器和 I/O 设备的硬件特性紧密相关,因而对不同类型的设备应该配置不同的驱动程序。例如,可以为相同的多个终端设置一个终端驱动程序,但有时即使是同一类型的设备,由于生产厂家不同,也可能并不完全兼容,此时必须为它们配置不同的驱动程序。

(3) 驱动程序与 I/O 设备所采用的 I/O 控制方式紧密相关。常用的 I/O 控制方式是中断驱动和 DMA 方式,显然,这两种方式的驱动程序是不同的。

(4) 由于驱动程序与硬件紧密相关,因此其中的一部分必须用汇编语言书写。目前,许多驱动程序的基本部分都固化在 ROM 中。

3. 设备驱动程序在系统中的位置

通常，设备驱动程序与设备类型一一对应。例如，系统可以用一个磁盘驱动程序来控制所有的磁盘机，利用一个终端驱动程序控制所有的终端等。但是，如果设备来自不同的生产厂商，就应该当作不同的设备来处理，为它们配置不同的设备驱动程序，以保证设备的正常工作。

一个设备驱动程序可以控制同一类型的多个物理设备，为了能够区分不同的设备，方便设备管理，现代操作系统通常采用主、次设备号来标识某一设备。主设备号表示设备类型，次设备号则表示该类型的一个设备。利用这种设备命名方式，可以很容易地将同一类型的设备中的多台设备区分开来。系统中所有设备的信息都保存在设备文件中，在系统启动时，创建设备文件。当系统的配置发生改变时，例如添加了新设备时，设备文件也要随之更新。

设备驱动程序是 I/O 进程和设备控制器之间的通信程序，操作系统通过设备控制程序来控制设备的操作，因此设备驱动程序要向外界提供接口，以便 I/O 设备能够与操作系统的其他部分很好地交互。通常设备驱动程序存放在操作系统的内核空间，用户只能通过其提供的接口来使用它，而不能随意地修改。设备驱动程序在整个系统的位置以及与其他部分的关系如图 8-12 所示。

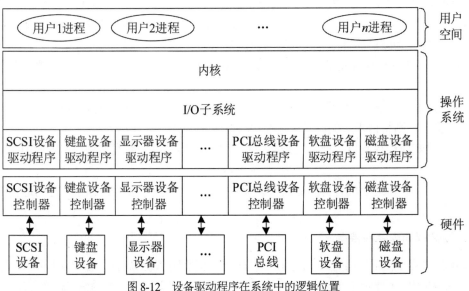

图 8-12　设备驱动程序在系统中的逻辑位置

4. 设备驱动程序的处理过程

不同类型的设备应有不同的设备驱动程序，大体上都可以分成两部分，其中除了有能够驱动 I/O 设备工作的驱动程序外，还需要有设备中断处理程序，以处理 I/O 完成后的工作。

设备驱动程序在启动设备前应先完成必要的准备工作，如检测设备状态是否为"忙"等，完成后再向设备控制器发送启动命令。设备驱动程序的处理过程如下所示。

(1) 将抽象要求转换为具体要求。在设备管理中，用户及上层软件无须了解设备控制器的具体情况，在使用设备时只需发出抽象的要求(命令)，而设备控制器是无法识别这些命令的。因此，设备驱动程序需要将这些抽象要求转换为具体要求。例如，将抽象要求中的盘块号转换为磁盘的柱面号、磁道号及扇区号。

(2) 检查 I/O 请求的合法性。对于任何输入设备，都是只能完成一组特定的功能，若该设备不支持此次的 I/O 请求，则认为此次 I/O 请求是非法的。例如，用户试图请求从打印机输入数据，显然系统应予以拒绝。此外，如磁盘和终端等设备虽然都是既可以读又可以写，但若在打开这些设备时规定是读，则用户的写请求必然被拒绝。

(3) 读出和检查设备的状态。只有当设备处于空闲状态时，系统才能启动该设备进行 I/O 操作。因此，在启动设备前，要检查该设备控制器的状态寄存器，读出设备的状态。例如，为了向某设备写入数据，应首先检查该设备是否处于接收就绪状态，仅当其处于接收就绪状态时，才能启动其设备控制器，否则只能等待。

(4) 传送必要的参数。对于许多设备，特别是块设备，除必须向其控制器发出启动命令外，还需传送必要的参数。例如，在启动磁盘进行读/写前，应先将本次要传送的字节数和数据应到达的主存始址，送入控制器的相应寄存器中。

(5) 工作方式的设置。有些设备可具有多种工作方式，典型例子是利用 RS-232 接口进行异步通信。在启动该接口前，应先按通信规程设定参数，如波特率、奇偶校验方式、停止位数目及数据字节长度等。

(6) 启动 I/O 设备。在完成上述各项设备工作后，驱动程序可以向控制器中的命令寄存器传送相应的控制命令。驱动程序发出 I/O 命令后，基本的 I/O 操作是在设备控制器的控制下进行的。

8.7.4　设备无关软件

1. 设备无关性

为了提高操作系统的可适应性和可扩展性，现代操作系统都实现了设备无关性，也称设备独立性。其基本含义是：用户的应用程序独立于具体使用的物理设备。为了实现设备的无关性，引入了逻辑设备和物理设备这两个概念。在应用程序中，使用逻辑设备名来请求使用某类设备；而系统在实际执行时，还必须使用物理设备名。因此，系统需具有将逻辑设备名转换为物理设备名的功能，这非常类似于存储器管理中的逻辑地址和物理地址的概念。在应用程序中使用的是逻辑地址，而系统在分配和使用内存时，必须使用物理地址。操作系统引入设备无关性可带来以下两方面的好处。

(1) 设备分配时较灵活。当应用程序以物理设备名来请求使用指定的某台设备时，如果该设备已经分配给其他进程或发生故障，而此时尽管还有几台其他的相同设备处于空闲，该进程却仍阻塞。但若进程能以逻辑设备名来请求某类设备时，系统可立即将该类设备中的任一台分配给进程，仅当所有此类设备已全部分配完毕时，进程才会阻塞。

(2) 易于实现 I/O 重定向。所谓 I/O 重定向，是指用于 I/O 操作的设备可以更换(即重定向)，而不必改变应用程序。例如，在调试一个应用程序时，可将程序的所有输出送往屏幕显示；而在程序调试完后，如需正式将程序的运行结果打印出来，此时便需将 I/O 重定向的数据结构——逻辑设备表中的显示终端改为打印机，而不必修改应用程序。

2. 设备无关软件的概念和功能

驱动程序是一个与设备硬件紧密相关的软件。为了实现设备无关性，需要在驱动程序之上设置一层软件，称之为设备无关软件。设备无关软件和设备驱动程序之间的精确界限在各个系统中都不尽相同。对于一些以设备无关方式完成的功能，在实际中由于考虑到执行效率等因素，也可以考虑由驱动程序来完成。

通常，设备无关软件的主要功能可分为以下两个方面。

(1) 执行所有设备的共有操作。这些共有操作包括以下几方面。

① 对独立设备的分配与回收。

② 将逻辑设备名映射为物理设备名，进一步可以找到相应物理设备的驱动程序。例如，在 UNIX/Linux 系统中，一个设备名，如/dev/tty00 唯一地确定一个 i-node，其中包含主设备号(major device number)，通过主设备号即可找到相应的设备驱动程序。i-node 还包含次设备号(minor device number)，其作为传给驱动程序的参数指定具体的物理设备。类似地，IDE(电子集成驱动器，Intergrated Disk Electronics)硬盘/dev/hda、/dev/hdb 分别为第一块和第二块硬盘，hd 为主设备号；a 和 b 则为次设备号。

③ 对设备进行保护，禁止用户直接访问设备。

④ 缓冲管理。块设备和字符设备都需要缓冲技术。对于块设备，硬件的每次读写均以块为单位，而用户程序则可以读写任意大小的单元。如果用户进程写半个块，操作系统将在内部保留这些数据，直到其余数据到齐后才一次性地将这些数据写到设备上。对于字符设备，用户向系统写数据的速度可能比向设备输出的速度快，所以也需要缓冲。

⑤ 差错控制。为了保证在 I/O 操作中的绝大多数错误都与设备无关，因此主要由设备驱动程序处理，而设备独立软件只处理那些设备驱动程序无法处理的错误。

⑥ 提供独立于设备的逻辑块。不同类型的设备信息交换单位是不同的，读取和传输速率也各不相同，如字符型设备以单个字符为单位，块设备是以一个数据块为单位。即使同一类型的设备，其信息交换单位大小也有差异，如不同磁盘由于扇区大小的不同，可能造成数据块大小的不一致。因此，设备无关软件应负责隐藏这些差异，对逻辑设备使用并向高层软件提供大小统一的逻辑数据块。

(2) 向用户层软件提供统一接口。无论何种设备，其向用户提供的接口应该是相同的。例如，对各种设备的读操作，在应用程序中都使用 read；对各种设备的写操作，也都使用 write。

3. 逻辑设备名到物理设备名的映射

为实现逻辑设备名向物理设备名的映射，操作系统需要提供逻辑设备表进行辅助。

为了实现设备的无关性，系统必须设置一张逻辑设备表(Logical Unit Table，LUT)，用于将应用程序中所使用的逻辑设备名映射为物理设备名。该表的每个表目包含三项内容：逻辑设备名、物理设备名和设备驱动程序入口地址。当进程用逻辑设备名请求分配 I/O 设备时，系统为其分配相应的物理设备，并在 LUT 上建立一个表目，填上应用程序中使用的逻辑设备名和系统分配的物理设备名，以及该设备驱动程序的入口地址。当以后进程再利用该逻辑设备名请求 I/O 操作时，系统通过查找 LUT，便可找到物理设备和驱动程序。

LUT 的设置可分两种方式：第一种方式是在整个系统中只设置一张 LUT。由于系统中所有进程的设备分配情况都记录在同一张 LUT 中，因而不允许在 LUT 中具有相同的逻辑设备名，这就要求所有用户都不使用相同的逻辑设备名。在多用户环境下这通常是难以做到的，因而这种方式主要用于单用户系统中。第二种方式是为每个用户设置一张 LUT。每当用户登录时，便为该用户建立一个进程，同时也为之建立一张 LUT，并将该表保存在进程的 PCB 中。由于通常在多用户系统中都配置了系统设备表，故此时的逻辑设备表的每个表目只用包含两项内容：逻辑设备名、物理设备名。

8.7.5 用户层 I/O 软件

通常情况下，大部分的 I/O 软件都在操作系统内部，但仍有一小部分在用户层，包括与用户程序链接在一起的库函数，以及完全运行在操作系统内核之外的一些程序。系统调用，包括 I/O 系统调用，通常都通过库例程间接提供给用户。例如，C 语言中的库函数 write 和 read。这些库函数与用户程序链接在一起，并包含在运行时的二进制程序代码中，显然这一类库例程也是 I/O 系统的一部分。其主要工作是提供参数给相应的系统调用并执行。但也有一些例程做非常实际的工作。例如，C 语言的格式化输入和输出就是使用库例程实现的。标准 I/O 库包含相当多的涉及 I/O 的库例程，其都作为用户程序的一部分运行。并非所有的用户层 I/O 软件都由库例程构成，前面介绍的 SPOOLing 系统就是在核心外运行的用户级 I/O 软件。

图 8-13 总结了 I/O 系统的每一层软件及其功能。从底层开始分别是硬件、I/O 中断处理程序、设备驱动程序、设备无关软件和用户层 I/O 软件。从图 8-13 可以看出，当用户程序试图从文件中读一数据块时，需要通过操作系统来执行此操作。设备无关软件首先在数据块缓冲区中查找此块，如果没有找到，则其调用设备驱动程序向硬件发出相应的请求，用户进程随即阻塞直到数据块被读出。当磁盘操作结束时，硬件发出一个中断，激活中断处理程序。中断处理程序则从设备获取返回状态值，并唤醒睡眠的进程来结束此次 I/O 请求，并使用户进程继续执行。

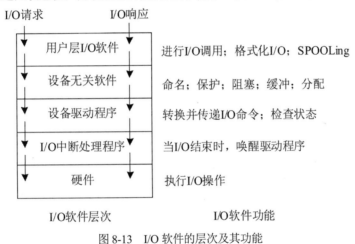

图 8-13　I/O 软件的层次及其功能

8.8　磁盘调度和管理

磁盘具有存储容量大、价格低廉、断电后信息不会丢失、可随机存取等优点，是当前存放程序和数据的理想设备，现代计算机系统中都配置有磁盘存储器。故对文件的操作都将涉及对磁盘的访问。磁盘 I/O 速度的高低和磁盘系统的可靠性，都将直接影响系统的性能。因此，设法改善磁盘系统的性能是现代操作系统的重要任务之一。

8.8.1 磁盘结构

磁盘设备包括一个或多个物磁盘片，每个磁盘片分一个或两个存储面。磁盘结构如图 8-14 所示，其包括多个用于存储数据的盘面。每个盘面有一个读写磁头，所有的读写磁头都固定在唯一的移动臂上同时移动。每个磁盘面被组织成若干个同心环，这种环称为磁道(track)，磁道是读写磁头运行的轨迹。每条磁道又被划分成若干个扇区(sector)。在磁头位置下的所有磁道组成的圆柱体称为柱面。

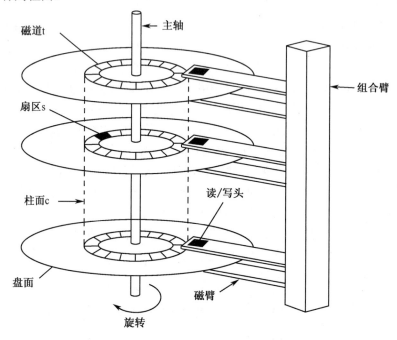

图 8-14　磁盘结构示意图

文件的信息通常不是记录在同一盘面的各个磁道上，而是记录在同一柱面的不同磁道上，这样可以使盘臂的移动次数减少，缩短访问信息的时间。为了访问磁盘上的一个物理记录，必须给出三个参数：柱面号、磁头号和块号。但在实际应用中，磁盘的逻辑地址是由逻辑块构成的一维数组，逻辑块是传送数据的最小单位。当文件系统读写某个文件时，就要由逻辑块号映像为物理块号，由磁盘驱动程序将其转换为磁盘地址，再由磁盘控制器将其映射为具体的磁盘地址。

8.8.2　磁盘访问时间

为了读取磁盘上的信息，磁头必须能够移到所要求的磁道上，并等待所要求扇区的开始位置旋转到磁头下，然后才开始读或写数据，故整个磁盘的访问时间包括三个部分：寻道时间、旋转延迟时间和数据传输时间。

1. 寻道时间

寻道时间是磁臂将磁头移动到包含目标扇区的柱面所经历的时间。寻道时间 T_s 包括启动磁臂时间 s 与磁头移动 n 条磁道所花费的时间之和，即

$$T_s = mn + s$$

其中，m 是一个常数，与磁盘驱动器的速度有关，磁臂的启动时间约为2ms。因此，对于一般的磁盘，其寻道时间随寻道距离的增加而增大，大体上是5~30ms。

2. 旋转延迟时间

旋转延迟时间是磁盘需要将目标扇区转动到磁头下的时间。不同类型的磁盘，其旋转速度至少相差一个数量级，如软盘为 300r/min，硬盘一般为 7 200~15 000r/min。对于磁盘旋转延迟时间而言，如硬盘的旋转速度为 15 000r/min，每转需时 4ms，则平均旋转延迟时间 T_r 为 2ms。

3. 数据传输时间

数据传输时间是指从磁盘读出数据或向磁盘写入数据的时间，其大小 T_t 与每次所读写的字节数 b 和旋转速度有关。

$$T_t = \frac{b}{rN}$$

其中，r 为磁盘每秒钟的转数，N 为一条磁道上的字节数。

由上述可知，可将访问时间 T_a 表示为：

$$T_a = T_s + \frac{1}{2r} + \frac{b}{rN}$$

在磁盘的整个访问过程中，寻道时间和旋转延迟时间基本上与所读写的数据量无关，但是，其往往占据了整个磁盘访问的绝大部分时间。因此，可以通过优化访问顺序来调整磁盘的 I/O 请求，进而提高访问速度。

8.8.3 磁盘调度

磁盘属于共享设备，当有多个进程要求访问磁盘时，应该选择一种最佳调度算法，以使各进程对磁盘的平均访问时间最小。由于在访问磁盘的时间中主要是寻道时间，因此，磁盘调度的目标是使磁盘的平均寻道时间最少。目前常用的磁盘调度有先来先服务、最短寻道时间优先、扫描算法和循环扫描算法。

1. 先来先服务(First Come First Served，FCFS)

这是一种最简单的磁盘调度算法，其根据进程请求访问磁盘的先后次序进行调度。FCFS 算法的优点是公平、简单，且每个进程的请求都能依次得到处理，不会出现某一进程的请求长期得不到满足。但是，FCFS 算法未对寻道时间进行优化，致使平均寻道时间可能较长。

例如，有 8 个进程先后提出磁盘 I/O 请求，其 I/O 对各个柱面上块的请求顺序如下：56，130，23，110，75，180，36，68。如果磁头开始位于 100，那么其将从 100 移到 56，接着移到 130、23、110、75、180、36，最后到 68，总的磁头移动为 628 柱面，图 8-15 所示为 FCFS 调度。很显然，这种调度算法产生的磁头移动幅度特别大。从 130 到 23 再到 110 的大摆动显示了这种调度的缺点。

访问队列：56，130，23，110，75，180，36，68。磁头开始于100。

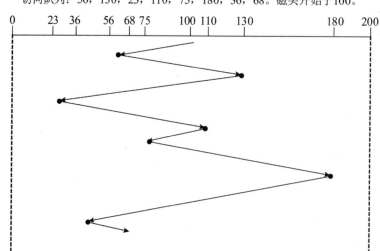

图 8-15　先来先服务调度算法示例

2. 最短寻道时间优先(Shortest Seek Time First，SSTF)

SSTF 算法的工作原理是：每次选择的进程要满足其要求访问的磁道与当前磁头所在的磁道距离最近，以使每次的寻道时间最短。但这种算法不能保证平均寻道时间最短。

例如，对于上面提到的磁盘请求队列，图 8-16 所示为按 SSTF 算法进行调度时，各进程调度的次序和磁头移动的距离。如果当前磁头位于 100，那么与 100 最近的请求位于柱面 110；当磁头位于柱面 110 时，下一个最近的请求位于柱面 130；如此继续进行，会处理位于柱面 180 的请求，接着移到 75、68、56、36，最后处理柱面 23 上的请求。这种调度算法产生的磁头移动为 237 柱面。显然，这种调度算法大大提高了磁盘的服务效率。

访问队列：56，130，23，110，75，180，36，68。磁头开始于100。

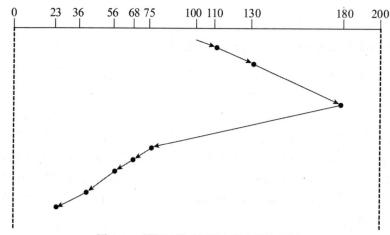

图 8-16　最短寻道时间优先调度算法示例

SSTF 调度类似最短作业优先(SJF)调度，其可能导致一些请求得不到服务。例如，假设一个调度队列中有两个请求，分别是请求柱面 56 和 196。由于请求可能会随时到达，所以，在处理来自柱面 56 的请求时，另一个靠近 56 的请求可能到达；这样，这个新的请求会在下次处理，而位于柱面 196 上的请求必须继续等待；当处理这个新请求时，有可能靠近它的请求不断地到来，这样位于柱面 196 上的请求可能永远得不到服务，出现"饥饿"现象。

3. 扫描(SCAN)算法

SSTF 算法有可能导致某个进程发生"饥饿"现象。对 SSTF 算法略加修改后形成的 SCAN 算法可防止进程出现"饥饿"现象。SCAN 算法不仅考虑欲访问的磁道与当前磁道间的距离，更优先考虑磁头当前的移动方向。例如，当磁头正在由里向外移动时，SCAN 算法所考虑的下一个访问对象，应是其欲访问的磁道中既在当前磁道之外，又是距离最近的。这样由里向外访问，直至再无更外的磁道需要访问时，才将磁臂换向为由外向里移动，如此循环，磁头在整个磁盘上来回扫描。SCAN 算法中磁头移动的规律颇似电梯的运行，先处理所有向上的请求，然后再反过来处理另一个方向的请求，因此也称电梯算法。

对于上面的例子，如果磁头向柱面 0 方向移动，如图 8-17 所示，会先处理位于柱面 75 上的服务，再处理柱面 68、56、36、23 上的请求，在柱面 23 处磁头改变方向，朝磁盘的另一端移动，并依次处理位于柱面 110、130 和 180 上的请求。SCAN 调度算法产生的磁头移动为 234 柱面。如果一个请求刚好在磁头移到其所在柱面之前加入请求队列，其将马上得到处理；相反如果一个请求刚好在磁头移过其所在柱面之后加入磁盘请求队列，那么其必须等待磁头到达磁盘的另一端，调转方向并返回到其所在的柱面时，才能得到处理。

访问队列：56，130，23，110，75，180，36，68。磁头开始于100。

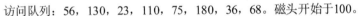
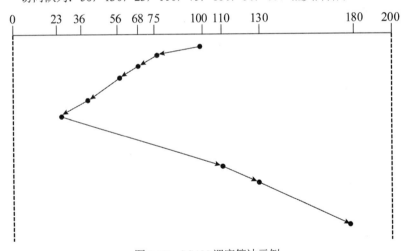

图 8-17　SCAN 调度算法示例

4. 循环扫描(C-SCAN)算法

SCAN 算法既能获得较好的寻道性能，又能防止"饥饿"现象，被广泛用于大、中、小型机器和网络中的磁盘调度。但 SCAN 也存在以下问题：当磁头刚从里向外移动而越过某一磁道时，恰好又有一个进程请求访问此磁道，这时，该进程必须等待，待磁头继续从里向外，然后再从外向里扫描完所有要访问的磁道后，才处理该进程的请求，致使该进程的请求被大大地推迟。为此，可以将 SCAN 算法稍加修改，形成了 C-SCAN 算法，也称循环扫描算法。C-SCAN 算法规定磁头单向移动，例如磁头只能自里向外移动，当磁头移到最外层要访问的磁道后，磁头立即返回到最里层的欲访问的磁道，亦即将最小磁道号紧接着最大磁道号构成循环，进行循环扫描。采用 C-SCAN 算法后，上述请求进程的请求延迟将从原来的 $2T$ 减为 $T+S_{max}$，其中，T 为由里向外或由外向里单向扫描完要访问的磁道所需的寻道时间，而 S_{max} 是将磁头从最外面被访问的磁道直接移到最里欲访问的磁道的寻道时间。

对于上面的例子，如果磁头由里向外移动，如图 8-18 所示，那么会先处理位于柱面 110 上的请求，再处理柱面 130、180 上的请求，在柱面 180 处磁头改变方向，移动到最里要访问的磁道 23，并依次处理位于柱面 36、56、68 和 75 上的请求。C-SCAN 调度算法产生的磁头移动为 289 柱面。

访问队列：56，130，23，110，75，180，36，68。磁头开始于100。

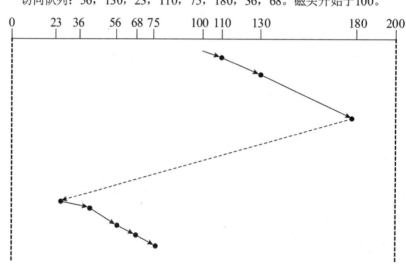

图 8-18　C-SCAN 调度算法示例

8.8.4　磁盘高速缓存

磁盘的 I/O 速度远低于内存的访问速度，通常要低 4~6 个数量级。因此，磁盘的 I/O 已成为计算机系统的性能瓶颈。为了提高磁盘 I/O 的速度，主要的技术是采用磁盘高速缓存。

1. 磁盘高速缓存的形式

磁盘高速缓存并非通常意义下的内存和 CPU 之间增设的一个小容量高速存储器，而是指利用内存中的存储空间来暂存从磁盘中读出的一系列盘块中的信息。因此，这里的高速缓存是一组在逻辑上属于磁盘，而物理上驻留在内存中的盘块。磁盘高速缓存在内存中可分成两种形式：第一种是在内存中开辟一个单独的存储空间来作为磁盘高速缓存，其大小是固定的，不会受应用程序影响；第二种是把所有未利用的内存空间变为一个缓冲池，供请求分页系统和磁盘 I/O 共享。此时，磁盘高速缓存的大小不再是固定的。当磁盘的 I/O 操作频繁程度较高时，该缓冲池可能包含更多的内存空间；而在应用程序运行得较多时，该缓冲池可能只剩下较少的内存空间。

2. 磁盘高速缓存工作方式

磁盘高速缓存工作方式如下：当有一个进程请求访问磁盘中的数据时，系统首先去查看磁盘高速缓存，看其中是否存在进程所需访问的盘块数据的备份。如果有其备份，称之为高速缓存命中，便直接从高速缓存中提取数据交付给请求者进程，这样做可避免访问磁盘操作，从而提高访问速度；如果高速缓存中没有要访问数据的备份，系统应先从磁盘中将所要访问的数据读入并交付给请求者进程，同时也将数据复制到高速缓存。当以后再访问该盘块的数据时，便可直接从高速缓存中提取。

高速缓存通常使用两种方式将数据交付给请求进程。

(1) 数据交付。数据交付指直接将高速缓存中的数据，传送到请求者进程的内存工作区中。

(2) 指针交付。指针交付指只将指向高速缓存中数据区域的指针交付给请求者进程。

由于指针交付所传送的数据量少，因而节省了数据从磁盘高速缓存到进程内存工作区的时间。

3. 高速缓存置换算法

如同请求调页(段)一样，在将磁盘中的盘块数据读入高速缓存时，同样也会出现因高速缓存中已装满数据而需要将一些数据先换出的问题。相应地，也存在着采用哪种置换算法的问题。较常用的置换算法是最近最久未使用(LRU)算法、最近未使用(NRU)算法及最少使用(LFU)算法等。

8.8.5 磁盘管理

下面简单介绍常用的磁盘管理，包括磁盘初始化、磁盘引导及坏块处理等问题。

1. 磁盘初始化

一个新磁盘只是一些含有磁性记录材料的盒子。在存储数据前，必须要对其进行初始化，初始化包括低级格式化、分区和高级格式化。

低级格式化就是将空白的磁盘划分出柱面和磁道，再将磁道划分为若干个扇区。低级格式化按照规定的格式为每个扇区填充控制信息。一般来说，每个扇区的数据结构通常由扇区头、数据区域(通常为 512B 大小)和尾部组成。头部和尾部包含一些磁盘控制器使用的信息，如扇区号码和纠错码(Error_Correcting Code，ECC)。当控制器向扇区写入数据时，ECC 会利用一个根据磁盘数据计算出来的值进行更新，当读出一个扇区时，ECC 的值会重新计算并与原来存储的值进行比较。如果这两个值不一样，则表明该扇区存储的数据可能被损坏或者磁盘扇区已坏。另外，由于 ECC 含有足够的信息，所以，如果只有少数的几个数据损坏，那么控制器能够利用 ECC 计算出哪些数据已改变并计算出它们的正确值。控制器在读写磁盘时会自动处理 ECC。

低级格式化是高级格式化之前的一件工作，其只能在 DOS 环境下完成。低级格式化只能针对一块硬盘而不能支持单独的某一个分区。每块硬盘在出厂时，已由硬盘生产商进行低级格式化，因此通常使用者无须再进行低级格式化操作。硬盘的低级格式化过程是一种损耗性操作，对硬盘的使用寿命会产生一定的负面影响。因此，除非是硬盘出现较大的错误，如硬盘坏道等，否则一定要慎重进行低级格式化操作。当硬盘受到外部强磁体、强磁场的影响，或因长期使用，硬盘盘片上由低级格式化划分出来的扇区格式磁性记录部分丢失，从而出现大量"坏扇区"时，可以通过低级格式化来重新划分"扇区"。但是前提是硬盘的盘片没有受到物理性损伤。

对磁盘低级格式化后，还需要对磁盘进行分区和高级格式化。分区是将磁盘分为由若干个柱面组成的分区，操作系统把每一个分区作为独立的磁盘来使用，例如，在 Windows 操作系统中，用户可以把一个硬盘分成 C、D、E、F 四个分区，每个分区可以用来存储不同内容。在磁盘高级格式化中，操作系统将初始的文件系统数据结构存储到磁盘上，这些数据结构包括空闲和已分配的空间以及一个初始化的空目录。 高级格式化的工作包括生成引导区信息、初始化FAT、标注逻辑坏道等。

2. 磁盘引导

计算机在正常启动运行前，必须要运行一个初始化自举程序。该初始化程序初始化系统的各个方面，然后启动操作系统。因此，初始化自举程序应该找到磁盘上的操作系统内核，装入内存，并跳转到该内核在内存中的起始地址处，开始操作系统的执行。

对于绝大多数计算机来说，自举程序保存在只读存储器(ROM)中，这样，在机器加电以后，处理器就能读取相关的指令，完成操作系统的启动。通常，由于 ROM 的存储容量有限，而且只能读取其中的信息，绝大多数系统只在启动 ROM 中保留一个很小的启动装入程序，而更为完整的启动程序则保存在磁盘的启动块上。启动块位于磁盘的固定位置，通常是该分区的 0 磁道 0 扇区。

3. 坏块处理

磁盘在使用过程中难免会出现一些问题，常见的问题是磁盘的一个或多个扇区出现错误。根据所使用的磁盘和控制器不同，对这些坏的扇区有多种不同的处理方式。

对于简单的磁盘，如使用 IDE 控制器的磁盘，坏扇区可以手工处理。例如，在执行Windows/MS-DOS 的磁盘高级格式化命令时，将扫描磁盘以查找坏扇区。如果找到坏扇区，其就在相应的 FAT 条目中写上特殊值，通知分配程序不要使用该块。如果在使用过程中出现坏扇区，可以运行磁盘扫描程序来搜索磁盘坏扇区，并把它们锁定在一边。坏扇区的数据通常会丢失。

对于更为复杂的磁盘，如高端计算机、绝大多数工作站和服务器上的 SCSI 磁盘，其控制器维护一个磁盘坏块链表，该链表在出厂前进行低级格式化时就初始化了，并在磁盘的整个使用过程中不断更新。低级格式化将一些块作为备用，操作系统对此并不知道。控制器可以用备用块替代坏块，这种方案称为扇区备用或转寄。

8.8.6 廉价磁盘冗余阵列

廉价磁盘冗余阵列(Redundant Array of Inexpensive Disk，RAID)是 1987 年由美国加利福尼亚大学伯克利分校提出的。最初的研制目的是组合小的廉价磁盘来代替大的昂贵磁盘，以降低大批量数据存储的费用，同时也希望采用冗余信息的方式，使得磁盘失效时不会使对数据的访问受损失，从而开发出一定水平的数据保护技术，并且能适当地提升数据传输速度。除了性能上的提高外，RAID 还可以提供良好的容错能力，在任何一块硬盘出现问题的情况下都可以继续工作，不会受到损坏硬盘的影响。RAID 现在已广泛地用于大、中型计算机系统和计算机网络中。

1. 并行交叉存取

为了提高对磁盘的访问速度，磁盘存储系统引入交叉存取技术。在该系统中，有多台磁盘驱动器，系统将每一盘块中的数据分为若干个子盘块数据，再把每一个子盘块的数据分别存储到各个不同磁盘的相同位置上。这样，系统有数据请求即可被多个磁盘并行地执行，每个磁盘执行属于其自己的那部分数据请求。这种数据上的并行操作可以充分利用总线的带宽，显著提高磁盘整体存取性能。例如，对于由 3 个磁盘驱动器组成的磁盘系统，数据被分散到 3 个磁盘上存取。系统向 3 个磁盘组成的逻辑硬盘发出的 I/O 数据请求被转化为 3 项操作，其中的每一项操作都对应于一块物理硬盘。原先顺序的数据请求被分散到 3 个磁盘并行执行。从理论上讲，3 个磁盘的并行操作使同一时间内磁盘读写速度提升了 3 倍。

2. RAID 的分级

RAID 可分为多个级别，主要包括以下几种。

(1) RAID 0 级。RAID 0 具有所有 RAID 级别中最高的存储性能。数据被分拆至多个驱动器，但无冗余驱动器，不提供数据保护功能。因此，磁盘系统的可靠性不好，只要阵列中有一个磁盘损坏，便会造成不可弥补的数据丢失，故较少使用。

(2) RAID 1 级。RAID 1 具有磁盘镜像功能，其宗旨是最大限度地保证用户数据的可用性和可修复性。RAID 1 的操作方式是把用户写入硬盘的数据百分之百地自动复制到另外一个硬盘上。当读取数据时，系统先从源盘读取数据，如读取数据成功，则系统不去管备份盘上的数据；如读取源盘数据失败，则系统自动转而读取备份盘上的数据，不会造成用户工作任务的中断。RAID 1 虽不能提高存储性能，但由于其具有的高数据安全性，所以它尤其适用于存放重要数据，如服务器和数据库存储等领域。

(3) RAID 3 级。RAID 3 是具有并行传输和校验功能的磁盘阵列，其利用一台奇偶校验磁盘来完成数据的校验功能。在 RAID 3 中，数据按位或按字节(可选择)分拆至阵列中的各个驱动器(除了一个作为奇偶校验的驱动器外)。例如，在 4 个驱动器的阵列中，数据分拆在 3 个驱动器上，奇偶信息写在第 4 个驱动器上。RAID 3 提供良好的读性能，但写操作相对较慢，因为每次写操作时都要写奇偶驱动器。RAID 3 经常用于科学计算和图像处理。

(4) RAID 4 级。RAID 4 与 RAID 3 相似，但数据是按扇区不是按位或字分拆的。RAID 4 可以减少读数据的次数，因为每个驱动器能读一整个磁盘扇区。

(5) RAID 5 级。数据以扇区为单位写到驱动器阵列中的所有驱动器上，同时纠错码也写入所有的驱动器。RAID 5 写操作较快，因为奇偶信息写到各驱动器上，而不是像 RAID 3 写到一个驱动器上；磁盘读性能也有所提高，因为每个驱动器可以以磁盘块读取。RAID 5 可以理解为是 RAID 0 和 RAID 1 的折中方案。RAID 5 可以为系统提供数据安全保障，但保障程度要比RAID 1 低而磁盘空间利用率比 RAID 1 高。RAID 5 具有和 RAID 0 相近似的数据读取速度，只是多了一个奇偶校验信息，写入数据的速度比对单个磁盘进行写入操作稍慢。同时由于多个数据对应一个奇偶校验信息，RAID 5 的磁盘空间利用率比 RAID 1 高，存储成本相对较低。RAID 5 常用于 I/O 频繁的事物处理中。

(6) RAID 0+1。正如其名字一样，RAID 0+1 是 RAID 0 和 RAID 1 的组合，也称为 RAID10。以 4 个磁盘组成的 RAID 0+1 为例，RAID 0+1 是存储性能和数据安全兼顾的方案。其在提供与 RAID 1 一样的数据安全保障的同时，也提供与 RAID 0 近似的存储性能。由于 RAID 0+1 也通过数据的 100%备份功能提供数据安全保障，因此 RAID 0+1 的磁盘空间利用率与 RAID 1 相同，存储成本高。RAID 0+1 的特点使其特别适用于既有大量数据需要存取，同时又对数据安全性要求严格的领域，如银行、金融、商业超市、仓储库房、各种档案管理等。

(7) RAID 6 级和 RAID 7 级。二者是强化了的 RAID。在 RAID 6 阵列中，设置了一个专用的、可快速访问的异步校验盘。该盘具有独立的数据访问通路，具有比 RAID 3 及 RAID 5 更好的性能，但其性能改进得很有限，且价格昂贵。RAID 7 是对 RAID 6 的改进，在该阵列中的所有磁盘都具有较高的传输速率和优异的性能，是目前最高档次的磁盘阵列，但其价格较高。

3. RAID 的优点

RAID 具有下述一系列优点。

(1) 可靠性高。RAID 最大的特点就是高可靠性。除了 RAID 0 级外，其余各级都采用了容错技术。当阵列中某一磁盘损坏时，并不会造成数据的丢失，因为其采用了磁盘镜像技术和奇偶校验技术。相比单台磁盘机，其可靠性高出一个数量级。

(2) 磁盘访问速度高。由于磁盘阵列可采取并行交叉存取方式，故可将磁盘 I/O 速度提高 $N-1$ 倍(N 为磁盘数目)。

(3) 性价比高。利用 RAID 技术来实现大容量高速存储器时，其体积与具有相同容量和速度的大型磁盘系统相比，只是后者的 1/3，价格也只是后者的 1/3。RAID 仅以牺牲 $1/N$ 的容量为代价，换取了高可靠性，而不像磁盘镜像及磁盘双工那样，需付出 50%容量的代价。

8.9 Linux 的设备管理

Linux 设备管理的主要任务是控制设备完成输入/输出操作，所以又叫输入输出(I/O)子系统。Linux 把设备看作特殊文件，系统通过处理文件的接口——虚拟文件系统 VFS 来管理和控制各种设备。系统把各种设备硬件的复杂物理特性的细节屏蔽起来，提供一个对各种不同设备使用统一方式进行操作的接口。

在 Linux 系统中，用户通过文件系统来管理设备，利用标准的系统调用在设备上进行打开、关闭、读取或写入操作。

Linux 用户进程请求设备服务流程如图 8-19 所示，当用户进程请求设备服务时，系统将请求处理的权限放在文件系统，文件系统通过驱动程序提供的接口将任务下放到驱动程序，驱动程序根据需要对设备控制器进行操作，设备控制器再去控制设备。驱动程序向文件系统提供的接口屏蔽了设备的物理特性。

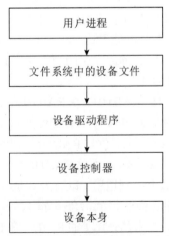

图 8-19　用户进程请求设备服务流程

8.9.1 设备文件

Linux 设备管理的特点是把物理设备看作文件，采用处理文件的接口和系统调用来管理设备。Linux 系统中所有硬件设备都被看成普通文件，可以通过和普通文件相同的标准系统调用打开、关闭、读取和写入设备，应用程序像访问文件一样，通过各种系统函数方便地访问设备文件所对应的硬件设备。

Linux 设备分为字符设备、块设备和网络设备三类。字符设备是以字符为单位输入输出数据的设备，一般不需要使用缓冲区而直接对其进行读写。块设备是以一定大小的数据块为单位输入输出数据，一般使用缓冲区在设备与内存之间传送数据。网络设备是通过通信网络传输数据的设备，一般指与通信网络连接的网络适配器(网卡)等。Linux 使用套接字以文件 I/O 方式提供对网络数据的访问。

系统中每个设备都用一种特殊的设备文件来表示。设备文件也有文件名，一般存放在/dev 目录下，例如系统中的第一个 IDE 硬盘被表示为/dev/hda。设备文件主要包括权限和设备类型有关的信息，以及两个可供系统内核识别的唯一的设备号：主设备号(类型号)与子设备号。Linux 采用 mknod 命令来创建块设备和字符设备的相关设备文件，并采用主设备号和次设备号来标识此设备。网络设备也采用设备相关文件来表示，但 Linux 寻找和初始化网络设备时建立该文件。主设备号相同的设备使用相同的驱动程序，次设备号指定具体设备。Linux 通过使用主、次设备号将包含在系统调用中的设备相关文件映射到设备的设备驱动程序以及 Linux 中的许多表格中，如字符设备表 chrdevs。

在与设备驱动程序通信时，Linux 的内核常使用设备类型、主设备号和次设备号来标识一个具体的设备。但对于用户来说要记住大量的主设备号和次设备号比较困难。此外在使用不同的设备时，用户希望其操作是相同的。为方便用户的使用，Linux 采用设备文件的概念，为文件和设备提供一致的用户界面。用户可以用普通文件的读写方法来操作设备文件。

Linux 将设备文件放在目录/dev 或其子目录下。设备文件通常由两部分组成：第一部分由 2~3 个字符组成，用来表示设备的种类。如 IDE 接口的普通硬盘为 hd，SCSI 硬盘为 sd，串口设备为 cu，并口设备为 lp。第二部分为数字或字母，用来区别同种设备中的单个设备。例如，/dev/hda、/dev/hdb、/dev/hdc 表示第一、第二、第三块硬盘，/dev/hda1、/dev/hda2、/dev/hda3 表示第一块硬盘的第一、第二和第三分区。

8.9.2 字符设备管理

字符设备是指设备以字符的形式发送和接收数据，一次 I/O 操作存取的数据量不固定。字符设备是直接读取的，无须使用缓冲区，通常只允许按顺序访问。常见的字符设备有打印机、键盘、鼠标等。

字符设备是 Linux 中最基本的设备，可以像文件一样访问。在应用程序中，用户使用标准的系统调用来打开、关闭、读写字符设备。初始化字符设备时，其设备驱动程序向 Linux 登记，并将该驱动程序增加到由 device_struct 结构组成的 chrdevs 向量表中。chrdevs 向量表中的每一个条目都是一个 device_struct 数据结构。device_struct 结构包括两个部分：一个指向已登记设备驱动程序名称的指针和一个指向一组文件操作(file_operations 结构)的指针。file_operations 结构几乎全由函数指针构成，分别指向实现文件操作的入口函数。设备的主设备标识符用作 chrdevs

向量表的索引,一个设备的主设备标识符是固定的,具体如图 8-20 所示。

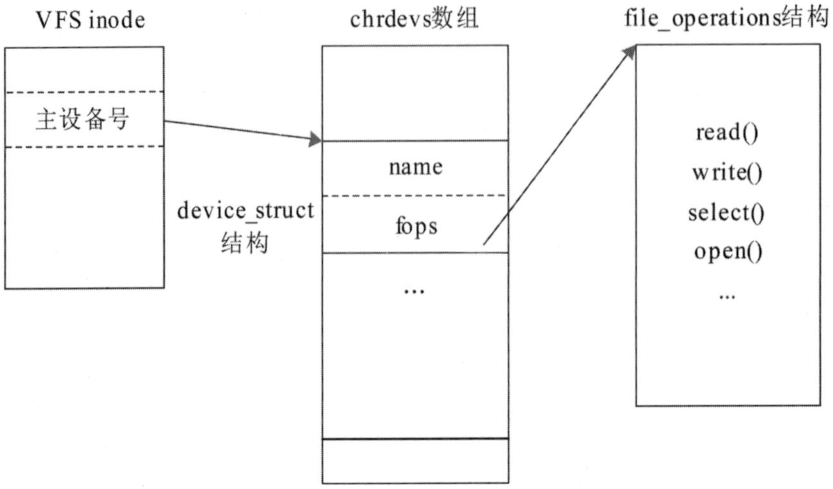

图 8-20　字符设备驱动程序示意图

在 Linux 系统中,每个 VFS 索引节点都和一类文件操作有关,并且这些文件操作随索引节点所代表的文件类型不同而不同,每当一个 VFS 索引节点所代表的字符设备文件创建时,其有关文件的操作就设置为默认的字符设备操作。默认文件操作只包含一个打开文件操作,打开一个字符设备的文件后,就得到相应的 VFS 索引节点,其中包括该设备的主设备号和次设备号。利用主设备号可以检索 chrdevs 数组,从而可以找到有关此设备的各种文件操作。

8.9.3　块设备管理

块设备指设备将数据按可寻址的块为单位进行输入/输出,即一次 I/O 操作传输固定大小的数据块,CPU 通过缓冲区来读写块设备,允许随机访问。这种方式适用于发送大量的信息,常见的块设备有磁盘、光盘驱动器等。

Linux 用一个名为 blkdevs 的数组来描述系统中登记的块设备,数组 blkdevs 使用设备的主设备号作为索引,其类型是 device_struct 结构,其中包括指向已登记的设备驱动程序名的指针和指向 block_device_operations 结构的指针,block_device_operations 中包含指向有关操作的函数指针。

与字符设备不同的是,块设备分为 SCSI 类和 IDE 类。每类设备都向 Linux 内核登记并向核心提供文件操作。内核中设置了一个 blk_dev 结构数组,该数组存放 blk_dev_struct 结构的元素,该结构由三部分组成,其主体是指向操作的请求队列 request_queue 和一个函数指针 queue。当指针 queue 不为 0 时,就调用这个函数来找到具体设备的请求队列;当指针 queue 为 0 时,使用该结构中的另一个指针 data 来提供辅助性信息,帮助该函数找到指定设备的请求队列。每个请求数据结构都代表一个来自缓冲区的请求。当缓冲区要和一个登记过的块设备交换数据时,其会在 blk_dev_struct 中添加一个请求数据结构,如图 8-21 所示。

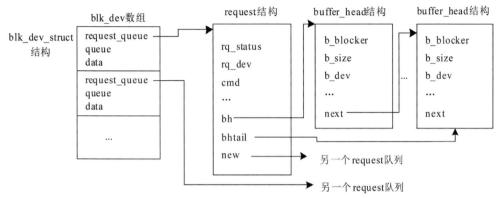

图 8-21　块设备驱动程序结构示意图

块设备驱动程序和字符设备驱动程序的主要区别是：在对字符设备发出读、写请求时，实际的硬件 I/O 一般紧接着就发生了。而块设备则不然，其利用一块系统内存作为缓冲区，当用户进程对设备请求能满足用户的要求时，就返回请求的数据；如果不能就调用请求函数来进行实际的 I/O 操作。块设备主要是针对磁盘等慢速设备的，以免耗费过多的 CPU 时间来等待。

8.9.4　网络设备管理

网络设备通常指的是硬件设备，有时也指软件设备(如回环接口 loopback)。网络设备由内核中网络子系统驱动负责发送和接收数据包，通常使用套接字(Socket)以文件 I/O 方式来访问。由于它们的数据传送不面向流，因此很难映射到一个文件系统的节点上。网络设备在系统中的作用类似于一个已挂载的块设备。块设备将自己注册到 blk_dev 数据及其他内核结构中，然后通过自己的 request 函数在发生请求时传输和接收数据块，同样网络设备也必须在特定的数据结构中注册自己，以便与外界交换数据包时被调用。网络设备在 Linux 里做专门的处理。Linux 的网络系统主要是基于 BSD UNIX 的 Socket 机制，在系统和驱动程序之间定义有专门的数据结构(sk_buff)进行数据的传递。系统支持对发送数据和接收数据的缓存，提供流量控制机制，提供对多协议的支持。

在 Linux 网络中，网络数据从用户进程传输到网络设备需要 4 个层次，如图 8-22 所示，数据传输过程按照自上而下进行，不能跨越其中某个或某些层次，网络传输只有唯一的一条途径，这提高了整个网络的可靠性和准确性。

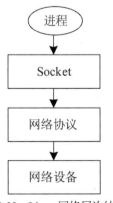

图 8-22　Linux 网络层次结构

使用网络设备进行数据传输时,需要 Socket(套接字),一个 Socket 如同一个通信线的插口。通信双方均有插口,并且之间有线路相连,二者即可通信。一个套接字就是网络上进程通信的一端,其与网络协议相连,体现了网络设备和文件系统、进程管理之间的关系,是网络传输的入口。

8.10 小结

计算机系统的设备种类繁多,特性和操作方式也相差甚大,为了对这些设备进行控制和管理,可以把设备分成不同的类型。操作系统设备管理的任务就是对计算机系统的众多设备进行统一管理,以保证设备能够安全使用。

I/O 控制方式主要有程序直接控制方式、中断控制方式、DMA 方式和通道控制方式 4 种。其中,程序直接控制方式是一种最简单的方式,处理机的大部分时间用于检测设备的状态,所以效率低;在中断控制方式中,处理机发出 I/O 指令后,可以重新选择一个新进程来执行,直到 I/O 设备完成一个字或字节的 I/O 并发出中断信号,然后中止当前进程转而执行中断处理程序,从而提高 CPU 的利用率;在 DMA 方式中,数据的传输单位是数据块,只有当数据块传送完毕后,才向处理机发出中断信号;通道控制方式是为了提高处理机与设备之间的通信能力,而专门采用 I/O 处理机来控制 I/O 操作,从而进一步把处理机从繁忙的 I/O 工作中解放出来,提高 I/O 的效率。后面 3 种 I/O 控制方式都是建立在中断机制的基础上。中断是指程序在执行过程中,出现了某一紧急事件而中止当前程序的执行,转去响应该紧急事件的过程,其包括识别中断、中断处理和返回中断点 3 个阶段。

为了缓解 CPU 与 I/O 设备在速度上的不匹配,引入缓冲技术。缓冲的实现可以采用单缓冲、双缓冲、多缓冲以及缓冲池。

为了对设备进行分配,需要相应的数据结构和分配策略,常用的分配技术有独占分配、共享分配和虚拟分配。SPOOLing 系统是在多道程序设计环境下,利用两道程序来模拟脱机 I/O 操作,实现虚拟分配。

I/O 软件采用层次结构,通常把 I/O 软件组织成如下 4 个层次:I/O 中断处理程序、设备驱动程序、设备无关软件和用户层 I/O 软件,其中设备驱动程序是 CPU 与设备之间通信的程序。

磁盘是现在常用的存储设备,可以采取不同的调度算法来优化对磁盘的访问。常见的磁盘调度算法有 FCFS、SSTF、SCAN、C-SCAN 算法。磁盘管理涉及很多方面,包括磁盘初始化、磁盘引导以及坏块处理等。

廉价磁盘冗余阵列(RAID)可组合小的廉价磁盘来代替大的昂贵磁盘,以降低大批量数据存储的费用,同时也希望采用冗余信息的方式,使得磁盘失效时不会使对数据的访问受损失,从而保护数据,并且能提高数据传输速度。RAID 分级有 RAID 0、RAID 1、RAID 3、RAID 4、RAID 5、RAID 0+1、RAID 6、RAID 7。RAID 有可靠性高、磁盘访问速度快和性价比高等优点。

8.11 思考练习

1. 简单叙述设备管理的任务和功能。

2. 简单比较各种 I/O 控制方式的优缺点。

3. 为什么要引入缓冲技术，其基本实现思想是什么？

4. 什么是 SPOOLing 系统？如何利用 SPOOLing 系统实现打印机的虚拟分配？

5. 简单描述 I/O 软件的设计原则以及各层的功能。

6. 为什么要引入设备独立性，如何实现设备独立性？

7. 设备分配中会出现死锁吗，为什么？

8. 试说明 DMA 的工作流程。

9. 什么是中断，简单叙述中断的处理过程。

10. 试说明设备驱动程序应完成哪些功能。

11. 什么是设备的安全分配方式和不安全分配方式？

12. I/O 软件一般分为 4 个层次：用户层 I/O 软件、设备无关软件、设备驱动程序、I/O 中断处理程序。请说明下列工作各由哪一层 I/O 软件来完成：

(1) 为了读盘，计算磁道、扇区和磁头。

(2) 维护最近使用的盘块所对应的缓冲区。

(3) 把命令写到设备寄存器中。

(4) 检查用户使用设备的权限。

(5) 把二进制整数转换成 ASCII 码并打印。

13. 在某个系统的某个运行时刻，有如下所示的磁盘访问的请求序列，假设磁头当前在 15 柱面，磁臂方向为从小到大。

$$15、20、9、16、24、13、29$$

请给出最短查找时间优先算法和电梯调度算法的柱面移动数，并分析为何通常情况下，操作系统并不采用效率更高的最短查找时间优先算法。

14. 假设有 A、B、C 和 D 四个记录存放在磁盘的某个磁道上。该磁道分成 4 块，每块存放一个记录，其布局如下所示：

块号	1	2	3	4
记录号	A	B	C	D

现在要顺序处理这些记录，如果磁盘旋转速度为 20ms 转一周，处理程序每读出一个记录后花 5ms 的时间进行处理。试问处理完这 4 个记录的总时间是多少？为了缩短时间，应该如何优化分布，优化后的处理时间是多少？

15. 为什么要引入磁盘高速缓存？什么是磁盘高速缓存？

16. 廉价磁盘冗余阵列是如何提高对磁盘的访问速度和可靠性的？

❧ 第 9 章 ❧

操作系统的安全和保护

本章学习目标

- 了解计算机系统安全的概念及常见的计算机安全威胁分类
- 理解操作系统安全机制的几种方式：加密机制、认证机制、授权机制、审计机制等
- 理解计算机病毒的概念、常见类型及预防和检测策略
- 了解操作系统提供的系统访问控制机制

本章概述

随着计算机技术与信息技术的发展，人们对计算机系统的依赖越来越强烈。计算机信息系统已应用到社会的各个领域，尤其是 Internet 技术及其应用的不断发展，使计算机、通信和信息处理等形成了巨大而复杂的网络信息系统。当今，政府部门和企事业单位都采用网络信息化办公，家用计算机也越来越普及。因此，如何确保在计算机系统中存储和传输数据的保密性、完整性以及系统的可靠性，成为信息系统亟待解决的重要问题。计算机安全、通信安全和操作系统安全成为人们普遍关心的问题。

在构建一个安全的计算机信息系统时，不仅要考虑具体的安全产品，包括防火墙(FireWall)、安全路由器(Router)、安全网关(GateWay)、虚拟专用网(VPN)、入侵检测(IDS)、网络隔离设备以及系统漏洞扫描与监控产品等，而且还应考虑操作系统的安全性问题。操作系统安全是信息安全的基础。本章首先介绍信息系统安全的概念，然后介绍计算机病毒的基本概念、常见的计算机病毒类型以及如何预防和检测计算机病毒，接着阐述操作系统的安全机制，包括加密机制、认证机制、授权机制和审计机制，以及访问控制机制最后介绍了 Linux 的安全机制。

9.1 计算机系统安全和操作系统安全

9.1.1 计算机系统安全概述

计算机系统安全涉及的内容非常广泛，总体来讲包括 3 个方面的内容：物理安全、逻辑安全和安全管理。物理安全是指系统设备及相关设施受到物理保护，使之免遭破坏或丢失，如计算机环境、设施、设备、载体和人员，对于这些物理因素，需要采取行政管理上的安全对策和措施，防止突发性或人为的损害或破坏。安全管理包括各种安全管理的政策和机制。逻辑安全是针对计算机系统，特别是计算机软件系统的安全和保护，严防信息被窃取和破坏。逻辑安全包括以下 4 个方面。

(1) 数据保密性(Data Secrecy)：指保护信息不被未授权者访问，仅允许被授权的用户访问计算机系统中的信息。

(2) 数据完整性(Data Integrity)：指系统中所保存的信息不会被非授权用户修改，且能保持数据的一致性。修改包括建立和删除文件，在文件中增加新内容和修改原有内容等。

(3) 系统可用性(System Availability)：指授权用户的正常请求，能及时、正确、安全地得到服务或响应。或者说，计算机中的资源可供授权用户随时进行访问，系统不会拒绝服务。系统拒绝服务的情况在互联网中很容易出现，连续不断地向某个服务器发送请求则可能会使该服务器瘫痪，以致系统无法提供服务，表现为拒绝服务。

(4) 真实性(Authenticity)：要求计算机系统能证实用户的身份，防止非法用户侵入系统，以及确认数据来源的真实性。

影响计算机系统安全的因素很多。首先，操作系统是一个共享资源系统，支持多个用户同时共享一系列计算机系统的资源，有资源共享就需要有资源保护，涉及各种安全性问题；其次，随着计算机网络的迅速发展，除了信息的存储和处理外，还存在大量的数据传送操作，客户机要访问服务器，一台计算机要将数据传送给另一台计算机，这个过程对安全的威胁极大，需要有网络安全和数据信息的保护，以防止入侵者恶意破坏；另外，在应用系统中，主要依赖数据库来存储大量信息，其是各个部门十分重要的资源，其中的数据会被广泛使用，特别是在网络环境中的数据库，这就提出了信息系统和数据库的安全问题。最后，计算机安全的一个特殊问题就是计算机病毒，需要采取措施来预防、发现和删除病毒。

计算机系统的安全性和可靠性是两个不同的概念，可靠性是指硬件系统正常持续运行的程度，安全性是指不因人为疏漏或蓄意操作而导致信息资源被泄露、篡改和破坏。可靠性是基础，安全性更为复杂。

9.1.2 操作系统安全及信息安全评价准则

1. 操作系统安全

计算机系统的安全性涉及管理和实体的安全性、网络通信的安全性、软件系统的安全性和数据库的安全性。软件系统中最重要的是操作系统，操作系统是其他软件的基础。因此，各种应用必须要求操作系统提供安全性保证，任何脱离操作系统的应用软件，不可能有较高的安全性。另外，在计算机网络信息系统中，整个系统的安全性依赖于各个主机系统的安全，而各主机系统的安全性是由其操作系统的安全性所决定的。没有安全的操作系统，计算机系统的安全性也就无从谈起，因此，操作系统的安全是计算机系统安全的基础。

一个安全的操作系统包括以下功能。

(1) 进程管理和控制。在多用户计算机系统中，必须根据不同的授权将用户进行隔离，但同时又要允许用户在受控路径下进行信息交换。构造一个安全的操作系统的核心问题就是具备多道程序功能，而实现多道程序功能取决于进程的快速转换。

(2) 文件管理和保护。文件管理和保护包括对普通实体的管理和保护(即对实体的一般性访问存取控制)以及对特殊实体的管理和保护(含用户身份鉴定的特定的存取控制)。

(3) 运行域控制。运行域包括系统的运行模式、状态和上下文关系。运行域一般由硬件支持，也需要内存管理和多道程序的支持。

(4) 输入/输出访问控制。安全的操作系统不允许用户在指定存储区之外进行读写操作。

(5) 内存保护和管理。内存保护是指，在单用户系统中，在某一时刻，内存中只运行一个用户进程，要防止其不影响操作系统的正常运行；在多用户系统中，多个用户进程并发，需要隔离各个进程的内存区，防止这些进程影响操作系统的正常运行。内存管理是指要高效利用内存空间。内存管理和内存保护密不可分。

(6) 审计日志管理。安全操作系统负责对涉及系统安全的时间和操作做完整的记录、报警和事后追查，并且还必须保证能够独立地生成和维护审计日志，以及保护审计过程免遭非法访问、篡改和毁坏。

2. 信息安全评价准则

美国是最早对操作系统安全进行研究并提出测评标准的国家。美国国防部于 1983 年提出的"计算机可信系统评价准则(TCSEC)"是基于对操作系统进行安全评估的标准。TCSEC 将计算机系统的安全性分成 D、C、B、A 四等七级，依照各等、各级的安全要求，从低到高依次是 D、C1、C2、B1、B2、B3 和 A1 级，各级的安全性如下所示。

- D：最低安全性，称为安全保护欠缺级。常见的无密码保护的个人计算机系统属于 D 级。
- C1：自由安全保护级，通常具有密码保护的多用户工作站属于 C1 级。
- C2：较完善的自主存取控制、广泛的审计。当前广泛使用的软件，如 UNIX 操作系统、ORACLE 数据库系统等，都能达到 C2 级。
- B1：强制存取控制，安全标识。
- B2：具有良好的安全体系结构、形式化安全模型、抗渗透能力。
- B3：具有全面的访问控制(安全内核)、可信恢复、高抗渗透能力。
- A1：具有形式化认证、非形式化代码、一致性证明。

根据 TCSEC 标准，达到 B 级标准的操作系统可称为安全操作系统。目前流行的几种操作系统的安全性分别为：MS-DOS 为 D 级；Windows NT 和 Solaris 为 C2 级；OSF/1 为 B1 级；Unix Ware 2.1 为 B2 级。

9.1.3 计算机安全威胁分类

计算机或网络系统在安全性方面受到的威胁可分为如下 6 种类型。

(1) 中断。中断是指系统中某资源被破坏而造成信息传输的中断，这将会威胁到系统的可用性。中断可能由硬件故障引起，如磁盘故障、电源故障和通信线路断开等；也可能由软件故障引起。

(2) 拒绝服务。拒绝服务是指未经主管部门的许可而拒绝接受一些用户对网络中资源进行的访问，这样会造成系统的资源被破坏或变得不可用或不能用。拒绝服务是对可用性的攻击，如破坏硬盘、切断通信线路或使文件管理失败。

(3) 数据截取。未经授权的用户、程序或计算机系统通过非正当途径获得对资源的访问权，这是对保密性的威胁，例如，在网络中窃取数据及非法复制文件和程序。

(4) 篡改。未经授权的用户不仅获得对资源的访问，而且进行篡改，这是对完整性的攻击，例如，修改数据文件的信息，修改网络中正在传送的消息内容。

(5) 伪造。未经授权的用户不仅从系统中截获信息，而且还可以修改数据包中的信息，将伪造的对象插入系统中，这是对真实性的威胁，例如，非法用户把伪造的消息加到网络中或向当前文件加入记录。

(6) 假冒。假冒也称为身份攻击，指的是用户身份被非法窃取，或攻击者伪装成另一个合法用户，利用安全机制所允许的操作去破坏网络安全。

网络安全的威胁又可分为被动和主动两种类型。

- 被动威胁实际上是对传输过程中的信息进行窃取和截获，攻击者的目的是非法获得正在传输的信息，了解信息内容和性质。被动威胁导致信息内容泄露和信息流量被分析。被动威胁比较隐蔽，很难被检测发现，因为其不对信息进行修改，也不干扰信息的流动。对付被动威胁的关键在于预防，而不是检测。
- 主动威胁不但截获数据信息，而且还冒充用户对数据进行修改、删除或生成伪造数据。主动威胁很难预防，只能通过检测发现，并恢复主动威胁导致的破坏。

9.2　对计算机系统的攻击

攻击者对计算机系统进行攻击的方法有多种，可将之分为两大类：内部攻击和外部攻击。内部攻击一般是指攻击来自系统内部，它又可进一步分为两类。

(1) 以合法用户身份直接进行攻击。攻击者通过各种途径先进入系统内部，窃取合法用户身份，或者假冒某个真实用户的身份。当他们获得合法用户身份后，再利用合法用户所拥有的权限，读取、修改、删除系统中的文件，或对系统中的其他资源进行破坏。

(2) 通过代理功能进行间接攻击。攻击者将一个代理程序置入被攻击系统的一个应用程序中。当应用程序执行并调用到代理程序时，它就会执行攻击者预先设计的破坏任务。

9.2.1　常用的攻击方式

在设计操作系统时必须了解以下攻击方式，并采取必要的防范措施。

(1) 窃取尚未清除的有用信息。在许多操作系统中，在进程结束归还资源时，有的资源中可能还留存了非常有用的信息，但系统并未清除它们。攻击者为了窃取这些信息，会请求调用许多内存页面和大量的磁盘空间或磁带，以读取其中的有用信息。

(2) 通过非法的系统调用搅乱系统。攻击者尝试利用非法系统调用，或者在合法的系统调用中使用非法参数，还可能使用虽是合法、但不合理的参数来进行系统调用，以达到搅乱系统的目的。

(3) 使系统自己封杀校验口令程序。通常每个用户要进入系统时，必须输入口令。攻击者为了逃避校验口令，登录过程中按下 DEL 或者 BREAK 键等，在这种情况下，有的系统便会封杀掉校验口令的程序，即用户无须再输入口令便成功登录。

(4) 尝试许多在明文规定中不允许做的操作。为了保证系统的正常运行，在操作系统手册中会告知用户，有哪些操作不允许用户去做。然而攻击者却反其道而行之，专门去执行这些不允许做的操作，企图破坏系统的正常运行。

(5) 在操作系统中增添陷阱门。攻击者通过软硬兼施的手段，要求某个系统程序员在操作系统中增添陷阱门。陷阱门的作用是，使攻击者可以绕过口令检查而进入系统。我们将在后面对陷阱门进行详细介绍。

(6) 骗取口令。攻击者可能伪装成一个忘记了口令的用户，找到系统管理员，请求他帮助查出某个用户的口令。在必要时攻击者还可通过贿赂的方法，来获取多个用户的口令。一旦获得这些用户的口令后，便可用合法用户的身份进入系统。

近年来更流行利用恶意软件进行攻击的攻击方式。所谓恶意软件，是指攻击者专门编制的一种程序，用来造成破坏。它们通常伪装成合法软件，或隐藏在合法软件中，使人们难以发现。有些恶意软件还可以通过各种方式传播到其他计算机中。依据恶意软件是否能独立运行可将它分为两类。

- 独立运行类：它可以通过操作系统调度执行。这类恶意软件有蠕虫、僵尸等。
- 寄生类：它本身不能独立运行，经常是寄生在某个应用程序中。下面即将介绍的逻辑炸弹、特洛伊木马等均属于寄生类恶意软件。

恶意软件是一种极具破坏性的软件，但它不能进行自我复制，也不会感染其他程序。

9.2.2 逻辑炸弹和陷阱门

1. 逻辑炸弹(logic bomb)

逻辑炸弹是较早出现的一种恶意软件，它最初出自某公司的程序员，他是为了应对可能被突然解雇的情况，而预先秘密放入操作系统中一个破坏程序(逻辑炸弹)。只要程序员每天输入口令，该程序就不会发作。但如果程序员在事前未被警告，就突然被解雇时，在第二天(或第二周)由于得不到口令，逻辑炸弹就会引爆，然后执行一段带破坏性的程序，这段程序通常会使正常运行的程序中断，随机删除文件，或破坏硬盘上的所有文件，甚至引发系统崩溃。

每当逻辑炸弹所寄生的应用程序运行时，就会运行逻辑炸弹程序，它会检查所设置的爆炸条件是否满足，如满足就引发爆炸；否则继续等待。触发逻辑炸弹爆炸的条件有很多，较常用的有以下几种。

(1) 时间触发，即规定在一年中或一个星期中的某个特定的日期爆炸。

(2) 事件触发，当所设置的事件发生时即引发爆炸，比如发现了所寻找的某些文件。

(3) 计数器触发，计数值达到所设置的值时都会引发爆炸。

2. 陷阱门(trap door)

通常，当程序员在开发一个程序时，都要通过一个验证过程。为了方便对程序的调试，程序员希望获得特殊的权限，以避免必需的验证。陷阱门其实就是一段代码，是进入一个程序的隐蔽入口点。程序员通过使用陷阱门可以不经过安全检查即可对程序进行访问，即程序员通过陷阱门可跳过正常的验证过程。长期以来，程序员一直利用陷阱门来调试程序并未出现问题。但如果被怀有恶意的人用于未授权的访问，陷阱门便构成了对系统安全的严重威胁。

我们通过一个简单的例子来说明陷阱门。正常的登录程序代码如图 9-1(a)所示，该程序的功能是：仅当输入的用户名和口令都正确时，用户才能登录成功。但如果我们将该程序的 if 语句稍做修改，得到如图 12-6(b)所示的登录程序代码，此时程序的功能改变为：当输入的用户名和口令都正确时，或者使用登录名为 zzzzz 时，无论用什么口令，都能成功登录。

```
while(TRUE)
{
    printf("login:  ");
    get_string(name);
    disable_echoing();
    printf("password:  ");
    get_string(password);
    enable_echoing();
    v=check_validity(name, password);
    if(v) break;
}
execute_shell(name);
```
(a)

```
while(TRUE)
{
    printf("login:  ");
    get_string(name);
    disable_echoing();
    printf("password:  ");
    get_string(password);
    enable_echoing();
    v=check_validity(name, password);
    if(v||strcmp(name, "zzzz")==0) break;
}
execute_shell(name);
```
(b)

图 9-1　陷阱门实例

　　陷阱门极大地方便了程序员的操作。程序员在调试多台计算机时，若按正常方法，必须先在每台计算机上进行注册，然后输入自己的用户名和口令。如果需要调试的机器非常多，对程序员而言，显然是不方便的。因此，如果程序员将陷阱门放入某公司生产的所有计算机中，并随之一起交付给用户，那么，以后该程序员不用再进行注册，即可成功登录到该公司生产的任一台机器上。但这会产生很大的安全隐患。

9.2.3　特洛伊木马和登录欺骗

1. 特洛伊木马(Trojan Horse)

　　特洛伊木马是一种恶意软件，它是一个嵌入有用程序中的、隐蔽的、危害安全的程序。当该程序执行时会引发隐蔽代码执行，产生难以预料的后果。由于特洛伊木马程序可以继承它所依附的应用程序标识符、存取权限以及某些特权，因此它能在合法的情况下执行非法操作，如修改、删除文件，或者将文件复制到某个指定的地方。又如特洛伊木马程序可以改变所寄存文件的存取控制属性，若将属性由只读改为读/写，便可使那些未授权用户对该文件进行读/写，即改写该文件。特洛伊木马本身是一个代理程序，它是在系统内部进行间接攻击的一个典型例子，其宿主完全可以不在被攻击的系统中。为了避免被发现，特洛伊木马对所寄生程序的正常运行不会产生明显的影响，因此用户很难发现它的存在。

　　编写特洛伊木马程序的人，将其隐藏在一个新游戏程序中，并将该游戏程序送给某计算机系统的系统操作员。操作员在玩新游戏程序时，前台确实是在玩游戏，但隐藏在后台运行的特洛伊木马程序却将系统中的口令文件复制到该黑客的文件中。虽然口令文件是系统中非常保密的文件，但操作员在游戏时是在高特权模式下运行的，特洛伊木马就继承了系统操作员的高特权，因此它就能够访问口令文件。又如在文本编辑序中隐蔽的特洛伊木马，会把用户正在前台编辑的文件悄悄地复制到预先设定的某个地方，以便以后能访问它。但这并不会过分影响用户所进行的文本编辑工作，使用户很难发现自己的文件已被复制。

2. 登录欺骗(login spoofing)

　　我们以 UNIX 系统为例说明登录欺骗。攻击者为了进行登录欺骗，写了一个欺骗登录程序，该程序同样会在屏幕显示"Login:"，用于欺骗其他用户进行登录。当有一用户输入登录名后，欺骗登录程序也要求他输入口令，然后欺骗登录程序把刚输入的登录名和口令写入一份事先准备好的文件中，并发出信号以请求结束 shell 程序，于是欺骗登录程序退出登录，同时也去触发真正的登录程序，在屏幕上又显示出"Login:"，此时真正的登录程序开始工作。对用户而言，他自然以为是自己输入发生了错误，系统要求重新输入。在用户重新输入后系统开始正常工作，因此用户认为一切正常。但用户的登录名和口令已被人窃取。窃取者可用同样的方法收集到许多用户的登录名和口令。

9.2.4 缓冲区溢出

由于 C 语言编译器存在某些漏洞，如它对数组不进行边界检查。例如下面的代码是不合法的，数组范围是 1024，而所包含的数字却有 12 000 个。然而在编译时却未对此检查，攻击者可以利用此漏洞来进行攻击。

```
int i;
char C[1024];
i=12000;
c[i]=0;
```

上述错误会造成有 10 976 字节超出了数组 C 所定义的范围，由此可能导致难以预测的后果。由图 9-2(a)可以看到，主程序运行时它的局部变量是存放在堆栈中的。当系统调用过程 A,将返回地址放入堆栈后，便将控制权交于 A。假定 A 的任务是请求获得文件的路径名，为能存放文件路径名，系统为 A 分配一个固定大小的缓冲区 B，如图 9-2(b)所示。

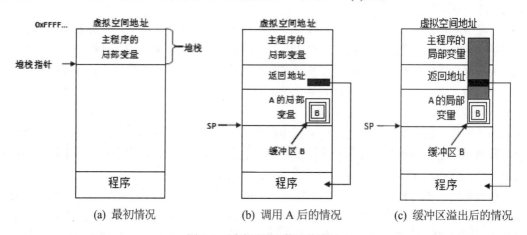

(a) 最初情况　　　(b) 调用 A 后的情况　　　(c) 缓冲区溢出后的情况

图 9-2　缓冲区溢出前后的情况

大小为 1024 字节的缓冲区基本可以满足常规应用，但若用户提供的文件名长度超过 1024 个字符，就会发生缓冲区溢出，所溢出的部分将会覆盖图 9-2(c)所示的灰色区域，并有可能进一步将返回地址覆盖掉，由此产生一个随机地址。一旦发生这样的情况，程序返回时将跳到随机地址继续执行，通常会在几条指令内引起崩溃。一种更为严重的情况是，攻击者经过精心计算，可用其所设计的恶意软件的起始地址覆盖栈中存放的原返回地址。这样当从 A 返回时，便会去执行恶意软件。

产生该漏洞的原因是，C 语言缺乏对用户输入字符长度的检查。因此最基本的有效方法是对源代码进行修改，增加一些以显式方式检查用户输入的所有字符串长度的代码，以避免将超长的字符串存入缓冲区中，但该方法对用户是不方便的。还有一种非常有效的方法是修改处理溢出的子程序，对返回地址和将要执行的代码进行检查，如果它们同时都在栈中，就发出一个程序异常信号，并中止该程序的运行。上述方法已在最新推出的某些操作系统中采用。值得注意的是，缓冲区溢出也被用作系统外部的攻击手段，如在下面将介绍的蠕虫，就是利用了缓冲区溢出这一漏洞。

9.3 计算机病毒

自 1983 年发现计算机病毒后，计算机病毒种类越来越多，潜伏越来越深，危害性越来越大，防不胜防。如果不对计算机病毒进行有效的阻止和防范，计算机系统和网络将不断受到攻击，给广大用户带来不可估量的损失。

9.3.1 计算机病毒的基本概念

1. 计算机病毒的定义

1994 年 2 月 18 日，国内正式颁布实施了《中华人民共和国计算机信息系统安全保护条例》。该条例明确指出：“计算机病毒，是指编制或者在计算机程序中插入的破坏计算机功能或者毁坏数据，影响计算机使用，并能自我复制的一组计算机指令或者程序代码。”

计算机病毒是一种计算机程序，其能不断地进行复制并感染其他程序，不仅破坏计算机系统，而且还能够传染到其他系统。计算机病毒很小，小到只有几十到几百字节，通常隐藏在其他正常程序中，能复制出千千万万个自身的备份并将其插入其他程序中，对计算机系统进行恶意的破坏。

计算机病毒不是天然存在的，是某些人利用计算机软件、硬件所固有的脆弱性，编制的具有破坏功能的程序。计算机病毒能通过某种途径潜伏在计算机存储介质(或程序)里，当达到某种条件时即被激活，计算机病毒用修改其他程序的方法将自己的精确备份或者可能演化的形式放入其他程序中，从而感染它们，对计算机资源进行破坏。

2. 计算机病毒的危害

计算机病毒的危害可表现在以下几个方面。

(1) 占用系统空间。计算机病毒是一段程序，会占用一定的磁盘空间和内存空间。病毒程序虽然很小，但随着病毒的繁殖，数量会急剧增加，将占用大量的磁盘空间和内存空间，最终致使系统存储空间消耗殆尽。

(2) 占用 CPU 时间。计算机病毒在运行时会占用 CPU 时间，随着病毒数量的增加，将会消耗更多的 CPU 时间，这会导致系统运行速度变得异常缓慢，进一步还可能完全独占 CPU 时间，致使计算机系统无法向用户提供服务。

(3) 破坏文件。计算机病毒可以增加或减少文件的长度，改变文件的内容，甚至删除文件。病毒还可以通过对磁盘的格式化使整个系统中的文件全部消失。

(4) 破坏计算机软硬件系统。计算机病毒可破坏计算机软硬件系统，致使计算机出现异常情况，如提示一些莫名其妙的信息，显示异常图形等，甚至致使计算机运行减缓，完全停机。1998 年 6 月爆发于中国台湾的 CIH 病毒不但会破坏计算机硬盘中的信息，而且还会破坏 BIOS，使系统无法启动，从而很难杀除。由于染毒的 BIOS 无法启动系统，故障现象与主板硬件损坏一样，所以 CIH 病毒被认为是第一个破坏计算机硬件系统的病毒。

3. 计算机病毒的特征

计算机病毒与一般的程序有着明显的区别，传统的计算机病毒具有如下特征。

(1) 潜伏性。计算机病毒经常潜伏在某个文件或者是磁盘的系统区中。大部分计算机病毒感染系统之后不会立即发作，而是长期潜伏在系统中。潜伏在文件中的病毒称为文件型病毒，侵入磁盘系统区的则称为系统型病毒。病毒在满足特定条件时就启动运行并进行破坏，例如，著名的"黑色星期五"病毒在逢 13 号的星期五发作。还有，最令人难忘的是 26 日发作的 CIH 病毒。这些病毒在平时会潜伏得很好，只有在发作时才会显露出其破坏的本性。

(2) 传染性。计算机病毒的传染性是指病毒在运行过程中可以进行自我复制，并把复制体放置在其他文件中或盘上的某个系统区中。被感染后的文件便含有该病毒的一个克隆体，而这个克隆体也同样会再传染给其他的文件，这样不断地传染，使病毒迅速蔓延传播。

(3) 隐蔽性。计算机病毒程序具有很高的程序设计技巧，代码短小精悍，计算机病毒通过伪装、隐藏、变态等手段，将病毒隐藏起来，以逃避反病毒软件的检测，使病毒能在系统中长期潜伏生存，即使计算机系统感染后，通常仍能正常运行，使用户不会感到有任何异常。

(4) 破坏性。任何病毒只要入侵计算机系统，都会对系统及应用程序产生不同程度的影响。如前所述，计算机病毒的破坏性可表现为四个方面：占用系统空间，占用 CPU 时间，破坏系统中的文件，破坏计算机软硬件系统。

随着计算机和网络技术的发展，在网络时代，计算机病毒又具有很多新的特征。

(1) 通过网络和邮件系统传播。计算机病毒可以利用邮件系统和网络进行传播。例如，"求职信"病毒就是通过电子邮件进行传播，这种病毒程序代码往往夹在邮件的附件中，当邮件接收者单击附件时，病毒程序即可运行并迅速传播。它们还能搜索计算机用户的邮件通信地址，继续向网络进行传播。

(2) 传播速度极快。在网络时代，病毒借助网络进行传播，因此，一种新病毒出现后，可以迅速通过 Internet 传播到世界各地。例如，"爱虫"病毒在一两天内迅速传播到世界的主要计算机网络，造成欧美国家的计算机网络瘫痪。

(3) 变种多。现在，很多新病毒使用高级程序设计语言编写。例如，"爱虫"是脚本语言病毒，"美丽杀手"是宏病毒。它们容易编写，并且很容易被修改生成很多病毒变种。

(4) 具有病毒、蠕虫和黑客程序功能。随着计算机软件和网络技术的发展，计算机病毒的编制技术也在不断提高。传统的病毒最大特点就是能够自我复制并传染给其他程序。现在，计算机病毒具有蠕虫的特点，可以利用网络进行传播。同时，有些病毒还具有黑客程序的功能，一旦入侵计算机系统后，病毒控制者可以从入侵的系统中窃取信息，远程控制这些系统。

9.3.2　计算机病毒的类型

计算机病毒种类非常多，通常可分为如下几类。

1. 文件型病毒

文件型病毒是当前最为普遍的病毒形式，通过在运行过程中插入指令，把自己依附在可执行文件上，然后利用这些指令来调用附在文件中某处的病毒代码。当文件执行时，病毒会调出自己的代码来执行，接着又返回到正常的执行指令序列。通常，这个执行过程发生很快，以至于用户并不知道病毒代码已执行。文件型病毒使文件受感染的方式可分为如下两种。

(1) 主动攻击型感染。当病毒程序在执行时，其不断地对磁盘上的文件进行检查，当发现被检测文件尚未被感染时，就去感染它，使其带有病毒。

(2) 执行时感染。在病毒环境中，每当一个未被感染的程序在执行时，如果其是病毒所期待的文件类型，且磁盘没有写保护，该程序就会被感染病毒。病毒在感染其他文件时，通常是有针对性的，有的病毒是针对.com 文件，或者是针对.exe 文件，或者同时针对.com 文件和.exe 文件；有的病毒则针对其他类型的文件。

2. 引导扇区病毒

引导扇区病毒潜伏在磁盘上用于引导系统的引导区。当系统开机时，病毒便借助于引导过程进入系统，通常引导扇区病毒先执行自身的代码，然后继续系统的启动进程。病毒通过复制代码使引导区病毒感染计算机系统或者软盘引导扇区或硬盘分区表。在启动期间，病毒加载到内存，然后感染由系统访问的任何非感染磁盘。

3. 宏病毒

宏是微软公司为其 Office 软件包设计的一个特殊功能，它是软件设计者为了让用户在使用软件时，避免一再地重复相同的动作而设计出来的一种工具。宏功能利用简单的语法，把常用的动作写成宏，工作时即可直接利用事先编好的宏自动运行，去完成某项特定的任务，而不必再重复相同的动作，目的是让用户文档中的一些任务自动化。

宏病毒是一种寄存在文档或模板的宏中的计算机病毒。一旦打开这样的文档，其中的宏就会被执行，于是宏病毒就会被激活，并转移到计算机上，驻留在 Normal 模板中。从此以后，所有自动保存的文档都会感染上这种宏病毒，如果其他用户打开感染病毒的文档，宏病毒又会转移到其计算机上。

一般宏病毒具有以下特点：传播极快，制作、变种方便，破坏可能性极大，兼容性不高等。目前的杀毒软件都能有效地防治和清除宏病毒。

4. 内存驻留病毒

内存驻留病毒一旦执行，便占据内存驻留区，这是计算机运行程序和文件时载入它们的地方。病毒在内存中占据重要位置，可以访问在计算机上运行的所有重要操作，可以在文件和程序访问、修改或者操作时很轻松地破坏它们。计算机关闭时，所有内存中的数据都将被清除，包括病毒。但是，当病毒感染系统时，其会确保每次计算机启动时都将在内存中激活病毒。内存驻留病毒会通过占用系统资源来使用户的计算机变慢。它可以破坏数据和系统文件，这会使用户的计算机不能正常工作。

5. 邮件病毒

邮件病毒其实和普通的计算机病毒一样，只不过其传播途径主要是通过电子邮件，所以才被称为邮件病毒。该病毒一般通过邮件中"附件"夹带的方法进行扩散，只要接收者打开电子邮件中的附件，病毒就会被激活，它将把自身发送给该用户列表中的每个人，然后进行破坏活动。

后来出现了更具破坏性的电子邮件病毒，它被直接嵌入电子邮件中，只要接收者打开含有该病毒的电子邮件，病毒就会被激活。由于电子邮件病毒是通过 Internet 传播的，因此病毒的传播速度非常快，加上平时日常工作中电子邮件使用十分频繁，因此预防邮件病毒就显得至关重要。

9.3.3 计算机病毒的预防和检测

对于计算机病毒，最好的解决方法是预防，不让病毒入侵系统。但对于已连接到互联网上的系统，完全做到预防是十分困难的，几乎是不可能的。因此，还需要有效的反病毒软件来实时检测并消除它们。

1. 计算机病毒的预防

要使计算机系统免受病毒的入侵和破坏，做好计算机病毒的预防尤为重要。预防计算机病毒可从以下方面进行。

(1) 建立完善的计算机法制制度，使惩治编写和传播计算机病毒程序的工作有法可依，通过法律手段有效地预防计算机病毒的产生和蔓延。

(2) 对于重要的软件和数据，应当定期做好备份。这样一方面确保数据不丢失，另一方面，当发现病毒时，也可用其来还原被感染文件。

(3) 使用正版软件，从网上下载软件时，要使用最新的防病毒软件进行扫描以防范病毒入侵。

(4) 选择性能好的正版反病毒软件，并定期进行升级，对计算机系统及软件要定期地进行病毒检测。

(5) 对来历不明的电子邮件，不要轻易打开，以防止病毒通过电子邮件来传染。

(6) 要定期检查硬盘、优盘，利用反病毒软件来清除其中的病毒。将.com 文件和.exe 文件赋以"只读"属性，预防病毒入侵。

2. 常用的病毒检测方法

在与病毒对抗中，及早发现病毒、及早处置可以减少损失，因此，病毒检测非常重要。依据不同的原理，检测病毒方法有特征代码法、校验和法、行为监测法、软件模拟法。这些方法所需开销不同，检测范围不同，各有所长。

(1) 特征代码法。特征代码法是检测已知病毒的最简单、开销最小的方法。该方法包括建立病毒数据库和扫描文件两个过程。为了建立病毒数据库，应当采集病毒的样本，所收集的病毒样本种类越多，利用其去检测病毒的成功率也就越高。在扫描文件过程中，打开被检测文件，在文件中搜索，检查文件是否含有病毒数据库中的病毒特征代码。如果发现病毒特征代码，由于特征代码与病毒一一对应，便可断定被查文件中感染何种病毒。特征代码法将硬盘上的文件与病毒数据库中的病毒样本严格匹配来发现病毒，这样可能会漏掉许多多形态病毒。

面对不断出现的新病毒，特征代码法必须不断更新病毒库。对从未见过的新病毒，特征代码法无法知道其特征代码，因而无法去检测这些新病毒。特征代码法的优点是检测准确快速、可识别病毒的名称、误报警率低、依据检测结果可进行杀毒处理。但该方法存在如下缺点。

- 时间成本较大。随着病毒种类的增多，检索时间将变长，必须对每一种病毒特征代码逐一检查。如果病毒种数庞大，检测病毒就需要巨大的时间开销。
- 不能检测多形态病毒。特征代码法是不可能检测出多形态病毒的。
- 不能检测隐蔽性病毒。隐蔽性病毒如果先进驻内存，而后运行病毒检测工具，隐蔽性病毒能先于检测工具将被查文件中的病毒代码剥去，导致检测工具是在检查一个虚假的"好文件"，而不能报警，被隐蔽性病毒所蒙骗。

(2) 校验和法。校验和法的原理是计算正常文件内容的校验和，将该校验和写入本文件或别的文件中保存。在文件使用过程中，定期地或每次使用文件前，检查文件当前内容算出的校验和与原来保存的校验和是否一致，因而判定文件是否感染病毒，其既可发现已知病毒又可发现未知病毒。但是，该方法不能识别病毒种类，不能报出病毒名称。由于病毒感染并非文件内容改变的唯一原因，文件内容的改变有可能是正常程序引起的，所以校验和法常误报警，而且此种方法也会影响文件的运行速度。校验和法的优点是方法简单、能发现未知病毒和被查文件的细微变化。其缺点是会误报警、不能识别病毒名称、不能对付隐蔽型病毒。

(3) 行为监测法。利用病毒的特有行为特征来监测病毒的方法，称为行为监测法。通过对病毒长时间的观察和研究，有一些行为是病毒的共同行为，而且比较特殊。在正常程序中，这些行为比较罕见。当程序运行时，监视其行为，如果发现了病毒行为，立即报警。行为监测法的优点是可发现未知病毒、可比较准确地预报未知的多数病毒。其缺点是可能会误报警、不能识别病毒名称、实现时有一定难度。

(4) 软件模拟法。软件模拟法专门用于对付多形态计算机病毒。多形态病毒每次感染都改变其病毒密码，对付这种病毒，特征代码法失效。因为多形态病毒代码实施密码化，而且每次所用密钥不同，把病毒代码相互比较，也无法找出相同的可能作为特征的稳定代码。虽然行为检测法可以检测多形态病毒，但是在检测出病毒后，因为不知病毒的种类，难以进行杀毒处理。软件模拟法则可成功地模拟 CPU 执行，在 DOS 虚拟机下伪执行计算机病毒程序，安全地将其解密，使其显露本来的面目，再加以扫描。

9.4 操作系统安全机制

安全策略是对系统的安全需求，以及对如何设计和实现安全控制有一个清晰的、全面的理解和描述。安全机制的主要功能是实现安全策略描述的安全问题，关注如何实现系统的安全性，实现方法主要包括加密机制(Encryption)、认证机制(Authentication)、授权机制(Authorization)、审计机制(Audit)等。

9.4.1 加密机制

计算机系统和网络可采用多种技术来保障其安全性，其中，以密码学为基础的各种加密措施是计算机系统安全的主要技术。数据加密技术对系统中所有存储和传输的数据进行加密，使之成为密文。这样，攻击者在截获数据后，无法查看到数据的内容；只有被授权者才能接收和对该数据予以解密，查看其内容，从而有效地保护系统信息资源的安全性。

1. 数据加密模型

数据加密模型如图 9-3 所示。

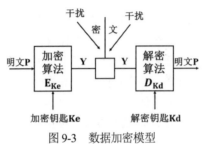

图 9-3　数据加密模型

数据加密模型由下述 4 部分组成。

(1) 明文(plain text)：被加密的文本称为明文 P。

(2) 密文(cipher text)：加密后的文本称为密文 C。

(3) 加密(解密)算法 E(D)：用于实现从明文(密文)到密文(明文)转换的公式、规则或程序。

(4) 密钥 K：密钥是加密和解密算法中的关键参数。

加密过程为：在发送端利用加密算法 E_{Ke} 和加密密钥 Ke 对明文 P 进行加密，得到密文 $C=E_{Ke}(P)$。密文 C 被传送到接收端后进行解密。解密过程为：接收端利用解密算法 D_{Kd} 和解密密钥 Kd 对密文 C 进行解密，将密文还原为明文 $P=D_{Kd}(C)$。

在加密系统中，加密(解密)算法相对稳定。为了保证加密数据的安全性，密钥需要经常改变。

2. 加密算法的类型

(1) 加密算法按照其对称性分类，可分为对称加密算法和非对称加密算法。

① 对称加密算法。在对称加密算法中，加密和解密算法使用相同的密钥。加密密钥能够从解密密钥中推算出来，同时解密密钥也可以从加密密钥中推算出来。对称加密算法要求发送方和接收方在安全通信之前，商定一个密钥。对称加密也称私钥加密、密钥加密。对称加密算法的安全性依赖于密钥，泄漏密钥就意味着任何人都可以对其发送或接收的消息解密，所以密钥的保密性对通信安全至关重要。

对称加密算法的优点是算法公开、计算量小、加密速度快、加密效率高。不足之处是，交易双方使用同样密钥，安全性得不到保证。此外，对用户每次使用对称加密算法时，都需要使用其他人不知道的唯一密钥，这会使得发收信双方所拥有的密钥数量呈几何级数增长，密钥管理成为用户的负担。对称加密算法在分布式网络系统中使用较为困难，主要是因为密钥管理困难，使用成本较高。目前广泛使用的对称加密算法有 DES、IDEA 和 AES。

② 非对称加密算法。非对称加密算法使用两把完全不同的一对钥匙：公钥和私钥。在使用非对称加密算法加密文件时，只有使用匹配的一对公钥和私钥，才能完成对明文的加密和解密。加密明文时采用公钥加密，解密密文时使用私钥，而且发信方(加密者)知道收信方的公钥，只有收信方(解密者)唯一知道自己的私钥。非对称加密也称公开密钥加密法。

　　非对称加密算法的基本原理是，如果发信方想发送只有收信方才能解读的加密信息，发信方必须首先知道收信方的公钥，然后利用收信方的公钥来加密原文；收信方收到加密密文后，使用自己的私钥解密密文。采用非对称加密算法，在收发信双方在通信之前，收信方必须将自己的公钥告知发信方，而自己保留私钥。由于非对称算法拥有两个密钥，因而特别适用于分布式系统中的数据加密。非对称加密算法的密钥管理简单，但加密算法复杂。目前广泛使用的非对称加密算法有 RSA 算法和美国国家标准局提出的 DSA。以非对称加密算法为基础的加密技术应用非常广泛。

　　(2) 按照所变换明文的单位分类，加密算法可分为序列密码算法和分组密码算法。

　　加密算法除可提供信息的保密性之外，还能与其他技术结合(例如 hash 函数)以提供信息的完整性。

　　加密技术不仅应用于数据通信和存储，也应用于程序的运行。通过对程序的运行实行加密保护，可以防止软件被非法复制，防止软件的安全机制被破坏，这就是软件加密技术。

9.4.2　认证机制

　　认证机制是标识与鉴别用户身份以确保系统安全的方法，主要包括数字签名和身份认证。

1. 数字签名

　　对文件进行加密只解决了传送信息的保密问题，而防止他人对传输文件进行破坏，以及如何确定发信人的身份还需要采取其他的方法，这一方法就是数字签名。在电子商务安全保密系统中，数字签名技术有着特别重要的地位，电子商务安全服务中的源鉴别、完整性服务、不可否认服务都要用到数字签名技术。完善的数字签名应满足下述三个条件。

- 签字方事后不能抵赖其签名。
- 其他人不能伪造对报文的签名。
- 接收方能够验证签字方对报文签名的真伪。

　　数字签名是通过密码算法对数据进行加密、解密变换实现的。目前的数字签名建立在公开密钥体制基础上，它是公开密钥加密技术的另一类应用。用 RSA 算法或其他公开密钥密码算法的最大优点是没有密钥分配问题，网络越复杂、网络用户越多，其优点越明显。因为公开密钥加密使用两个不同的密钥，其中一个是公开的，另一个是保密的。基于公开密钥密码算法的数字签名主要原理如下所示。

　　(1) 报文的发送方从报文文本中生成一个 128 位的散列值，称之为报文摘要。

　　(2) 发送方用自己的私钥对该报文摘要进行加密，形成发送方报文的数字签名。

　　(3) 该报文的数字签名作为报文的附件和报文一起发送给接收方。

　　(4) 报文接收方从接收到的原始报文中计算出 128 位的报文摘要。

　　(5) 报文接收方用发送方的公钥对报文附加的数字签名进行解密。如果两个报文摘要相同，那么接收方就能确认该数字签名是发送方的。

　　如果第三方冒充发送方发出了一个数字签名，因为接收方在对数字签名进行解密时使用的是发送方的公开密钥，只要第三方不知道发送方的私有密钥，解密出来的数字签名和经过计算的数字签名必然是不相同的。这就提供了一个安全地确认发送方身份的方法。鉴于用于签名的私有密钥只有发送方自己保存，他人无法做出同样的数字签名，因此发送方事后不能抵赖其签名。

数字签名的加密解密过程和非对称加密算法的加密解密过程虽然都使用公开密钥体系,但实现的过程正好相反,使用的密钥对也不同。数字签名使用的是发送方的密钥对,发送方用自己的私有密钥进行加密,接收方用发送方的公开密钥进行解密。这是一对多的关系,任何拥有发送方公开密钥的人都可以验证数字签名的正确性。而非对称加密算法的加密解密使用的是接收方的密钥对,发送方用接收方的公开密钥进行加密,接收方用自己的私有密钥进行解密。这是多对一的关系,任何知道接收方公开密钥的人都可以向接收方发送加密信息,只有唯一拥有接收方私有密钥的人才能对信息解密。在实际应用过程中,通常一个用户拥有两个密钥对,一个密钥对用来对数字签名进行加密解密,一个密钥对用来对私有密钥进行加密解密。这种方式提供更高的安全性。

2. 身份认证

身份认证是安全操作系统应该具备的最基本功能,是用户要进入系统访问资源或在网络中通信双方在进行数据传送之前实施审查和证实身份的操作。身份认证分为内部身份认证和外部身份认证两种。外部身份认证涉及验证某个用户是否像其宣称的那样,例如,某个用户用一个用户名登录某系统,此系统的外部身份认证机制将进行检查以证实此用户的登录确实是合法的用户。最简单的外部验证是为每个账户赋予一个口令,账户可能是广为人知的,口令则对不使用此账号的人员保密,而且此口令只能被此账号的拥有者或系统管理员改变。内部身份认证机制确保某进程不能表现为除了其自身以外的其他进程。若没有内部身份验证,某用户可以创建一个看上去属于另一个用户的进程。从而,即使是最高效的外部验证机制,也会因为把这个用户的伪造进程看成另一个合法用户的进程而被轻易地绕过。

下面主要介绍用户身份认证和网络中的身份认证。

(1) 用户身份认证。当用户与系统进行交互时,操作系统是两者进行交互的软件代理。操作系统需要验证这些用户确实具有他们所宣称的特征,这就是用户身份认证。在操作系统中,用户标识符和口令的组合被广泛用于用户身份认证。操作系统还可以使用其他附加手段来确认某用户是否是其宣称的那个用户,例如,用户的指纹、IC 卡和钥匙卡等。

(2) 网络中的身份认证。网络文件的传输要求计算机能够将信息从一个计算机系统传送到另一个计算机系统的文件空间。发送方在发送文件之前要能够获得对接收方机器的访问权限,而接收方可以接收任意的数据并将其保存到自己的文件空间。因此,为了保证数据传送的安全性,文件传输的端口通常包含一组授权机制来证实发送方的合法性。

网络中的身份认证通常通过数字证书来实现,数字证书是一种权威性的电子文档,其提供一种在 Internet 上验证用户身份的方式,作用类似于驾驶执照、身份证、护照。数字证书由一个权威机构——证书授权(Certificate Authority,CA)中心发行,可以在互联网中用其来识别对方的身份。在数字证书认证的过程中,证书授权中心作为权威的、公正的、可信赖的第三方,其作用至关重要。在国际电信联盟(International Telecommunication Union,ITU)指定的 X.509 标准中,规定数字证书的内容应包括用户名称、发证机构名称、公开密钥及其有效日期、证书编号以及发证者签名。下面通过一个具体例子来说明数字证书的申请、发放和使用过程。

① 用户 A 首先产生自己的密钥对,并将公共密钥及部分个人身份信息传送给证书授权中心 CA。

② 证书授权中心 CA 在核实身份后，将执行一些必要的步骤，以确信请求确实由用户发送而来。完成身份确认后，证书授权中心将发给用户一个数字证书，该证书包含用户 A 的个人信息和公钥信息，同时还附有证书授权中心的签名信息。

③ 用户 A 在向用户 B 发送信息时，用户 A 用私有密钥对信息的报文摘要加密，形成数字签名，并连同已加密的数字证书一起发送给用户 B。

④ 用户 B 向 CA 申请获得 CA 的公开密钥。CA 收到用户 B 的申请后，将 CA 的公开密钥发送给用户 B。

⑤ 用户 B 利用 CA 的公开密钥对数字证书进行解密，确认该数字证书是原件，并从数字证书中获得用户 A 的公开密钥，并且也确认该公开密钥确系是用户 A 的密钥。

⑥ 用户 B 利用用户 A 的公开密钥对用户 A 发送来的数字签名进行解密，从而得到用户 A 发来的报文的真实明文，并鉴别用户 A 的真实身份。

9.4.3　授权机制

授权机制用于确认用户或进程在授权许可下才能够访问使用计算机的资源。授权机制是基于安全的认证机制，图 9-4 所示为典型的用户和进程授权访问过程。当一个用户(进程)试图访问计算机时，外部访问认证机制首先验证用户(进程)的身份，并检查其是否拥有访问该计算机的权限。一旦用户(进程)被授权使用该计算机，则此计算机的操作系统将为用户(进程)分配一个执行进程，在得到内部访问认证机制的授权后，即可访问许可的计算机资源。在图 9-4 中，内外部访问认证机制是不一样的，外部访问认证机制允许用户进入计算机系统，内部访问认证机制则授权进程可以访问资源。

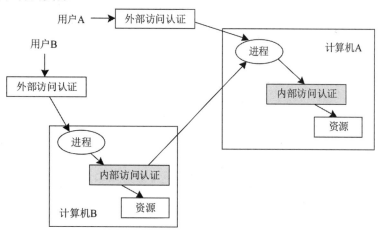

图 9-4　经典计算机系统的授权访问

9.4.4　审计机制

审计是通过事后追查手段来保证系统的安全，是对系统实施的一种安全性技术措施，其对涉及系统安全的相关操作活动做一个完整的记录，并进行检查及审核。实际上，审计的主要目的就是检测和阻止非法用户对计算机系统的入侵，并记录合法用户的误操作。审计为系统对安全事故原因的查询、事故发生地点、时间、类型、过程、结果的追查、事故发生前的预测及报警提供详细、可靠的依据和支持。审计记录一般应包括如下信息：事件发生的时间、地点、代表正在进行事件的主体的唯一标识符、事件的类型、事件的成败等。

审计过程是一个独立过程，其应与操作系统的其他功能隔离开。系统应该能够生成、维护和保护审计过程，使其免遭非法访问和破坏，特别要保护审计数据，严格禁止未经授权的用户访问。如果审计与报警功能相结合，即可做到每当有违反系统安全的事件发生或者有涉及系统安全的重要操作进行时，就能及时发出相应的报警信息。

9.5 访问控制机制

访问控制技术是当前应用较广泛的一种安全保护技术，从大、中型机到微型机，都在不同程度上使用了访问控制技术。当一个合法用户进入系统后要访问系统资源时，系统的访问控制检查机构负责验证用户对资源访问的合法性，从而保证对系统资源进行访问的用户是被授权用户。

使用访问控制技术，可以设置用户对系统资源的访问权限，即限定用户只能访问允许访问的资源。访问控制还可以通过设置文件的属性，来保护文件只能被读而不能被修改，或只允许核准的用户对其进行修改等。

9.5.1 保护域

一个计算机系统包括很多必须受到保护的对象。对象既可以是硬件(如 CPU、内存、打印机、磁盘和光驱等)，也可以是软件(如文件、程序、数据结构和信号量等)。每个对象都有唯一的名字和可对其执行的一组操作。操作系统可以利用访问矩阵来实现对这些对象的保护。

系统通过控制进程对对象的访问，来保护计算机系统中的对象。把一个进程能对某对象执行操作的权利称为访问权，访问权可以用一个有序对<对象名，权集>来表示，例如，某进程对文件 F1 有执行读和写操作的权利，这时，该进程的访问权可表示为<F1，{RW}>。

为了描述对资源的保护机制，计算机系统引入了保护域的概念。保护域是进程对一组对象访问权的集合，进程只能在指定域内执行操作。因此，保护域规定了进程所能访问的对象和能执行的操作。不同的保护域可以相交，相交部分表示它们有共同的权限。例如，在图 9-5 所示的 3 个域中，它们分别是 D1、D2 和 D3。其中 D2 和 D3 相交，表明访问权限<O7，{W}>被 D2 和 D3 共享，这表示运行在 D2 和 D3 上的任意一个进程都可以对对象 O7 执行写操作。需要注意的是，进程只有在 D1 中执行时才能读写对象 O1，另外，仅在域 D3 中的进程才能执行对象 O6。

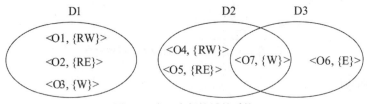

图 9-5 有 3 个保护域的系统

如果进程的可用资源集在进程的整个生命期中是固定的，那么这种联系就是静态联系。在这种情况下，进程和域是一一对应关系，即一个进程只联系着一个域。在静态联系模式下，进程运行的全过程都受限于同一个域，这将会使赋予进程的访问权超过实际需要。例如，某进程在运行开始时需要磁盘输入数据；在进程快结束时，又需要使用打印机打印数据。在一个进程只联系一个域的情况下，需要在该域中同时设置磁盘和打印机这两个对象，这将超出进程运行的实际需要。

如果进程和域是一对多的关系，即一个进程可以联系多个域，那么这种联系就是动态联系。在这种情况下，可将进程的运行分为多个阶段，每个阶段联系着一个域，这样便可根据进程运行的实际需要，来规定每个阶段中所能访问的对象。对上述的例子，可以把进程的运行分成三个阶段：第一个阶段联系域 D1，其中包括磁盘输入；第二个阶段联系域 D2，其中既不含磁盘输入，也不含打印机；第三个阶段联系域 D3，其中是用打印机输出。在采用动态联系方式的系统中，应增设保护域切换功能，以使进程能在不同的运行阶段从一个保护域切换到另一个保护域。

9.5.2　访问矩阵的概念

保护域机制是实现系统资源保护的一种模型，可以利用一个矩阵来描述这种模型，此矩阵被称为访问矩阵(Access Matrix)，访问矩阵的行代表域，列代表对象。矩阵的每个条目是一个访问集合。由于列明确定义了对象，可以在访问权限中删除对象名称。条目<i,j>定义了在域 Di 中执行的进程在访问对象 Oi 时被允许执行的操作集合。例如，在表 9-1 所示的访问矩阵中，进程在域 D1 中执行时，其可以读文件 F2，写文件 F1 和 F2，执行文件 F2 和 F3。进程在域 D4 中执行时，可以读文件 F2 和 F3，写文件 F1。只有在域 D2 中执行的进程才可以访问打印机。

表 9-1　访问矩阵

域	对象			
	F1	F2	F3	打印机
D1	W	R, W, E	E	
D2	R			W
D3		E	R	
D4	R, W		R	

注：R——读，W——写，E——执行。

如果将域本身也看作一个保护对象，可以把域的切换操作添加到访问控制矩阵，这样即可控制域切换。当需要将一个进程切换到另外一个域时，其实就是在一个对象(域)上执行一个操作(切换)。进程必须能够在域之间进行切换，当且仅当访问权限 switch∈access(i,j)时，才允许从域 Di 切换域 Dj。因此，在表 9-2 中，一个在域 D2 中执行的进程可以切换到域 D3；域 D4 中的一个进程可以切换到域 D1；而 D1 中的进程可以切换到域 D2。

表 9-2　将域作为对象的访问矩阵

域	对象							
	F1	F2	F3	打印机	D1	D2	D3	D4
D1	W	R, W, E	E			S		
D2	R			W			S	
D3		E	R		S	S		S
D4	R, W		R		S			

注：R——读，W——写，E——执行，S——切换。

9.5.3 访问矩阵的修改

在系统中建立起访问矩阵后，随着系统的发展及用户的增加和改变，必然要经常对访问矩阵进行修改。因此，应当允许可控制地修改访问矩阵中的内容，这可通过在访问权中增加复制权、所有权及控制权的方法，来实现有控制的修改。

1. 复制权

复制权可将其在某个域中所拥有的访问权扩展到同一列的其他域中，即它可为进程在其他域中赋予对同一对象的访问权。

凡是在访问权上加星号(*)者，都表示在 i 域中运行的进程能将其对对象 j 的访问权复制成在任何域中对同一对象的访问权。例如，图 9-6 中在域 D2 对文件 F2 的读访问权上加有*号时，表示运行在 D2 域中的进程可以将它对文件 F2 的读访问权扩展到域 D3 中去。又如，在域 D1 中对文件 F3 的写访问权上加有*号时，可以使运行在域 D1 中的进程将它对文件 F3 的写访问权扩展到域 D3 中去，使在域 D3 中运行的进程也具有对文件 F3 的写访问权。

域	对象		
	F1	F2	F3
D1	执行		写*
D2	执行	读*	执行
D3	执行		

图 9-6 访问权限在域中的复制

应该注意的是，把带有*号的复制权如 R*，由 access(i,j)复制成 access(k,j)后，其所建立的访问权只是 R 而不是 R*，这使域 DK 上运行的进程不能再将其复制权进行扩散，从而限制了访问权的进一步扩散，这种复制方式称为限制复制。

复制访问权存在以下两种变型。

(1) 转换拷贝权：实质是转移访问权。

(2) 限制拷贝权：接受访问权拷贝的域，不能将该访问权拷贝到其他域。

2. 所有权

不仅要求将已有的访问权进行有控制的扩散，而且需要能增加或删除某种访问权，这可利用所有权来实现这些操作。若在 access(i,j)中包含有所有权，则在域 Di 上执行的进程，可以增加或删除在 j 列的任何项中的任何访问权。换言之，该进程可以增加或删除在任何其他域中运行的进程对对象 j 的访问权。

3. 控制权

复制权和所有权都是用于改变矩阵内在同一列的各项访问权，或者说是用于改变运行在不同域中的进程对同一对象的访问权。控制权则用于改变矩阵内一行中各项的访问权，即用于改变某个域中运行进程对不同对象的访问权。若 access(i,j)中包含了控制权，则在域 Di 中运行的进程，可以删除在域 Dj 中运行的进程对各对象的任何访问权。

上述的访问矩阵是保护的基本机制，它只是保护的一个方面。保护的另一方面是有关保护的策略，即对每一个域允许有哪些访问权，必须由系统的设计者和用户来决定。

9.5.4 访问矩阵的实现

访问矩阵在概念上简单易于理解，但是在具体实现上却有一定的困难。这是因为，在稍具规模的系统中，域的数量和对象的数量都可能很大，造成访问矩阵很大，占用大量的存储空间，而且对矩阵的访问十分费时，令人难于接受。

访问控制矩阵可能很大，但是空白条目很多，存储这样大的一个稀疏矩阵会造成磁盘空间的浪费。因此，在实际实施中，常把访问矩阵进行分解，以实现保护域，通常有两种划分方法，即按行或按列来存储访问矩阵，而且只存储非空元素。

1. 访问控制表

把访问矩阵按列向量(对象)划分，为每一列建立一张访问控制表(Access Control List，ACL)。在该表中，矩阵中属于该列的所有空项已被删除，只剩下有序对<域，权集>。通常情况下，访问矩阵中的空项远多于非空项，因而使用访问控制表可以显著地减少所占用的存储空间，提高查找速度。

表 9-3 是对应于表 9-2 中文件 F2 的访问控制表，包括两部分：域名和访问权限。由表 9-3 可以看出，进程在域 D1 中执行时，其可以读、写和执行文件 F2。进程在域 D3 中执行时，可以执行文件 F2。由于域 D2 和 D4 为空，因此，访问控制表不包含 D2 和 D4 项，从而节省了存储空间。

表 9-3　F2 的访问控制表

域	访问权限
D1	R, W, E
D3	E

在大多数应用中，主体只有在其被打开或被分配资源(而不是每次访问)时才会受到访问权限检查。如果该主体与其访问权限不在访问控制表中，那么打开或分配资源就失败。

2. 访问权限表

把访问矩阵按行(域)划分，为每一行建立一张访问权限表(Capability List，CL)。访问权限表是由一个域对每一个对象可以执行的操作集合所构成的表。访问权限表包括两部分：对象名和访问权。表中的每一项为该域对某对象的访问权限。

表 9-4 是对应于表 9-2 中域 D1 的访问权限，由表 9-4 可以看出，进程在域 D1 中执行时，其可以写文件 F1，读、写和执行文件 F2，执行文件 F3。

表 9-4　D1 的访问权限表

域	对象		
	F1	F2	F3
D1	W	R, W, E	E

9.6 Linux 的安全机制

Linux 是一种基于 POSIX 和 UNIX 的多用户、多任务、支持多线程和多 CPU 的操作系统。系统具有两个处理机执行态：核心态和用户态。系统保证用户态下的进程只能存取其自己的指令和数据，而不能存取内核或其他进程的指令和数据，并且保证特权指令只能在核心态下执行。Linux 实现了基本的安全机制，但仍然存在安全隐患，对系统安全机制的错误配置或使用不当，以及新功能的不断纳入，都可能给系统带来安全问题。Linux 系统主要在以下方面保证其安全性。

1. 标识与口令鉴别

当用户创建账户时，系统管理员为其分配一个唯一的用户号(UID)和一个用户组号(GID)，并为用户建立一个主目录。系统中超级用户(Root)的 UID 为 0。每个用户可以属于一个或多个用户组，每个用户组有唯一的 GID。

超级用户拥有所有特权，负责系统的配置和管理，可以控制一切，包括用户账户、文件和目录、网络资源等。因此，超级账户及其口令的安全至关重要，它们也是攻击者攻击的主要目标。

Linux 使用 DES 或 MD5 算法对用户口令进行加密后存储于系统文件中。用户登录系统时，需要输入其口令。系统对输入的口令采用同样算法加密，并与存储在系统文件中的口令密文进行比较，以鉴别用户的真实身份。

/etc/password 文件含有所有用户账号的全部信息，普通用户只有"读"权限。为了防止攻击者获取口令密文进行猜测口令，系统将口令密文存放于另一个 shadow 文件中，shadow 文件只有超级用户可存取。这时，/etc/password 文件中口令密文被替换成*的字符串。

当用户设置或修改口令时，如果输入的口令安全性不够，系统会给出警告。应该避免使用那些与用户名相同或相关变化形成的口令，许多密码破解程序首先是以用户名的各种可能变换行为破解起点的。系统管理员还可以设置口令的最小长度和有效期限。

2. 存取控制

Linux 实现了粗粒度的自主存取控制。用户可以为自己的文件设置或修改访问权限。权限的类型有 3 种：读、写和执行。授权的对象有 3 类：文件属主、用户组和其他用户。这种粗粒度的自主存取控制不能满足许多应用系统的安全需求。为此，研究人员开发了 Linux ACL(Access Control List)系统。ACL 提供了更完善的文件授权设置，可将存取控制细化到单个用户，而非笼统的"同组用户"或"其他用户"。

系统中的每个进程都有真实 UID、GID 和有效 UID、GID。进程的真实 UID、GID 创建该进程用户的 UID、GID，表明进程隶属于哪个用户，而有效 UID、GID 标识了进程当前的主体身份。当进程试图访问文件时，核心将进程的有效 UID、GID 与文件的存取权限域中的相应值进行比较，决定是否赋予其相应权限。通常情况下，进程的真实 UID、GID 等于进程的有效 UID、GID。

有时需要让没有被授权的用户完成某些需要授权的任务。例如，允许普通用户使用 password 程序来改变自己的口令，但不允许拥有访问/etc/shadow 文件的权限。为了解决这个问题，Linux

允许对可执行文件设置 SUID 或 SGID 权限。当进程执行带 SUID(或 SGID)标志的执行文件，进程的有效 UID(或 GID)被改变为执行文件属主的 UID(或 GID)，进程就拥有了执行文件属主所拥有的存取控制。

使用 SUID 或 SGID 权限，可以让用户通过执行特定的程序，访问那些不允许被其直接访问的信息。这就给攻击者或恶意软件留下了可乘之机，他们专门寻找超级用户的 SUID 程序作为攻击目标，企图获得超级用户的存取权限。一旦获得成功，攻击者即可留下记得 SUID 程序作为进入系统的后门。

3. 审计

Linux 实现了比较完善的审计功能，包含丰富的审计内容，遍及于系统、应用和网络协议层，能全面监控系统中发生的事件，并及时地对系统异常报警提示。大部分日志文件存放在 /var/log 目录下，常见的日志文件有以下几种。

- acct 或 pacct：记录每个用户使用过的命令。
- aculog：modem 呼叫记录。
- lastlog：记录用户最后一次登录情况(包括登录时间、成功或失败)。
- loginlog：不良的登录尝试记录。
- messages：记录输出到系统控制台或由 syslog 系统服务程序产生的信息。
- sulog：记录 su 命令的使用情况。
- utmp：记录当前登录的每个用户。
- wtmp：记录用户的登录、注销以及系统的开机、关机和历史情况。
- xferlog：记录 ftp 的使用情况。

审计服务程序 syslogd 专门负责审计信息的存储。系统和内核程序将需要记录的信息发送给 syslogd，syslogd 根据配置(/etc/syslog.conf)，按照信息的来源和重要性，将其记录到不同的日志文件、输出到指定设备或发送到其他主机中。

4. 网络安全

为了支持网络计算环境，Linux 提供了多种网络操作命令，其中有：远程登录命令 telnet、rlogin；远程文件复制 ftp、rep；远程执行命令 rsh、rcmd。这些命令的执行结果都是对远程计算机的访问，或使用远程主机的资源，或请求远程服务器的服务。系统必须对远程用户的访问进行有效的控制，仅对特定的用户开放必要的网络服务，减少本机系统受到攻击的可能性。

Linux 使用超级守护进程 xinetd 来实现网络服务的访问控制。在 UNIX 系统中，超级守护进程 inetd 负责监听在 inetd.conf 配置文件中等级的网络端口，启动被请求的服务程序；网络过滤工具 TCP_Wrappers 则对由 inetd 启动的网络服务进行访问控制并记录访问请求。Xinetd 不仅包含了两者的功能，而且更加强大和安全。

系统管理员可以在 xinetd.conf 配置文件中为每个网络服务建立一个表项，在表项中指定服务进程 UID 和 GID、可以访问服务的时间段、允许访问服务的客户机列表(机器名或 IP 地址)、禁止访问服务的客户机列表、允许同时运行的最大服务进程数、需要记录的访问信息等。

当远程用户的访问请求到达本机时，首先到达由 xinetd 管理的服务端口，xinetd 根据配置文件 xinetd.conf 来判断是否允许对该请求进行服务。如果请求被允许，则相应的服务器程序(如 ftpd、telnetd)将被启动。

另外，还可以在 Linux 上安装 OpenSSH 和 OpenSSL 程序包，实现网络安全通信。

OpenSSH 是开放的安全 Shell 软件，用于替代 telnet、ftp、rep、rsh 等软件。OpenSSH 使用 SSH 协议，基于公钥加密和对称加密技术为远程访问提供安全通道。SSH 协议的安全性在于：①在接受连接请求前，服务机需要对客户机的主机密钥进行认证；②对用户的认证信息和数据进行对称加密传输，对称密钥是随机产生的并且使用服务器的公钥进行加密传输；③服务器对用户身份进行认证，可以采用多种认证方法，包括数字证书认证。

OpenSSL 是开放的安全套接层(Secure Sockets Layer，SSL)软件工具包。OpenSSL 在套接字的层次上实现了 Web 环境下的安全传输协议。按照 SSL 协议，数据传输过程包含 3 个部分：①使用 CA 数字证书进行相互认证；②由客户端产生一个对称加密密钥 key，使用服务器的公钥加密后传给服务器；③双方使用 key 加密和传输数据。

9.7 小结

随着计算机应用的普及，信息安全变得越来越重要。信息安全涉及很多方面，包括物理设备、软件等。由于操作系统的特殊地位，因此，其安全是系统安全的基础，没有安全的操作系统，计算机系统的安全性也就无从谈起。

对计算机系统和网络通信的安全要求具有保密性、完整性、可用性和真实性。计算系统或网络通信受到的安全威胁可分为中断、拒绝服务、数据截获、篡改、伪造和假冒 6 种类型。

计算机病毒是一种计算机程序，其能不断地进行复制并感染其他程序，不仅能破坏计算机系统，而且还能够传染到其他系统。如果不对计算机病毒进行有效的阻止和防范，计算机系统和网络将不断受到攻击，给广大用户带来不可估量的损失。计算机病毒具有潜伏性、传染性、隐蔽性、破坏性、通过网络和邮件系统传播、传播速度极快、变种多、具有病毒、蠕虫和黑客程序的功能等特征。计算机病毒通常可分为文件型病毒、引导扇区病毒、宏病毒、内存驻留病毒、邮件病毒。对病毒及时地进行预防和检测异常重要，常用的病毒检测方法包括特征代码法、校验和法、行为检测法和软件模拟法。

安全策略是对系统的安全需求，以及对如何设计和实现安全控制有一个清晰的、全面的理解和描述。安全机制的主要功能是实现安全策略描述的安全问题，其关注的是如何实现系统的安全性，主要包括认证机制(Authentication)、授权机制(Authorization)、加密机制(Encryption)、审计机制(Audit)等。

操作系统可以在不同层次上实现对计算机资源的管理。对计算机系统进行保护的重要技术是访问控制技术。访问控制的一个通用模型是访问矩阵，该模型的基本要素是一个三元组(主体、客体、访问权)。由系统中所有的主体和客体组成的访问矩阵相当大，为了节省时空开销，采用对访问控制矩阵按列或按行分解，这就形成了访问控制表和访问权限表，它们在实际的操作系统中均被广泛使用。

9.8　思考练习

1. 说明计算机系统的可靠性和安全性的区别和联系。
2. 叙述计算机系统安全的主要内容。
3. 安全操作系统的主要功能有哪些？
4. 计算机或网络系统在安全性上受到的威胁有哪些？
5. 什么是被动威胁和主动威胁？它们分别发生在什么场合？
6. 简单叙述计算机系统常用的安全机制。
7. 简单叙述对称加密算法和非对称加密算法。
8. 试说明数字签名的加密和解密方式。
9. 数字证书的作用是什么？用一例子来说明数字证书的申请、发放和使用过程。
10. 什么是计算机病毒？计算机病毒有什么危害？
11. 简述计算机病毒的类型。
12. 什么是访问矩阵、访问控制表和访问权限表？
13. 找一套最新版本的 Linux 系统，实际测试一下其所提供的安全功能。

❧ 第 10 章 ◐

嵌入式操作系统

本章学习目标

- 了解嵌入式系统的概念和硬件体系
- 理解嵌入式操作系统的特征
- 了解个人计算机和嵌入式系统的区别
- 了解常用的嵌入式操作系统

本章概述

随着嵌入式系统在日常生活中的不断普及与深入,其在计算机技术和计算机应用领域大放异彩,如智能手机、网络电视、智能仪表、智能家居等都已为人熟知,为人们带来了更加便捷的全新生活体验。而作为嵌入式系统"大脑"的嵌入式操作系统也受到更多的关注。本章将重点介绍嵌入式操作系统的概念以及常见的嵌入式系统的特点。

10.1 嵌入式系统概述

10.1.1 嵌入式系统的定义

尽管嵌入式系统遍布人们生活的方方面面,上从事关国家实力的航空航天、国防军事、智能制造,下至攸关民生的智能家居、消费电子、办公设备等领域,它都在发挥着不可替代的作用。在此背景下,要想对嵌入式系统下一个准确的定义,逐渐变得愈加困难。

以生活中最为常见的智能手机和智能手环为例,两者从功能、外观、硬件组成等各方面都有很大区别,但这种基于特定硬件的、具有嵌入式特征的产品却都属于嵌入式系统。

事实上,关于嵌入式系统已经有多种不同的定义。

(1) 从应用的角度:国际电气和电子工程师协会(Institute of Electrical and Electronics Engineer,IEEE)为嵌入式系统所下定义为"嵌入式系统是控制、监视或辅助设备、机器和车间运行的装置。"

(2) 从计算机系统分类角度:按用途和性能可以将现有的计算机系统分为大型机(mainframe)/超级计算机、个人计算机(personal computer)和嵌入式系统(embedded system)。因此,除了大型机和个人计算机以外的其他计算机系统也可以被统称为嵌入式系统。

(3) 从服务对象的角度: 与一台主机服务多个用户的大型机以及一台主机服务一个用户的个人计算机不同,嵌入式系统则表现出多个嵌入式系统或设备为一个用户服务的现象。例如,智能家居中一个主控制器管理娱乐设备、智能电器、自动窗帘等。再如，一个智能主机管理运动手环、蓝牙耳机等不同的可穿戴设备。

(4) 从技术的角度：当前国内对嵌入式系统普遍比较认同的定义主要是从技术角度出发的，该定义认为嵌入式系统是一个以计算机技术为基础并融合了通信、微电子、机械和自动控制等技术，面向应用需求对软硬件进行裁剪，以满足其对功能、可靠性、实时性、成本、体积、功耗和运行环境的特殊要求的专用计算机系统。在许多应用场景中，嵌入式系统还可能是一个大型系统或产品的重要组成部分，例如自动化生产线中的一台加工机械手。

10.1.2　嵌入式系统与个人计算机的异同

嵌入式系统与人们熟悉的个人计算机有许多相同点，同时也在许多方面存在极大的差异。

1. 嵌入式系统与个人计算机的共性

同样是计算机系统，嵌入式系统和个人计算机都是以硬件作为底层物质基础，以操作系统或控制系统软件完成对运算器件、存储器件、外部设备等系统资源的管理。

2. 嵌入式系统与个人计算机的区别

嵌入式系统在以下方面与个人计算机存在不同。

(1) 外形：个人计算机通常由主机、显示器、键盘、鼠标等设备组成，其外形基本一致，且作为一个独立的系统供用户使用。而嵌入式系统则很少独立出现，它会隐藏在各类产品或设备中，其外形也因产品或设备的功能不同而变化多端。

(2) 功能：个人计算机通常具有通用且复杂多样的功能，是供个人使用的多用途计算机，满足用户的工作、娱乐、学习等多样化的应用需求。而嵌入式系统的功能则具有专用性，每个系统的具体功能与其所在的产品或设备的主体功能息息相关，通常为专有硬件平台而定制。

(3) 资源：个人计算机拥有的资源更为丰富全面，可满足用户不断变化的应用要求。而嵌入式系统受限于所在产品和设备本身的资源组成，能够管理的资源有限，甚至为了满足低功耗要求，还要主动缩减和复用资源。

(4) 功耗：个人计算机当前的功耗通常为几十瓦。而嵌入式系统通常是小型甚至微型的应用系统，如无人机、手机等，为保证其便携性，通常无法配置大体积和大容量的电源，因此低功耗一直是嵌入式系统的重要性能指标之一。

(5) 价值：评价计算机系统的价值的指标不尽相同。对于大型机和个人计算机，人们更关注其存储能力和计算能力。而对于嵌入式系统，由于其功能的专用性和定制性，人们经常用其所在的产品或设备的性能来评价其优劣。例如，智能洗衣机的性能主要通过洗净比、脱水转速、节水节电性能等来衡量，而智能工厂流水线上的加工机械手的性能指标则主要包括加工精度、加工速度、耐久性等。

10.1.3　嵌入式系统的硬件体系

嵌入式系统与其所在环境或所嵌入的产品、设备等密切相关。嵌入式系统的硬件平台通常由嵌入式存储器、嵌入式处理器、嵌入式 I/O 接口、嵌入式 I/O 设备组成。而用户对嵌入式系统的响应速度、工作精度和持续时长等性能的要求，也对嵌入式软件的操作时间提出了限制。

如果需要同时管理多个任务，则实时性方面的要求将会更加复杂。因此，嵌入式系统的许多组成部分与个人计算机有很大的不同。

图 10-1 所示为嵌入式系统硬件体系的组织结构。

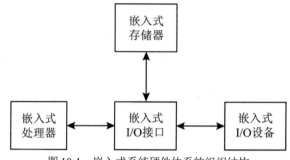

图 10-1　嵌入式系统硬件体系的组织结构

从图 10-1 中可以看出，嵌入式处理器是嵌入式系统的硬件核心，嵌入式存储器则负责储存程序和数据，它们通过总线连接，并通过嵌入式 I/O 接口与各类 I/O 设备相联系。

1. 嵌入式处理器

嵌入式处理器是嵌入式硬件平台的核心部件，具有小型化、高效、可靠的特点。根据技术特点和应用场景，嵌入式处理器可分为嵌入式微处理器 MPU、嵌入式微控制器 MCU、嵌入式数字信号处理器 DSP 和嵌入式片上系统 SoC。

2. 嵌入式存储器

嵌入式存储器是嵌入式系统硬件平台的重要组成部分。与个人计算机中的标准化、模块化的存储系统不同，嵌入式存储器通常会根据具体应用需求进行定制或自主设计。实际上，嵌入式系统中的存储体系按照其与处理器芯片的关系，可以分为片内存储器、片外存储器和外部存储器三个层次。

3. 嵌入式 I/O 设备

嵌入式 I/O 设备用于确保嵌入式系统和外围环境进行良好的信息交互。嵌入式 I/O 设备根据不同的标准可有不同的分类。

(1) 根据信息的传递方向，嵌入式 I/O 设备可分为向嵌入式系统发送信息的输入设备(如多种类型的传感器)、将嵌入式系统发送的信息向外传送或展示的输出设备(如 LED 灯、显示器等)、同时具备双向信息传递能力的输入输出设备(如触摸屏等)。

(2) 根据设备主要功能，还可以将 I/O 设备分为人机交互设备和机机交互设备。

① 人机交互设备：主要用于完成用户与嵌入式系统之间的信息交互，但受到嵌入式系统的成本、功能、体积等方面的限制，其比常见的通用计算机的人机交互设备更小、更轻、能耗更低。常见的嵌入式人机交互设备有发光二极管、按键、矩阵键盘、七段数码管、蜂鸣器、触摸屏、液晶显示器等。

② 机机交互设备：主要包括各类传感器和伺服执行机构。传感器用于检测外部环境的各类信息，并将其按一定规律转换为电信号发送给嵌入式系统。常见的如温湿度传感器、压力传感器、光敏传感器、红外传感器、运动传感器等都经常被集成在嵌入式系统中。伺服执行结构则

是用于控制加工机械的运动或操作某些特定装置的设备，常见的有电机、继电器等。

4. 嵌入式 I/O 接口

嵌入式 I/O 设备复杂多样，数据传输速度差异也比较大，因此嵌入式处理器无法支持多种类型的设备连接。而嵌入式 I/O 接口正是为了完成此任务而设计，它将嵌入式处理器和嵌入式 I/O 设备连接起来，完成两者之间的信号转换、数据传输和速度匹配等功能。通常，嵌入式 I/O 接口由寄存器、I/O 控制逻辑部件和外设接口逻辑三部分组成，如图 10-2 所示。其中，寄存器用于存放不同类型的信息，并根据信息类型的不同分为数据寄存器、控制寄存器和状态寄存器。

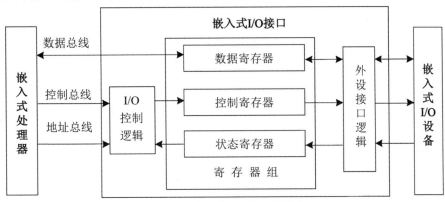

图 10-2 嵌入式 I/O 接口的组成

嵌入式 I/O 接口有多种分类方式。按数据传输速度分类，可将其分为高速 I/O 接口和低速 I/O 接口。按数据传输方式分类，可将其分为串行 I/O 接口和并行 I/O 接口。按设备连接数量分类，可将其分为可连接多个设备的总线式接口和只能连接一个设备的独占式接口。按物理连接要求分类，可分为有线 I/O 接口和无线 I/O 接口，例如常见的有线接口有以太网接口，常见的无线接口有 GSM/GPRS 接口、红外接口、蓝牙接口、ZigBee 接口、WiFi 接口、CDMA 接口等。按是否集成在嵌入式处理器内部分类，还可以将嵌入式 I/O 接口分为片内接口和片外接口。随着当前集成和封装技术的不断提升，嵌入式处理器芯片内置接口的种类和数量也不断提高，这也使得嵌入式处理器和通用处理器的差异愈加增大。

10.2 嵌入式软件

嵌入式软件是嵌入式系统的控制主体，用于完成系统控制，实现用户所需功能。在嵌入式系统发展过程中，嵌入式软件经历了从简单到复杂的发展历程。当前嵌入式系统功能的实现主要通过直接运行于硬件平台上的嵌入式控制软件或运行于嵌入式操作系统之上的应用程序完成。

10.2.1 嵌入式控制软件

与通用操作系统的发展不同，有些功能较为简单的嵌入式产品可以仅使用引导程序和应用程序完成用户需求。引导程序在硬件系统上电后启动，完成系统自检、存储映射、时钟系统和

I/O 接口配置等一系列硬件初始化操作。应用程序则是直接运行于硬件之上，在引导程序之后运行，用于实现嵌入式系统的核心功能。这些运行于嵌入式硬件平台上的软件被统称为嵌入式控制软件。

嵌入式控制软件通常采用前后台结构设计。这个结构由一个无限循环和若干终端服务程序组成。应用程序是一个无限循环，循环中调用相应的函数完成特定操作(后台)，中断服务程序用于处理系统的异步事件(前台)。因此前台也被称为终端级，后台是任务级。

前后台系统的工作原理如图 10-3 所示。后台任务序列是无限循环运行的。在某次循环中，任务 1 未受到干扰顺利完成，但任务 2 在执行时被中断 1 打断。CPU 将响应中断 1 的请求为其服务，直至完成中断 1 完成后，CPU 控制权才再次交还给任务 2。而任务 2 在执行一段时间后，新到的中断 2 再次打断其执行并取得 CPU 控制权。但与之前的中断 1 不同的是，中断 2 在执行时被优先级更高的中断 3 打断。中断 3 是一个前台任务，需要与用户保持实时交互，为确保更为优质的用户体验，中断 3 被优先响应与执行。当中断 3 完成后，将会返回被其打断的任务(即中断 2)继续执行。当中断 2 完成后，CPU 控制权将转交给被中断 2 打断的任务 2。

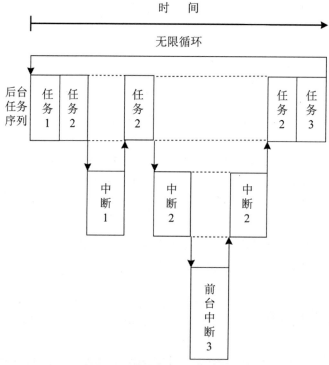

图 10-3　前后台系统的工作原理

为确保实时性，某些原本应该在任务级执行的关键代码必须放在中断中执行，这就导致中断程序的运行事件队列不断增长。而中断程序即便立即产生了数据，后台应用程序也要在运行到相应处理代码时才能获取使用，这样就产生了任务级响应延迟。该延迟的时长取决于后台任务循环的运行时间。因此在前后台结构中，特定模块的运行时间间隔是不确定的，并且后台任务循环的任何修改都会使相关功能模块的运行时间间隔受到影响。

尽管有这样的不可控因素存在，但前后台系统以其低廉的价格、简单的逻辑等优势，在低成本、大批量的基于微控制器的嵌入式产品中获得了广泛的应用。如日常生活中常见的电饭煲、智能台灯、玩具等都采用此类设计。

10.2.2 嵌入式操作系统

随着物联网等新兴技术的快速发展，嵌入式系统的应用领域也越来越大，嵌入式系统表现出智能化、网络化和多样化的发展趋势，同时对功能、可靠性、实时性、可移植性等方面的要求也越来越高。因此简单的嵌入式控制软件已经不能满足时代发展的需要，嵌入式操作系统(Embedded Operating System，EOS)应运而生。

1. 具备操作系统的嵌入式软件架构

为满足更为复杂的功能要求，越来越多的嵌入式系统借鉴通用计算机系统的架构，将嵌入式软件层划分为嵌入式操作系统在下、嵌入式应用程序在上的结构。与简单的嵌入式控制软件相比，嵌入式操作系统及其之上的应用程序所组成的嵌入式软件层规模更大，可靠性高，开发周期短，易于移植与扩展，能支持更复杂的嵌入式应用需求。如图 10-4 所示，该类型嵌入式软件层通常由设备管理层、操作系统层和应用程序层组成。

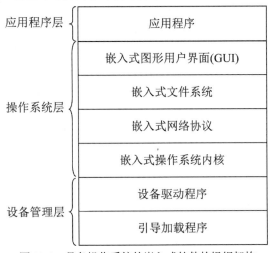

图 10-4 具备操作系统的嵌入式软件的组织架构

(1) 设备管理层：设备管理层由引导加载程序和设备驱动程序两部分组成。

① 引导加载程序：除与嵌入式控制软件的引导程序同样具备硬件初始化功能外，引导加载程序还要加载和启动嵌入式操作系统。

② 设备驱动程序：是一组设备管理相关的库函数，用来对硬件进行初始化和管理，并为上层软件提供透明的设备操作接口。设备驱动程序主要包括硬件配置、中断响应、数据 I/O 等基本功能函数和错误处理函数。

(2) 操作系统层。近年来，嵌入式操作系统发展迅速，最初仅支持 8 位、单一品种的微处理器，而目前则可支持 16 位、32 位甚至 64 位多品种的微处理器芯片，且其软件组成也从仅内核发展到除内核外还具备嵌入式文件系统、网络协议、图形界面等功能模块，具有可裁剪、可移植和资源有限等特点。

内核是嵌入式操作系统的核心，用于完成任务调度、管理和通信，以及存储管理和时间管理等嵌入式操作系统的基本功能。目前常用的嵌入式操作系统内核有 μC/OS-III、TinyOS、

Vxworks、嵌入式 Linux、Android、iOS 等。

嵌入式文件系统是嵌入式操作系统中用于管理文件的软件模块。嵌入式网络协议则是为支持嵌入式系统的网络功能配备，通常由网络通信控制器硬件和协议栈软件共同组成。而随着智能手机等智能移动终端的不断发展和应用，嵌入式图形用户界面(GUI)也为上层应用程序提供了大量功能调用，用以实现人机交互。

根据用户的应用需求的不同，嵌入式操作系统开发人员可以在内核基础上添加相关功能模块，实现系统功能定制和裁剪。

(3) 应用程序层。应用程序层是基于操作系统层的多个独立程序组成的软件集合。每个程序完成特定的任务，如数据分析、I/O 处理、通信任务等。由于当前嵌入式系统内核功能丰富全面，因此许多嵌入式系统开发都采用在特定嵌入式操作系统内核上进行应用软件开发的形式，开发人员的主要工作任务是在应用程序层完成任务划分、任务设计、任务同步和通信。

2. 嵌入式操作系统的分类

嵌入式操作系统丰富多样，可支持不同形态、规格、功能的嵌入式系统应用需求。若按照实时性要求进行分类，可以将其分为硬实时系统和软实时系统两类。

(1) 硬实时系统。硬实时系统需要确保外部请求或事件必须在截止时间内完成，一旦超时将导致致命错误。此类系统常见于军事工业、航空航天等领域，如精密制导系统、雷达导航系统、卫星控制系统等。

(2) 软实时系统。软实时系统中的各项任务应尽量在截止时间内完成，但若偶有超时并不会出现致命错误。此类系统常见于民用工业、消费电子、智能生活等领域，例如智能音箱、智能手机、非精密加工流水线上的机械手臂等。

3. 嵌入式操作系统的特征

与通用操作系统相比，嵌入式操作系统面向的是专用硬件平台，实现特定用户的任务需求，因此具有如下特征。

(1) 专用性。嵌入式操作系统通常运行于专有硬件平台，按照特定应用需求设计，完成指定功能，因此不具备通用性。例如，无人机控制系统只能完成无人机的飞行控制、信息采集等功能，而智能洗衣机控制系统则只能完成洗衣等基本功能，两者不能互换。

(2) 可裁剪性。由于系统成本、用户需求、硬件平台体积、功耗等多方面的因素，嵌入式操作系统有时不能使用通用系统的全部功能。因此，在设计时可以根据实际应用需求对通用系统进行裁剪，使得系统以最小代码量、最优配置满足用户需求。

(3) 实时性。嵌入式系统通常对实时性要求比较高，任务应满足截止时间要求。大部分的嵌入式系统都属于硬实时系统，即必须在截止时间内完成任务需求。为完成这一要求，不同的嵌入式操作系统使用了各不相同的手段，例如有的系统使用硬件关中断，而有些则使用锁定临界区的方法，这些方法都可以确保任务的实时响应。

(4) 微型化。在数字化设备中，由于其体积限制和实时性要求，不可能提供如微型机那样大的内外存空间，因此为了能在有限空间中运行，嵌入式操作系统必然不能像大型机甚至微型机系统那样庞大。

(5) 高可靠性。可靠性是所有操作系统的基本要求。和普通的实时系统一样，嵌入式操作系统对可靠性的要求比较高。例如，一个用于控制数控机床的嵌入式系统直接控制刀片的姿态和行动轨迹，若有一点失误，将会导致材料的浪费，甚至引发严重的质量问题，因此其可靠性是系统设计和测试过程中一定要重点关注的。

(6) 高可移植性。嵌入式系统通常会在一系列功能相似的嵌入式硬件上运行。为满足不同硬件或不同应用场合的特殊需求，嵌入式系统还应该能在简单修改后就可以在不同的环境中正确有效地运行，即嵌入式系统应具有可移植性，不依赖于特定硬件。

(7) 工具和环境依赖性强。嵌入式操作系统对于硬件和开发工具的依赖性极强。由于其通常不具备自主开发能力，即使设计完成后用户通常也不能对其中的程序功能进行修改，用户必须通过一套开发工具和环境才能开展开发和调试工作，而某些系统甚至还需要使用仿真器等辅助工具。

10.3　常见的嵌入式操作系统

嵌入式操作系统种类多样，应用广泛，通常以其内核来区分不同系统。目前市场上常用的嵌入式操作系统主要有 µC/OS-III、TinyOS、Vxworks、嵌入式 Linux、Android、iOS 等。下面主要介绍 µC/OS-III 和嵌入式 Linux 两种系统。

10.3.1　µC/OS-III

µC/OS-III 是由美国人 Jean Labrosse 开发的、抢占式多任务的嵌入式实时操作系统，具有一个可裁剪、可固化、可剥夺型的多任务内核。该系统除可完成任务调度、任务管理、时间管理、内存管理以及任务间的通信与同步等基本操作系统功能外，还具有以下特点。

(1) 开源。µC/OS-III 是著名的符合 ANSI-C 标准的开放源代码软件。µC/OS-III 的开发商 Micriµm 公司极度推崇简洁干净的代码风格，µC/OS-III 即是其最著名的产品。因此，通过对 µC/OS-III 的学习，能帮助学习者快速有效地掌握该产品的使用方法。

(2) 便捷接口。µC/OS-III 提供严格与规范的代码规则，用户可以快速推断出所需调用的系统服务函数的名称、参数。例如，指向内核对象的指针总是第一个参数，而指向错误返回码的指针总是最后一个。

(3) 可抢占式时间片轮转调度。µC/OS-III 允许系统内核随时剥夺当前任务的 CPU 使用权，并将其交给刚到达的更高优先级任务。另外，与 µC/OS-II 不同的是，µC/OS-III 不再要求每个优先级仅支持一个任务，而是允许多个任务处于同一个优先级。同优先级任务之间采用时间片轮转调度策略，以确保任务不会长期等待。

(4) 极短的关中断时间。µC/OS-III 的许多内部数据结构和变量需要按原子操作访问。因此，该系统采用了锁定内核调度的方式来保护对上述对象进行访问的临界区。这种方式与关中断方法相比，能够获得更短的关闭中断时间，确保 µC/OS-III 能够极快地响应中断请求。

(5) 内核可裁剪。µC/OS-III 的变量数量和代码量可以根据应用需求进行调整。该系统所提供的头文件 os_cfg.h 中包含约 40 个宏定义，开发人员可以根据需要增删部分特定的系统功能。此外，系统中还有大量对运行状态进行检查的功能，开发人员同样可以根据当前应用需求选择是否关闭这些检查功能，以简化代码、提升性能。这种优良的可裁剪特性使其能以更小巧、更紧凑的架构满足不同的应用需求。

(6) 可动态配置。在 μC/OS-III 中，用户能够在程序运行过程中动态配置任务栈、存储块划分、定时器等内核对象，用以避免程序在编译过程中出现资源不足的问题。

(7) 可同时等待多个内核对象。μC/OS-III 中，内核对象数不受限制，这里的内核对象主要指信号量、任务、事件标志组、消息队列、定时器、存储块等。每个内核对象对应一个 ASCII 名称，对象名称长度没有限制，但必须使用字符串终止符 "\0" 结尾。在程序运行时可以为其进行内核资源的动态配置，一个任务可以同时等待多个事件，即可将其插入在多个信号量或消息队列上，其所等待的任一事件发生时，都可以将该任务唤醒。

(8) 内置性能测试。μC/OS-III 内置了一些对系统性能进行测试的代码，主要有任务执行时间、堆栈使用情况、任务执行次数、CPU 利用率、任务响应时间等。

(9) 任务级时钟节拍处理。μC/OS-III 的时钟节拍使用一个专用任务完成，定时中断仅用于触发该任务。这样做可以将延迟处理和超时判断放在任务级代码完成，能大大缩短中断延迟时间。同时，μC/OS-III 还利用哈希表进一步降低处理延迟和超时判断的开销，可满足硬实时任务的要求。

此外，μC/OS-III 还具有优良的可移植性、无限制的优先级数、易于优化等受到广泛欢迎的特性。与其前身 μC/OS-II 相比，μC/OS-III 更大的改进则出现在硬件支持方面：μC/OS-II 主要适用于不具备优先级硬件算法指令、内存资源相对紧张的 8/16 位以及低端 32 位 CPU，而 μC/OS-III 则适用于具有优先级硬件算法指令、内存资源相对丰富的高端 32 位及个别高端 16 位的 CPU。

10.3.2 嵌入式 Linux

嵌入式 Linux 通常指的是基于 Linux 内核的适用于嵌入式硬件平台的发行版本。将 Linux 应用于嵌入式系统主要有两种方法：一种方法是根据用户的具体要求将完整的 Linux 内核进行裁剪后移植到嵌入式硬件平台上，这种嵌入式 Linux 系统所需存储空间小、运行效率高。第二种方法则是将完整的 Linux 内核移植在微控制器上，这样做可以获得更多的 Linux 系统功能，在扩展功能时软件支持度更好。

1. 嵌入式 Linux 的优点

相比其他的嵌入式操作系统，嵌入式 Linux 具有以下突出的优点。

(1) 开源且开发者众多。开源的嵌入式操作系统种类繁多，但与嵌入式 Linux 的优良软件生态及强大的开发者团队相比，其优势并不明显。作为最著名的开源软件，Linux 内核及其外围的各类系统工具、功能插件极为丰富，且其发行者涵盖了商业公司、开发者社区、爱好者团体等多种类型，可以为嵌入式系统开发人员提供全方位的技术支持。

(2) 硬件适应性强。Linux 适用于多种 CPU 和硬件平台，无论是使用 CISC 还是 RISC、32 位还是 64 位处理器，甚至不具备 MMU(Memory Management Unit，存储管理单元)的处理器上，Linux 都可以顺畅运行。在标准平台上开发出的系统原型，可以方便地移植到具体的硬件平台上，而使用 Linux 提供的统一框架可以对硬件进行管理，在不同硬件平台上的移植与上层应用无关，这样做可以大大加快软硬件开发过程。这一点对于开发时间、成本有限的研发项目而言大有裨益。

(3) 强大的网络支持功能。Linux 支持各种协议类型的网络，如 TCP/IP、NetBIOS/NetBEUI、IPX/SPX、AppleTake、Ethernet、ATM 等。此外由于当前物联网的快速发展，近年来 Linux 的许多发行版本都添加了无线网络配置管理工具和相关的驱动接口，以确保对无线网络的良好支持。

(4) 完备的工具链。传统的嵌入式系统开发与调试通常利用微处理器为目标程序提供一个完整的仿真环境，并完成程序监视与调试。这种方法价格相对较贵，且仅适合较为底层的调试。而嵌入式 Linux 提供的一系列交叉编译工具链(toolchain)，可以帮助用户建立完整的开发环境和交叉编译环境。该工具链主要包括 gcc 编译器和 gdb、kgdb、xgdb 等调试工具。在此环境中，Linux 即使不使用仿真器也可以很好地完成研发和调试工作。

尽管 Linux 内核最初并非针对嵌入式平台设计，且具有实时性不强的特点，但其良好的软件生态、开源和免费的特性使其在嵌入式领域占据了最大市场份额。而嵌入式 Linux 驱动开发和内核研究等也成了嵌入式系统的应用和研发热点。

2. 流行的嵌入式 Linux 操作系统

当前在业界较为流行的嵌入式 Linux 操作系统主要有以下几种。

(1) RT-Linux：在通用的 Linux 内核中，调度算法、设备驱动、不可中断的系统调用等多种因素都会导致系统在时间上的不可预测性。因此，Linux 内核的实时性能并不能满足硬实时任务的要求。而 RT-Linux 则在 Linux 内核与硬件层之间增加了一个实时内核，当实时任务在其中运行时，可以确保较好的硬实时特性。

(2) μClinux：最初由 GPL 组织开发，主要针对微控制领域的相关应用。μ 表示 Micro，意为微小的，而 C 表示的则是 control，意为控制，因此 μClinux 的含义就是"适用于微型控制器的 Linux 操作系统"。该系统既具有通用 Linux 的优点，还能够支持功能扩展、具备强大全面的系统管理能力，并可以根据用户的应用需求裁剪定制。

(3) Embedix：由嵌入式 Linux 行业主要厂商 Luneo 推出的，是根据嵌入式应用系统的特点重新设计的 linux 发行版本。该系统基于 Linux2.2 内核，是一种完整的嵌入式 linux 解决方案。

(4) Xlinux：该系统的内核只有 143KB，号称是世界上最小的嵌入式 Linux 系统。XLinux 采用了"超字元集"技术，使得 Linux 核心不仅可以与标准字符集兼容，还能涵盖 12 个国家和地区的字符集，这也使得其在国际上的取得较大的影响力。

10.4　小结

随着物联网的普及，嵌入式产品的种类不断丰富、推陈出新，尤其是与人工智能、云计算等领域结合后，其功能更是不断强化。

作为完成专有功能的产品，嵌入式系统在外形、功能、资源、功耗、价值等方面具有较大差异。嵌入式系统由硬件和软件两部分组成。硬件部分由嵌入式处理器、嵌入式存储器、嵌入式 I/O 设备和嵌入式 I/O 接口组成，是嵌入式任务的运行机构。软件部分则是嵌入式系统的控制主体，根据其复杂程度可以将其分为嵌入式控制软件和嵌入式操作系统两类。

作为嵌入式产品的"大脑"，嵌入式操作系统的重要性不言而喻。其组成也从仅内核发展到由内核、文件系统、网络协议、图形界面等不同功能层次和模块的集合，且具备可裁剪、可移植、专用性、可裁剪性、实时性、微型化、工具和环境依赖强等特点。嵌入式操作系统可分为硬实时系统和软实时系统，其主要区别在于对实时任务截止时间的要求是否极度严格。

嵌入式操作系统的种类多样，我国市场上应用较为广泛的嵌入式操作系统主要有 μC/OS-III、嵌入式 Linux 等。

10.5　思考练习

1. 说明嵌入式系统的定义。
2. 比较嵌入式系统和个人计算机的异同。
3. 说明嵌入式硬件系统的组成。
4. 说明嵌入式控制软件的结构。
5. 说明具备操作系统的嵌入式软件的架构。
6. 说明嵌入式操作系统的特征。
7. 寻找最新版本的嵌入式 Linux 系统，并了解其使用方法。

参考文献

[1] Abraham Silberschatz 等. 操作系统概念(原书第 9 版)[M]. 北京：机械工业出版社，2018.

[2] 陈海波等. 现代操作系统：原理与实现[M]. 北京：机械工业出版社，2020.

[3] Andrew S. Tanenbaum,Herbert Bos. 现代操作系统(原书第 4 版)[M]. 北京：机械工业出版社，2017.

[4] William Stallings. 操作系统——精髓与设计原理(第九版)[M]. 北京：电子工业出版社，2020.

[5] 汤小丹等. 计算机操作系统(慕课版)[M]. 北京：人民邮电出版社，2021.

[6] 张尧学等. 计算机操作系统教程[M]. 北京：清华大学出版社，2020.

[7] 张成姝等. 操作系统教程(第 2 版)[M]. 北京：清华大学出版社，2019.

[8] 余华兵. Linux 内核深度解析[M]. 北京：人民邮电出版社，2019.

[9] Andrew S. Tanenbaum. Linux 管理入门经典(第 8 版)[M]. 北京：清华大学出版社，2021.

[10] Daniel P. Bovet, Marco Cesati. 深入理解 Linux 内核(影印版)[M]. 南京：东南大学出版社，2019.

[11] Michael Palmer, Michael Walters. 操作系统原理与应用(第四版)[M]. 北京：清华大学出版社，2017.

[12] 何静媛. 操作系统原理[M]. 西安：西安电子科技大学出版社，2020.

[13] Neil Matthew, Richard Stones. Linux 程序设计(第 4 版) [M]. 北京：人民邮电出版社，2010.

[14] 崔继等. Linux 操作系统原理实践教程[M]. 北京：清华大学出版社，2020.

[15] Evi Nemeth, Garth Snyder, Trent R. Hein. Linux 系统管理技术手册(第 2 版)[M]. 北京：人民邮电出版社，2008.

[16] 詹永照等. 操作系统设计原理(第二版)[M]. 北京：科学出版社，2021.

[17] 塔米•诺尔加德. 嵌入式系统：硬件、软件及硬件协同(原书第 2 版)[M]. 北京：机械工业出版社，2018.

[18] 王益涵, 孙宪坤, 史志才. 嵌入式系统原理及应用[M]. 北京：清华大学出版社，2018.

[19] 张玺君. 嵌入式系统原理与应用[M]. 西安：西安电子科技大学出版社，2020.

[20] 沈晴霓. 操作系统安全设计[M]. 北京：机械工业出版社，2013.

[21] 卿斯汉. 操作系统安全(第 2 版)[M]. 北京：清华大学出版社，2011.

[22] 杨云. Linux 操作系统(微课版)[M]. 北京：清华大学出版社，2021.

[23] 千锋教育高教产品研发部. Linux 操作系统实战(Ubuntu 慕课版)[M]. 北京：人民邮电出版社，2021.

[24] 李芳等. 操作系统原理及 Linux 内核分析(第 2 版)[M]. 北京：清华大学出版社，2018.